Adolf Dennig

Über die Tuberkulose im Kindesalter

Adolf Dennig

Über die Tuberkulose im Kindesalter

ISBN/EAN: 9783743459434

Hergestellt in Europa, USA, Kanada, Australien, Japan

Cover: Foto ©berggeist007 / pixelio.de

Manufactured and distributed by brebook publishing software (www.brebook.com)

Adolf Dennig

Über die Tuberkulose im Kindesalter

ÜBER DIE

TUBERKULOSE

IM KINDESALTER

VON

Dr. ADOLF DENNIG,

PRIVATDOCENT, EHEM. I. ASSISTENZARZT DER POLIKLINIK,
z. Z. I. ASSISTENZARZT DER MEDIZINISCHEN KLINIK ZU TÜBINGEN.

———

MIT 20 KURVEN IM TEXT.

LEIPZIG,
VERLAG VON F. C. W. VOGEL.
1896.

Vorwort.

Die Tuberkulose im Kindesalter bietet im Vergleich zu der beim Erwachsenen so viele Eigentümlichkeiten, dass es wohl am Platze sein dürfte, eine ausführlichere Darstellung der Erkrankung zu geben.

Die Grundlage meiner Arbeit bilden die Beobachtungen, welche ich während meiner achtjährigen Assistentenzeit an der hiesigen Universitätspoliklinik zu machen Gelegenheit hatte. Die sehr ausführlichen Krankengeschichten gebe ich der Kürze wegen nur im Auszug, bei manchen ist nur ein Punkt hervorgehoben, um aufgestellte Behauptungen mit Beweisen zu belegen. Es ist selbstverständlich, dass ich auch Beobachtungen anderer Autoren zur Ergänzung mit herangezogen habe; der Name des Autors ist stets angeführt, und aus dem beigegebenen Litteraturverzeichnis ist es leicht möglich, die citierte Arbeit zu finden.

Auch der hiesigen medizinischen Klinik durfte ich einige Fälle entnehmen, wofür ich meinem jetzigen hochverehrten Chef, Herrn Prof. Dr. v. Liebermeister zu besonderem Danke verpflichtet bin.

Die Einleitung bildet das Verhalten der Tuberkulose in Tübingen überhaupt; es dürften sich hieraus einige weniger bekannte Gesichtspunkte ergeben.

Diejenigen Kapitel, welche Erkrankungen behandeln mit geringeren Abweichungen von denen der Erwachsenen, glaubte ich kürzer ausführen zu müssen.

Meinem früheren hochverehrten Chef, Herrn Prof. Dr. v. Jürgensen, möchte ich an dieser Stelle nicht nur für die freundliche Überlassung des Krankenmaterials, sondern namentlich auch für das grosse Wohlwollen, welches er für mich in achtjähriger gemeinsamer Arbeit an den Tag gelegt hat, meinen wärmsten Dank aussprechen. Hat er mich doch in die Praxis eingeführt und ist mir stets wie ein Freund dem Freunde beigestanden.

Inhaltsverzeichnis.

Einleitung.

Litteratur.

Abele, Die Poliklinik in Tübingen vom Oktober 1859 bis Oktober 1866. Tübinger Dissertation von 1867. — v. Baumgarten, P., Über die Wege der tuberkulösen Infektion. Zeitschrift für klinische Medizin. Bd. VI. 1883. — Über latente Tuberkulose. Volkmann's Sammlung klinischer Vorträge. Nr. 218. — Experimentelle und pathologisch-anatomische Untersuchungen über Tuberkulose. Zeitschrift für klinische Medizin 1885. — Lehrbuch der pathologischen Mykologie 1890. — Über experimentelle kongenitale Tuberkulose. Arbeiten auf dem Gebiete der pathologischen Anatomie und Bakteriologie aus dem pathologischen Institut zu Tübingen. Bd. I. 1891/92. — Birch-Hirschfeld, Über die Pforten der placentaren Infektion des Fötus. — Birch-Hirschfeld u. Schmorl, Übergang von Tuberkelbacillen aus dem mütterlichen Blut in die Frucht. Beiträge zur pathologischen Anatomie und allgemeinen Pathologie, herausgegeben von E. Ziegler. Bd. IX. 1891. — Bollinger, Über künstliche Tuberkulose, erzeugt durch den Genuss der Milch tuberkulöser Kühe. Jahrb. für Kinderheilkunde. N. F. Jahrg. 14. — Boltz, R., Ein Beitrag zur Statistik und Anatomie der Tuberkulose im Kinderalter. Kieler Dissertation 1890. — Brandenberg, F. Über Tuberkulose im ersten Kindesalter mit besonderer Berücksichtigung der sogen. Heredität. Baseler Dissertation 1890. — Demme, Verhandlungen der Gesellschaft für Kinderheilkunde etc. Freiburg u. Leipzig 1884. — Zur diagnostischen Bedeutung der Tuberkelbacillen für das Kindesalter. Berliner klinische Wochenschrift 1883. — Bericht über die Thätigkeit des Jenner'schen Kinderspitals in Bern 1883—1890. — Deneke, Ein Fall von Inokulationstuberkulose. Deutsche med. Wochenschrift 1890. — Eisenberg, J., Inokulation der Tuberkulose bei einem Kinde. Berliner klinische Wochenschrift 1886. — Fröbelius, Über die Häufigkeit der Tuberkulose und die hauptsächlichsten Lokalisationen im zartesten Kindesalter. Jahrb. für Kinderheilkunde. Jahrg. 34. — Hochsinger, C., Syphilis congenita und Tuberkulose. Verhandlungen des IV. Deutschen Dermatologen-Kongresses. — Jahni, Curt, Über das Vorkommen von Tuberkelbacillen im gesunden Genitalapparat bei Lungenschwindsucht etc., herausgegeben von C. Weigert. Virchow's Archiv Bd. CIII. — v. Jürgensen, Th., Über den Unterricht in der Poliklinik. Deutsche med. Wochenschrift 1888. — Keller, F., Zur Ätiologie der krupösen Pneumonie etc. Beobachtungen aus der Tübinger Poliklinik; herausgegeben von Th. v. Jürgensen 1883. — Klötzsch, O., Über die Verbreitungswege des tuberkulösen Giftes etc. Hallenser Dissertation 1889. — Köhler, Das gesunde und kranke Leben in der Stadt Tübingen. Rede etc. 1860. — Kommerell, E., Eine klinische Studie über Phthisis und Tuberculosis. Deutsches Archiv für klinische

Medizin Bd. XXII. — Langerhans, P., Zur Ätiologie der Phthise. Virchow's
Archiv XCVII. — Lehmann, E., Über einen Modus der Impftuberkulose beim
Menschen, die Ätiologie der Tuberkulose etc. Deutsche med. Wochenschrift 1886.
— Lehmann, F., Über einen Fall von Tuberkulose der Placenta. Deutsche
med. Wochenschrift 1893. — Leyden, E., Klinisches über den Tuberkelbacillus.
Zeitschrift für klinische Medizin 1884. — Löwenstein, J., Die Impftuberkulose
des Präputiums. Königsberger Dissertation 1889. — Maffucci, Sulla infezione
tuberculosa degli embryoni di Pollo. Pisa 1888. — Malvoz et Brouvier, Deux
cas de tuberculose bacillaire congénitale. Annales de l'institut Pasteur 1889. —
Merkel, Erster Bericht zur Sammelforschung über Tuberkulose. Zeitschrift
für klinische Medizin 1884. — Müller, Oscar, Zur Kenntnis der Kindertuberkulose. Münchener Dissertation 1889. — Parcal, Archives générales de médecine 1893. Ref. Jahrb. für Kinderkrankheiten 39. — Sarwey, Ein Fall von
spät geborener Missgeburt mit kongenitaler Tuberkulose. Archiv für Gynäkologie
XLIII. — Schmorl u. Kockel, Tuberkulose der menschlichen Placenta und
ihre Beziehung zur kongenitalen Infektion mit Tuberkulose. E. Ziegler's Beiträge zur pathologischen Anatomie Bd. XVI. — Schottelius, Zur Kritik der
Tuberkulosefrage. Virchow's Archiv XCI. — Schüppel, Lymphdrüsentuberkulose 1871. — Schwer, Ein Beitrag zur Statistik und Anatomie der Tuberkulose im Kindesalter. Kieler Dissertation 1884. — Seidl, A., Beitrag zur Statistik und Kasuistik der Gehirntuberkulose bei Kindern. Münchener medizin.
Abhandlungen II. 19. — Simmonds, M., Ein Beitrag zur Statistik und Anatomie
der Tuberkulose im Kindesalter. Kieler Dissertation 1879. — Walther, Hans,
Ein Kontrolversuch der Jahni'schen Arbeit: „Über das Vorkommen von Tuberkelbacillen im gesunden Genitalapparat bei Lungenschwindsucht". Ziegler's
Beiträge zur pathologischen Anatomie Bd. XVI. — Weigert, C., Die Verbreitungswege des Tuberkelgifts nach dessen Eintritt in den Organismus. Vortrag,
gehalten in der pädiatrischen Sektion der Naturforscher-Versammlung zu Freiburg.
— Ziegler, E., Lehrbuch der pathologischen Anatomie. V. Aufl. — Beiträge
zur pathologischen Anatomie. Bd. XVI.

Im Deutschen Archiv für klinische Medizin Bd. XXII hat E. Kommerell eine klinische Studie über „Phthisis und Tuberculosis" aus der
Tübinger Poliklinik veröffentlicht. Auf Grund seiner Beobachtungen
kommt er zu dem Schluss, dass Tübingen von Tuberkulose
und Schwindsucht verhältnismässig frei ist. Seine Beobachtungszeit erstreckte sich auf die Jahre 1873—1877, in diesen betrug
die Schwindsuchtsmortalität in der Tübinger Poliklinik 7,2 % der Gesamtsterblichkeit. Kommerell verweist noch auf frühere Arbeiten
auf diesem Gebiete, die — ebenfalls aus der Tübinger Poliklinik her-
vorgegangen — zu ähnlichen Ergebnissen führten (Köhler, Abele).
— Keller giebt einige Jahre später die Sterblichkeit an Tuberkulose
im Verhältnis zur Gesamtmortalität auf 11 % an.

Sehen wir, ob im Laufe der Jahre die Verhältnisse dieselben geblieben, oder ob sie sich nach der einen oder anderen Seite hin verschoben haben!

Die Klientel der Tübinger Poliklinik — die sog. untere Stadt und das in unmittelbarer Nähe gelegene grosse Pfarrdorf Lustnau umfassend — ist ziemlich unverändert geblieben, die Zahl der Kranken ist etwas gestiegen, immerhin sind die Ziffern in den Jahren 1879—1892 ziemlich konstante und zeigen nur die der Verbreitung von epidemischen Krankheiten zukommenden Schwankungen.

Mein Beobachtungszeitraum erstreckt sich über 15 Jahre (1878 bis 1892). In dieser Zeit wurden 40 000 Kranke behandelt; davon starben 1042. Die Tuberkulose, inkl. der latenten Fälle, beteiligt sich an dieser Ziffer mit 205 Toten, also beträgt die Tuberkulosesterblichkeit 19,67 % der Gesamtmortalität, resp. wenn wir mit Keller's Zahlen rechnen, also die Jahre 1878/79 in Abrechnung bringen, 20,54 %. Schalten wir diejenigen Fälle, in welchen tuberkulöse Prozesse mehr zufälliger Befund — verkäste oder verkreidete Drüsen, ausgeheilte Lungentuberkulose etc. — waren, mit 22 aus, so partizipiert die Tuberkulose mit 17,55 % an der Sterblichkeit überhaupt und Keller's Werth in Abrechnung gebracht, mit 18,36 %. Also haben sich mit der Zeit die Zahlen wesentlich verschoben zu Gunsten der Tuberkulosemortalität: im Vergleich mit Kommerell's Ziffern um mehr als das Doppelte, mit denen von Keller um mehr als die Hälfte. Da nach unseren Berechnungen nahezu ein Fünftel der Gesamtsterblichkeit durch die Tuberkulose bedingt ist, so dürfen wir nicht mehr den Satz aufrecht erhalten, dass Tübingen von Tuberkulose verhältnismässig frei ist: die Krankheit hat auch hier weiter um sich gegriffen. Trennen wir die Zahlen von Tübingen und dem in jeder Hinsicht unter günstigeren Lebensbedingungen stehenden Lustnau, so ergiebt sich, dass von 712 in Tübingen Gestorbenen 150 Tuberkulose hatten (= 21,06 %), in Lustnau von 330 Gestorbenen nur 55 (= 16,66 %). Es findet also im Vergleich mit Kommerell's Aufstellung eine Verschiebung statt, indem jetzt Tübingen mehr belastet erscheint, während früher eher das Umgekehrte der Fall war. —

Immerhin sind die Zahlen der an Tuberkulose Gestorbenen noch geringe im Vergleich zu denen aus grösseren Städten. Es liegt mir eine Statistik von Seidl über München vor: innerhalb 4½ Jahren kamen 2709 Erwachsene und 646 Kinder zur Sektion, Summa 3355; bei diesen wurde 92mal bei Kindern, 845mal bei Erwachsenen, im ganzen 937mal Tuberkulose als Todesursache nachgewiesen, mithin beträgt für München die Tuberkulosesterblichkeit 27,9 %.

Welche Gründe lassen sich nun für die Ausbreitung der Tuber-

kulose in Tübingen anführen? Haben sich die sozialen oder hygienischen
Verhältnisse ungünstiger gestaltet? Haben Volksseuchen der Tuberkulose den Boden geebnet, resp. stehen diese in irgend welcher Beziehung zu ihr?

Was die erste Frage betrifft, so haben sich die Bedingungen, unter
welchen das Leben der poliklinischen Klientel abläuft, in den letzten
15 Jahren kaum geändert. Köhler bespricht die Wohnungs- und Er-
nährungsverhältnisse der Bewohner der „unteren Stadt" eingehend und
das, was er in dem Jahre 1860 gesagt hat, gilt zum grössten Teil heute
noch. Die Wohnungen sind noch ebenso dürftig wie damals, die Nahrung ist vielleicht eher eine bessere geworden. Mit der Entwässerung

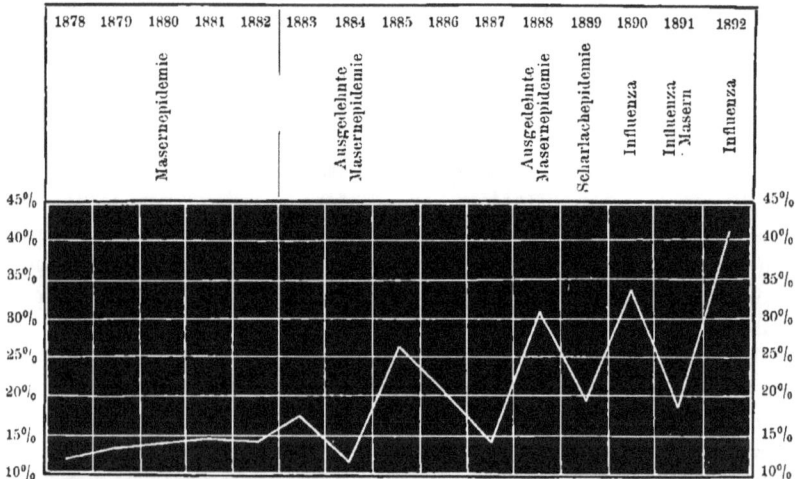

Kurve 1.
Gesamtzahl der an Tuberkulose Gestorbenen im Verhältnis zu den überhaupt Gestorbenen in %.

des Untergrundes ist in neuester Zeit begonnen worden, doch kommen
diese Verbesserungen für uns nicht in Betracht, da erst ein Anfang gemacht ist. Im grossen und ganzen kann man sagen, dass die hygienischen und sozialen Verhältnisse eher bessere als schlechtere geworden
sind. Für das Pfarrdorf Lustnau, in welchem die Bedingungen überhaupt günstigere sind, gilt dasselbe.

Wie verhält es sich mit den verschiedenen Epidemien: bei Kindern
den Masern, dem Keuchhusten, dem Scharlachfieber, bei Erwachsenen
der Influenza? Von sonstigen Volksseuchen ist Tübingen verschont
geblieben. Bei der Betrachtung der Sterblichkeitsziffern der Einzeljahre
fallen vor allem die erheblichen Schwankungen in solchen auf. Während
in den ersten 7 Beobachtungsjahren die prozentualen Zahlen ziemlich

konstante sind und sich zwischen 12 und 17 $^0/_0$ bewegen, finden vom
Jahre 1885 an bedeutende Auf- und Niedergänge statt. Es ist von
da an einmal ein kontinuierliches Fortschreiten der Ziffern zu bemerken, indem der frühere niedere Stand von ca. 15 $^0/_0$ nur einmal
wieder erreicht wird — dann aber zeigen in den einzelnen Jahren die
Werthe auffallende Schwankungen: zwischen 15 $^0/_0$ im Minimum und
über 40 $^0/_0$ im Maximum.

Um zu sehen, ob und event. in welcher Weise die verschiedenen
Epidemien mit den Jahren, in welchen vermehrte Tuberkulosemortalität
vorherrscht, koincidieren, müssen wir die Kinder von den Erwachsenen
trennen. Was zunächst die Erwachsenen anbelangt, so sind bei diesen
Schwankungen weniger ausgeprägt, doch ist bei ihnen ein kontinuierliches Ansteigen der Kurve unverkennbar. Ausgeprägte Spitzen zeigt
die Kurve in den Jahren 1885 und 1888, und zwar — wenn wir von

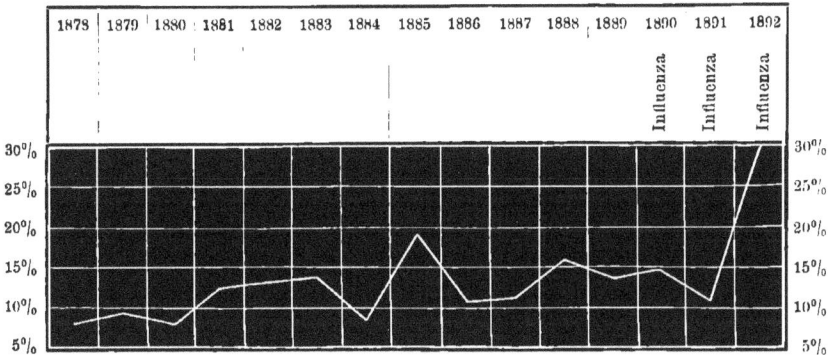

Kurve 2.
Gesamtzahl der an Tuberkulose gestorbenen Erwachsenen in $^0/_0$.

einer kleinen Epidemie von krupöser Pneumonie aus den Jahren
1885/86 absehen — ohne dass eine besondere Veranlassung auffindbar
ist. In den Jahren 1890 bis 1892 wütete die Influenza, und zwar in
dem ersten Jahre am heftigsten, im zweiten weniger stark, im dritten
kamen wieder mehr Fälle zur Behandlung. In diesen Jahren sehen
wir zuerst einen ziemlich unveränderten Stand der Kurve (14 $^0/_0$) gegen
früher, dann eher ein Absinken (11 $^0/_0$) und zuletzt ein jähes Ansteigen auf 30 $^0/_0$.

Kurve 3 zeigt uns das Verhalten der Kindertuberkulose zu den
epidemisch auftretenden Kinderkrankheiten in den verschiedenen Jahr-
gängen. Der Keuchhusten ist endemisch, er zeigt sich mit verschwindenden Ausnahmen in jedem Jahre, Häufungen kommen vor.
Die Masern treten hierorts immer in gewissen Zeiträumen epidemisch
auf, um dann für Jahre wieder völlig zu verschwinden; Scharlach

zeigt sich da und dort, doch schwoll die Krankheit in den Jahren 1888/89 zu einer ausgedehnten Epidemie an. — Eine Masernepidemie hatten wir im Jahre 1880, sie spielt auch noch in das Jahr 1881 hinüber; während dieser Zeit erhebt sich auch die Kurve auf $6\frac{1}{2}\,\%$. 1884 tritt die zweite ausgedehnte Masernepidemie in den Sommermonaten auf, vermehrte Mortalität an Tuberkulose findet sich in diesem Jahre nicht, aber das folgende Jahr zeigt uns eine Zunahme, welche wohl auf die vorhergegangene Masernepidemie bezogen werden dürfte. Allein diese Zunahme an Tuberkulosesterblichkeit setzt sich auch im Jahre 1886 fort, ohne dass irgend ein Grund hierfür angeführt werden kann. 1887, einem Jahre, in welchem von epidemischen Krankheiten nichts verzeichnet ist, fällt die Kurve wieder auf den früheren niederen Stand, um dann 1888 — mit ausgebreiteter Masern- und

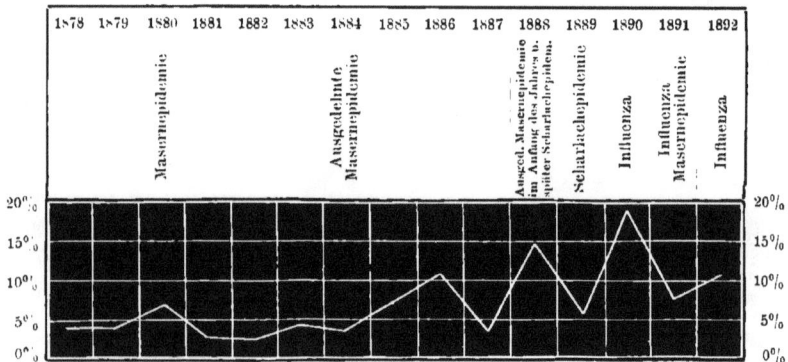

Kurve 3.
Gesamtzahl der an Tuberkulose gestorbenen Kinder in %.

Scharlachepidemie — einen hohen Stand ($15\,\%$) zu erreichen. Im Jahre darauf, obwohl die Scarlatina noch weiter herrschte und mehrere Opfer, die zugleich latente Tuberkulose hatten, forderte, erfolgt ein Abfall auf $6\,\%$, im Jahre 1890, das reich an Influenza ist, ein Anstieg bis zur höchsten Höhe: $19\,\%$. Gegen das Ende 1891 war wieder eine Masernepidemie und zugleich Influenza ausgebrochen, es fällt die Kurve in diesem Jahre, steigt indessen 1892 wieder ziemlich bedeutend.

    Aus diesen Zahlen geht hervor, dass bei Erwachsenen und Kindern die Influenza, welche in den letzten 3 der genannten Jahre nicht mehr erlosch, sondern wieder und wieder aufflackerte und zum Teil schwere Formen zeigte, die Tuberkulosemortalität begünstigt und weiter, dass im Kindesalter Masern- und Scharlachepidemien häufig mit grösserer Tuberkulosemortalität zusammenfallen, oder doch wenigstens von solcher gefolgt sind; dass aber auch in manchen Jahren sich Spitzen in der Kurve zeigen, für deren Entstehen jeder Anhaltspunkt uns fehlt. — Sollte die angeführte Koincidenz der Epidemien und der Tuberkulose nur auf Zufall beruhen? Ich glaube kaum, aber trotzdem lässt sich aus den Epidemien allein die Zunahme der Tuberkulose in Tübingen-Lustnau nicht erklären; mit Ausnahme der Influenza haben wir die Epidemien in früheren Zeiten auch gehabt und dennoch war die Zahl der an Tuberkulose Gestorbenen eine geringe. Es unterliegt demnach keinem Zweifel, dass die Tuberkulose in Tübingen im Laufe der Zeit, allerdings mit bedeutenden jährlichen Schwankungen, kontinuierlich an Ausbreitung gewonnen hat.

Was nun die Erwerbszweige der von Tuberkulose Befallenen betrifft, so ist es auffallend, dass der Hauptstamm unserer Tübinger poliklinischen Klientel, die Weingärtner, auch heute nicht die grösste Anzahl liefert, sondern dass die Handwerker und ihre Angehörigen den grösseren Prozentsatz abgeben. Kommerell fiel schon dieser Umstand auf, ja bei seinen an Tuberkulose Verstorbenen war weder ein Weingärtner noch deren Frauen und Kinder. Er führt die Immunität dieses Teiles der Bevölkerung gegen Tuberkulose zurück auf die durch den Beruf zustande kommende Herzhypertrophie und — da die Weingärtner für sich eine Kaste bilden und meist unter sich heiraten — auf das Fehlen einer hereditären Belastung. So wie zur Zeit der Beobachtungen Kommerell's ist es nicht geblieben; es hat sich im Laufe der Jahre eine Änderung vollzogen, die Tuberkulose hat auch Eingang in jenen Kreis gefunden und sich ausgebreitet. Von den in Tübingen-Stadt Gestorbenen war bei 150 Tuberkulose nachweisbar, und hiervon kommen 49 auf den Weingärtnerstand und nach Abzug von 4 latenten Fällen = 45, also nicht ein Drittel. Diese 49 sind auf 44 Familien verteilt. Es sind 15 Männer (alle über 30 Jahre alt), 11 Frauen und 23 Kinder; es lässt sich hiernach nicht leugnen, dass auch der bezeichnete Stand ein Kontingent zur Tuberkulose liefert, aber immerhin ist dasselbe gering, und Kommerell's Hypothese über die relative Immunität der Weingärtner dürfte heute noch Gültigkeit haben.

Eine Einteilung unserer Ziffern in das jugendliche Alter — bis zum 15. Jahr — und das der Erwachsenen lehrt uns, dass die Tuberkulose im Kindesalter recht häufig vorkommt. Es waren von sämtlichen Toten 7 % Kinder tuberkulös und 12,57 % Erwachsene. Hiemit fällt mehr als ein Drittel der überhaupt an Tuberkulose Gestorbenen auf das Kindesalter. Beschränken wir uns auf das Kindesalter, so ergiebt sich, dass bei 602 gestorbenen Kindern 74 mal tuberkulöse Pro-

zesse nachweisbar waren = rund 12,1 $^0/_0$ nach Abzug der Fälle mit
latenter Tuberkulose (13) = 10,1 %. Dieser Prozentsatz ist kein grosser,
er steht auf derselben Stufe wie die Werte Kommerell's; denn wenn wir
zum Vergleiche andere Städte heranziehen, so ergiebt sich nach Seidl's
Zusammenstellung für München, dass in 14,24% die Tuberkulose bei
Kindern die Todesursache war und 26,47 $^0/_0$ irgend welche tuberkulöse
Prozesse zeigten. O. Müller giebt für München einen noch viel höheren
Prozentsatz an; nach ihm steht bei Kindern die Tuberkulose als
Todesursache mit 30 % oben an. Demme verzeichnet für Bern für
die Jahre 1862—82 die Tuberkulose mit 33 % aller Todesfälle, in den
folgenden Jahren 1883—1887 bewegen sich diese Zahlen zwischen
21,2 und 46,4 $^0/_0$. — Für Kiel kommen nach Simmonds für die Jahre
1873—78 21,7% aller Todesfälle bei Kindern auf Rechnung der
Tuberkulose; nach Schwer für die Jahre 1879—83 17%; nach Boltz
für die Jahre 1884—89 nur 13,8%; im Durchschnitt für alle Jahre
1873—89 zusammen 16,4 %. Nach diesen 3 Statistiken findet ein
Rückschritt der Mortalität im Kindesalter im Laufe der Zeit statt,
Boltz aber giebt an, dass in den letzten Jahren grosse Scharlach- und
Diphtherieepidemien in Kiel herrschten, welche das Sektionsmaterial
bedeutend steigerten und so die Prozentzahl der an Tuberkulose zugrunde Gegangenen herabdrückten. Übrigens finden nach Boltz ganz
erhebliche Schwankungen statt, während im Jahre 1887 nur 10,4 $^0/_0$
der Sektionsfälle auf Tuberkulose beruhten, waren es 1884 18 $^0/_0$.

Nach den Werten aus den genannten Städten zu schliessen, wäre
Tübingen immer noch relativ wenig von der Seuche ergriffen.

Was nun das Lebensalter der an Tuberkulose gestorbenen Kinder
angeht, so stimmen unsere Beobachtungen mit denen von Trousseau,
Landouzy, Queyrat, Lannelongue [1]), Parcal überein im Gegensatz zu Anderen, wie O. Müller, Widerhofer etc., nämlich dass die
früheste Jugend, das Säuglingsalter, am häufigsten von der
Krankheit heimgesucht ist. In unseren Fällen kommen abzüglich der
latenten Fälle auf das

Jahr	0— 1	. . . .	25 %
„	1— 2	. . . .	20 %
„	2— 3	. . . .	8,3 %
„	3— 4	. . . .	6,7 %
„	4— 5	. . . .	11,7 %
„	5— 6	. . . .	3,3 %
„	6— 7	. . . .	6,7 %
„	7— 8	. . . .	3,3 %
„	8— 9	. . . . . . : . .	6,7 %

1) cit. bei Baumgarten.

Jahr 9—10 . . . . —
  „ 10—11 . . . . —
  „ 11—12 . . . . —
  „ 12—13 . . . . 3,3 %
  „ 13—14 . . . . —
  „ 14—15 . . . . 5,0 %

Scheiden wir die Fälle in die Lebensalter von 0—5, 5—10, 10—15 Jahren, so ergeben sich für das

    erste Jahrfünft . . . . 71,7 %
    zweite „ . . . . 20,0 %
    dritte „ . . . . 8,3 %

O. Müller findet in dieser Weise berechnet von

    Jahr 0—5 . . . . 50,7 %
    „ 6—10 . . . . 26,0 %
    „ 11—15 . . . . 23,3 %

Wir sehen aus diesen Tabellen, in welcher hervorragenden Weise gerade Kinder in den ersten Lebensjahren der Tuberkulose zum Opfer fallen. Dass andere Autoren das Säuglingsalter so wenig beteiligt finden, dürfte zum Teil vielleicht seine Erklärung darin finden, dass Säuglinge doch weniger häufig in die öffentlichen Krankenhäuser gebracht werden; in der Tübinger Poliklinik kommen alle Lebensalter zur Behandlung, der betreffende Arzt ist gleichsam Hausarzt in der Familie und wird auch bei noch so leichter Erkrankung eines jeden Familienmitgliedes gerufen. So gelingt es, die jüngsten Kinder und die ältesten Greise mit zur Beobachtung heranzuziehen.

Im Kindesalter wird die Tuberkulose beim weiblichen Geschlecht häufiger angetroffen, als beim männlichen — (im Gegensatz zum Erwachsenen). — Es stimmen meine Ergebnisse mit denen Anderer überein. Unsere Fälle verteilen sich auf 29 Knaben (abzüglich der latenten Fälle 26) und 43 Mädchen (mit Abzug der latenten Fälle 35), also fallen 40,3 % (44,4 %) auf das männliche und 59,7 (resp. 55,9 %) auf das weibliche Geschlecht, wie 100 : 148 (resp. 100 : 127). Bei Müller stellt sich das Verhältnis wie 100 : 120.

Aetiologie und Pathogenese.

Die Tuberkulose ist eine Infektionskrankheit und beruht auf der Gegenwart des Bacillus tuberculosis. Bei Tieren wird die Krankheit vielfach als Perlsucht bezeichnet. Die im Jahre 1882 von Koch und v. Baumgarten entdeckten Mikroorganismen stellen schlanke, häufig leicht gekrümmte oder geknickte Stäbchen von 1,5—3,5 μ Länge dar. Sie lassen sich bei Körpertemperatur züchten, vermehren sich aber sehr langsam und nur in einer Wärmebreite von 28—42° C. Ausserhalb des Körpers gedeihen die Tuberkelbacillen selten, sie vermehren sich fast nur als Parasiten. Sie bilden Sporen — im Innern der mit Anilinstoffen behandelten Bacillen helle ungefärbte Stellen — deren Lebens- und Widerstandsfähigkeit eine sehr grosse ist. — Die Bacillen behaupten ihre Infektionsfähigkeit lange Zeit (im eingetrockneten Sputum etc.). In ihrer pathogenen Wirksamkeit werden sie abgeschwächt durch Eintrocknung und durch Einwirkung der Fäulnis, so dass sie nur langsam sich entwickeln und nur lokalisierte, ausheilende Tuberkel, aber keine anatomisch nachweisbaren Krankheitsherde zu erzeugen imstande sind. Der Durchgang durch verschiedene lebende Tierkörper scheint auch bei Tuberkelbacillen — wie bei anderen Mikroben — eine Abschwächung ihrer Virulenz zur Folge zu haben; die aus dem tierischen Organismus abstammenden Bacillen sind erfahrungsgemäss für den Menschen weniger gefährlich, als solche, die aus dem menschlichen Körper herkommen (v. Baumgarten). Siedeln sich die Bacillen in irgend einem Gewebe des Körpers an, gelangen sie zur Entwicklung und Vermehrung, so führen sie durch eine Reihe von histologischen Vorgängen — üppige Zellwucherung durch Karyokinese der Gewebszellen, namentlich der fixen Bindegewebszellen, Bildung von epitheloiden und Riesenzellen, scharfe Abgrenzung der Nester gegen das gesunde Gewebe und endlich Emigration von Leukocyten aus den in das infizierte Parenchym eingeschlossenen Gefässen — zur Bildung zelliger Knötchen, Tuberkeln. Dieser makroskopisch sichtbare Effekt tritt etwa 10—14 Tage post inoculationem auf. In der Umgebung eines solchen Herdes bildet sich durch Entzündung eine derbe fibröse Kapsel. Schliesslich werden die in das Granulationsgewebe eingeschlossenen Bacillen teilweise oder vollständig vernichtet, sie verschwinden darin, darauf beruht die Möglichkeit der Heilung; meist aber sind noch infektionsfähige Bacillen oder Sporen in solchen Herden vorhanden, die die Gefahr der Neuinfektion in sich bergen. Gewöhnlich geht das Fortschreiten des Prozesses in der Art vor sich, dass ein Teil der Bacillen der Einschliessung durch die Bindegewebsneubildung entgeht und durch die Lymphgefässe weiter geführt wird. — Je nachdem die Rundzellen in grosser Anzahl sich einfinden und den ganzen Herd durchsetzen, spricht man von lymphoiden Tuberkeln, halten sie sich in geringerer Menge vorzüglich in der Peripherie auf, so bezeichnet man das Knötchen als grosszelligen epitheloiden Tuberkel.

Die Tuberkel sind gefässlos und bleiben es, sie sterben, wenn sie eine gewisse Entwicklungsstufe erreicht haben, vom Centrum gegen die Peripherie hin ab, bis schliesslich die ganze Tuberkeltextur in eine strukturlose organische Substanz umgewandelt ist, was sich makroskopisch dadurch kennzeichnet, dass das früher grau durchscheinende Knötchen eine gelbweisse Farbe annimmt, es verkäst. Die Grösse der Knötchen entspricht der eines Hirsekorns (Milium). Bleiben die Knötchen vereinzelt, so spricht man von Miliartuberkeln, breiten sie sich per contiguitatem, d. h. in ihrer unmittelbaren Umgebung zu grösseren Herden aus, oder häufen sie sich und fliessen sie zu grösseren verkäsenden Granulationsknoten zusammen, so bezeichnet man solche als Käseherde.

Über die Entstehung der Krankheit im Körper gehen die Ansichten auseinander.

Die alte Hypothese von der Kontagiosität der Tuberkulose hat in den letzten Jahren — gestützt auf vielfache Erfahrungen — an Boden verloren. Dass die Tuberkelkeime von einem Individuum auf andere übertragen werden können und da ebenfalls tuberkulöse Prozesse hervorrufen, ist durch die Impf-, Inhalations- und Fütterungsversuche mit tuberkelbacillenhaltigem Material erwiesen. Die Aufnahme des tuberkulösen Virus durch Wunden ist möglich; die Leichentuberkel der pathologischen Anatomen stellen meist echt tuberkulöse Hautaffekte dar, immerhin ist es auffallend, dass von diesen aus Allgemeininfektion niemals beobachtet worden ist. Wenn es auch selten ist, dass im Anschluss an Wunden tuberkulöse Infektion und Weiterverbreitung auf den Körper erfolgt, so sind doch mehrere solcher Fälle bekannt.

Dieselben sind zusammengestellt von Klötzsch (1889). Einen hierhergehörigen Fall kann auch ich beibringen.

Beobachtung I betrifft einen 26 Jahre alten Kollegen, aus gesunder Familie stammend. Derselbe war auf einer Lupusstation beschäftigt und hatte dort die Verbände der Kranken zu wechseln. Auf dem linken Handrücken hatte er eine Warze mit rissiger Oberfläche. Eines Tages bemerkte er eine Lymphangoitis auf der Streckseite des l. Arms; daran schloss sich eine Schwellung der Achseldrüsen, diese wurden exstirpiert und deren tuberkulöser Charakter mikroskopisch festgestellt. Nach einem halben Jahr bekam der Patient eine linksseitige Hüftgelenktuberkulose und 4 Jahre nach der Infektion ging er zugrunde. — Einen weiteren Fall von Inokulationstuberkulose veröffentlicht Deneke (1890).

Zur Wundinfektion wäre auch noch zu rechnen die nach der Beschneidung vorkommende Tuberkulose, indem von tuberkulösen Beschneidern die Wunde ausgesaugt wird. Näheres hierüber bei Lehmann, Löwenstein, Eisenberg l. c.

Der Lupus wird von Manchen als kutane Impftuberkulose aufgefasst, indem auch kleinere Kontinuitätstrennungen der Haut die Eingangspforte abgeben sollen. Im grossen und ganzen ist die Infektion durch Hautwunden eine seltene.

Ferner wird die Inhalationstuberkulose angeführt. Mit der Luft, die der Mensch einatmet, kommt auch das weitverbreitete tuberkulöse Virus in die Bronchien und Alveolen; aufgehalten wird es im Nasenlabyrinth, herausbefördert beim Gesunden durch die Flimmerepithelien in der Regio respiratoria, deren Cilien nach der nach aussen gewendeten Richtung schlagen. Ist aber die Epitheldecke durch Katarrh aufgelockert, sind Läsionen in der Schleimhaut vorhanden, so ist den Tuberkelbacillen Thür und Thor geöffnet, und sie können da oder durch Vermittlung der Lymphgefässe an von der Eingangspforte entfernter gelegenen Stellen ihre deletäre Wirkung entfalten. Hierher wird auch gerechnet das Einblasen von Luft bei asphyktischen Kindern von Seiten tuberkulöser Individuen. Über bezügliche Tierexperimente vgl. Tappeiner und v. Baumgarten.

Eine weitere Aufnahme des tuberkulösen Giftes kann vom Darmkanal aus erfolgen. Dass der Darm dem Tuberkelbacillus Eingang gewähren kann, ist fraglos und auch durch das Tierexperiment festgestellt; die Bacillen passieren den Magen, ohne in ihrer Virulenz geschädigt zu werden, und rufen eine primäre Darmtuberkulose hervor. Es ist also nicht zu leugnen, dass der Entstehung der Tuberkulose auf dem Eindringen von Tuberkelbacillen in den Darmkanal eine Bedeutung zugeschrieben werden muss, es decken sich manche Erfahrungen am Krankenbett mit dem Experiment. Die Möglichkeit der Ansteckung durch die Milch tuberkulöser Kühe (Eutertuberkulose), durch das Vorkauen der Nahrung seitens einer phthisischen Mutter, durch das Befeuchten des „Schlotzers", durch den Genuss von rohem von tuberkulösen Tieren stammendem Fleisch, namentlich auch durch Verschlucken der tuber-kelbacillenhaltigen Sputa, ist nicht von der Hand zu weisen. Das Stillen des Kindes von Seiten tuberkulöser Mütter dürfte weniger Gefahr bringen, da die Tuberkelbacillen nur bei allgemeiner Miliartuberkulose und tuberkulöser Mastitis in das Milchsekret übergehen.

v. Baumgarten, Biedert, Schottelius, Bollinger legen der Infektion durch den Darm keine besondere Bedeutung bei.

Primäre Tuberkulose der äusseren Genitalien ist selten, mithin auch eine Infektion von hier aus.

Für die Kontagiosität der Tuberkulose treten viele Ärzte ein, und es ist gewiss eine auffallende Thatsache, dass z. B. bisher von Tuberkulose freie Familien bei der Rückkehr eines infizierten Familienmitgliedes aus der Fremde tuberkulös werden, oder dass von zwei Ehegatten, von denen der eine an Tuberkulose leidet, der andere bisher gesunde und aus gesunder Familie stammende gleichfalls Tuberkulose bekommt. Gesunde Familien erkranken zuweilen in Wohnungen, in welchen früher Schwindsüchtige gehaust und zwar namentlich solche Kranke, welche unreinlich waren, ihre Sputa auf den Fussboden oder an die Wände auswarfen (Cornet). Krankenwärter und Diakonissen, denen doch sehr häufig die Pflege von Schwindsüchtigen obliegt, erliegen in überwiegender Zahl dieser Krankheit.[1][2] Mit der Annahme der Kontagiosität würde auch die Thatsache übereinstimmen, dass an Orten, wo die Bevölkerung am dichtesten zusammen lebt, die Tuberkulose am häufigsten ist und die Frequenz der Erkrankungen mit der Abnahme der Bevölkerungsdichtigkeit sinkt.

Im Gegensatz zu dieser Anschauung stehen die Erfahrungen anderer Ärzte, welche der Kontagiosität nur eine untergeordnete Rolle zuerteilen und das Hauptgewicht auf die Vererbung der Krankheit legen. Hierfür spricht auch die Thatsache, dass in einer grossen Zahl von Fällen — etwa 50 % — eine Erkrankung der Ascendenten nachweisbar ist, und ferner, dass lange nicht alle Menschen, welche mit Tuberkulösen zusammenleben, von der Krankheit ergriffen werden.[3]

In unseren Fällen gehören 58,19 % Kinder tuberkulösen Familien an, in 41,8 % ist nichts von Heredität bekannt.

Man sagte daher, es wird die Tuberkulose als solche nicht selbst

---

1) Mündliche Mitteilung des Vorstandes der evang. Diakonissenanstalt in Stuttgart.

2) Demme fand bei einem 8 Monate alten Kinde, das bei einem phthisischen Mann in Pflege war und eine Ozaena auf tuberkul. Basis beruhend hatte, Tuberkelbacillen im Nasenschleim. Es folgte Meningitis tuberculosa mit Tod. Demme nimmt in diesem Fall eine durch Infektion herbeigeführte primäre tuberkulöse Erkrankung der Nasenschleimhaut an.

3) Vgl. Langerhans, Leyden.

vererbt, sondern die Disposition zur Erkrankung bestehend in einer
gewissen Schwäche der Konstitution, in einer herabgesetzten Defensiv-
kraft der Zellen des betreffenden Organismus. Wird ein solcher nach
der Geburt von Tuberkelbacillen befallen, so reichen — namentlich
wenn er durch anderweitige Krankheiten noch mehr geschwächt ist —
seine Schutzorgane nicht aus zur Wegschaffung des Giftes, die Lebensenergie der Zellen ist eine zu geringe und sie unterliegen der Infektion.

  v. Baumgarten hat die Lehre von der intrauterinen Übertragung
aufgestellt, und zwar kann es sich handeln um eine placentare oder
um eine germinative Übertragung des spezifischen Krankheitserregers.
— Zunächst ist hervorzuheben, dass auch andere Krankheiten kon-
genital übertragen werden können, so z. B. Variola, Syphilis, Recurrens,
Sepsis. Diese Krankheiten werden entweder schon intrauterin oder
bald nach der Geburt manifest, oder sie können lange Zeit latent bleiben.

  v. Baumgarten's Auffassung ist folgende: Die Tuberkelbacillen
oder deren Sporen sind schon bei der Geburt im Körper des von Erb-
tuberkulose ergriffenen Individuums vorhanden.[1]) Derartig Infizierte
brauchen aber nicht sofort zu erkranken, die Tuberkulose kann lange
Zeit, unter Umständen während des ganzen Lebens latent verlaufen,
aber trotzdem kann von einem solchen Vater oder einer solchen
Mutter der spezifische Keim auf die Nachkommen übertragen werden,
um erst bei einer späteren Generation manifest zu werden. — Beispiele hierfür sind nicht selten. So starben im Jahre 1888 in Lustnau
3 Geschwister im Alter von 2, 4 bezw. 7 Jahren an Scharlach; beim
ersteren war ausser Bronchitis eine verkäste Bronchialdrüse, beim
zweiten eine Bronchialdrüse mit Kalkkonkrement vorhanden, das
dritte hatte ausgedehnte, zum Stillstand gekommene Tuberkulose des
Peritoneums und verkäste Drüsen am Lungenhilus. Der Vater der Kinder war in demselben Jahre an Tuberkulose der Lungen, des Darms etc.
(37 Jahre alt) gestorben. Im Jahre 1894 starb der Grossvater der
Kinder väterlicherseits in seinem 70. Lebensjahr an einer krupösen
Pneumonie; neben dieser wurde bei der Sektion latente Tuberkulose in
der rechten Lungenspitze gefunden.

  Placentare Infektion. Die Einfuhr der Tuberkelbacillen
mittelst des Nabelvenenblutes in den embryonalen Kreislauf ist möglich. Wenn auch die gesunde Placenta sowohl für Fremdkörper als
für Mikroorganismen „ein Filter grösster Vollkommenheit" (Birch-

---

1) Vgl. die Fälle von angeborener Tuberkulose von Merkel, Sarwey,
Birch-Hirschfeld; die Fälle von sehr fortgeschrittener Tuberkulose im Säuglingsalter bei Demme. Beim Tier: Johne, Malvoz und Brouvier. Mischinfektionen von angeborener Syphilis und Tuberkulose und zwar schon im
frühesten Kindesalter hat Hochsinger beobachtet.

Hirschfeld) darbietet, so kann dieses doch durch den Einfluss in die Placenta eingeschwemmter pathogener Mikroben durchgängig werden, so für Milzbrand, für Tuberkelbacillen. Birch-Hirschfeld hat einen Fall von Übergang der Tuberkelbacillen von den placentaren Bahnen auf den menschlichen Fötus mitgeteilt.

Es handelte sich um eine 23jährige Gravida im 7. Monat, die an Miliartuberkulose starb. Das Kind wurde unmittelbar nachher durch den Kaiserschnitt entfernt. Im Blute der Nabelvene, der Leber, der Milz und Nieren des Kindes wurden virulente Tuberkelbacillen gefunden. Irgend welche sonstige makroskopisch sichtbare tuberkulöse Veränderungen waren nicht nachweisbar. Ferner hat F. Lehmann einen Fall von Tuberkulose der Placenta bei einer 26jährigen, an allgemeiner Miliartuberkulose gestorbenen Frau beschrieben; Herde mit typischen Riesenzellen sassen inmitten der Chorionzottenschicht. Im Fötus gelang der Nachweis von Tuberkelbacillen oder tuberkulösen Gewebsveränderungen nicht.

Die Möglichkeit der placentaren Infektion ist auch durch das Tierexperiment erhärtet.[1]) — Ob nun diese Art der Infektion eine häufige ist, scheint zum mindesten zweifelhaft, denn in der Regel kreist der Tuberkelbacillus nur im Blute von Individuen mit allgemeiner Miliartuberkulose und meist auch dann in so geringer Zahl, dass erst Impfversuche dessen Gegenwart darthun.

Germinative Infektion. Das tuberkulöse Virus ist schon in den Zeugungsprodukten der Eltern enthalten, es wird durch das männliche Sperma deponiert, oder es ist schon in der Eizelle vorhanden. Dass die Tuberkulose in utero nur selten manifest wird, kommt daher, dass gewöhnlich nur eine kleine Menge, vielleicht auch noch in ihrer Vitalität abgeschwächte Tuberkelbacillen mit der Befruchtung in das Ei gelangen, also eine äusserst langsame Entwicklung derselben statt hat; denn die Menge und Propagationsenergie der Bacillenwucherung ist von grösster Bedeutung für das Fortschreiten des Prozesses. Dazu kommt noch der Umstand, dass der Ausbreitung der so deponierten Mikroben ein vermöge der grösseren Lebensenergie und Ernährung der Zellen viel widerstandsfähigeres Gewebe entgegensteht als nach der Geburt. Diese Wachstumswiderstände können natürlich durch Einschwemmung einer grossen Menge vollvirulenter Keime im Embryo überwunden werden und es kommt zu einer Tuberkulose in utero. — Für gewöhnlich werden die vererbten Tuberkelbacillen, die im embryonalen Gewebe nicht recht Boden fassen können, teils ausgeschieden, teils in bestimmten Organen, vor allem in den Lymphdrüsen und im Knochen-

---

1) Vgl. die Arbeiten de Renzi's, Gärtner's, Armanni's (angeführt bei v. Baumgarten's Arbeiten etc. Bd. I).

mark abgelagert; sie verharren da, ohne Schaden anzurichten, aber auch ohne ihre Lebensfähigkeit und Virulenz einzubüssen. Sie machen keine oder kaum nachweisbare Gewebsveränderungen, erst im extrauterinen Leben, wenn das Proliferationsbestreben der Zellen aufhört, entwickeln sich greifbare tuberkulöse occulte Herde, die den Ausgangspunkt zu späteren Erkrankungen im Jünglings- oder Mannesalter bilden. Dass die eigentlich phthisischen Prozesse gerade im Jünglingsalter häufig auftreten, erklärt sich daraus, dass um diese Zeit die Proliferations-energie der Gewebe nahezu oder gänzlich erloschen ist, also das im Embryo der Entwicklung der Tuberkulose so wirksam entgegen-stehende Hemmnis in Wegfall gerät. Gestützt wird die v. Baum-garten'sche Hypothese durch den Nachweis von Tuberkelbacillen in der Gewebsflüssigkeit des Hodens und der Prostata von an Lungen-tuberkulose gestorbenen Männern, ohne dass an den Genitalorganen irgend welche pathologische Veränderungen nachweisbar waren (Jahni u. Weigert). Walther und Westermayer haben indessen weder im Parenchym der Hoden noch Nebenhoden noch Prostata mit Tuber-kulose behafteter, aber mit gesundem Genitalapparat ausgestatteter Leichen Tuberkelbacillen gefunden; auch der Tierversuch fiel negativ aus. Dagegen konnte Spano die Tuberkelbacillen im Sperma mittelst des Mikroskops, des Kultur- und des Tierexperiments nachweisen. Ziegler spricht daher die Möglichkeit aus, dass vielleicht erst inner-halb der samenleitenden Kanäle die Beimischung von Tuberkelbacillen zum Sperma stattfände. Ausserdem sind bei einer Frau mit chro-nischer Lungenphthise und Darmtuberkulose in den Schleimhäuten der Tuben Tuberkelbacillen gefunden (Jahni und Weigert). Eine weitere Stütze findet die Lehre von der germinativen Infektion durch das Experiment am Tier. Das Einführen von einer verdünnten Tuberkel-bacillenaufschwemmung in die äusserste Schicht des Eiweisses eines Hühnereies hatte nicht Absterben desselben zur Folge, sondern der Embryo entwickelte sich ebenso wie der im gesunden Ei, die Hühnchen krochen gut entwickelt aus. Aber auch die eingeführten Tuberkel-bacillen blieben am Leben und nach kurzer Inkubationsdauer — 20 Tage bis 4 1/2 Monate — gingen die Tiere an typischer Tuberkulose zugrunde (Maffucci, v. Baumgarten, Pfander, Gärtner).

Mit den klinischen Anschauungen lässt sich die v. Baumgarten aufgestellte Hypothese von der kongenitalen Übertragung der Tuber-kulose wohl in Einklang bringen, besonders spricht dafür das isolierte Vor-kommen von primären tuberkulösen Herden in den Drüsen, den Knochen, den Gelenken bei jungen Kindern. — Seither war die Erklärung für das Auf-treten der Tuberkulose im Kindesalter folgende: Länger dauernde Schleim-haut- und Hauterkrankungen bedingen von Seiten der gelockerten und

verletzten Gewebe eine grössere Aufnahmefähigkeit dieser, von hier werden die Tuberkelbacillen nach den nächsten Lymphdrüsen transportiert,
verweilen dort mit auf die Nachbarschaft beschränkter Infektion, oder
gelangen durch den Ductus thoracicus in den Blutkreislauf und führen
zu allgemeiner Infektion. — Mit der Annahme der Baumgarten-
schen Lehre hätten wir so zu formulieren: Die Bacillen sind schon in
den Drüsen etc. vorhanden, sie führen dort ein Schlummerdasein, sind
mit geringer Leistungsfähigkeit ausgestattet, sie sind abgekapselt.
Länger dauernde Haut- und Schleimhauterkrankungen haben eine vermehrte Lymphströmung in dem zugehörigen Gebiet zur Folge, die
Entzündung greift auch auf die tuberkulös entartete Drüse über, die
bindegewebige Hülle wird gesprengt, die Tuberkelkeime werden frei
und weiter transportiert zu benachbarten Drüsen, oder sie gelangen in
den Blutkreislauf. — Auch die Knochen- und Gelenktuberkulose lässt
sich so leicht verstehen, denn diese Teile sind im Kindesalter Ver-
letzungen (durch Kontusionen) am meisten ausgesetzt.

Die Übertragung der Tuberkulose während des intrauterinen Lebens
ist jedenfalls eine über alle Zweifel erhabene Thatsache, ebenso aber
auch die durch Ansteckung und vielleicht auch die Verbreitung durch
hereditäre Disposition nach Analogie der Geisteskrankheiten, der Hämo-
philie etc. — Es wird sich bei der Frage über die Verbreitungswege der
Tuberkulose um die Häufigkeitsverhältnisse der 3 verschiedenen Möglichkeiten handeln, keine dürfte vollständig auszuschliessen sein.

Es ist die Regel, dass, wenn irgend wie im Körper des Kindes
tuberkulöse Prozesse abspielen, die Lymphdrüsen mit ergriffen sind,
und zwar vorwiegend sind es die Bronchialdrüsen. Nach Müller
waren unter 500 Sektionen von Kindern 126mal die Lymphdrüsen und
von diesen 103mal die Bronchialdrüsen tuberkulös erkrankt; Froebelius
fand in 99,2 % der an Tuberkulose gestorbenen Kinder im ersten Lebensjahre Bronchialdrüsentuberkulose.

Gelegenheitsursachen.

Als veranlassende Momente für die Entstehung resp. das Manifest-
werden der Tuberkulose bei Kindern sind die schon angedeuteten Infektionskrankheiten zu nennen und alle jene Erkrankungen, welche mit
einer länger dauernden Schädigung der Gewebe einhergehen; von den
ersteren namentlich die Masern und der Keuchhusten, akute Bronchitis
mit nachfolgender Katarrhalpneumonie, seltener Scharlach, Pneumonie,
Typhus, von letzteren Rhachitis und Skrofulose.

Dass an die genannten Infektionskrankheiten sich häufig Tuberkulose anschliesst und zwar direkt oder auch im längerdauernden Verlauf, ist wohl allseitig anerkannte Thatsache. Bei Masern und Keuch-

husten haben wir ja oft lange dauernde Bronchitiden, die nicht weichen
und zu nachfolgender Herdbildung führen. Ich werde aus dem Kreise
meiner Beobachtungen weiter unten Belege bringen. Rhachitische Kinder
gehen häufig an Tuberkulose zugrunde. Was die Skrofulose betrifft,
so gehen die Ansichten, ob sie eine Krankheit für sich oder eine Teilerscheinung der Tuberkulose sei, auseinander. Rechnen wir mit der
alten Anschauung — und diese scheint mir auch heute noch als die
richtige — so bezeichnen wir sie als eine Konstitutionsanomalie, welche
sich darin äussert, dass ein auf den Körper ausgeübter Reiz eine über
seine Stärke hinausgehende Wirkung entfaltet, dass solche Schädigungen
von ungewöhnlich langer Dauer sind, die Rückkehr zur Norm nur langsam sich vollzieht, dass an dem einmal befallenen Ort auf geringfügige
Veranlassung hin leicht Rezidive sich einstellen und die Lymphdrüsen,
deren Gefässe mit dem affizierten Ort in Verbindung stehen, leicht
anschwellen, aber nach Ablauf der in ihren Wurzelgebieten vorhandenen Entzündungen sich nicht zurückbilden, sondern hyperplastisch
werden und häufig der Verkäsung verfallen. Die Hyperplasie gehört
noch der Skrofulose an, die Verkäsung dagegen ist die durch Tuberkel-
wirkung gesetzte Gewebsveränderung (Schüppel). Die Skrofulose und
die Tuberkulose verhalten sich zu einander wie der Boden, auf dem
eine Pflanze mit Vorliebe wächst, zu dieser Pflanze selbst (Kanzler).
Dass solche langdauernde Läsionen der Gewebe dem Tuberkelbacillus
das Eindringen in den Körper erleichtern und die Ansiedlung begünstigen, dürfte wohl einleuchten, oder aber könnte man es sich so
erklären, dass durch lange dauernde Entzündungsprozesse die schon
vorher in den Lymphdrüsen abgekapselten Tuberkelbacillen frei werden
und zur Allgemeininfektion führen.

Als weitere veranlassende Ursache für die Entstehung der Krankheit werden angegeben Erkältungen, besonders wenn sich solche häufig
wiederholen, Störungen des Stoffwechsels, Veränderungen in der Zusammensetzung des Blutes und dessen Cirkulation und dadurch bedingte schlechte Ernährung der Gewebe; Säfteverluste, kümmerliche
Ernährung, dauernder Aufenthalt in schlechter Luft, kurz alle die Momente, welche den Körper im allgemeinen schädigen, dessen Widerstandsfähigkeit gegen die Entfaltung des Tuberkelbacillus herabsetzen.

Meningitis tuberculosa.

Litteratur.

Bader, Geschichte der Wassersucht der Gehirnhöhlen. Leipzig 1794. — Balaban, S., Über den Gang der Temperatur bei Meningitis tuberculosa basilaris der Kinder. Heidelberger Dissertation 1884. — Barthez u. Rilliet, Traité des maladies des enfants. Paris 1854. — Bertalot, H., Über Meningitis tuberculosa bei Kindern. Jahrbuch der Kinderheilkunde. N. F. Bd. IX. — Biedert, Über einen geheilten Fall von Meningitis tuberculosa. 4. Jahresbericht aus dem Bürgerspital zu Hagenau 1881. — Bokai, J. jr., Meningitis tuberculosa mit überaus niedriger Temperatur. Pester med. Presse 43. — Jahrb. f. Kinderheilkunde XVIII. — Bosselut, F., Contribution à l'Etude de la Meningite tuberculeuse chez les jeunes enfants agés de moins des deux ans. Paris 1888. — Bristowe, J. S., Bemerkungen über Fälle von nicht erkannter oder markierter Hirntuberkulose. British medical Journal 1217. Ref. Jahrb. für Kinderheilkunde XXIII. — Bruns, P., Heilwirkung des Erysipels auf Geschwülste. Beiträge zur klinischen Chirurgie. Bd. III. — Demme, Bericht über die Thätigkeit des Jenner'schen Kinderhospitals in Bern. — Zur praktischen Bedeutung der Tuberkelbacillen für das Kindesalter. Berliner klinische Wochenschrift 1883. — Dennig, A., Zur Diagnose der Meningitis tuberculosa. Münchener med. Wochenschrift 1894. — Über septische Erkrankungen etc. Leipzig 1891. — Fischer, H., Über das plötzliche Verschwinden von Tumoren. Deutsche Zeitschrift für Chirurgie. XII. — Erb, Krankheiten des Rückenmarks. Ziemssen's Handbuch der speziellen Pathologie und Therapie. — Ford, E., The London Medical Journal 1790. Bd. XI. — Freyhan, Ein Fall von Meningitis tuberculosa mit Ausgang in Heilung. Deutsche med. Wochenschrift 1894. — Fürbringer, Zur klinischen Bedeutung der spinalen Punktion. Berliner klinische Wochenschrift 1895. — Gnändinger, Drei Fälle von Meningitis tuberculosa mit abnorm niedrigen Körpertemperaturen. Jahrbuch für Kinderheilkunde. N. F. XV. — Gölis, L. A., Praktische Abhandlungen über die vorzüglichen Krankheiten des kindlichen Alters. Wien 1815. — Henoch, E., Vorlesungen über Kinderkrankheiten. Berlin 1893. — Charité Annalen. Bd. IV—XI. — Beiträge zur Kinderheilkunde. N. F. 1868. — Hilbert, Über traumatische Meningitis tuberculosa. Berliner klinische Wochenschrift 1891. — Huguenin, Meningitis tuberculosa. Ziemssen's Handbuch der speziellen Pathologie und Therapie. Leipzig 1876. — Kernig, W., Über ein wenig bemerktes Meningitis-Symptom. Berliner klinische Wochenschrift 1884. — Landois, Lehrbuch der Physiologie 1891. — Lederer, J., Ein Beitrag zur Meningitis tuberculosa. Jahrb. für Kinderheilkunde XIX. — Letulle, Societé anatomique 1874. — Leube, Sitzungsbericht der physiologisch-medizin. Gesellschaft. Würzburg 1889. — Leyden, Klinik der Rückenmarkskrankheiten I.

1874. — Lichtheim, Verein für wissenschaftliche Heilkunde zu Königsberg. Deutsche med. Wochenschrift 1893. — Zur Diagnose der Meningitis. Berliner klinische Wochenschrift 1895. — Medin, O., Über Meningitis tuberculosa bei kleinen Kindern. Nord. med. ark. XV. Ref. Jahrbuch für Kinderheilkunde XXII. — Mendelsohn, Traumatische Phthise. Zeitschrift für klinische Medizin. Bd. X. — Mertz, C., Zwei seltene Fälle von Meningitis tuberculosa. Mitteilungen aus der Tübinger Poliklinik, herausgegeben von Th. v. Jürgensen. Heft II. — Money, A., On the frequent association of chorioidal and meningeal tubercle. The Lancet 1883. II. — Nilsson, Emil, Hygieia XLVII; ref. Jahrbuch für Kinderheilkunde XXV. — Osler, W., Toxaemia in tuberculosis. The Practitioner 1893; ref. Centralblatt für medizinische Wissenschaften 1894. — Quin, Treatice of the dropsy of the brain. Dublin 1780. — v. Ranke, Einiges über Hydrocephalie. LXVI. Versammlung deutscher Naturforscher und Ärzte in Wien. — Reimer, Kasuistische und pathologisch-anatomische Mitteilungen etc. Jahrbuch für Kinderheilkunde XI. — Rohrer, Zur Casuistik des Hydrocephalus acutus. Korrespondenzblatt für Schweizer Ärzte. Jahrg. VIII. — Seeligmüller, Über Lähmungen im Kindesalter. Jahrbuch für Kinderheilkunde. N. F. XIII. — Seitz, J., Die Meningitis tuberculosa der Erwachsenen. Berlin 1874. — Suhle, E., Beitrag zur Kasuistik der Meningitis tuberculosa und Meningitis cerebrospinalis der Kinder etc. Berliner Dissertation 1887. — Schilling, F., Über die Beziehungen der Meningitis tuberculosa zu Traumen des Schädels. Münchener med. Wochenschrift 1895. — Schultze, F., Über das Verhalten des Rückenmarks und der Rückenmarksnervenwurzeln bei akuter Basilarmeningitis. Berliner klin. Wochenschrift 1876. — Steffen, Entzündung der Pia mater. Gerhardt's Handbuch der Kinderkrankheiten 1880. — Strümpell, Lehrbuch der spez. Pathologie und Therapie etc. III. Aufl. — Traube, Über Meningitis. Verhandlungen der Berliner med. Gesellschaft. Deutsche Klinik 1863. — Turin, J., Über Temperaturverhältnisse bei der Meningitis tuberculosa der Kinder. Jahrbuch für Kinderheilkunde. N. F. XVI. — Votteler, Über Puls und Temperatur bei der Meningitis tuberculosa im Kindesalter. Jahrb. f. Kinderheilkunde 17. — Warfvinge, F. W., Hygieia XLVIII; ref. Jahrb. f. Kinderheilkunde XXV. — Wortmann, J., Beitrag z. Meningitis tuberculosa und der Gehirntuberkulose im Kindesalter. Strassburger Dissertation 1883. — Whytt, R., Sämtliche zur praktischen Arzneikunst gehörige Schriften. Leipzig 1771. — Ziegler, E., Lehrbuch der pathologischen Anatomie. V. Aufl.

Geschichtliches. Vorkommen. Pathologische Anatomie.

Über die akute Wassersucht der Gehirnkammern, wie früher die Krankheit bezeichnet wurde, ist vor Mitte des 18. Jahrhunderts wenig bekannt gewesen. Zwar thut Hippokrates der Erkrankung Erwähnung, doch geht daraus nicht genau hervor, ob er den Hydrocephalus externus oder internus, ἐπὶ τῷ ἐγκεφαλῷ meinte. Celsus, Aetius, Paul Aegineta und Andere führen wohl die Krankheit an, aber es sind nur ungenaue Angaben. Zuerst hat der Engländer Robert Whytt im Jahre 1768 eine genaue Abhandlung über die Wassersucht in den Gehirnkammern geschrieben. Er giebt eine genaue Symptomatologie, teilt die Krankheit — die nach seiner Be-

schreibung wohl nur der tuberculösen Form entsprechen kann — in
3 durch das Verhalten des Pulses gegebene Stadien ein und stellt
Sätze auf, welche heute noch allgemeine Gültigkeit haben. Das Hauptgewicht legt er auf die Ansammlung von seröser Flüssigkeit in den
Gehirnhöhlen. Er scheint aber auch Solitärtuberkel beobachtet zu haben.

Der entzündliche Charakter der Krankheit tritt bei seiner Beschrei-
bung in den Hintergrund, erst Quin (1780) und Ford (1790) in Eng-
land, Bader (1790) in Deutschland heben diesen hervor, noch mehr
geschieht dies durch Gölis (1815) [1]).

Den Namen Meningitis gab Senn (1825), der zugleich den
Nachweis erbrachte, dass die Lokalisation in den Pialscheiden sich be-
finde. Er und Guibert[2]) wiesen schon auf das granulierte Aussehen
der Gehirnhäute hin, Guersant (1827) machte auf den Zusammenhang mit Tuberkulose anderer Organe aufmerksam und liess durch
seinen Schüler Murdoch bemerken, dass die an akutem Hydrocephalus
zugrunde gegangenen Kinder phthisische Kinder seien, die durch das
Gehirn stürben (que les enfants qui périssaient d'hydrocéphalie étaient
des phthisiques qui mouraient par le cerveau). Pavoine (1830) hat
der Krankheit den Beinamen „tuberkulös" gegeben; er beschreibt sie
unter dem Titel Arachnitis tuberculeuse; Rufz (1835), Fabre und
Constant (1835) sprechen sich noch präziser über den tuberkulösen
Charakter der Meningitis aus. Allein trotz eingehender Behandlung
der Krankeit von diesen als von anderen (Piet 1836, Schweninger
1839) herrschte doch noch Verwirrung zwischen der einfachen Meningitis und der tuberkulösen Form, und erst Barthez et Rilliet haben
scharf unterschieden Meningite franche et Meningite tuberculeuse, „que
ces deux maladies étaient aussi différentes l'une de l'autre que la
phthise est différente de la pneumonie". — Die Fortschritte der pathologischen Anatomie und der Bakteriologie haben in den letzten Jahr-
zehnten völlige Klarheit geschaffen.

Die tuberkulöse Erkrankung der bindegewebigen Hüllen des Centralorgans ist eine der häufigsten im Kindesalter. Während die an
Tuberkulose erkrankten Erwachsenen nur selten Meningitis tuberculosa
darbieten, ist diese im Kindesalter recht oft vertreten. Ja Formey
hat sogar behauptet, dass die tuberkulöse Meningitis nur dem kindlichen Alter eigentümlich sei. — In unseren Fällen finde ich bei den
an Tuberkulose gestorbenen Erwachsenen nur in 9,2 % die Meningen
tuberkulös erkrankt, während von den 61 Kindern 37 die Erscheinungen einer Meningitis tuberculosa zeigten, also 60,7 %. Bezüglich
des Vorkommens der Meningitis tuberculosa in Wien spricht sich

---

1) Eine genauere geschichtliche Darstellung findet sich bei Bertalot.
2) cit. bei Barthez u. Rilliet.

Lederer folgendermassen aus: „sie kommt im Gegensatz zur Tuberkulose anderer Organe bei uns unverhältnismässig häufiger bei Kindern vor als bei Erwachsenen ..." — Für Kiel giebt Simmonds
68%, Bolz 39,7% an. Im Gegensatz hierzu befindet sich O. Medin,
welcher bei 431 im Kinderspital in Stockholm an Tuberkulose verstorbenen Kindern nur in 15,5% Meningealtuberkulose fand. Weshalb gerade im Kindesalter die Meningen so häufig ergriffen werden,
lässt sich nicht beantworten; man kann nur sagen, dass, wenn einmal
Kinder tuberkulös werden, die Miliartuberkulose das Gewöhnliche ist
und bei der weitverbreiteten Aussaat von Tuberkeln die Meningen
keine Ausnahme machen. Jani meint, von vorwiegender Bedeutung
für die Ausbreitung der Tuberkulose sei die grössere oder ergiebigere
Versorgung eines Gebietes mit Blut: „mit der Grösse der Fläche, die
ein Organ dem Blute darbietet, wächst auch die Möglichkeit der Ansiedelung der im Blute kreisenden Mikroben".

Die Entzündung der Gehirnhäute kommt schon bei ganz jungen
Kindern vor, Steffen hat sie in Übereinstimmung mit uns bei 3 mo-
natlichen Kindern beobachtet, Barthez u. Rilliet, Letulle und Andere bei 5 Monate alten. — Weitaus am häufigsten ist die Erkrankung
in den ersten 5 Lebensjahren, bei unseren Fällen in 75%, und zwar
ist es das Säuglingsalter, welches mit 12 Erkrankungen = 32,2% das
Hauptkontingent stellt. Wir stimmen in diesem Befunde mit denen
Anderer nicht überein — so findet Steffen das zweite Lebensjahr am
meisten beteiligt und Barthez u. Rilliet trafen die zahlreichsten Erkrankungen bei Kindern von 3 bis zu $7\frac{1}{2}$ Jahren — allein ich habe
schon früher den Umstand hervorgehoben, dass wir in der hiesigen
Poliklinik auch die jüngsten Kinder in Behandlung und event. zur
Obduktion bekommen, während dies in Krankenhäusern nicht immer
der Fall sein dürfte. Ich will indessen nicht in Abrede stellen, dass
auch andere Faktoren mit ins Spiel kommen können.

Bosselut findet mit uns die ersten Lebensjahre häufig ergriffen:
„Das Neugeborene bis zum Alter von 2 Jahren ist viel häufiger der
Meningitis tuberculosa unterworfen, als man gewöhnlich glaubt".

Gehäuftes Auftreten in manchen Jahren kommt vor, ohne dass ein
Grund aufzufinden ist, so kamen z. B. 1890 7 Fälle — und zwar im
Dorfe Lustnau 5, in Tübingen 2 — im Jahre 1889 nur 1 Fall (in
Tübingen) vor.

Was das Geschlecht betrifft, so lauten die Angaben übereinstim-
mend, dass mehr Knaben befallen werden als Mädchen. Von Manchen
wird behauptet, dass der Winter und der Frühling die Erkrankung begünstigen und der Grund darin gesucht, dass die feuchte und kalte
Jahreszeit leichter zu Erkrankungen des Respirationstraktus führt und

mit dieser neu eingeschleppte Keime leicht und rasch zur Entwicklung gelangen, oder dass eine alte latente Tuberkulose zu neuem Leben angefacht wird. Auch bei unseren Fällen trifft die grösste Sterblichkeitsziffer auf das Frühjahr:

Dezember, Januar, Februar	März, April, Mai
19,5 %	41,7 %
Juni, Juli, August	September, Oktober, November
27,7 %	11,1 %

Allein es sei hier nochmals hervorgehoben, dass als prädisponierende Momente nicht nur Erkältungen, sondern vor allen Dingen die epidemisch auftretenden Infektionskrankheiten — namentlich Masern und Keuchhusten — eine bedeutende Rolle spielen, und diese binden sich gewöhnlich nicht an bestimmte Jahreszeiten.

Manchmal wird als Veranlassung zur Entstehung des Meningitis ein Schlag oder Fall auf den Kopf angeführt (Demme, Seeligmüller, Bristowe, Mendelsohn, Hilbert, Schilling u. A.).

In vielen Fällen handelt es sich um eine disseminierte Miliartuberkulose gleichmässig in verschiedenen Organen, den Lungen, der Pleura, Milz, Leber, dem Peritoneum, den Nieren, den Därmen, Pankreas verteilt, so dass die tuberkulöse Affektion der Gehirnhäute nur eine Teilerscheinung der Allgemeininfektion darstellt; in anderen allerdings selteneren Fällen bilden die Meningen fast ausschliesslich den Sitz der tuberkulösen Erkrankung, während die übrigen Organe des Körpers frei oder doch relativ frei sind und sich vielleicht nur eine verkäste Lymphdrüse als primärer Herd nachweisen lässt.

Meistens ist die tuberkulöse Meningitis hämatogenen Ursprungs, metastatischer Natur, indem die Tuberkelbacillen von irgend einem alten Herd, z. B. einer tuberkulösen Lymphdrüse, einem käsigen Prozess in den Lungen oder von tuberkulösen Knochen- und Gelenkaffektionen aus in den Blutstrom gelangen, nach den Hirnhäuten übergeführt werden und sich dort weiter entwickeln; es kommt zu einer mehr oder weniger ausgebreiteten Miliartuberkulose daselbst. Es gelingt aber nicht immer, den Ausgangspunkt nachzuweisen, doch soll damit nicht gesagt sein, dass ein solcher nicht vorhanden, sondern es ist viel wahrscheinlicher, dass er verborgen lag und dem Auge des Obducenten entgangen ist.

Weiter kann auch durch Übergreifen einer tuberkulösen Erkrankung von den Nachbarorganen aus — von dem knöchernen Schädel, Caries des Schädeldachs, des Felsenbeins etc. oder von Solitärtuberkeln im Gehirn oder von einer Tuberkulose der Rückenmarkshäute,

ferner durch die Nase bei einer auf Tuberkulose beruhenden Ozaena
(Demme) auf lymphogenem Wege eine tuberkulöse Entzündung der
Gehirnhäute entstehen. Es bilden sich dann am Orte der Infektion
mehr oder minder zahlreiche Knötchen und der Prozess bleibt beschränkt oder er breitet sich durch Dissemination der Keime im Gebiete der cerebralen Lymphbahnen auf weite Flächen aus. — Bei Verbreitung auf dem Blutwege liegen die Knötchen in der Nähe der Blutgefässe, und es bleibt meist bei einer Lokalisation in den weichen
Gehirnhäuten, wenn auch ein Übergreifen auf das nervöse Gewebs-
parenchym, Rinden- und Marksubstanz vorkommt. Neben der Bildung
von Knötchen entwickeln sich meistens diffus ausgebreitete Exsudationen
serös-eitriger und serös-fibrinöser Natur sowohl in den Maschenräumen
des meningealen Gewebes als in der nervösen Substanz selbst, als den
Pialscheiden folgend in den Hirnventrikeln. Man kann diese Prozesse
als tuberkulöse Meningoencephalitis und Meningomyelitis bezeichnen. Bleiben dagegen die entzündlichen Exsudationen überhaupt
aus, resp. sind sie gering, was selten und meist nur in chronisch verlaufenden Fällen vorkommt, so spricht man besser von einer Tuberkulose der Meningen.

Von der Pia aus kann der tuberkulöse Prozess auf die äusseren
Hirn- und Rückenmarksschichten übergreifen und die Nervenfasern und
Ganglienzellen zum Zerfall bringen. — Pflanzt sich die Entzündung
auf den Telae chorioideae in die Ventrikel fort, so treten in diesen Tuberkel und Exsudate auf, welche die Gehirnhöhlen mehr oder weniger
stark ausdehnen — Hydrocephalus acutus; durch den Druck auf
die Gehirnsubstanz werden die Gyri abgeplattet, die Sulci verstrichen und
die Subarachnoidalflüssigkeit ausgepresst, so dass die Hirnrinde anämisch,
die Arachnoidalfläche trocken erscheint. — Die Pia ist stark injiziert.

Die Tuberkel erscheinen als graue, glänzende Knötchen, oft von
rothem Hofe umgeben, in ihrer Grösse variierend; die kleinsten ent-
deckt man nur mit der Lupe oder durch das Gefühl (körniges Anfühlen); sind die Knötchen älteren Datums, so sind sie gelb. Die Entwicklung der Tuberkel kann an jeder Stelle des meningealen Gewebes
auftreten. Sehr häufig entstehen sie in der Umgebung von Gefässen;
sind sie da reichlich vorhanden, so scheiden sie die Gefässe perlschnur-
artig ein. Sie können auch in den Gefässen liegen oder in sie durchbrechen und zu Thrombosen führen ev. mit nachfolgenden hämmorrha-
gischen Infarcten. Die Pia selbst und die Arachnoidea erscheinen
getrübt, verdickt, das Gewebe mit serös-eitrigem grauweissen Exsudat
gefüllt. Die Gefässe sind oft von gelblichen Exsudatstreifen umkleidet. —
Bei einigermassen ausgebreitetem akutem Hydrocephalus ist die Gehirnsubstanz erweicht, ödematös, die Venen erscheinen injiziert.

Die Meningen sind nicht in ihrer ganzen Ausdehnung gleichmässig ergriffen.

Als Prädilektionsstelle der tuberkulösen Meningitis gilt die Gehirnbasis; man bezeichnet auch die tuberkulöse Meningitis als Basilarmeningitis. Am häufigsten siedeln sich die Tuberkelbacillen im Verbreitungsgebiete des basalen Teiles der Arteria fossae Sylvii an und im Verlaufe dieser Gefässe trifft man daher am reichlichsten die miliaren und submiliaren, grau durchscheinenden oder gelblichen Knötchenaggregationen. Die Tuberkulose ist meist doppelseitig, doch ist es häufig, dass sie auf der einen Seite eine grössere Ausbreitung aufweist als auf der anderen, oder auch, dass nur eine Seite befallen ist; der Bezirk der linken Arteria fossae Sylvii wird von Manchen als am häufigsten und ausgedehntesten betroffen bezeichnet. An der Basis ist die diffus käsige Infiltration der Hirnhäute am meisten ausgesprochen, es kommt oft zu einer Verklebung der gegenüberliegenden Piablätter in den Furchen der Basis, deren Trennung erhebliche Widerstände sich entgegenstellen können. Die Exsudation, welche die weichen Häute der Basis durchsetzt, ist meist sulziger, seltener eitriger Natur; manchmal zeigen sich dazwischen kleine Blutaustritte. Eingebettet in das Exsudat findet man oft Tuberkeleruptionen. Am reichlichsten pflegt die Exsudation in der Region zwischen Pons und Chiasma entwickelt zu sein, sowie am Eingang der Sylvischen Furche; sie erstreckt sich aber auch auf die vorderen Teile der Basis, so dass auch der Lobus olfactorius von Exsudat umgeben wird, nach hinten bis zum Kleinhirn und der Medulla oblongata. Die austretenden Gehirnnerven werden von dem Erguss eingehüllt, es kann hierdurch zu Schwellung und Degeneration der Axencylinder und Markscheiden kommen. Je nach der längeren oder kürzeren Dauer der Erkrankung soll das Exsudat und die Knötchenbildung reichlicher oder geringer sein.

Mit der Basilarmeningitis ist gewöhnlich verbunden der Hydrocephalus acutus der Gehirnventrikel. Die Telae chorioidei sind geschwellt, gerötet, mit Tuberkeleruptionen durchsetzt. Die Beschaffenheit des Ergusses ist meist seröser Natur, dann und wann getrübt, doch kommen auch Eiterflocken und manchmal Blutbeimengungen vor, so dass die Flüssigkeit rötlich gefärbt erscheint; auch ganz eitrige Ergüsse werden beschrieben. Das Ependym der Ventrikel zeigt mehr oder weniger Granulationsbildung und Verdickungen. Die Ausdehnung des Gehirns kann durch den Ventrikelerguss so hohe Grade erreichen, dass die Ventrikel weite Höhlen bilden und das Gehirn als eine fluktuierende Masse erscheint. Der Hydrops ventriculorum ist in den Seitenventrikeln stets doppelseitig und ziemlich gleichgradig, meistens auch viel reichlicher als im dritten und vierten Ventrikel.

Wenn nun auch der tuberkulöse Prozess sich mit Vorliebe an der Gehirnbasis lokalisiert, so finden sich doch in der Regel auch vereinzelte Knötchen in der Pia der Konvexität; ja es giebt auch ausgesprochene einseitige oder doppelseitige Konvexitätsmeningitiden, die sich nicht nur auf einige Knötchen beschränken, sondern ausgedehnte Tuberkelaggregationen mit sulzigem oder sulzig-eitrigem Exsudat in den Pialscheiden aufweisen. Auch die Konvexität des Kleinhirns kann ergriffen sein. Reine auf die Gehirnkonvexität beschränkte tuberkulöse Meningitis ohne gleichzeitig an der Basis vorhandene ist äussert selten. Solche Fälle wurden von Steffen und Henoch gesehen. Weiter sind die Gehirnhäute der medialen Fläche des Grosshirns, des Occipitalhirns, des Kleinhirns und der Medulla nicht selten der Sitz der tuberkulösen Erkrankung sowohl in Kombination mit der der Arteria fossae Sylvii als für sich allein. — Der tuberkulöse Prozess kann von der Pia auch in die Gehirnsubstanz eindringen, zu käsigen Infiltrationen führen, die mehr oder weniger in die Tiefe reichen.

Das Gehirn selbst zeigt in den meisten Fällen von tuberkulöser Meningitis bedeutende Anämie der Rinde und der angrenzenden weichen Substanz, oft ödematöse Durchtränkung.

Die Dura mater ist seltener Sitz der tuberkulösen Affektion; doch wird sie neben der Erkrankung der weichen Hirnhäute angetroffen.

Die Beteiligung der Rückenmarkshäute bei der tuberkulösen Basilarmeningitis wurde früher als seltenes Ereignis hingestellt; doch haben sich Leyden (1874), Erb (1876), F. Schultze, Lionville[1]) dahin ausgesprochen, dass die Meningitis spinalis sich öfter mit der tuberkulösen Meningitis verbindet, als man bisher annahm, ja dass ganz regelmässig das gleichzeitige Vorhandensein einer tuberkulösen Spinalmeningitis beobachtet wird, daher das Auftreten spinaler Symptome bei dieser Krankheit. Es würden gewiss viel mehr positive Befunde vorliegen, wenn immer der Wirbelkanal eröffnet und genauere Untersuchungen vorgenommen würden. In unseren Fällen wurde in der letzten Zeit mehr darauf geachtet, und es fand sich mit Ausnahme eines einzigen in allen Fällen — es sind deren zehn — eine Beteiligung der spinalen Meningen. Allerdings waren nicht immer makroskopisch deutliche tuberkulöse Veränderungen wahrnehmbar, aber die mikroskopische Untersuchung klärte auf. Manchmal sieht man die Dura leicht getrübt, sie fühlt sich sammtartig an; die Pia ist ödematös durchtränkt, weniger durchsichtig als normal, die Gefässe zeigen stärkere Injektion, an einigen Stellen ist die Pia stärker getrübt, an noch anderen sulzig infiltriert. Unter dem Mikroskop sieht man dann in

---

1) bei Erb angeführt.

den Wänden und der Umgebung der arachnoidealen und pialen Gefässe zellige Infiltration mit fibrinöser Exsudation, an manchen Stellen beginnende Verkäsung, manchmal auch kleinste Knötchen; dabei Tuberkelbacillen, oft nur vereinzelt, keine anderen Mikroorganismen. In anderen weiter vorgeschrittenen Fällen ist die weiche Haut des Rückenmarks getrübt und in grosser Ausdehnung von zahlreichen Knötchen durchsetzt. — Bei längerer Dauer des Prozesses sind die weichen Häute in ihrer ganzen Ausdehnung grüngelb infiltriert, mit der Dura verklebt, auf dem transversalen Durchschnitt zeigt sich bis messerrückendicke Verdickung der weichen Rückenmarkshäute, teils auf Infiltration mit Exsudatmassen, teils auf Verdickung des Bindegewebes beruhend; die Venen sind dabei stark gefüllt. — Es wird angegeben, dass die hintere Seite des Rückenmarks stärker ergriffen sei als die vordere, und man führt diese Bevorzugung der hinteren Fläche zurück auf die Rückenlage des Patienten (Leyden). Erb erklärt die Ursache der Bevorzugung aus dem Vorhandensein von zahlreichen Maschen und Septen im hinteren Subarachnoidealraum. — Stehende Regel ist dieser Befund nicht — wenigstens bei der tuberkulösen Meningitis der Kinder nicht — in einigen unserer Protokolle heisst es: „die weichen Häute des Rückenmarks sind vorne und hinten durchsetzt etc., in einem Fall (Beobachtung XVI)", „in den oberen Teilen des Rückenmarks ist die Trübung vorne schwächer als hinten, in den unteren Teilen des Dorsalmarks dagegen sowie im Lendenmark vorne stärker als hinten entwickelt." — Was die Nervenwurzeln und das Rückenmark selbst betrifft, so findet man erstere eingebettet in die sulzige Masse, die Axencylinder sind teils gequollen, teilweise in körnigem Zerfall begriffen, die Markscheiden degeneriert, das Rückenmark selbst zeigt in manchen Fällen beginnende Myelitis interstitialis acuta (Schultze). Gewöhnlich geschieht es, dass der Prozess von der Pia des Gehirns in der Kontinuität auf die des Rückenmarks übergeht, es kann aber auch von einer Tuberkulose der Wirbelknochen eine tuberkulöse Entzündung der Rückenmarkshäute sich entwickeln und diese sich auf die Meningen des Gehirns fortpflanzen.

Symptome und Verlauf.

Man hat versucht, den Verlauf der Krankheit in verschiedene Stadien einzuteilen. Whytt nahm das Verhalten des Pulses als massgebend an und unterschied 3 Zeitabschnitte: im ersten ist der Puls frequent und regelmässig, im zweiten langsamer als in der Norm und unregelmässig, im dritten frequent bis zum Unzählbaren und wieder regelmässig. Gölis unterschied 4 Stadien: das der Turgescenz nach dem Kopfe, das der örtlichen Entzündung in der Schädelhöhle, dass der Transsudation nach

vorausgegangener Entzündung und das der Lähmung. Andere (Henke,
Plenk) sprechen von febrilem, apyretischem und letalem Stadium; wieder
Andere scheiden 2 Stadien: das eine die Symptome der Krankheit bis zum
Eintritt der Trübung des Bewusstseins umfassend, das andere von da bis
zum letalen Ende. In neuerer Zeit ist von Vielen die Einteilung Traube's
angenommen, der ein Stadium des Reizes, ein solches des Gehirn-
drucks und ein solches der Relaxation nennt. — Aus alledem geht
hervor, wie schwer eine genaue Einteilung in verschiedene Zeitabschnitte zu treffen ist; es kommen ausserordentlich viel Abweichungen
von dem „Typischen" vor, der Krankheitsverlauf lässt sich nicht in
die Schablone pressen, und wir gehen am besten mit Henoch, überhaupt keine Stadieneinteilung zu berücksichtigen oder höchstens
ein solches der Reizung und eines der Lähmung anzunehmen.

Der Beginn der Erkrankung ist oft nicht mit Sicherheit festzustellen.
In der Regel werden Prodrome bemerkt, sie sind aber manchmal so
geringfügig, dass nur eine äusserst achtsame Umgebung darauf aufmerksam wird, und man erhält erst nach längeren Kreuz- und Querfragen
einige Anhaltspunkte. — Handelt es sich um eine ausgesprochene tuberkulöse Erkrankung anderer Organe, so wird man die dieser zukommenden Erscheinungen finden und damit eine Hand in Hand gehende Abmagerung der kleinen Patienten; die neu hinzutretende Meningitis ist
nur Terminalaffektion, man wird kaum Prodrome beobachten können,
Konvulsionen oder Lähmungen lenken plötzlich die Aufmerksamkeit
auf Störungen in cerebro. — In Fällen, in welchen ausser dem primären
tuberkulösen Herd keine weitere tuberkulöse Erkrankung vorhanden ist,
oder die nur geringfügere, oft erst durch die Obduktion nachweisbare
tuberkulöse Erkrankung in anderen Körperteilen aufweisen, wird man
die der tuberkulösen Meningitis eigenen Erscheinungen wohl am ge-
nauesten beobachten und feststellen können; aber auch diese Fälle
variieren — abgesehen von der möglichen verschiedenen Lokalisation, ob
vorwiegend ein- oder doppelseitig an der Basis, ob auch die Konvexität
in Mitleidenschaft gezogen ist etc. — in dem Krankheitsbilde sehr.

Was die Vorboten betrifft, so lassen sich immerhin einige Zeichen
angeben, deren Häufigkeit sie einigermassen zur Konstanz erhebt. Im
Gegensatz zu der epidemischen Cerebrospinalmeningitis, deren Beginn
ein plötzlicher ist und die Krankheit mit voller Wucht einsetzt, zeigen
sich längere Zeit — Wochen und Monate — vor dem Ausbruch ausgesprochener cerebraler Symptome Allgemeinstörungen. Bei kleineren
Kindern (Säuglingen) wird gewöhnlich angegeben, dass sie die Brust
nicht mehr so regelmässig verlangen wie seither; dabei fällt eine
zunehmende Abmagerung und Blässe der Haut auf trotz noch genügender Nahrungszufuhr; bei anderen bemerkt man schon bald

eine verminderte Esslust, sie nehmen nur ungern die Brust und lassen sie bald wieder los. Diarrhöen wechseln ab mit Verstopfungen. Die Zunge ist oft mit weissem Belag bedeckt. — Die Haut verliert ihre Festigkeit, wird weich, welk, trocken, das Gesicht blass, die Hautfarbe gelblichgrau, fahl. Die Abmagerung fällt am Körper mehr in die Augen als im Gesicht, das mitunter sogar leicht gedunsen erscheint. Die Kinder liegen oft im Halbschlummer, sind viel ruhiger und zeigen eine auffallende Neigung zum Schlafen; verfallen sie in Schlaf, so ist derselbe unruhig, sie wälzen sich im Bett hin und her. Der matte trübe Blick und der dadurch veränderte traurige, leidende Gesichtsausdruck, das bei der geringsten Veranlassung ausbrechende Geschrei zeigen der sorgsam beobachtenden Mutter an, dass bei dem Kinde nicht alles in Ordnung sei. Dieser Zustand kann wochenlang andauern, und da keine beunruhigenden Krankheitserscheinungen auftreten wird auch kein Arzt gerufen; die Eltern schieben das veränderte Wesen der Kleinen auf Zahnen oder auf Wurmreiz; erst Konvulsionen zeigen an, dass ernste Krankheit vorliegt.

Bei Kindern über dem ersten Jahre fällt auf, dass sie weniger lebhaft als sonst sind; sie werden oft übelgelaunt, mürrisch, sind viel somnolent, seufzen mitunter tief auf, sie stützen den Kopf auf oder legen ihn in den Schoss der Mutter. Sie verraten Unruhe und Angst, halten sich am Bett fest, als ob sie nicht sicher sitzen könnten, ihr Gang wird unsicher. Auch bei ihnen verminderter Appetit und Abmagerung, unruhige Nächte. — Noch ältere Kinder werden gegen ihre Eltern und Gespielen gleichgültig, sie — vorher lebhaft — zeigen Hang zum Stillsitzen, zum Spiel aufgefordert nehmen sie wohl daran teil, aber sie sind nicht mehr so ganz dabei wie früher und ziehen sich bald davon zurück. Sie sind weniger waghalsig, werden unsicher, sie trauen sich nicht mehr ihre Künste im Klettern, Springen etc. zu zeigen. In ihrem ganzen Wesen bekunden sie eine gewisse Niedergeschlagenheit, sie sind am liebsten allein, suchen trotz Verbots dunkle Ecken auf, sitzen vor sich hinbrütend da und starren ins Leere; sie scheinen nicht zu wissen, was um sie vorgeht. Während die frühere Munterkeit und Heiterkeit vermisst wird, legen sie ein ungezogenes, scheues Betragen an den Tag, sie werden übel gelaunt, zänkisch, unfolgsam, nichts ist ihnen recht zu machen. Sie klagen über Müdigkeit, manchmal Übelkeit, selten um diese Zeit schon über kommende und gehende Kopfschmerzen, öfters über Bauchschmerzen. Sie geben ferner an, sie hätten so wirre Gedanken; aus dem meist leichten Schlaf erwachen sie nicht erfrischt, schreckhafte Träume haben sie gequält. Bei geistigen Arbeiten werden sie vergesslich, sie ermüden rasch, sind zerstreut, in der Schule merken sie nicht auf, fassen weniger gut, bleiben im Satze stecken. Oft bemächtigt sich ihrer Schwindelgefühl, sie wollen nicht allein gehen, halten sich fest aus Furcht umzufallen; ihr Gang wird schwankend. Die Nächte sind unruhig, die Kinder wälzen sich im Bett umher, wechseln jeden Augenblick ihre Lage, der Schlaf ist leicht, oft unterbrochen. — Mancher Kinder bemächtigt sich eine grosse Unruhe, sie sind leicht erregbar, oft stürmisch zärtlich und wollen nicht von der Mutter weg. — Der Appetit lässt bei den Kindern nach, sie sind wählerisch in der Nahrung, haben Gelüste nach dieser und jener Speise; wird ihr Wunsch erfüllt, so essen sie hastig einige Bissen, stossen den Rest widerwillig weg. — Der Stuhlgang ist zu Anfang noch geregelt, manchmal diarrhoisch, später meist angehalten. — Auch hier Rückgang in der Ernährung.

Diese Zustände können eine Reihe von Tagen, ja Wochen dauern — als mittlere Dauer werden 14 Tage bis 3 Wochen angegeben — die krankhaften Erscheinungen nehmen zu, manchmal sind auch Remissionen vorhanden. Während dieses Vorläuferstadiums lässt sich oft eine leichte Erhöhung der Körperwärme nachweisen. —

Das Stadium der Prodrome ist in der Regel vorhanden, es mag bald dieses, bald jenes Zeichen vermisst werden, der schleichende Beginn lässt sich aber fast immer konstatieren. Man betrachtet diese Störungen als Ausdruck der durch die Entwicklung von Miliartuberkeln bedingten Hyperämie der Pia mater.

Allein keine Regel ohne Ausnahme! Es giebt Fälle, bei welchen ebenso plötzlich die Krankheit einsetzt wie bei der epidemischen Cerebrospinalmeningitis mit ausserordentlich rapidem Verlauf, oder auch dass nach raschem Einsetzen ausgesprochener cerebraler Symptome ein langsames Fortschreiten, ja zeitweiser Stillstand statt hat.

Für die erstere Behauptung wäre folgender Fall anzuführen:

Beobachtung II. Marie Anna P. 1½ Jahre alt. Aufgenommen 4. I. 77, gestorben, 4. I. 77.

Die Eltern leben. Die Familie der Mutter stammt von auswärts, daher lässt sich über die Todesursache der Vorfahren nichts genaues ermitteln. Der Vater des Kindes hat in seiner Jugend an „Drüsen" gelitten, der Grossvater väterlicherseits ist an „Auszehrung" gestorben. 6 Geschwister des Kindes sind im Alter von 1—4 Jahren schnell gestorben; einige nach Angabe des behandelnden Arztes an Hirnentzündung. Das Kind selbst war immer gesund, hatte den besten Appetit und war stets heiter. Es habe nie gehustet. In der Nacht vom 3. auf 4. I. 77 morgens 4 Uhr seien mit einem Male Krämpfe aufgetreten; die Patientin habe den Kopf ins Genick gebeugt, der ganze Körper wurde heftig erschüttert. Das Kind verlor das Bewusstsein, hat auch in den anfallfreien Pausen seine Umgebung nicht mehr erkannt. Nach dem Anfall war das Kind ganz matt mit schlaffen Gliedern und habe mit stierem Blick dagelegen. Die Anfälle dauerten 5—10 Minuten, die Pausen ½ Stunde. — Um 12 Uhr mittags sah es der zugerufene Arzt. Die Temperatur betrug 37,6; Puls 128, regelmässig. Leib aufgetrieben und weich. Keine Tâches cérébrales, keine erhöhte Reflexerregbarkeit, kein Erbrechen. Die Pupillen waren mässig erweitert und reagierten träge. Während der Untersuchung traten Anfälle auf, die Glieder waren dabei starr, schlaff in der Pause. In einem solchen Anfall stirbt das Kind nachmittags 2 Uhr.

Obduktion (Auszug aus dem Sektionsprotokoll des Prof. Schüppel). Nach Entfernung des Schädeldachs und der Dura zeigt sich das Gehirn verquollen, die Windungen sind abgeflacht, die Vertiefungen zwischen denselben verstrichen; weiche Häute schwach feucht. Die venösen Gefässe zwischen den Windungen sind verhältnismässig nur wenig gefüllt, das Hirn macht von aussen den Eindruck der Anämie. — Die weichen Häute an der Basis, vorzugsweise zwischen der Brücke und dem Chiasma, aber auch die Häute in den Sylvischen Gruben, zwischen den Kleinhirnhemisphären nach hinten zu, sowie der Überzug an der unteren Fläche des Kleinhirns an einigen Windungen des Mittellappens zunächst der Basis sind verdickt, sehr stark getrübt und deutlich, aber schwach eitrig infiltriert. Geht man zwischen den Windungen, zumal in der Sylvischen Grube, ein, so sieht man in den gelblich getrübten und sulzig verquollenen weichen Häuten ganz deutlich eine geringe Anzahl weisslicher oder weissgelblicher Knötchen. Die Hirnsubstanz ist äusserst blutarm, in sehr hohem Grade ödematös infiltriert, überaus weich, zäh, fast breiig. Die Rinde besonders blutarm; nur in der Gegend der Ventrikel fühlt sich die Hirnmasse fester an, in der Hirnsubstanz selbst werden keine Tuberkel gefunden. Die Hirnhöhlen sind nur mässig erweitert, mit schwach blutigem Serum erfüllt.

In den übrigen Organen keine Veränderungen, namentlich keine tuberkulöse Affektion irgend welcher Art nachweisbar.

Der vorliegende Fall dürfte wohl zu den seltener zur Beobachtung kommenden gerechnet werden; er bietet besonderes Interesse wegen seines akuten Anfangs und seiner ausserordentlich kurzen Krankheitsdauer. Ein hereditär belastetes Kind wird inmitten voller Gesundheit, ohne alle Vorboten, urplötzlich von Krämpfen befallen, die sich häufig wiederholen und im Laufe von 10 Stunden mit dem Tode endigen. Die Temperatur bleibt normal. Bei der Obduktion findet man eine Meningitis, namentlich an der Basis lokalisiert, mit spärlichen Tuberkeleruptionen. Die übrigen Organe des Körpers sind frei, nirgends lässt sich eine Tuberkelaussaat nachweisen; auch ein primärer Herd wurde nicht aufgefunden. Das Krankheitsbild passt eher in den Rahmen der epidemischen Cerebrospinalmeningitis. Die Möglichkeit einer Doppelinfektion — Tuberkelbacillen und event. Pneumoniekokken — ist ja nicht von der Hand zu weisen, die damaligen Untersuchungsmethoden liessen eine Scheidung nicht zu. Die Krankheit macht eher den Eindruck einer schweren Intoxikation. Es werden solche Fälle beschrieben unter dem Namen Toxaemia in tuberculosis, man findet sie in seltenen Fällen — am häufigsten noch bei Kindern — wobei der Tod unter

schweren toxischen Symptomen eintritt, ohne dass irgend welche ausgedehnte tuberkulöse Läsionen der Lunge und anderer Organe vorhanden sind (W. Osler).

Übrigens sind weitere Fälle von akutem und akutestem Verlauf
in der Litteratur bekannt. So berichtet Seeligmüller über einen Fall
von 4½ stündiger Krankheitsdauer, Rohrer von einem, der nach
12 Stunden letal endete. Die Fälle sollen hier kurz skizziert werden.

Beobachtung III. Fall von Seeligmüller: 2½ Jahre altes Mädchen hatte während langer Zeit anhaltende Durchfälle, trotzdem blieb das
Kind kräftig. Nachdem es mehrere Nächte unruhig geschlafen, bekam es
plötzlich Krämpfe in den Gesichtsmuskeln, welche bis zum Tode — 4 ¹₂
Stunden nach dem Auftreten der Konvulsionen — anhielten. Sektion: An
der Basis und den Plexus chorioidei graue Miliartuberkel, in den Lungen
zerstreute Tuberkel. Verkäste Mesenterialdrüsen. Tuberkel im Peritoneum
und der Milz.

Beobachtung IV. Fall von Rohrer: 10¹₄ Jahre altes Mädchen er-
krankt am 5. VII. 78 mittags plötzlich mit Appetitlosigkeit und Erbrechen,
das sich mehrmals wiederholte; doch ging das Kind noch aus. Nach dem
Abendessen legt es sich zu Bett, starke Kopfschmerzen, Hitzegefühl, Durst.
9½ Uhr Somnolenz; es folgt ein Anfall von Konvulsionen — Trismus.
Tiefes Koma und bei anhaltenden tonischen Konvulsionen Tod um 11½
Uhr abends. Section: Meningitis tuberculosa, nur spärliche Aussaat kleinster
Tuberkel in der Fossa Sylvii. Primärer Herd: tuberkulöser Knoten central
erweicht im Mittellappen der rechten Lunge. Krankheitsverlauf 12 Stunden,
Krankenlager nur 6 Stunden.

Es kommt aber auch vor, dass die Krankheit plötzlich beginnt,
dass dann ein länger währender Stillstand eintritt und danach erst von
neuem cerebrale Symptome sich zeigen, unter denen der Tod erfolgt.
Folgende Krankengeschichte erläutert das Gesagte.

Beobachtung V[1]). Barbara M., 2½ Jahre alt, wird am 7. II. 1890
aufgenommen. In der Familie ist mehrfach Tuberculose vorhanden. Das
Kind war bisher — abgesehen von einer leichten Kornealinfiltration auf
beiden Augen — immer gesund. Am 7. II war das Kind, während seine
Mutter abwesend war, in der Nachbarschaft zu Besuch. Plötzlich ohne
irgend welche Vorboten fiel es vormittags gegen 11½ Uhr zu Boden und
bekam heftige Krämpfe, so dass um schleunige ärztliche Hilfe gebeten wurde.
Um 12 Uhr folgender Status: Pastöses, namentlich im Gesicht gedunsenes,
völlig bewusstloses Kind. Es bestehen heftige klonische Krämpfe der linken
oberen Extremität und aller Gesichtsmuskeln, besonders der linksseitigen.
Heftige Krämpfe des Zwerchfells, stärker an dessen rechter Hälfte, wodurch
die Atmung eigenartig geändert erscheint. Atmungsfrequenz 120—130
in der Minute. Puls nicht zu zählen, wenigstens 200. — Temperatur in
recto gemessen 35,8. — Ordination: ein warmes Bad von 30⁰ C. mit nachfolgender kalter Übergiessung. Unmittelbar nach dem Bade beträgt die
Temperatur 38,0. — Die Krämpfe halten bis nachmittags gegen 3 Uhr an,

---

1) Mitgeteilt von Mertz.

dann tritt Schlaf ein bis 5 Uhr. Es erfolgt spontan Harn- und Stuhlentleerung; während dieser kurzen Zeit des Wachens leichte Zuckungen in der
linken oberen Extremität. Darauf von neuem Schlaf; während dieses 122
Pulse und 26 Athemzüge. — Der Harn ist frei von Albumen.

8. II. In der Nacht ruhiger Schlaf, nur manchmal leichte Zuckungen
im Gesicht und an beiden oberen Extremitäten. Reflexerregbarkeit an den
Fusssohlen beiderseits bedeutend erhöht.

116 Pulse, 26 Atemzüge.

9. II. Ausbruch von Aphthen, welche nach 3 Tagen verschwinden.

10. II. 112 Pulse, 26 Athemzüge.

12. II. Fusssohlenreflexe nicht mehr gesteigert.

15. II. • Das Kind wird entlassen.

Die Temperatur hatte während dieser Beobachtungszeit nur 2mal und
zwar 1mal an dem Tage des Anfalls und am 10. II 38,0 erreicht, sonst
schwankten die Werte zwischen 36,4 und 37,3; an einigen Tagen war
die Temperatur Mittags höher als die am Abend.

20. III. 90. Neue Aufnahme. Die Mutter giebt an, dass das vor dem
„Anfall" stets heitere Kind seither ein völlig anderes Wesen angenommen
habe. Es sei ruhiger geworden und habe immer viel geschlafen; über Kopfschmerzen habe es nicht geklagt, der Appetit sei stets schlecht gewesen. —
Seit einigen Tagen vor der Aufnahme schiele das Kind.

Am 19. III sei sowohl morgens in nüchternem Zustand als im Laufe
des Tages mehrmals Erbrechen aufgetreten, ebenso 3 mal während der
Nacht. Stuhlgang war seit 3 Tagen nicht erfolgt.

Status praesens am 20. III. Scheinbar kräftiges, noch gut genährtes
Kind, welches ruhig in seinem Bettchen liegt und in keiner Weise einen be-
nommenen Eindruck macht. Leichter Strabismus convergens. Die Pupillen
von normaler Weite, reagieren gut bei Lichtwechsel. Regelmässige, etwas
beschleunigte Atmung. Der Bauch fühlt sich gleichmässig weich an. Die
Untersuchung der Lungen und des Herzens ergiebt überall normale Verhältnisse. — Fusssohlenreflexe beiderseits gleich, nicht gesteigert. — Wirbelsäule gegen Beklopfen nicht empfindlich. — Im Laufe des Tages mehrmals
Erbrechen. Auf Klysma reichlicher Stuhlgang.

In den folgenden Tagen ist das Kind immer bei Bewusstsein; es ist
mürrisch, will in Ruhe gelassen sein, lautes Sprechen, Öffnen und
Schliessen der Thür werden unangenehm empfunden; Klagen über Kopfschmerzen, unruhiger Schlaf. Die Reflexerregbarkeit von den Fusssohlen
aus an beiden Seiten ist verschieden, die Pupillen werden weit, differieren.
Nackenstarre. Verstopfung. — Am 26. III. tritt Verschlimmerung ein:
das Kind wird soporös, knirscht mit den Zähnen, lässt unter sich gehen;
Cheyne-Stokes'scher Atmungstypus, Resolution der Glieder, aufgetriebener
weicher Bauch. Ausgenommen eine einmalige Remission am 29. III von
mehrstündiger Dauer, in welcher das Kind nach ruhigem Schlaf heiter ist,
zu essen und trinken verlangt, nehmen die schweren Erscheinungen zu:
der Sopor wird stärker, die Nackenstarre ausgesprochener, Facialisparese,
Cris hydrencéphaliques, frequenter unzählbarer Puls. Tod am 4. IV. 90.

Die Körperwärme war in den 17 Tagen erhöht, das Fieber zeigte
einen unregelmässigen Typus; die niederste Temperatur wurde mit 36,9° am
2. Krankheitstage gemessen, die höchste mit 39,1 am 12. Krankheitstage.

In den letzten Lebenstagen waren weder besonders hohe noch niedrige
Temperaturen zu verzeichnen (zwischen 37,6 und 38,6).

Bei der Obduktion (Prof. v. Baumgarten) alte Herde in der rechten
Lungenspitze, 1 verkäste Trachealdrüse. An der Konvexität des Gehirns
nur spärliche Aussat von Tuberkeln ohne Entzündung; an der Basis tuberkulöse Entzündung. Etwas ältere tuberkulöse Infiltrationen: käsige Platten
an der Oberfläche des Gehirns selbst, der oberen Temperalwindung, dem
Saum des Operculum, den angrenzenden Teilen der 3. Stirnwindung und
Subpraorbitalwindung, sowie auf der Höhe der Insel; in der Umgebung frische
miliare Eruptionen. Diese Veränderungen nur rechts. Ventrikelhydrops. In
den unteren zwei Dritteln des Rückenmarks sind die Häute gedunsen, keine
Infiltration oder Knötchen.

Dieser Fall zeigt uns wie der vorige ein plötzliches Einsetzen mit
Krämpfen, namentlich alle Muskeln des Gesichts und die linke obere
Extremität ergreifend, während die Zwerchfellkrämpfe sich besonders
auf die rechte Hälfte erstrecken. Dabei völlige Bewusstlosigkeit,
jagende Atmung, frequenter Puls und subnormale Temperatur. Nach
kurzer Zeit ist alles wieder zur Norm zurückgekehrt und es tritt
scheinbarer Stillstand der Krankheit ein; das Kind wird als genesen
entlassen, allein wie früher ist es nicht, das Wesen hat sich seit
der Attacke völlig geändert, der Appetit blieb vermindert. Nach
39 tägiger Pause stellt sich Erbrechen ein, von da ab treten alle
Symptome der Meningitis unzweifelhaft zutage, und nach 17 Tagen
erfolgt der Tod. — Ganze Krankheitsdauer 57 Tage. — Die bei der
Obduktion gefundenen käsigen Infiltrationen in der Gegend der rechten
Temporalwindung, des Operculum, der Stirn- und Supraorbitalwindung
dürften wohl den ersten Anfällen entsprechen. — Solche Fälle gehören
nicht gerade zu den Häufigkeiten; es hat aber auch Seeligmüller
Fälle beobachtet, welche plötzlich ohne alle Vorboten mit epileptiformen
Konvulsionen einsetzten und länger dauernden Verlauf nahmen.

Zu den Allgemeinerscheinungen, die im Laufe eine Zunahme
erfahren, gesellt sich Erbrechen, dessen Auftreten ziemlich konstant
ist, und mit ihm zeigen sich gewöhnlich weitere ausgesprochene cerebrale
Störungen, namentlich auch Kopfschmerzen. Das Erbrechen ist
häufig dadurch gekennzeichnet, dass es plötzlich erfolgt, dass keine
Vorboten von Übelkeit und Würgen vorangehen, dass der Brechakt
sehr leicht vor sich geht und unabhängig von der Füllung des Magens
oder Störungen der Verdauung ist. Man bezeichnet diese Art von
Erbrechen als cerebrales Erbrechen. Es hält gewöhnlich einige Tage
an. Wenn wir von den doch zu unbestimmte Dauer darbietenden
Prodromen absehen, so können wir das fast nie fehlende Erbrechen
als erstes wichtiges, die Krankheit einleitendes Symptom auffassen und dieses Moment als zeitlichen Anhaltspunkt wählen.

Dem Erbrechen vorangehend oder mit diesem verbunden ist meistens eine gewisse Stuhlträgheit, die so hartnäckig werden kann, dass sie auch den stärksten Abführmitteln trotzt; manchmal geht Diarrhoe vorher, häufig werden reichliche Ausleerungen nach stattgehabter Obstipation gegen das Ende hin beobachtet. Dass der Stuhlgang während der ganzen Krankheitsdauer geregelt ist, ist selten. — Mit der Zunahme der Kopfschmerzen steigern sich auch die übrigen Erscheinungen, die psychische Verstimmung, Unfähigkeit des Denkens, Mattigkeit. Die Kinder verlangen ins Bett, sie wollen in Ruhe gelassen sein, jede Aufmunterung, jedes Geräusch wird lästig empfunden. Sie suchen möglichst ruhig, manchmal mit gestütztem Kopf, im Halbdunkel zu liegen, volles Tageslicht ist ihnen unangenehm. Dabei werden die Augen nicht völlig geschlossen, man sieht durch die Lidspalte die weissen Sclerae durchschimmern, die Bulbi sind nach oben und innen gerollt. Die Somnolenz und Schlaffheit nimmt zu, jetzt werden häufige Klagen über Kopfschmerzen laut, kleinere Kinder geben durch Wimmern und Stöhnen, durch Greifen nach dem Kopfe, durch die reflektorisch ausgelöste, in Querfalten gerunzelte Stirnhaut die Schmerzen im Kopfe kund. Ältere Kinder verlegen die Schmerzen oft an bestimmte Stellen. — Obwohl der Ruhe bedürftig, können die Kinder lange nicht einschlafen. Von Zeit zu Zeit seufzen sie tief auf. Aus dem somnolenten Zustand sind die Kinder noch zu erwecken, aber ihr Blick ist ausdruckslos, sie geben auf Befragen nur unwillige, oft unzutreffende, verkehrte Antworten und lassen sich bald wieder in ihre frühere Lage zurücksinken. Schon jetzt bemerkt man oft, dass der Kopf eigentümlich gerade, steif gehalten wird, und dass die Muskeln des Nackens leicht gespannt sind. Zu der Hyperästhesie der Retina, die sich durch Lichtscheu kund giebt, gesellt sich Hyperästhesie in anderen Gebieten, in der Haut, den Muskeln. Der Appetit fehlt ganz, oder aber die Kinder verlangen diese oder jene Speise und schlingen sie mit Heisshunger hinunter. Erbrechen und Verstopfung dauern an. Mitunter kommen jetzt schon leichte, kaum bemerkbare Zuckungen, namentlich im Gesicht vor; auch schrecken die Kinder leicht zusammen.

Der Puls, der im Prodromalstadium meist etwas häufiger ist als in der Norm — dem Fieber entsprechend — beginnt gegen Ende desselben oder zur Zeit des Auftretens der cerebralen Symptome unregelmässig zu werden; zugleich wird er verlangsamt, manchmal gespannt. Oft geschieht es, dass nicht ein langsames Abnehmen der Frequenz statthat, sondern dass die Häufigkeit im Laufe von 24 Stunden um $\frac{1}{3}$ und mehr zurückgeht. Der Puls ist unregelmässig in Stärke und Schlagfolge und bleibt nicht auf einer Höhe, sondern wechselt im Laufe des Tages in ziemlich breiten Grenzen. Oft ist eine gesteigerte Erregbarkeit des Herzens zu konstatieren — einige Bewegungen im Bett oder das einfache Aufrichten der kleinen Patienten reicht hin, eine bedeutende Erhöhung der Pulshäufigkeit zu bewirken. Bei kleineren Kindern, besonders Säuglingen ist diese Herabsetzung der Pulsfrequenz viel weniger ausgesprochen als bei älteren. — Die Verlangsamung des Pulses hält gewöhnlich bis kurze Zeit — 1—3 Tage — vor dem Tode an, um dann einem frequenten, kleinen, regelmässigen Puls Platz zu machen. — Während dieser vom Fieber unabhängigen Herabsetzung der Herzthätigkeit finden wir noch andere bemerkenswerte Symptome.

Die Benommenheit und Apathie nehmen zu, werden aber unterbrochen durch gellendes Aufschreien der Kinder (Cris hydrencéphaliques, Coindet), durch Unruhe, mit welcher sie sich im Bette umherwälzen; oft stellen sich bei älteren Kindern Delirien ein, Hallucinationen und Illusionen, die Kinder wollen aus dem Bett, toben, beissen, schlagen um sich, dann versinken sie wieder in Gleichgültigkeit und Apathie, in welchem Zustande sie stundenlang verharren können. Aber auch jetzt noch lassen sie sich aus dem somnolenten Zustande in der Regel erwecken und geben mitunter klare Antworten.

Etwa in der zweiten Woche vom initialen Erbrechen an gerechnet zeigt sich eine Änderung des Krankheitsbildes insofern, als häufig Reizerscheinungen auftreten, partielle Konvulsionen und allgemeine: Zuckungen der Augenlider, zitternde Bewegungen des Auges selbst, Saug- und Kaubewegungen, Zuckungen im Bereiche der vom N. facialis versorgten Muskeln, Konvulsionen am übrigen Körper, an den oberen und unteren Extremitäten, manchmal nur auf ein leichtes Zittern beschränkt, oft hiermit beginnend und in heftige Zuckungen übergehend. Vorherrschend sind die Konvulsionen in den oberen Extremitäten, Beugungen und Streckungen wechseln in kürzester Zeit ab, aber auch in den unteren Entremitäten kommen Krämpfe vor, ferner auch tonische Krämpfe im Gebiete einzelner Muskelgruppen. Neben diesen partiellen Konvulsionen treten allgemeine auf: Zittern des ganzen Körpers, derselbe wird wie beim Schüttelfrost in die Höhe geworfen, die Krämpfe werden bald stärker, bald schwächer. Meistens stellen sich die Konvulsionen paroxysmenweise ein, freie Stunden ja Tage schieben sich dazwischen. Dabei hält die Nackensteifigkeit nicht nur an, der Kopf wird nicht nur gerade gehalten, sondern die Halswirbelsäule bildet einen nach hinten offenen Bogen, der Kopf bohrt sich in die Kissen ein. — Die Augen zeigen neben vielfach vorhandenem Nystagmus Abweichungen im Verhalten der Pupillen, sich äussernd in Enger- und Weiterwerden ohne äussere Einwirkung und in Pupillen-

differenzen. Die Somnolenz nimmt immer mehr zu und geht schliesslich in einen soporösen Zustand über, aus welchem die Kinder sich nur
schwer und nur für kurze Zeit erwecken lassen. Die Hyperästhesie —
wo solche vorhanden — lässt nach. Sehr häufig kommt es zu Lähmungen im Gebiet des Oculomotorius — Ptosis — und der Bewegungs-
muskeln des Auges — Strabismus. Die Konjunktiva erscheint injiziert, ihr Gefässnetz deutlich, die Sekretion ist vermehrt. Die Empfindlichkeit der Kornea und Konjunktiva wird nach und nach herabgesetzt, und es bildet sich allmählich eine Trübung der Hornhaut
heraus.

Um diese Zeit bemerkt man ferner, dass der Leib, der vorher leicht
aufgetrieben war und sich gleichmässig weich, flaumkissenartig anfühlte,
unter das vorherige Niveau einsinkt; ganz allmählich nimmt das
Zurücksinken des Bauches zu, dabei besteht für das Getast immer
noch die gleichmässige Weichheit.

Die Reflexerregbarkeit kann erhöht oder vermindert sein, die
Fusssohlenreflexe erweisen sich oft als gesteigert, aber in ungleichem
Masse; die Patellarreflexe zeigen weniger deutliche Abweichungen,
dagegen erfolgt die durch Bestreichen der inneren Seite des Ober-
schenkels hervorzurufende Kontraktion des Kremasters träge oder ist
aufgehoben. Streicht man mit dem Fingernagel über eine Hautpartie,
so erheben sich nach kurzdauerndem Erblassen rote Streifen, die lange
Zeit sichtbar werden (Trousseau'sches Phänomen, Taches cérébrales,
T. méningitiques). Die Atmung wird um diese Zeit schon unregelmässig, tiefe Atemzüge wechseln mit flachen, rasche mit langsamen,
es schieben sich grössere Pausen zwischen die einzelnen Respirationen,
ohne dass die Lungen erkrankt sind. Die Stuhlverstopfung besteht
weiter; das Erbrechen hört auf. Der Harn wird häufig ins Bett
entleert; er ist gewöhnlich spärlich, bietet aber keine besonderen Ab-
normitäten.

Im weiteren Verlaufe nehmen die Krämpfe zu, in manchen Fällen
bestehen sie unaufhörlich, abwechselnd an dem einen oder anderen
Körperteil. Bald wird ein Arm gebeugt oder gestreckt, bald die Finger,
bald die Zehen gespreizt, bald die Schulter gehoben, der Kopf hierhin
und dorthin gerissen, die Gesichtszüge werden verzerrt, die Bulbi hin-
und hergerollt, der Mund bald geöffnet, bald geschlossen, die Masseteren so kontrahiert, dass die Zähne knirschen. Am meisten sind
Zuckungen im Gesicht, im Facialisgebiet vortretend; doch auch der
Rumpf und die Extremitäten nehmen teil, die Beine werden bald gestreckt, bald mit Vehemenz an den Leib herangezogen. Das Bewusstsein ist gewöhnlich völlig aufgehoben, doch kommen dazwischen lichte
Intervalle vor, in welchen über heftigste Kopfschmerzen geklagt wird.

In weiter vorgeschrittenem Stadium kommt es zu Lähmungen dieser
oder jener Muskelgruppe, zu völligem Sopor und Koma; weder auf
Anrufen, noch auf Anstossen und Kneifen reagieren die Patienten,
sie stöhnen vor sich hin, unabhängig auf irgend welche auf sie ausgeübte Reize. Die Glieder liegen wie tote Massen da, aufgenommen
fallen sie schlaff auf die Unterlage zurück; mitunter werden sie
tetanisch kontrahiert oder verfallen für einige Zeit in konvulsivisches
Zucken. Die Pupillen — vorher ad maximum erweitert — werden
jetzt enger, wechseln in ihrer Weite in kurzer Zeit, reagieren nicht.
Es besteht oft Amaurose, ein dem Auge rasch genäherter spitzer
Gegenstand wird nicht bemerkt, es erfolgt kein Lidschlag. Die
Conjunctivitis wird stärker, auch die Kornea wird häufig in Mitleiden-
schaft gezogen, tiefer gehende Entzündungen können Platz greifen.
Die Gesichtsfarbe zeigt einen jähen Wechsel, flammende Röte und
Leichenblässe lösen sich in kürzester Zeit ab, manchmal ist die Er-
scheinung halbseitig. Die Abmagerung macht rapide Fortschritte; der
Bauch sinkt immer mehr ein, so dass die Bauchdecken fast auf der
Wirbelsäule aufliegen — Kahnbauch. Die Haut ist blassgelb, trocken,
schilfert ab; gegen das Ende hin ist sie mit Schweiss bedeckt. Manchmal sieht man mit dem Sinken der Herzkraft starke Cyanose. — Die
Krämpfe lassen um diese Zeit nach, das Erbrechen hat längst aufgehört, Stuhlgang erfolgt wieder; die Atmung nimmt Cheyne-Stokes'schen
Typus an. Der Puls geht beträchtlich in die Höhe — 200 und darüber
— zugleich wird er regelmässiger, aber klein, leicht unterdrückbar.
Die Kinder sind in den letzten Tagen völlig komatös, kein Eingriff
hat mehr Reaktion zur Folge und in tiefem Koma tritt der Tod ein,
oder aber kommt es nochmals kurz vor diesem zu heftigen allgemeinen Konvulsionen oder hochgradigem Opisthotonus, ohne dass das
Bewusstsein wiederkehrt. Nur in seltenen Fällen haben die Kinder
sub finem vitae noch lichte Augenblicke, die trügerische Hoffnungen
erwecken. — Exantheme gehören zu den grossen Seltenheiten. — Die
Temperatur ist von ganz unregelmässigem Typus, sie kann während
des Verlaufs hoch oder niedrig sein, täglichen bedeutenden Schwankungen unterliegen oder ziemlich konstant dieselbe Höhe behaupten;
oft steigt die Kurve kurze Zeit vor dem Tode jäh an oder fällt rasch
ab. Postmortale Steigerungen sind mehrfach beobachtet.

Dieses wäre in grossen Zügen das Krankheitsbild; doch möchte
ich gleich hier bemerken, dass nicht nur der Beginn der Krankheit,
wie schon erwähnt, ein wechselnder sein kann, sondern dass die tuberkulöse Meningitis überhaupt keinen einheitlichen Verlauf zeigt, dass derselbe viel mannigfaltiger ist, als gewöhnlich angenommen wird, und kein
einziger Fall dem anderen gleicht, geschweige denn sich mit ihm deckt.

Betrachtung der Einzelerscheinungen.

Zeitrechnung.

Wenn wir von den beschriebenen, doch immerhin kürzer oder länger dauernden Prodromen, unter welchen die Krankheit sich einschleicht, absehen, so ist als erstes alarmierendes Symptom das Erbrechen zu nennen. Dasselbe tritt in der weitaus grösseren Mehrzahl der Fälle auf, und vom ersten Erbrechen an haben wir einen Anhaltspunkt, wie lange etwa bis zum tötlichen Ende die Krankheit noch währt. In unseren Fällen zeigte es sich in Übereinstimmung mit anderen Autoren durchschnittlich 18 Tage vor dem Tode. — Es ist dadurch gekennzeichnet, dass es meist ohne alle Vorboten, ohne dass Übelkeit, Angstschweiss vorhergehen, explosiv erfolgt; die vorher ruhig daliegenden Kinder richten sich auf und „schütten schuckweise aus“, wie die Mütter sich ausdrücken; dabei geschieht es so rasch, dass keine Zeit bleibt, ein Gefäss zu ergreifen und Bett und Kleider zu schützen. Es kostet die Kinder keinerlei Anstrengung, die Bauchpresse kommt kaum merklich zur Anwendung, Würgen geht selten vorher. Dabei hat es noch das eigentümliche, dass es unabhängig von der Aufnahme von Speisen und Getränken sich einstellt; die Kinder erbrechen sowohl, kurz nachdem sie etwas zu sich genommen haben als nach lange dauernden Pausen. Man bezeichnet die Art von Erbrechen als cerebrales Erbrechen und nimmt an, dass eine direkte Reizung des in der Medulla oblongata gelegenen Brechcentrums dasselbe auslöst. Nach Landois hat auch Reizung des sensiblen Ramus meningeus vom Ganglion jugulare vagi Erbrechen zur Folge. Eine Erkrankung des Magens fehlt in der Regel.

Die Häufigkeit des täglichen Auftretens ist verschieden, 1—2 mal ist häufiger als mehrmaliges; doch wird auch stürmisches, unaufhaltsames Erbrechen beobachtet. Die Dauer des Erbrechens beträgt „einige Tage“; es ist das gewöhnliche, dass nach mehrtägiger Dauer Nachlass und dann völliges Aufhören stattfindet. In unseren Fällen zeigte sich, wie schon erwähnt, das erstmalige Erbrechen durchschnittlich 18 Tage vor dem Tode; doch waren, allerdings in wenigen Fällen, erhebliche Schwankungen zu verzeichnen: im Maximum 31, im Minimum 8 Tage. Die Dauer erstreckte sich durchschnittlich auf 4—5 Tage: Maximum 10 Tage, Minimum 1 Tag. — Dabei ist es seltener, dass sich freie Intervalle zwischen die einzelnen Tage einschieben in der Art, dass z. B. nach ein oder mehrtägiger Pause das Erbrechen sich wiederholt; es ist gewöhnlicher, dass mehrere Tage auf einander folgen, an denen die Kinder erbrechen, dass vielleicht am dritten oder vierten Tag es seltener auftritt als zu Anfang, und dann die Kinder ganz davon verschont bleiben. Barthez und Rilliet geben an, dass das Erbrechen nur sehr selten wiederkehrt, wenn eine Pause eingetreten ist: „une fois qu'ils ont cessé, il est fort rare de les voir reparaître". Ja, Vogel führt an, dass, wenn einmal 24stündiger Stillstand vorhanden war — das Erbrechen nicht mehr zum Vorschein kommt. Diese Aufstellungen sind mehrfach widerlegt worden, Barthez und Rilliet selbst nennen Ausnahmen. Auch unter unseren Fällen findet sich eine grössere Anzahl, in welchen eine Reihenfolge nicht eingehalten wird, sondern zwischen den Tagen, in welchen Erbrechen sich gezeigt hat, freie Tage — 1 bis 10 — liegen. In einem Fall schoben sich, nachdem das Erbrechen 4 Tage angehalten, 14 freie Tage ein und eine Stunde vor dem Tode stellte sich von neuem heftiges Erbrechen ein.

Ein absolut konstanter Begleiter der Meningitis tuberculosa ist übrigens das Erbrechen nicht. Die meisten Autoren führen Fälle an, bei denen Erbrechen nicht beobachtet wurde; auch unter unseren Fällen sind 3, bei welchen die tuberculöse Meningitis ohne diese Erscheinung verlief. Auf der anderen Seite ist zu bemerken, dass bei verschiedenen anderen Erkrankungen des Centralnervensystems sich ebenfalls Erbrechen zeigt. Immerhin giebt dieses Symptom in Begleitung mit anderen zu der Zeit auftretenden einen wichtigeren Anhaltspunkt für die frühzeitige Stellung der Diagnose. Manchmal erbrechen die Kinder nicht, sondern sie haben nur Brechreiz, „Würgen". — Von Einigen wird angegeben, dass der Nachlass des Erbrechens und dessen völliges Aufhören mit dem Eintritt der Pulsverlangsamung zusammenfalle. Eine solche Beziehung kann ich aus unseren Fällen nicht erkennen: der Puls blieb hoch, normal oder niedrig, ohne dass Änderung mit dem Cessieren des Erbrechens eintrat.

Eine weitere Erscheinung, welche frühzeitig etwa zu gleicher Zeit mit dem Erbrechen bemerkt wird, ist die Obstipation. Den Eltern fällt gewöhnlich auf, dass der Stuhlgang, der vorher geregelt, oft diarrhoisch war, auf einmal ganz ausbleibt. Wenn auch nicht ein ganz konstantes Zeichen, so ist die Obstructio alvi doch in Verbindung mit dem Erbrechen ein wichtiges diagnostisches Moment. Die hartnäckige Verstopfung, die gewöhnlichen Abführmitteln trotzt und bei welcher häufig auch Drastica im Stiche lassen, hält meist länger an als das Erbrechen, manchmal bis zum Tode. Henoch führt an, dass die bis ins letzte Stadium bestandene Stuhlverstopfung in diesem entweder regelmässigen oder auch häufigeren unwillkürlichen dünnen Ausleerungen Platz macht. Wenn das spontane Auftreten von Stuhlgang in den letzten Tagen des Lebens auch oft eintrifft, so kann ich es doch nicht als Regel bezeichnen; in einer grossen Zahl unserer Fälle währte die Verstopfung bis zum Tode. — Andere Male beginnt die Krankheit mit Durchfällen, so dass das Bild dem des Brechdurchfalls ganz und gar ähnelt; erst später cessieren die häufigen Entleerungen und der Stuhl wird mehr oder weniger angehalten. Selten bestehen Diarrhöen vom Beginn bis zum tötlichen Ende, aber solche Fälle kommen vor und zwar, ohne dass eine Komplikation — als tuberkulöse geschwürige Prozesse im Darm — vorliegt; umgekehrt wird angegeben, dass bei bestehender Darmtuberculose profuse Diarrhöen mit Eintritt der Meningitis zeitweiligen Stillstand erfahren können. — Die verminderte Fäkalmenge erklärt sich ungezwungen aus der geringeren Nahrungsaufnahme und dem häufigen Erbrechen.

Die Stuhlträgheit wird von Verschiedenen auf verschiedene Ursachen zurückgeführt. Die Einen (Steffen u. A.) nehmen eine Lähmung der Darmmuskulatur an. Mit dieser Auffassung würde übereinstimmen die oft zu Anfang zu beobachtende gleichmässige Aufblähung der Därme, dass das Abdomen dem Getast gleichmässig weich wie ein Kissen erscheint. Aus der Atonie der Darmmuskulatur würde sich die Obstipation wohl erklären. Henoch spricht sich über die Ursache der Obstruktion dahin aus, dass er eine Reizung des N. splanchnicus, des Hemmungsnerven der Darmbewegung, annimmt; hieraus würde auch die Thatsache ihre Erklärung finden, dass zur Zeit der Depressions- und Lähmungserscheinungen die Verstopfung aufhört und unwillkürlichen dünnen Ausleerungen Platz macht. Sie könnte aber auch in einer verminderten Erregbarkeit der sensiblen Schleimhautnerven bestehen, indem durch sie die reflektorische Anregung der Darmperistaltik herabgesetzt wird, oder in einer mangelhaften Innervation der die Darmbewegung beherrschenden Centren selbst. Traube leitet die Obstipation ab von einer von den Nervencentren aus angeregten Kontraktion der Ringmuskulatur des Darms. Manche nehmen eine krampfhafte Kontraktion der Sphinkteren an, besonders da öfters zu gleicher Zeit Harnverhaltung besteht. Der Erklärungen für das Phänomen sind viele, doch scheint keine völlig genügend, und wir müssen eingestehen, dass in diesem Teil der Pathologie sich noch manches unserer Erkenntnis verschliesst.

Eine wichtige Erscheinung, welche bei der Meningitis kaum je vermisst wird, ist der Kopfschmerz. Derselbe ist im Prodromalstadium weniger stark, fehlt häufig ganz. Zur Zeit der ausgesprochenen Krankheitserscheinungen ist er aber meist vorhanden. Grössere Kinder verlegen die Schmerzen oft an eine bestimmte Stelle: in die Stirn, die Gegend zwischen den Augen, in das Hinterhaupt, oder sie geben

den ganzen Kopf als schmerzend an. Die Schmerzen sind konstant
vorhanden, dann und wann Remissionen, aber keine Intermissionen
zeigend, oder es bestehen völlig schmerzfreie Intervalle. Kleine Kinder
greifen nach dem Kopfe, sie zeigen die Stirn in Querfalten gelegt
(Kopfschmerzfalte). Auch während des somnolenten und soporösen
Zustandes führen zuweilen die Kinder die Hand unter Stöhnen zum
Kopfe. Die Kopfschmerzen steigern sich im Laufe der Krankheit
und werden so stark, dass die Kinder gellende Schreie ausstossen
— Cris hydrencéphaliques. Von manchen Autoren wird angegeben,
dass die Kopfschmerzen intensiver seien, wenn die Erkrankung
die Konvexität ergriffen habe. Unabhängig sind die Schmerzen vom
Fieber.

Die Kopfschmerzen werden zurückgeführt auf eine Reizung der
Dura mater. Dieselbe ist sehr reich an Nervenverzweigungen — Vagus-
und Trigeminusäste — und Reizung dieser bedingt die Schmerzen.
Einmal kann die Dura selbst tuberkulös entzündet sein, oder aber
es veranlasst der intrakranielle Druck eine Zerrung des duralen Gewebes. —

Puls. Das Verhalten des Pulses zeigt sehr oft charakteristische
Merkmale. Während der Puls im Prodromalstadium gewöhnlich vermehrt, aber regelmässig ist und dem vorhandenen Fieber entspricht,
findet mit dem Auftreten ausgesprochener cerebraler Symptome auch
oft eine Pulsveränderung als Ausdruck der cerebralen Störung statt.
Unabhängig von etwa vorhandenem Fieber, ja oft gerade bei exquisiten
Steigerungen der Körperwärme geht die Pulsfrequenz zurück, bisweilen
weit unter die Norm, und zugleich erfolgt eine Störung in der Rhythmik.
Die Pulse — manchmal gespannt — folgen nicht regelmässig auf
einander, zwischen die einzelnen Schläge fallen kürzere oder längere
Pausen; ferner sind die Erhebungen der Welle ungleich. Völlige Intermissionen wird man vielfach bemerken. Das Sinken der Pulsfrequenz ist nicht in allen Fällen ein allmähliches, sondern im Laufe eines
Tages kann die Zahl der Schläge auf die Hälfte reduziert werden.
Auffallend ist dabei die grosse Erregbarkeit des Herzens. Während
in der Ruhe die Pulsfrequenz eine geringe ist, steigt sie schon bei
geringer Muskelthätigkeit erheblich an — das einfache Aufrichten der
Patienten genügt, die Zahl der Pulsschläge um $1/3$—$1/2$ zu vermehren
(z. B. bei einem 7jährigen Knaben: Ruhe 52, nach dem Aufrichten 74;
bei einem 11jährigen Mädchen 65 und 100). Aber auch unabhängig
von Bewegungen wechselt der Puls in seiner Häufigkeit, so sehe
ich bei einem 8jährigen Mädchen Schwankungen von 72 und 135
an einem Tage bei völliger Körperruhe; besonders deutlich bemerkt
man auch die Unregelmässigkeiten in der Schlagfolge, wenn man alle

$^1/_3$ Minute zählt und Vergleiche anstellt, so z. B. bei einem 7jährigen
Mädchen:

20, 21, 18 in je $^1/_3$ Minuten,
25, 22, 19
20, 21, 20
22, 23, 24
19, 21, 20
28, 35, 34 } an verschiedenen Tagen gezählt.
38, 34, 37
38, 34, 37
21, 24, 22
27, 27, 25

Bei kleineren Kindern, besonders bei Säuglingen ist die Herabsetzung der Pulsfrequenz viel weniger ausgeprägt, als bei älteren.
Schon Steffen macht auf diese Thatsache, die später allgemein bestätigt
wurde, aufmerksam: „Je jünger die Kinder sind, um so seltener wird
man den Puls verlangsamt finden." Auch in unseren Krankengeschichten finde ich bei Säuglingen und Kindern etwas über diesem
Alter nie eine solche bedeutende Pulsverlangsamung verzeichnet wie
bei Kindern in höherem Alter, sowohl absolut als relativ. Bei ein-
jährigen Kindern finde ich die niedrigste Zahl mit 78 Schlägen in der
Minute angegeben (höchste über 250), bei Säuglingen 90 (14 Wochen
alt), 136 (5 Monate alt), 108 (10 Monate alt). Man nimmt an, dass bei
den jungen Kindern der Nervus vagus, resp. dessen Hemmungsfasern
für das Herz noch mangelhaft ausgebildet sind und so deren Reizung
weniger von Effekt begleitet ist. Die Verlangsamung des Pulses hält
gewöhnlich 14—16 Tage an, um in der letzten Zeit einer enormen
Beschleunigung Platz zu machen. Diese kann allmählich sich zeigen
in der Art, dass vielleicht täglich 20 Schläge mehr gezählt werden als
am vorigen Tage, oder aber es findet in 24 Stunden eine sprungweise
auftretende Vermehrung der Herzaktionen statt, die 250 erreichen und
bis ins unzählbare sich steigern kann. Dabei wird der Puls wieder
regelmässig und klein. Aber dieses Zeichen ist kein konstantes.
Henoch führt allerdings nur 3 Fälle an, in welchen trotz wiederholter
Konvulsionen doch nur 96—112, resp. 70, resp. 92 Pulsschläge beobachtet wurden. — Indessen auch sonstige Abweichungen kommen
vor, so z. B. in der Weise, dass im Anfang erhöhte Pulzfrequenz
gefunden wird, die gegen das Ende hin sich bedeutend verlangsamt.
Hierfür mag folgender kurzer Auszug aus einer Krankengeschichte
dienen.

Beobachtung VI. Fritz K., 5$^3/_4$ Jahre alt, wird am 30. März 1882
in Behandlung genommen. Das Kind entwickelte sich körperlich und geistig

recht gut, hat ausser Masern keine Krankheit gehabt. — Schon „längere Zeit" Appetitlosigkeit, Blässe des Gesichts und Abmagerung. Zehn Tage vor der Aufnahme klagte der Knabe erstmals über Kopfweh und machte von da ab täglich dieselben Angaben; er verlangte häufig über Tag zu Bett gebracht zu werden, stand aber meist nach einer Stunde wieder auf und spielte wie sonst auf der Strasse.

Erbrechen trat nie auf. Der Stuhlgang war etwas angehalten. Am 29. III fühlte sich das Kind heiss an und wollte nicht vom Bett aufstehen. Stuhlverstopfung. Kein Erbrechen. — Bei der Aufnahme: Puls 108, regelmässig, Arterie gut gefüllt; Resp. 21. — Mässig intensiver Katarrh der gröberen Bronchien in den hinteren unteren Lungenabschnitten. — Milzdämpfung mässig vergrössert. Abdomen in der Ileocöcalgegend und der Magengrube auf leichten Druck empfindlich. Keine Roseola. — Kopfweh, Appetitlosigkeit, viel Durst, grosse Schlafsucht. Harn reichlich. Die Eltern geben mit Bestimmtheit an, dass das Befinden abends immer viel schlimmer sei als morgens. — Der behandelnde Assistenzarzt hat Verdacht auf Typhus und leitet eine diesbezügliche Diät ein; ausserdem wird Calomel gegeben.

31. III. Puls 126 bei Ruhelage, 140 nach dem Aufrichten; Resp. 20. Klagen über Ohrensausen, Kopfschmerzen, Schmerzen im Bauch. Belegte Zunge, vergrösserte Milzdämpfung. Hartnäckige Stuhlverstopfung, die auf grosse Dose Calomel nicht gewichen. — Tags darauf treten einige roseolaähnliche Flecken am Rumpf auf. — Im Laufe der folgenden Tage wenige Veränderungen. Kopf- und Bauchschmerzen halten an, ebenso die Stuhlverstopfung (Temp. 37,8 u. 38,0). Am 14. IV abends plötzliche Veränderung des Zustandes. Patient — bisher immer ruhig — wird sehr unruhig, spricht beständig verworren vor sich hin, kennt aber seine Umgebung. — Brechreiz, aber kein Erbrechen. — Einmal Stuhl und mehrmals Harn werden ins Bett gelassen. Puls 124. Resp. 20. — 15. IV. Puls 87. Resp. 28. Verschlimmerung des Zustandes. Der Knabe erkennt seine Umgebung nicht mehr, tobt, Zähneknirschen. Harn wird ins Bett gelassen. — Nackenstarre. — Pupillen sehr eng, reagieren nur schwach. Hochgradig gesteigerte Reflexerregbarkeit der Haut der Fusssohlen. Bauch eingezogen. fest gespannt. 16. IV. Puls 64, sehr unregelmässig. Resp. 24. — Hochgradige Macies in den letzten Tagen. Grosse Unruhe, Delirien, Hallucinationen, Tobsucht. Pat. greift oft mit den Händen nach dem Kopfe. Pupillen weit, reaktionslos. Facialisparese rechts. Bauch weich, eingezogen. Reflexerregbarkeit der Fusssohlen stark herabgesetzt, links mehr als rechts. — Allgemeine klonische Krämpfe. — Tâches cérébrales deutlich auf der Haut des Abdomens. — 17. IV. Pat. ist ruhiger, völlig benommen. Puls 58, arhythmisch. Cheyne-Stokes'sches Phänomen. Fortwährendes Wimmern, dazwischen gellendes Aufschreien. — Rechtsseitige Facialislähmung ausgesprochen. — Eitriger Konjunktivalkatarrh beiderseits. — In der Nacht Tod. Die Temperatur war während der ganzen 19tägigen Beobachtungszeit gesteigert, die Einzelmessungen zeigten im Maximum 39,5, im Minimum 37,6; doch wurde an jedem Tag 38,0 erreicht oder überschritten. Am Tage vor dem Tode trat eine mässige Erhöhung im Vergleich zu den vorhergehenden Tagen ein.

Sektion. Dura mater ohne Besonderheiten, die Pia mater der Konvexität stark injiziert, wolkig getrübt, zwischen den Hirnwindungen sulzig verquollen, frei von Tuberkeln. — An der Basis des Gehirns, in der Gegend des Chiasma, der Vierhügel, des Abgangs der Nervi faciales massenhaft ausgesäte submiliare bis höchstens miliare, graugelbe, opake Knötchen, eingebettet in 1—2 mm dicke, trockene, wie käsig veränderte Eiterlagen. Nach Abstreifen der letzteren bleibt die Pia trübe, glanzlos, rauh, stark injiziert zurück. Die Veränderungen betreffen die Medulla oblongata, den Pons und den oberen Teil der Medulla spinalis nicht. Ventrikel bedeutend erweitert, mit trüber, gelber Flüssigkeit gefüllt. Plexus chorioidei mit Tuberkeln dicht besät. — Gehirnsubstanz hochgradig ödematös durchfeuchtet, äusserst matsch. — Die grossen Ganglien ohne weiteren Befund. — In den übrigen Organen sind tuberkulöse Veränderungen nicht nachweisbar.

Dieser Fall zeigt uns eine auf die Meningen beschränkte Tuberkulose, die übrigen Organe des Körpers waren frei von irgend welchen tuberkulösen Veränderungen, auch ein primärer Herd konnte nicht nachgewiesen werden. Die Krankheit imponierte anfangs als Typhus, der langsame Beginn, die Kopfschmerzen, die Appetitlosigkeit, das Durstgefühl, die Schmerzhaftigkeit in der Ileocöcalgegend, die vergrösserte Milzdämpfung, die Temperatur, die leichte Erregbarkeit des Herzens, einige roseolaähnliche Flecken konnten wohl zur Diagnose herangezogen werden, die Stuhlverstopfung sprach nicht direkt gegen Typhus. Bald aber änderte sich das Krankheitsbild, vor allem war die Temperaturkurve abweichend von der des Typhus, cerebrale Erscheinungen, Delirien, Konvulsionen etc. traten in den Vordergrund. Auffallend war das Verhalten des Pulses: während er in den ersten Tagen hoch — 108, 126—140 (nach dem Aufrichten) — war, wurden 4 Tage vor dem Todestage noch 124 Schläge gezählt, dann fällt der Puls in den letzten 3 Tagen auf 87, 64, 58 und wird dabei sehr unregelmässig.

Es kommen aber auch Fälle vor, bei welchen nach vorausgegangener Pulsverlangsamung eine Pulsbeschleunigung eintritt, welche aber nicht kontinuierlich bis zum Eintritt des Todes anhält, sondern wobei sich Tage mit verlangsamtem Puls einschieben.

Zum Beispiel:

Beobachtung VII. E. K., $6\frac{1}{2}$ jähr. Mädchen, wird am 4. III. 83, 22 Tage vor dem Tode aufgenommen. Die Pulse sind an 21 Tagen angeführt:

4. VII.	P.	80	regelmässig, weich	Temp.	37,3
6.	„ „	70	nicht ganz regelmässig in der Füllung und Schlagfolge, weich, leer	„	37,3
7.	„ „	70	leicht unregelmässig, gespannt	„	37.3
8.	„ „	68	leicht unregelmässig, gespannt	„	38,2
9.	„ „	68	unregelmässig	„	37.6
10.	„ „	60	weniger unregelmässig	„	37,1
11.	„ „	58	weniger unregelmässig, doch von Stunde zu Stunde wechselnd		37,0
12.	„ „	52	sehr unregelmässig		37,3
13.	„ „	48	. . . .		37,2

14. VII. P.   52 . . . .   Temp. 37,9
15. „   „   62 . . . .   „ 37,3
16. „   „   68—72, unregelmässig   37,1
17. „   „   70 . . . .   „ 37,5
18. „   „   64 sehr klein und gespannt . . . . . .   „ 37,4
19. „   „   70 äusserst unregelmässig   36,6
20. „   „   106—140 sehr unregelmässig, klein, gespannt   37,5
21. „   „   160—148—132 ungemein schnell wechselnd,
                  klein, leicht unterdrückbar, unregelmässig 37,4
22.   „   142 . . . .   „ 37,6
23. „   „   84 höchst unregelmässig . . . .   „ 37,7
24. „   „   100—150 schwankend . . . .   „ 38,2
25. „   „   120—150 Tod . . . .   „ 37,0

Des Ferneren möchte ich noch auf die Pulsschwankungen an Einzeltagen aufmerksam machen. Abgesehen von der leichten Erregbarkeit des Pulses durch Muskelaktion, zeigen sich oft auch in der Ruhe ganz erhebliche Tagesschwankungen, sowohl beim verlangsamten als beschleunigten Puls. Als Beispiel mögen folgende Zahlen dienen:

Beobachtung VIII. Sophie K., 11 Jahre alt, wird am 13. IX. 93 aufgenommen. Die Pulsverhältnisse sind folgende:

13. IX.   Puls 65 unregelmässig . . . .   bei Temp. v. 38,1
 „   „   „ 100 nach Bewegungen . . . . .   „   „   „ 38,1
14. „   „ 65 unregelmässig . . . .   „   „   „ 38,1
15. „   „ 65 unregelmässig . . . .   „   „   „ 38,0
16. „   „ 63 . . . .   „   „   „ 37,8
17. „   „ 63 . . . .   „   „   „ 38,2
18. „ mrgs. „ 66 unregelmässig in Stärke und
                  Schlagfolge . . . .   „   „   „ 38,0
 „   „ abds. „ 78 . . . .   „   „   „ 38,7
19. „   „ 72 leicht unregelmässig . . . . .   „   „   „ 38,2
20. „ mrgs. „ 70 leicht unregelmässig . . . .   „   „   „ 38,1
 „   „ abds. „ 90 leicht unregelmässig . . . . .   „   „   „ 38,0
21. „ mrgs. „ 84 (während je 10 Sekunden werden
                  gezählt: 14, 12, 12, 15 Schläge) „   „   „ 38,0
 „   „ abds. „ 96 unregelmässig . . . .   „   „   „ 37,8
22. „ mrgs. „ 120 viel regelmässiger als bisher, ziem-
                  lich voll . . . .   „ 38,0
 „   „ abds. „ 108 unregelmässig, 1 mal 18 Schläge,
                  dann 10 Schläge in 10 Sekunden   „   „   „ 37,7
23. „   „ 104—108 durchaus unregelmässig .   „   „   „ 38,0
24. „   „ 90 ganz unregelmässig . . . . . .   „   „   „ 37,8
25. „   „ 104—110 sehr unregelmässig; in je
                  10 Sekunden werden gezählt:
                  20, 17, 18, 12, 20, 17 Schläge .   „   „ 37,5

26. IX. mrgs.	9	U. P. 100	nahezu regelmässig	bei Temp. v.	37,5
., ., abds.	6	„ ., 112	ziemlich regelmässig	„ ., .,	37,5
.. .. „	8	.. „ 148	unregelmässig	., ...	37,5
.. .,	9	., ., 140	unregelmässig	.. ..	38.1
.. ..	10	., .. 78	unregelmässig (am Herzen und an der Radialis gezählt) . . .	., „	38,3
27. ., mrgs.	8¹/₂	„ „ 96	ziemlich regelmässig	.. .,	38.5
.. .. „	10	., „ 126	ziemlich regelmässig	„ ., „	37,2
., .. abds.	6	„	Puls sehr unregelmässig, rascher, voller Puls wechselt mit langsamem kleinen, manchmal kaum fühlbarem Puls, die Zahl der Schläge kann nicht bestimmt werden, da Patientin sehr unruhig ist	„ ,. „	38.6
28. ., mrgs.	10	„ „ 124	unregelmässig in Stärke und Schlagfolge	., ,.	38,3
., ., abds.	6	„ „ 90	unregelmässig	., ,.	38,3
., ., „	8	„ „ 90	.. . .	„ „ .,	38,5
29. „ mrgs.	11	„ „ 150	„	„ „ „	38,5
„ ., abds.	8	,. „ 90	.. . .	.. ,. „	39,0
., .. „	10¹/₂	„ „ 80	.. . .	.. .. .,	39,8
30. „ nachts	1⁵⁰	„ Tod			

Wir sehen in diesem Fall an einzelnen Tagen Differenzen von 70 Schlägen und zwar unabhängig von der Tageszeit; so sind gerade die Pulse am Vormittag oft häufiger als die am Abend, ausserdem zeigen sich ungeheure Unterschiede im Laufe von einigen Stunden, z. B. am 26. IX abends 8 Uhr 148 Pulse, 2 Stunden später nur 78, am 29. IX morgens 11 Uhr 150, abends 10¹/₂ Uhr 80 Schläge. — Wie unabhängig die Pulsfrequenz von der jeweiligen Körperwärme ist, geht aus den obigen Zahlen ohne weiteres hervor. Nach der Schablone lässt sich also auch nicht das Verhalten des Pulses richten, wir sehen oft Verlangsamung da, wo wir nach „klassischen Vorbildern" Beschleunigung erwarten sollten und vice versa. Die folgendermassen auffallende Veränderung des Pulses während der Krankheit wird so gedeutet. Zu Anfang besteht eine Pulsbeschleunigung, die mit der Erhöhung der Körperwärme Hand in Hand geht. Es handelt sich zu dieser Zeit nur um die Ausbreitung der Tuberkelbacillen, die im Gehirn mit Hyperämie einhergeht. Weiter aber wird bekanntlich so formuliert: Die die Herzaktion beherrschenden Nerven sind Vagus und Sympathicus. Der Plexus cardiacus setzt sich zusammen aus den Nerven des Vagusstammes (Rami cardiaci) und den Rami cardiaci des N. sympathicus. Der erstere schickt Hemmungsfasern zum Herzen, der letztere Beschleunigungsfasern. Das Centrum der Hemmungsnerven des Herzens liegt seitlich in der Rautengrube nahe dem Corpus restiforme; Reizung dieses sowie des vom Centrum abwärts verlaufenden Stammes des Vagus

bewirkt eine Verlangsamung der Herzthätigkeit; aber die Vagusfasern
enthalten auch einen Teil der beschleunigenden Fasern: schwache
Vagusreizung bewirkt mitunter Beschleunigung des Herzschlages und
auch zugleich verstärkte Herzkontraktion. Die übrigen accelerierenden
Fasern haben ihr Centrum in der Medulla oblongata (dessen genauer
Sitz noch nicht ermittelt ist) und verlaufen im Rückenmark abwärts
und treten durch die Rami communicantes der unteren Hals- und
oberen Brustnerven in den Sympathicus. Werden nun Vagus und
Accelerans gleichzeitig gereizt, so tritt nur die hemmende Vaguswirkung
in die Erscheinung, wird dagegen nur der Accelerans gereizt, so tritt
Beschleunigung auf; bei nachfolgender Vagusreizung erfolgt prompte
Abnahme der beschleunigten Herzschläge. Danach lässt sich die im
Prodromalstadium findende Pulsbeschleunigung, welche gewöhnlich
als vom Fieber abhängig angegeben wird, auch auf schwache Reizung
des Vaguscentrums — bedingt durch die beginnende Entzündung und
damit verbundene Ernährungsstörung — zurückführen, welche bei
stärkerem Reiz in Pulsverlangsamung umschlägt. Mit der Zunahme
des Exsudats im Gebiete des Vagus kann es zu irgend einer Zeit
zur vollkommenen Lähmung des Nerven kommen, seine die Herz-
bewegung beeinflussende Wirkung fällt weg und der Accelerans gewinnt die Oberherrschaft. So würde sich der oft sub finem vitae
eintretende frequente, bis ins unzählbare sich steigernde Puls erklären.
— Votteler hält nicht die Schädigung des Vagusstammes durch
basales Exsudat für wahrscheinlich, sondern glaubt die Pulsverlangsamung zurückführen zu müssen auf Reizung des Vaguskerns, und
zwar wird diese hervorgerufen durch den vorhandenen Hydrocephalus
— entweder wird der Vaguskern indirekt gereizt durch allgemeine
Druckerhöhung oder direkt durch starke Erweiterung des 4. Ventrikels.

Also abhängig ist die Pulsveränderung von dem Vagus resp. Sympathicus; es fragt sich nur noch, welcher Natur sind die Veränderungen
im Gebiete der Nerven? Sehr häufig, ja vielleicht in der Mehrzahl
der Fälle, findet man weder makroskopisch noch mikroskopisch Anhaltspunkte für die gesetzten Störungen und da bleibt nichts übrig als
die Annahme einer ungenügenden Versorgung dieser Centren mit
sauerstoffhaltigem Blut. Durch die Entzündungsprozesse in den
Meningen leidet die Ernährung des Gehirns. Wird die Exsudation so
stark, dass die Flüssigkeit nicht mehr abgeführt werden kann, so wird
der Blutumlauf erschwert durch die Kompression der Kapillaren und
kleinen Venen; es kommt zur Anämie des Gehirns, und eines dieser
dadurch bedingten Symptome ist das wechselnde Verhalten des Pulses.
Genügt die Herzarbeit, die Widerstände im Gehirn zu überwinden und
genügend Blut durchzuführen, so werden auch die Symptome sich

ändern, daher das wechselnde Bild. Es wird sich also um Schwankungen in der arteriellen Blutzufuhr handeln.

Am Herzen sind gewöhnlich keine besonderen Veränderungen nachzuweisen; in manchen Fällen ist die Herzdämpfung vergrössert, durch Retraktion der Lungenränder bei oberflächlichem Atmen bedingt. Die Herztöne sind rein; oft folgen bald stärkere, bald schwächere Kontraktionen des Herzens auf einander, ferner sind die einzelnen Schläge unregelmässig in der Reihenfolge.

Die Atmung zeigt zu Anfang in der Regel keine Abweichung von der Norm, später wird sie unregelmässig, ohne dass in den Lungen Veränderungen vorhanden wären. Die Zahl der Atemzüge ändert sich insofern, als z. B. an einem Tage wenige gezählt werden, am folgenden die Atmungsfrequenz eine sehr häufige, jagende ist — bis 40 Respirationen in der Minute, oder aber flache Atemzüge wechseln mit tiefen ab; dabei können grosse Atmungspausen dazwischen liegen — in einem Fall solche von 15 Sekunden, in einem zweiten von 22 Sekunden, bei einem dritten, einem 8 Jahre alten Mädchen, wurde während der Dauer von einer Minute kein Atemzug gethan. Oft zeigt sich, besonders gegen das Ende hin Cheyne-Stokes'sches Phänomen.

Ein wichtiges Symptom, das schon frühzeitig mehr oder weniger auffällt, ist eine Änderung in der Reflexerregbarkeit von Seiten der Haut und der Sehnen. Ich finde, dass dieses Zeichen in den verschiedenen Abhandlungen zu wenig gewürdigt, ja in manchen überhaupt nicht erwähnt ist, und doch wird man bei genauem Untersuchen fast stets Abweichungen vom Gewöhnlichen feststellen können. Es sind vor allem die Fusssohlenreflexe zu nennen. Häufig findet man diese im Anfang der Krankheit enorm gesteigert, so dass schon bei schwachem Reiz energische Reaktion erfolgt, und diese gesteigerte Erregbarkeit hält längere Zeit an. In vielen Fällen haben wir dabei so starke Auslösung des Reizes gesehen, dass auch das nicht gereizte Bein in Zuckung geriet. Oft kommt an Einzeltagen wiederum verminderte Erregbarkeit vor, um dann wieder in erhöhte überzugehen. Ferner findet sich in manchen Fällen auf verschiedenen Seiten verschiedene Reaktion, in der Art, dass auf der einen Seite prompte verstärkte Zuckung erfolgt, während auf der anderen auf gleich intensiven und gleichlang dauernden Reiz viel geringere Muskelkontraktion eintritt. Diese Verschiedenheit der Reflexerregbarkeit ist eine sehr häufige Erscheinung bei der Meningitis cerebrospinalis tuberculosa. Gegen das Ende hin wird die Reflexerregbarkeit von den Fusssohlen aus oft geringer und kann ganz erlöschen; doch ist dies nicht immer der Fall, bei vielen Kranken haben wir trotz komatösen Zustandes noch bedeutende Erhöhung der Reflexe

gesehen. Wieder andere Fälle zeigen von Anfang an eine verminderte Reflexerregbarkeit: schwacher Reiz, einmal appliziert ist
nicht imstande, Reflexe auszulösen, erst Wiederholung, Summation,
bewirkt Dorsalflexion des Fusses oder Anziehen des Beines. In einem
Fall fanden wir an der einen Seite auf Kitzeln der Fusssohle überhaupt
keine Reaktion, während auf der anderen beim Kitzeln Plantarflexion
eintrat und der Fuss längere Zeit in tonischem Krampf in dieser
Stellung verharrte. — Es muss bemerkt werden, dass auch bei gesunden
Leuten die Reflexe nur schwach sein können, aber man darf nicht so
weit gehen zu sagen, dass bei allen untersuchten Fällen gerade dieses
ein zufälliges Ereignen sei.

Die Bauch- und Kremasterreflexe haben wir meist weniger
ausgeprägt verändert gesehen, in manchen Fällen waren sie nur undeutlich da. — Die Patellarsehnenreflexe fehlten zuweilen gänzlich,
eine Verstärkung habe ich nicht wahrgenommen. — Ausgesprochener
Fussklonus kam einige Male zur Beobachtung.

Für die Störungen der Reflexerregbarkeit wird bekanntermassen
folgende Erklärung gegeben. Unter Reflexbewegung verstehen wir eine
Bewegung, welche durch die Erregung eines centripetalleitenden Nerven
hervorgerufen wird; durch ihn wird der Reiz zum Reflexcentrum —
graue Substanz im Rückenmark — fortgeleitet und von diesem auf die
centrifugale, motorische Bahn übertragen. Es gehört also zur Reflexbewegung die centripetalleitende Faser, das Reflexcentrum und die
centrifugalleitende Bahn, sie zusammen stellen den Reflexbogen dar.
— Innerhalb der grauen Substanz des Rückenmarks stösst die centripetalleitende Nervenfaser bei der Fortleitung des in sie gesetzten Reizes
auf beträchtlichen Widerstand; der geringste Widerstand liegt in der
Gegend der in derselben Höhe befindlichen motorischen Fasern. So
entsteht bei schwachen Reizen nur ein einfacher Reflex. Nach anderen
motorischen Ganglienzellen hin ist der Widerstand grösser als an
dem genannten Punkt; wird aber der Reiz intensiv, so kann er
auch auf diese Bahnen übergreifen und die Folge ist nicht nur einfache Auslösung, sondern es werden auch andere Muskelgruppen in
Aktion versetzt, es entsteht erhöhte Reflexbewegung; also es erfolgt
bei einfacher schwacher Reizung an der Fusssohle normaliter nur
leichte Dorsalflexion des Fusses, bei andauerndem Reiz dagegen ener-
gisches Anziehen des einen oder beider Beine gegen den Leib. — In
pathologischen Verhältnissen kann nun auch das Letztere statthaben
bei schwachen Reizen, indem der in der grauen Substanz des Rückenmarks sitzende Widerstand abnimmt (z. B. durch Einwirkung von
Giften). Werden dagegen grössere Widerstände in die Leitungsbahnen
des Reflexbogens eingeschaltet, so werden auch die Bewegungen geringer

ausfallen müssen. — Dasselbe wird geschehen bei schwacher Empfindlichkeit der centripetalleitenden Fasern, bei analoger Affektion des Centralorgans oder ebenfalls der centrifugalleitenden Fasern.

Hierzu kommt aber noch die Hemmung der Reflexe vom Gehirn aus. Ausser den im Rückenmark vorhandenen Widerständen existieren noch sogen. Hemmungsmechanismen der Reflexe: ihr Sitz ist nicht bekannt, ausser dem Setzschenow'schen Hemmungscentrum, das beim Frosch die Gegend der Thalami optici, der Zweihügel und des oberen Teils des verlängerten Marks einnimmt, dessen Abtrennung die Reflexerregbarkeit erhöht, dessen Reizung sie herabsetzt und unterdrückt. Ähnliche Einrichtungen scheinen auch bei den höheren Wirbeltieren und beim Menschen zu bestehen, man verlegt sie in die Gegend der Vierhügel und in die Medulla oblongata. So liesse sich die veränderte Reflexerregbarkeit bei Fehlen einer spinalen Affektion (also bei intaktem Reflexbogen) auch aus Läsionen in den Hemmungscentren des Gehirns erklären. — Es ist selbstverständlich, dass auch Kombinationen beider in Betracht kommen können.

Weitere — auch von anderen Seiten mehr gewürdigte — Reflexe sind die vom Auge aus, die Pupillarreflexe und das reflektorische Augenblinzeln.

Bei der Betrachtung der Augen fallen besonders Abweichungen im Verhalten der Pupillen auf: einmal sieht man die Pupillen, auch wenn kein Lichtreiz einwirkt, sich verändern, enge Pupillen werden weit, weite eng. Gewöhnlich wird angegeben, dass im Anfang die Pupillen normal weit seien, dass sie mit Eintritt der verminderten Pulsfrequenz weiter werden, im tiefen Koma sich verengern. Solch regelmässiger Verlauf ist uns nie aufgefallen, vielmehr möchte ich vor allem den häufigen Wechsel der Pupillenweite an einem Tage hervorheben, und nicht nur an einem Tage, sondern im Laufe von Stunden oder Minuten können ad maximum erweiterte Pupillen Stecknadelkopfgrösse annehmen. Auf Beleuchtung fehlt öfters jedwede Reaktion; ist solche noch vorhanden, so erfolgt sie ungenügend und träge. In vielen Fällen beobachtet man noch Pupillenunterschiede, und zwar dass eine Pupille sehr weit ist, die andere sehr eng, oder dass sie nicht gleich weit sind. Ferner ist ein wichtiges Zeichen, dass bei genauem Zusehen die Pupillen — seien sie nun weit oder eng — sehr häufig nicht diese konstante Weite behalten, sondern unaufhörlich, von Licht und Accommodation unabhängig, wechseln. Es ist, wie wenn fortwährende Zuckungen in dem Ciliarmuskel stattfänden. In vielen Fällen muss man genau zusehen, um das minimale Spiel zu bemerken. Wenn in ausgesprochenem Masse vorhanden, bezeichnet man diese Erscheinung

als Hippus, wenn weniger ausgeprägt, könnte man von Spielen der
Iris sprechen.

Parrot[1]) teilt bezüglich der Pupillen im letzten Stadium der
Krankheit mit, dass die vorher engen Pupillen auf Hautreize wieder
weit werden.

Über das Zustandekommen der Veränderung der Pupillenweite
wird gewöhnlich Folgendes angenommen: Der Iris dienen zwei glatte
Muskeln, der die Pupille umkreisende Sphinkter und der Dilatator
pupillae; der erstere wird vom Oculomotorius innerviert, der zweite
vom Halssympathicus. Beide Muskeln stehen in antagonistischem Verhältnis: es erweitert sich die Pupille nach Lähmung des Oculomotorius
und umgekehrt verengert sie sich nach Zerstörung des Sympathicus;
werden beide Nerven gleichzeitig gereizt, so überwiegt die Oculomo-
toriuswirkung, die Pupille wird enger. Im Ganglion ciliare sind die
Fasern beider vereinigt. Das Centrum für die reflektorische Erregung
der Sphinkterfasern durch Lichtreize befindet sich in den vorderen
Vierhügeln nahe dem Aquaeductus Sylvii. Das für die Pupillenerweiterung — reflektorisch durch Beschattung der Netzhaut erregt —
liegt im verlängerten Mark, ein zweites — Centrum ciliospinale — im
unteren Cervikalteil und abwärts vom 1.—3. Brustwirbel des Rückenmarks. — Von Einfluss auf die Weite der Pupille ist ferner noch der
Blutgehalt der Irisgefässe: vermehrte Blutfülle verursacht Verengerung,
verminderte Erweiterung des Sehlochs. Die normale Reaktion der
Pupille ist also von verschiedenen Faktoren abhängig; es können nun
bei der Entzündung der Gehirnhäute die Centren selbst oder die Fasern
in ihrem Verlauf affiziert sein, und schliesslich dürfte auch auf das
Verhalten der vasomotorischen Nerven für die Irisgefässe Gewicht zu
legen sein. Es wird sich um Reizungs- und Lähmungserscheinungen
handeln, hervorgerufen durch intrakraniellen Druck einerseits, durch
direkte Entzündung andererseits. Bei Obduktionen hat man schon
Entzündungen des Oculomotorius gefunden; über genauere Untersuchungen der einzelnen Gehirn- und Rückenmarkteile ist nichts bekannt.

Gegen das Ende der Erkrankung hin bemerkt man meistens, dass
der reflektorisch ausgelöste Lidschluss fehlt. Die Berührung
der Conjunctivae und Corneae mit einer Papierfahne wird nicht mehr
mit Lidschluss beantwortet. Auch sieht man häufig Fliegen in den
Augenwinkeln sitzen und naschen, ohne dass Abwehrbewegungen gemacht werden. — Mit dieser Unempfindlichkeit der Konjunktiva und
Kornea verbunden ist gleichzeitig eine Entzündung dieser Häute.

---

1) Cit. bei Wortmann.

Die Conjunctiva sclerae erscheint stark injiziert, in den Falten des Konjunktivalsacks oder auf der Hornhaut sieht man zuerst einige Schleimfäden und Schleimklümpchen; bald häuft sich eine grössere Menge Sekret im medialen Augenwinkel an, das eintrocknet und Krusten bildet. Zugleich verliert die Hornhaut ihren Glanz, die Trübung wird allmählich dichter; meist wird die Kornea in ihrer ganzen Ausdehnung ergriffen, doch werden oft eine oder mehrere Stellen stärker getrübt und es kann zu Abscessen oder geschwürigem Zerfall kommen und schliesslich der Untergang des ganzen Bulbus herbeigeführt werden. — Die entzündlichen Affektionen erklären sich aus der Anästhesie der Hornhaut infolge der Lähmung von Trigeminusfasern. Durch den mangelnden Lidschluss ist die Kornea dem Einfluss äusserer Schädlichkeit preisgegeben und Krankheitserregern der Boden zur Ansiedlung geebnet. Möglicherweise verlaufen im Trigeminus auch trophische Fasern, deren Lähmung die Nekrose der Kornea zur Folge hat.

Ich führe hier gleich die weiteren Störungen des Sehorgans an. Im Anfang der Erkrankung bemerkt man bei vielen Kindern Lichtscheu. Das helle Tageslicht thut ihnen weh, sie ziehen vor, im Halbdunkeln oder Dunkeln zu liegen, legt man sie trotz ihres Sträubens an einen hellen Ort, so wenden sie sich vom Licht ab. Viele klagen, dass die Helle ihnen Schmerzen verursache. Solche Hyperästhesie der Retina hält meist längere Zeit an. Später tritt Amblyopie und Amaurose ein. Grössere Kinder geben an, sie sehen nicht mehr, bei kleineren kann man spitze Gegenstände rasch dem Auge nähern, ohne dass sie irgendwie reagieren. Meist bleibt die Amaurose bis zum Tode bestehen. Bei der Untersuchung des Augenhintergrundes hat man in manchen unserer Fälle überhaupt keine Abweichung von der Norm finden können, in anderen nur leichte Hyperämie des Augenhintergrundes neben scharf umgrenzter heller, weissgelber Papille. In wieder anderen fand sich ein leichter Grad von Stauungspapille, in einem weiteren war starke venöse Hyperämie des Augenhintergrundes ohne Neuritis optica mit kleinen Apoplexien vorhanden; dabei sah man weisse verwaschene Flecke ohne entzündlichen Hof, deren Deutung nicht klar war (möglicherweise nur ein optisches Phänomen, herrührend von Glaskörperveränderungen? Prof. Schleich). Weiter hat man gefunden Neuroretinitis, Atrophie des Sehnerven. Die Erscheinungen scheinen hauptsächlich abhängig zu sein von einer Fortleitung der Entzündung von der Pia auf die Sehnervenscheide und von der Druckwirkung der entzündlichen Produkte auf die Nerven und Gefässe des Opticus.

Abgesehen von den Lähmungen der Augenmuskeln, die später besprochen werden sollen, bemerkt man bei manchen Kranken noch fortwährende Zuckungen, oscillatorische Bewegungen der Bulbi, Nystagmus.

Schliesslich sei noch der Chorioidealtuberkel — zuerst von Jäger, Manz und Busch beobachtet — Erwähnung gethan; die Entdeckung hat erst grosses Aufsehen gemacht, allein bald zeigte es sich, dass diese Tuberkel keineswegs eine konstante Erscheinung der allgemeinen Miliartuberkulose, geschweige denn eine solche der Meningitis tuberculosa sind. Die Tuberkel der Chorioidea erscheinen in wechselnder Menge als kleine runde, erhabene, rötliche oder graue Flecken, 1—50 an der Zahl; sie liegen gewöhnlich in der Umgebung des Sehnerven und der Macula lutea, selten verbreiten sie sich nach der Peripherie hin. Wortmann fand in 27 Fällen nur 4mal Chorioidaltuberkel, Heinzel[1]) unter 31 Fällen niemals, A. Money in 42 Fällen 12mal. Eigenes Material kann ich nicht beibringen, es wurden nicht alle an Meningitis erkrankten Kinder darauf untersucht, da meist das Bild so ausgeprägt war, dass man in der Diagnose nicht irren konnte. Die darauf untersuchten Fälle gaben mit Ausnahme eines einzigen von ausgebreiteter allgemeiner Miliartuberkulose ein negatives Resultat. Ich will übrigens nicht bestreiten, dass der Nachweis der Chorioidaltuberkel besonders im Anfang von Wichtigkeit sein kann.

Störungen der Sensibilität sind wohl in allen Fällen in mehr oder weniger hohem Grade vorhanden. Schon frühzeitig werden Klagen über Schmerzen im Bauch laut, dann über solche in den Gelenken, im Hals und namentlich auch im Rücken. Die Schmerzen steigern sich bei Druck oder auch bei Bewegungen. Den Rückenschmerz hat man besonders für die spinale Affektion verwertet. Die Kinder klagen über Schmerzen im Rücken, welche namentlich bei Bewegungen, beim Aufrichten oder auch bei Erschütterungen durch Hustenstösse gesteigert werden. Die Schmerzen strahlen nach den Seiten und vorne hin aus oder in die Extremitäten. Betasten und Beklopfen der Wirbelsäule erhöht die Schmerzen; dieselbe ist in vielen Fällen gleichmässig in ihrem ganzen Verlauf druckempfindlich, in anderen nur ein Teil derselben, z. B. der Cervikalteil, wieder in anderen Fällen zeigen sich zwischen empfindlichen Stellen weniger schmerzhafte oder schmerzfreie.

Des Ferneren kommen Hyperästhesien im Bereiche der Haut und der Muskeln vor. Schon das Aufnehmen der kleinen Patienten wird von Geschrei begleitet, auf das Aufheben einer Hautfalte erfolgt lebhafte Schmerzäusserung; auch Druck auf die Muskeln wird oft

---

1) Cit. bei Henoch.

schmerzhaft empfunden. — Man begegnet oft der Eigentümlichkeit, dass die Hyperästhesien von den unteren Extremitäten beginnend in aufsteigender Richtung an Intensität abnehmen und an den oberen Extremitäten am wenigsten ausgesprochen sind oder ganz fehlen. — Die Stärke der Hyperästhesie wechselt auch zu verschiedenen Zeiten: es schieben sich bisweilen Tage mit geringerer Empfindlichkeit ein, dann kommen wieder solche, an welchen die Hyperästhesie so hohe Grade erreicht, dass die leiseste Berührung schon Aufschreien oder Zusammenfahren der Kinder hervorruft. Allerdings ist das Symptom nicht so ausgesprochen wie bei der akuten eitrigen Cerebrospinalmeningitis. — In den letzten Tagen, schon vor dem Eintritt des komatösen Zustandes oder mit diesem nimmt die Hyperästhesie ab und geht in verminderte Schmerzempfindung und Anästhesie über. Man kann dann die Kinder kneifen oder mit der Nadel stechen, ohne dass sie reagieren, höchstens erfolgt ein leises Stöhnen.

Da in den meisten Fällen Entzündung der Meningen des Rückenmarks und Kompression oder Veränderungen der durchsetzenden Nervenwurzeln statt haben, so erklären sich die excentrischen Schmerzen, die Hyperästhesien, wohl ungezwungen; zeitweise Besserungen und Verschlimmerungen wären auch hier auf wechselnden Blutgehalt zurückzuführen. Bei längerer Dauer werden Zerstörungen der Nervenfasern Lähmungen dieser und damit Anästhesie zur Folge haben. Aber manchmal finden sich auch z. B. Veränderungen im Halsmark ohne solche Störungen in den Armen (Fall von F. Schultze). Folgender Fall mag die genannten Erscheinungen illustrieren.

Beobachtung IX. Sophie K., 11 Jahre alt. Aufgenommen 13. IX. 93 abends 9 Uhr. Hereditäre Belastung. Das Kind hatte sich gut entwickelt. Vor 5 Jahren leichte Masern. Das Mädchen war oft aufgeregt und launisch. Schon seit Jahren klagte sie über Kopfschmerzen. Seit langer Zeit litt sie an geschwollenen Drüsen am Halse, an welchen sie früher einmal operiert sei; im März d. J. sei ihr in der chirurgischen Klinik eine Drüse ausgeschnitten worden. — Am 13. September ging sie noch zur Schule; als sie nach Hause kam, fiel der Mutter das schlechte Aussehen des Mädchens auf, auch habe es über starkes Kopfweh geklagt. — Am 12. u. 13. Septbr. war noch Stuhlgang erfolgt.

In der Nacht vom 13./14. IX einmaliges Erbrechen ohne jedes Würgen. Bei der Aufnahme klagt das Kind über ausserordentlich heftige Kopfschmerzen ohne besondere Lokalisation. Objektiver Befund fast negativ. Die Pupillen reagieren gut. Das Mädchen ist ausserordentlich aufgeregt, sehr hastig in seinen Bewegungen, ängstlicher Gesichtsausdruck. Dürftiger Ernährungszustand. In den Lungen nichts besonderes nachweisbar: keine Dämpfung, kein Katarrh. Herztöne rein. Über das Verhalten des Pulses bei dieser Kranken vgl. S. 46. Nackenwirbelsäule druckempfindlich. — An der linken Halsseite und unter dem Kinn eine Narbe.

14. IX. Im ganzen unveränderter Befund. Auffallend weite Pupillen. Ein leichtes Abführmittel wird sofort erbrochen.

15. IX. Hyperästhesie der Haut an den Oberarmen und an den Beinen, besonders schmerzhaft sind die Unterschenkel und Füsse. Fusssohlenreflexe erhöht, bei der Berührung einer Planta werden beide Beine angezogen und dabei Schmerzen geäussert. Nackenwirbel auf Druck sehr empfindlich. — Pupillen reagieren träge. Mehrmals Erbrechen unabhängig von der Nahrungsaufnahme.

16. IX. Ziemlich unveränderter Befund. Pat. ist bei vollem Bewusstsein, giebt klare Antworten, klagt über heftige Kopfschmerzen. Sie mag nicht in der Helle liegen, verlangt, dass die Fenster verhängt werden. Vom 16. ab kein Erbrechen mehr.

17. IX. Kopfschmerzen unverändert. — Appetitlosigkeit. Leichte Nackenstarre, besonders beim Aufrichten bemerkbar.

18. IX. Häufiger Wechsel der Gesichtsfarbe: bald auffallende Blässe, bald flammende Rötung mehrmals am Tage sich wiederholend. Beim Aufrichten wird die Wirbelsäule steif gehalten, die Nackenmuskulatur ist gespannt. Die ganze Wirbelsäule ist druckempfindlich, vornehmlich die Halswirbelsäule. — Im Laufe des Tages schiessen am Rücken und an den unteren Extremitäten urticariaähnliche rote Flecken auf, die nach kurzer Zeit wieder verschwinden. — Der Stuhl bleibt mit einer einzigen Ausnahme am 11. Krankheitstage, an dem spontane Ausleerung erfolgt, bis zum Tode angehalten und wird nur dann und wann durch Klysmata erzielt.

19. IX. Tâches cérébrales heute deutlich. Bauch ziemlich weich, weder eingesunken noch aufgetrieben; Hyperästhesie der Haut, namentlich an den unteren Extremitäten. Fusssohlenreflexe ausserordentlich erhöht, leichtes Kitzeln an der einen Fusssohle hat rasches Zurückziehen beider Füsse mit lebhafter Schmerzäusserung zur Folge. Bauchdeckenreflexe sind vorhanden. Pupillen weit, reagieren nicht bei Lichteintritt. Rasches Nähern eines spitzen Gegenstandes nach dem Auge wird mit Lidschlag beantwortet. Leichter Grad von Conjunctivitis am linken Auge. Kein Appetit. — Gegen Mittag heftigste Kopfschmerzen, nachmittags Ruhe, nur dann und wann Aufseufzen.

20. IX. Die Nacht verlief ziemlich gut. Morgens ist das Kind bei Bewusstsein, ist aber verdriesslich. Lungenbefund vollkommen normal. Nackenstarre, Klagen über Schmerzen im Rücken, besonders beim Versuch sich zu drehen. Wirbelsäule bei Druck empfindlich. — Patellarsehnenreflexe kaum vorhanden, Fusssohlenreflexe ausserordentlich verstärkt. Hyperästhesie der Haut und Muskeln, besonders an den unteren Extremitäten und an den Bauchdecken. Abdomen gleichmässig weich. Milz 6:6 cm. — Pupillen weit, reagieren kaum auf Lichtreiz. Im Laufe des Tages bekommt Pat. Hunger, sie isst mit Appetit. Abends ist sie ruhig.

21. IX. In der Nacht ziemlich ruhiger Schlaf, morgens Somnolenz; beim Anrufen stiert Pat. nach der Decke und antwortet mit schwerer, lallender Stimme. Atmung unregelmässig, flache und tiefe Atemzüge wechseln ab. — Fusssohlenreflexe stark erhöht. Hyperästhesie noch vorhanden. Pupillen weniger weit als gestern, ziemlich reaktionslos. Ausgesprochene Nackenstarre. Trousseau'sches Phänomen deutlich. — Im Laufe des Tages ziemlich guter Appetit, abends grosse Unruhe.

22. IX. Pat. ist heute bei Bewusstsein. Sie sagt, sie habe heftige Kopfschmerzen und sehe alles doppelt. Es ist Strabismus convergens am rechten Auge aufgetreten, der bis zum Tode anhält. Die Conjunctivitis ist kaum stärker als bisher. — Trousseau's Phänomen weniger deutlich. Pupillen weit, reagieren nicht. Fusssohlenreflexe ausserordentlich erhöht. Hyperästhesie der Haut und der tiefer gelegenen Teile besteht weiter. — Atmung unregelmässig, oft aussetzend. — Pausen von 10—15 Sekunden, dann abwechselnd oberflächliche und tiefe Atemzüge; 32 in der Minute. — Während der Untersuchung wird Pat. somnolent, schliesst die Augen halb, macht Kaubewegungen und bekommt leichte Zuckungen in den Händen. Zwischenhinein stöhnt sie und greift nach dem Kopfe. Im Laufe des Tages verlangt sie zu essen, isst mit Heisshunger. Abends Delirien. Knirschen mit den Zähnen.

23. IX. Pat. ist heute früh nicht bei sich, hat Hallucinationen. Hyperästhesie wie bisher, ebenso Fusssohlenreflexe. Pupillen: die rechte weiter als die linke, reaktionslos. Conjunctivitis nicht stärker. Den Tag über ist Pat. unruhiger als seither; Appetit gut.

24. IX. In der Nacht furibunde Delirien; morgens liegt Pat. teilnahmlos, reagiert nicht; die Augen sind halb geschlossen, die Bulbi nach oben gerollt. Die Pupillen sind stecknadelkopfgross, die linke reagiert nur ganz wenig bei Beschattung, die rechte gar nicht. Conjunctivitis beiderseits deutlich, Fliegen saugen an den Augenwinkeln, ohne dass Abwehrbewegungen gemacht werden. Fusssohlenreflexe noch sehr erhöht. Während der Untersuchung erwacht Pat. plötzlich aus ihrem somnolenten Zustand und schreit bei jeder Berührung. Die Pupillen werden plötzlich sehr weit, ohne Reaktion. Pat. erkennt ihre Umgebung nicht. — Es besteht ein leichter Grad von Nystagmus. Das Annähern eines spitzen Bleistiftes gegen das Auge wird nicht bemerkt, die Augen werden nicht geschlossen, wohl aber erfolgt bei Berührung der Kornea mit einer Papierfahne träger Lidschlag. Rascher Wechsel der Gesichtsfarbe. Oft Zuckungen in einzelnen Muskelgruppen des Gesichtes, dann und wann stossweises Strecken der Arme und Beine. Bauch gleichmässig weich. Nach $\frac{1}{4}$ Stunde derselbe Zustand wie im Beginn der heutigen Beobachtung: Somnolenz, aus der Pat. kaum zu erwecken ist, ganz enge reaktionslose Pupillen, dagegen fortwährendes Spielen derselben. — Pat. lässt unter sich gehen. Sie isst und trinkt hastig und viel.

25. IX. In der Nacht Ruhe, morgens Pupillen weit, reagieren nicht, Strabismus unverändert, Conjunctivitis eher weniger stark. — Sehr häufiger Wechsel der Gesichtsfarbe. Steifheit des Rückens und Nackens ausgesprochen. Die Wirbelsäule ist druckempfindlich, namentlich die Halswirbel. Keine Veränderungen in den Lungen und am Herzen. — Schmerzen beim Schlucken ohne nachweisbare Ursache. — Patellarsehnenreflexe sehr schwach, rechts stärker als links; auch bei Hervorrufung dieser wird Schmerz geäussert. — Fusssohlenreflexe immer noch ausserordentlich erhöht. Hyperästhesie der Haut noch stark vorhanden, namentlich an den unteren Extremitäten und an der Bauchhaut, weniger stark an den oberen Extremitäten. Bauch gleichmässig weich. — Mittags zeigt sich wiederum die flammende Röte im Gesicht. Dasselbe ist bis zum Hals hochrot gefärbt, dagegen ist die Gegend der Nasolabialfalten intensiv weiss

und hebt sich scharf von der Umgebung ab, wodurch das Gesicht ein eigentümlich scheckiges Aussehen bekommt. Die Rötung hält etwa eine Stunde an und macht hernach ausgesprochener Blässe Platz. — Pat. ist zu dieser Zeit soporös, gegen Abend Delirien. Später kommt sie zu sich, isst viel mit gutem Appetit.

In der Nacht vom 25./26. schläft sie fast ununterbrochen, ist ganz ruhig.

26. IX. Bauchhaut schmerzhaft. — Die Augen sind nahezu geschlossen, die Pupillen sind sehr eng, doch wird fortwährendes Spielen der Iris beobachtet. Starker Schweiss. — Nach einer halben Stunde werden die Pupillen, ohne dass in der Beleuchtung irgend welche Änderung eingetreten und ohne Hautreize ad maximum erweitert. — Resp. 26, unregelmässig. Abends 8 Uhr Konvulsionen im Gesicht und in den oberen Extremitäten, um 10 Uhr Koma; beim Kitzeln der Fusssohlen, das bisher stets schmerzhaft empfunden wurde, werden kaum Abwehrbewegungen gemacht. — Ausgesprochenes Cheyne-Stokes'sches Phänomen. — Harn schwach sauer reagierend, frei von Eiweiss.

27. IX. Die Nacht verlief für Pat. ruhig. Morgens ist das Mädchen somnolent, doch lässt es sich aus seinem Zustand erwecken. Pupillen weit, reaktionslos. — Fusssohlenreflexe wieder stark erhöht. — Abdomen etwas eingezogen; ausgesprochene Tâches cérébrales. Zunehmende Macies. — Abends 6 Uhr: Pat. ist ziemlich bei Bewusstsein, sie erkennt ihre Umgebung, hatte mit gutem Appetit und viel gegessen. Das Kind ist sehr unruhig, klagt über Schmerzen „überall", hauptsächlich im Bauch und von da abwärts gehend in den Füssen; bei Druck auf die Magengegend schreit sie laut auf, hier sei der stärkste Schmerz. — Pupillen sehr stark erweitert, rechts etwas mehr als links, reagieren nicht. Atmung unregelmässig.

28. IX. morgens 10 Uhr. Pat. ist nicht bei vollem Bewusstsein, sie stöhnt viel. Hie und da leichte Zuckungen in den oberen Extremitäten und im Gesicht. Letzteres lebhaft gerötet, Pupillen weit, reagieren nicht, Conjunctivitis beiderseits nur schwach. Atmung unregelmässig, meist flache Atemzüge, ca. 30. — Ausserordentlich hochgradige Hyperästhesie der Haut; Fusssohlenreflexe sehr stark. Bauch gleichmässig weich. — Abends 6 Uhr vermehrte Unruhe, fortwährendes Stöhnen. Nackenstarre sehr stark, so dass Pat. nur schwer zu trinken vermag, wobei sie über Schmerzen im Hals klagt. Hyperästhesie der Haut im Vergleich zum Morgen sehr vermindert; Plantarreflexe bedeutend verringert im Vergleich zu heute früh. Dagegen klagt die Kleine über starke Schmerzen in der Magengegend. — Trotz guten Appetits der Pat. nimmt die Abmagerung täglich zu. Abends 8 Uhr Konvulsionen in den oberen Extremitäten, hernach Opisthotonus von ca. 5 Minuten langer Dauer. Die Konvulsionen währen etwa eine Stunde, dann wird Pat. ruhig bis Mitternacht, von da an Delirien.

29. IX. Beim Besuch behauptet Pat. sie könne nicht sehen. Es scheint vollständige Amaurose zu bestehen, rasches Annähern des spitzen Bleistiftes gegen das Auge wird nicht bemerkt, man kann bis einige Millimeter vor die Pupille kommen. Auch Fliegen saugen an den Augenwinkeln und bedecken das Auge, ohne dass irgendwie reagiert wird; Berührung der Konjuktiva mit einem Papierstreifen hat keinen Lidschlag zur Folge. Die Haut des Gesichts ist gerötet, die Haut des Körpers trocken, schilfert

an einigen Stellen ab. — Pat. ist ziemlich ruhig, doch bewegt sie fortwährend die Finger: Flockenlesen. Beim Aufrichten Klagen über heftige
Schmerzen im Rücken, doch wird auf Druck gegen die Wirbelsäule kein
Schmerz geäussert. Bauch aufgetrieben, dabei fühlt sich der Rectus abdominis
sehr hart an; zu beiden Seiten ist der Bauch weich. Fusssohlenreflexe
viel geringer als seither, es erfolgt kaum Dorsalflexion am betreffenden Fuss;
dagegen scheint die Hyperästhesie noch unverändert zu sein, das Kind
klagt sehr, die Berührung der Fusssohle thue ihm wehe. Haut der Ober-
extremitäten weniger empfindlich. — Tâches cérébrales ausgeprägt. Tags
über öfters Delirien. Abends 8 Uhr Atmung flach; Hyperästhesie der
Haut an der Fusssohle viel geringer als bisher; auch Plantarreflex nur
schwach. Abdomen aufgetrieben. Pupillen weit, reagieren nicht. Delirien.
Abds. 10½ Uhr vollständiges Schwinden des Bewusstseins, die Atemzüge
werden röchelnd, 4—5 tiefe Atemzüge hintereinander, dann Pausen von
15—20 Sekunden Dauer, dann wieder 4—5 Atemzüge. Es werden überhaupt
nur 5—6 Respirationen in der Minute gemacht. — Um 1 ^{50} Min. ruhiger Tod.
Über das Verhalten der Temperatur vgl. Kapitel über Fieber.

Auszug aus dem Sektionsprotokoll.

Sektion 9½ Stunden p. m. (Dr. Roloff). Mässig genährte kindliche
weibliche Leiche.

Rückenmark. Nach Eröffnung des Duralsackes zeigt sich innerhalb
desselben keine freie Flüssigkeit, dagegen erscheint die Pia durchsetzt von
einer getrübten, sulzigen, von maschigen Fäden durchzogenen Exsudatflüssig-
keit, wodurch sich der spiegelnde Glanz der Pia vermindert und die mässig
injizierten Gefässe nur undeutlich sichtbar sind. Die Innenfläche der Dura
scheint sammtartig getrübt. Die Dura ist im ganzen etwas verdickt, die
Vorderfläche der Rückenmarkshäute zeigt die gleiche Beschaffenheit wie die
hintere. Deutliche Tuberkel sind nicht zu erkennen. Später vorgenommene
mikroskopische Untersuchung: Es findet sich in der Hauptsache stark
zellige Infiltration in den Wänden und in der Umgebung der arachnoidealen
Gefässe neben geringfügiger fibrinös-eitriger Exsudation. Die Infiltrate
zeigen stellenweise beginnende Verkäsung und finden sich darin spärliche
Tuberkelbacillen, keine anderen Mikroorganismen.

Die Dura mater des Gehirns zeigt eine deutliche Vermehrung ihrer
Spannung. Die Sinus longitud. sup. sind weich, flüssiges Blut und zahlreiche Speckhautgerinnsel enthaltend. An ihrer Innenfläche erscheint die
Dura glatt, und man bemerkt auf ihr mehrfache kleinste, grau durchscheinende Knötchen.

Die Grosshirnhemisphären zeigen eine deutliche Abflachung der
Gyri. Die Pia ist von trockenem Glanze, ihre Gefässe sind mässig injiziert,
längs derselben sind an vielen Stellen Gruppen kleinster grauweisser
Knötchen bemerkbar. Nach Herausnahme des Gehirns an seiner Basis
ein ziemlich reichliches, sulzig-eitriges, die hinteren und mittleren Teile
der Gehirnbasis diffus überziehendes Exsudat, besonders reichlich entwickelt zwischen Pons und Chiasma, sowie am Eingang der Fossa Sylvii.
Innerhalb des Exsudats sind die Knötchen nicht deutlich erkennbar, sehr
reichlich jedoch finden sich solche in den die Fossa Sylvii umgrenzen-
den Piaflächen, namentlich den Ästen der Art. fossae Sylvii entlang. Die
Hirnventrikel sind ziemlich erheblich erweitert und mit klarer Flüssigkeit

erfüllt. Die Hirnsubstanz ist sehr weich, blass, blutarm und feucht. Das
Ependym der Ventrikel erscheint etwas aufgelockert. Der 4. Ventrikel
enthält einige stark injizierte Gefässe. Die Zeichnung der Hirnsubstanz
ist normal, herdförmige Erkrankungen sind keine vorhanden.
Herz normal. An den Lungen keine Veränderungen tuberkulöser Natur.
In der linken Supraklaviculargrube einige Lymphdrüsen etwas verkäst.
In den Nieren finden sich in der Rinde einzelne weisse Knötchen.
In den übrigen Organen nichts bemerkenswertes.

Der vorliegende Fall ist als reine Meningitis cerebrospinalis
tuberculosa zu betrachten. Die spärliche Aussaat von Tuberkeln in
den Nieren kommt für die Deutung nicht in Betracht. Als primärer
Herd sind die verkästen cervikalen Lymphdrüsen in der linken Halsseite anzusehen; nirgends sonst im Körper war etwas von Verkäsung oder Verkreidung trotz sehr sorgfältiger Nachforschung zu
finden. Die Krankheit beginnt — wenn wir von den schon Jahre lang
dauernden Kopfschmerzen absehen — ziemlich plötzlich. Am 13. IX
mittags fällt der Mutter das schlechte Aussehen auf und es stellen
sich heftige Kopfschmerzen ein. 16 Tage vor dem Tode zeigt sich
erstmals Erbrechen, von da ab auch hartnäckige Stuhlverhaltung, die
bis zum letalen Ende anhält. — Der Fall bestätigt zum grössten
Teil das oben Gesagte, die geschilderten Erscheinungen sind fast alle
vorhanden. Es bestehen Schmerzen im Rücken, im Bauch, besonders
der Magengegend, in der Brust, im Rachen beim Schlucken — letzteres
wohl zurückzuführen auf die sehr starke Hintenüberbeugung des
Kopfes. Die Rückenschmerzen sind spontan und werden bei Druck
auf die Wirbelsäule vermehrt; besonders war die Halswirbelsäule
empfindlich, auf welche im Anfang die Schmerzen beschränkt waren.
Schon in den ersten Tagen war Hyperästhesie der Haut und Muskeln
bemerkbar, dieselbe war in den unteren Extremitäten stärker als in
den oberen; die Schmerzempfindung wechselt an Intensität, so z. B.
am 28. IX ist morgens starke Hyperästhesie zu konstatieren, während
sie abends bedeutend nachgelassen. Im grossen und ganzen war die
Hyperästhesie sehr hochgradig und erinnerte an das Bild der epidemischen Cerebrospinalmeningitis.

Auffallend war das Verhalten der Reflexerregbarkeit. Während
die Patellarsehnenreflexe eher herabgesetzt waren, war die Erregbarkeit
von den Plantae pedum aus eine besonders starke. Schon leichtes Be-
rühren einer Fusssohle genügte, um beide Beine zu energischem Anziehen an den Leib zu bringen; zugleich wurde die Berührung und
das Kitzeln der Fusssohlen schmerzhaft empfunden. Aber auch hier
keine dauernde Gleichmässigkeit; so sind die Fusssohlenreflexe am
26. IX bedeutend abgeschwächt, es erfolgt kaum Plantarflexion,
tags darauf sind sie wieder ausserordentlich erhöht, dasselbe ist am

28. IX der Fall. Am 29. IX werden sie schwächer und nehmen bis
zum Tode ab. Auffallend ist dabei, dass, während die Reflexerregbarkeit schwächer wird, die Schmerzempfindung bestehen bleibt; das Kitzeln der Fusssohle schmerzt ebenso wie bisher.
Das Kind sagte, man soll ihr doch nicht so wehe thun. — Die Pupillarreflexe sind im Anfang unverändert, aber schon am dritten Krankheitstage sind die Pupillen auffallend weit und reagieren träge; später reagieren
sie überhaupt nicht mehr bei Lichtwechsel, meist sind sie weit, oft sind
Pupillendifferenzen angegeben. Hervorzuheben ist noch der rasche
Wechsel von sehr erweiterten zu rasch verengten Pupillen; im Laufe von
$1/_2$ Stunde kommt dies zweimal vor. Dabei spielt die Iris fortwährend,
wird bald um geringes enger, bald weiter. — Oscillierende Bewegungen
des ganzen Augapfels wurden einmal beobachtet. — Relativ frühzeitig
— am 7. Krankheitstag — trat leichte Conjunctivitis auf, die bis zum
Tode dauerte; die Hornhaut blieb intakt. — Zu derselben Zeit, in
welcher die Conjunctivitis sich zeigt, scheint auch Amaurose, wenigstens
zeitweilige, zu bestehen, später ist dieselbe ausgesprochen; Patientin giebt
bei erhaltenem Bewusstsein selbst an, sie könne nicht mehr sehen.
Etwa um die Mitte der Krankheit stellt sich völlige Abducenslähmung
am rechten Auge ein, die nicht mehr zurückgeht. — Bemerkens-
wert ist noch der urticariaähnliche Ausschlag, der bald nach Beginn
der Krankheit sich zeigte und nur von kurzer Dauer war. — Der
häufige Wechsel in der Gesichtsfarbe — von Scharlachröte bis Leichenblässe — war hier besonders ausgeprägt, er ist aber eine häufige Erscheinung.

Die Obduktion ergab Tuberkulose der Dura, ausgebreitete Meningitis basilaris tuberculosa mit eitrig-sulzigem Exsudat; Tuberkelaussaat
auf der Konvexität. — Die tuberkulöse Entzündung der weichen
Rückenmarkshäute war erst durch die mikroskopische Untersuchung
festzustellen, makroskopisch war nichts zu erkennen, was auf Tuberkulose hätte schliessen lassen.

Folgenden Fall führe ich nur in kurzem Auszug an. Wir werden
später auf denselben noch zurückkommen.

Beobachtung X. Luise Sch., 8$^1/_2$ Jahre alt, hat seit 3 Jahren eine
starke Kyphose des unteren Teiles der Wirbelsäule und erkrankt, nachdem
sie vorher an langdauernder exsudativer Pleuritis gelitten, am 24. VI. 78
mit mehrmaligem Erbrechem und Kopfschmerzen. Zugleich Hautausschlag
im Gesicht. Das Erbrechen hält — nachdem es am 4. und 5. Krankheitstag völlig ausgesetzt — bis zum 12. Krankheitstag an, ist oft
ausserordentlich stürmisch. — Neben anderen Erscheinungen am 2. VII
ziemlich hochgradige Hyperästhesie der Haut, gesteigerte
Reflexerregbarkeit.

3. VII. Pupillen weit, schwach reagierend. Die Reflexerregbarkeit von den Fusssohlen aus ist enorm gesteigert, es werden durch nicht besonders starke Reize andauernde klonische Kontraktionen hervorgerufen.

4. VII. Weniger ausgeprägte Störungen.

5. VII. Ziemliche Apathie. Deutliche Tâches méningitiques. Pupillen weit. Geradezu tonische Kontraktion der Muskeln des Unterschenkels — über 20 Minuten dauernd — bei schwachen Reizen auf die Fusssohle.

6. VII. Noch vermehrte Reflexerregbarkeit. Pupillen eng, wenig reagierend. Oberer Teil der Wirbelsäule druckempfindlich. Hyperästhesie der Haut, besonders an der Brust.

8. VII. Beginn einer linksseitigen Conjunctivitis. Starke Hyperästhesie der Haut. Reflexerregbarkeit sehr vermehrt.

9. VII. Derselbe Befund.

11. VII. Alle früher beschriebenen Symptome noch vorhanden. Leichte Keratitis auf dem linken Auge. Facialisparese links. Saugbewegungen. Weite Pupillen.

12. VII. Ruhiger Tod, ohne dass Konvulsionen aufgetreten wären.

Obduktion. Rückenmark, in die normale Dura eingeschlossen, ist in der Gegend der Kyphose von reichlichen Käsemassen umgeben; die Knochensubstanz mürbe, bröcklig. Die Dura daselbst nicht verändert, höher oben nur schwache Trübung der Häute. — Gehirn: An der Konvexität ist die Pia entzündlich getrübt, schwach sulzig infiltriert. An der Basis vom Chiasma bis zur Medulla stark sulzige Infiltration und Trübung; an mehreren Stellen deutliche Knötchen. Seitenventrikel beträchtlich erweitert. — Rechte Lunge frei von tuberkulösen Veränderungen, linke Lunge verwachsen, alte abgeheilte Pleuritis. In der Lunge keine Knötchen. Verkäste Trachealdrüsen. In den übrigen Organen nichts besonderes. — Auffallend in diesem Fall ist, dass die Karies des Brustwirbels lokal geblieben, dass kein Fortschreiten in der Kontiguität konstatiert werden konnte: nirgends in der Umgebung eine Spur von Tuberkeln.

Diese beiden Fälle dürften genügen, die oben beschriebenen Symptome zu zeigen und namentlich auch die Behauptung von der Wichtigkeit der Änderungen in der Reflexerregbarkeit zu rechtfertigen. Aus den noch folgenden Krankengeschichten wird weiter noch zu ersehen sein, wie gerade dieses Symptom als ziemlich konstantes sich findet.

Es seien hier angeschlossen — soweit ihrer nicht schon Erwähnung gethan — Krämpfe und Lähmungen im Bereiche der verschiedenen Nerven. Krämpfe in irgend welcher Form fehlen fast in keinem Fall von Meningitis tuberculosa. Es folgen entweder tonische und klonische Spasmen auf einander, oder die eine Art ist ausschliesslich vorhanden, oder bald tritt die eine, bald die andere mehr in den Vordergrund. Die Krämpfe können allgemeine oder partielle sein. Es beginnen oft die Konvulsionen langsam, kaum merklich — da und dort eine leichte Zuckung — und werden allmählich stärker, breiten sich weiter aus und schwellen schliesslich zu allgemeinen Schüttelkrämpfen an; seltener ist es, dass sie mit voller Wucht einsetzen. Manchmal treten sie nur auf einer Körperhälfte auf; so beobachtete Henoch ein 9 Monate altes Kind, bei welchem ein häufig wiederkehrender Krampf auf der rechten Seite — Runzelung der rechten Stirnhälfte, Hinüberziehen des Kopfes nach rechts und tetanische Zuckungen der rechten unteren Extremität — sich zeigte, und stellte die Diagnose auf Meningitis mit vorzugsweisem Sitz auf der Konvexität der linken Hemisphäre.

Die Krämpfe sind entweder nahezu anhaltend vorhanden, oder sie treten nur zeitweise auf, spontan oder auf äussere Reize — Bestreichen der Haut etc. Des Ferneren kann ein Teil des Körpers von klonischen Spasmen ergriffen sein, während andere Muskelgruppen in tonischer Kontraktion verharren, so wird z. B. die eine Extremität mit Vehemenz hin- und hergeschleudert, während die andere in fester, nur mit Gewalt zu lösender Beugestellung steht.

Das zeitliche Auftreten der Krämpfe ist verschieden. In unseren Fällen variiert das Einsetzen zwischen 1 und 17 Tagen nach dem erstmalig aufgetretenen Erbrechen, am häufigsten zeigen sie sich etwa in der zweiten Woche, im Mittel nach 8 Tagen. In manchen, allerdings selteneren Fällen bilden sie die Initialerscheinung, dass also die scheinbar vorher ganz gesunden Kinder plötzlich von eklamptischen Anfällen betroffen werden, die bis zum baldigen Tod anhalten, wie Beobachtung II zeigt, oder sie treten plötzlich auf und pausieren für längere Zeit (so Beobachtung III). Demme beschreibt einen Fall bei einem 4 Monate alten Knaben, bei welchem Roll- und Pendelbewegungen des Kopfes die Anfangserscheinung bildeten und der einen sehr raschen Verlauf nahm. Die Obduktion ergab nur tuberkulöse Basilarmeningitis.

Die Krämpfe dauern häufig bis zum Tode, so dass dieser während der Konvulsionen erfolgt, oder sie stellen sich von neuem vor diesem ein, nachdem sie vorher aufgehört hatten. Oft aber auch schieben sich zwischen die Krampfanfälle Zustände ein, in welchen die Glieder schlaff wie tote Massen am Körper hängen, die Muskeln verlieren ihren Tonus; man bezeichnet das als Resolution der Glieder. Dieser Zustand wird viel beobachtet und zwar während des Krankheitsverlaufs selbst oder einige Tage vor dem Tode. — Die allgemeinen Konvulsionen treten anfallsweise auf, sie beginnen oft mit leichtem Zittern und gehen nach und nach in die heftigsten Krämpfe über. Die Kinder sind dabei gewöhnlich vollkommen bewusstlos, die Augen werden halb geschlossen, so dass nur die bläulichen Sclerae sichtbar sind, das Gesicht ist cyanotisch. Die Dauer der einzelnen Paroxysmen kann sich über Sekunden oder aber auch über Stunden erstrecken; in letzterem Fall bemerkt man bisweilen Nachlässe mit nachfolgenden Exacerbationen. Zwischen den einzelnen Anfällen liegen oft mehrere freie Tage, gegen das Ende hin folgen die Krämpfe meist rascher auf einander. Nach solchem Anfall kehrt häufig das Bewusstsein wieder, die Kinder sind sehr erschöpft, das Gesicht blass, die Haut mit kaltem Schweiss bedeckt.

Die tonische Kontraktion der Nacken- ev. auch Rückenmuskulatur wird man nur in seltenen Fällen vermissen, ja sie tritt meistens sehr zeitig auf und giebt den Müttern zu Besorgnis Anlass. Man hört nicht selten, dass es der Umgebung aufgefallen ist, dass das Kind in der Rückenlage den Kopf in die Kissen bohre oder beim Aufnehmen den Kopf steif halte, oder dass bei der wagrechten Haltung im Bade der Körper nach hinten gebogen sei. Beim Versuch, den Kopf nach vorne zu beugen, wird nicht nur starker Widerstand entgegengesetzt, sondern es werden auch Klagen über Schmerzen laut. Ebenso wird das Aufrichten, welches eine Verstärkung der Nacken- und Rückenkontraktur mit sich bringt, schmerzhaft empfunden. Manchmal wird der Kopf ausser nach hinten auch noch nach einer Seite gebeugt. Die Streckmuskulatur des Halses ist kontrahiert, fühlt sich hart an. Die Nackenstarre währt mit zeitweiligen Besserungen resp. Unterbrechungen, zu welcher Zeit der Kopf nach Belieben frei bewegt werden kann, meist bis zum letalen Ende und geht oftmals in den letzten Tagen in Opisthotonus über. Das Hintenüberbeugen des Kopfes kann so hohe Grade erreichen, dass Schlingbeschwerden entstehen, wenigstens lassen sich die Schmerzen im Halse beim Schlucken bei Fehlen jeder Affektion der Rachenorgane auf diese Weise am ehesten erklären. So hatten wir ein Kind in Behandlung, bei welchem die Nackenstarre ausserordentlich markant zutage trat, der Kopf bildete mit der Wirbelsäule nahezu einen rechten Winkel; das Kind klagte, es könne nicht schlucken und verweigerte die Aufnahme von Speise und Trank, am folgenden Tage sass es aufrecht im Bett, bewegte den Kopf ohne jede Schwierigkeit und ass mit Appetit; allerdings hielt die Besserung nur einige Stunden an. Solche Remissionen traten noch mehrmals im Krankheitsverlauf ein. — Klonische Krämpfe der Nackenmuskeln sind selten.

Sehr gewöhnlich begegnet man partiellen Konvulsionen, namentlich solchen im Gebiet des N. facialis; entweder betreffen sie den grössten Teil der zugehörigen Muskeln oder sie sind nur auf einzelne derselben beschränkt. Manchmal ist nur eine Gesichtshälfte befallen, die andere ist vollkommen ruhig, oder sie verharrt in tonischer Kontraktion. Zuckungen in einem Nasenflügel, in der Wange, an einem Mundwinkel sieht man häufig, ferner auch krampfhaftes Blinzeln, Nictitatio, Spitzen des Mundes, Saugbewegungen.

Der Krampf im motorischen Teil des Trigeminus äussert sich entweder in klonischen Kontraktionen der Musculi pterygoidei und gleichzeitigen tonischen der Masseteren und Temporales, in Zähne-knirschen, oder in tonischem Krampf der Kaumuskeln, Trismus, oder in Konvulsionen der Muskeln, in Zähneklappern und Kaubewegungen, alle diese Erscheinungen sind häufig. — In einem Fall haben wir Nickkrämpfe — klonische Krämpfe der Kopfnicker — beobachtet (Beobachtung XV). Tonischer Krampf eines M. sternocleidomastoideus hat Caput obstipum zur Folge.

Endlich kommen Krämpfe tonischer und klonischer Natur im Be-reiche der Extremitäten und des Stammes vor. Sehr häufig sieht man klonischen Krampf des Zwerchfells, Singultus, seltener den tonischen Krampf desselben Muskels, mit Erstickungsanfällen einher-gehend und das Leben direkt gefährdend. Bei unseren Fällen ist dieser Spasmus einmal beobachtet worden. — Ein Symptom, welches Kernig beschrieben, aber auch bei epidemischer Cerebrospinalmeningitis ge-funden wird, besteht darin, dass beim Versuch, die Kranken aufzu-setzen, eine Beugekontraktur in den Kniegelenken, zuweilen auch in den Ellbogengelenken eintritt und es nicht gelingt, die Beine in den Kniegelenken zu strecken, in ausgesprochenen Fällen höchstens bis zu einem Winkel von 90°, in weniger ausgesprochenen nur bis zu einem Winkel von ca. 135°. — Bei einem unserer Kranken war das Zeichen ausserordentlich stark ausgeprägt.

Einer besonderen Art von Krämpfen sei noch Erwähnung gethan, der Katalepsie, der Flexibilitas cerea. Kataleptische Zustände wurden in mehr oder weniger ausgeprägtem Masse in $\frac{1}{4}-\frac{1}{3}$ unserer Fälle gesehen.

Um den Wechsel der Krämpfe zu zeigen, gebe ich einen kurzen Auszug aus einer Krankengeschichte.

Beobachtung XI. Margarete M., 5 Jahre alt. Seit dem Frühjahr 1878 Husten, Müdigkeit und Appetitlosigkeit, oft Klagen über Kopfweh. — Am 16. Oktober 3—4 maliges Erbrechen, das sich an den folgenden Tagen wiederholt. Stuhlverhaltung. Von da an wenig Veränderung des Zustandes bis zum 28. X. Nach unruhig verbrachter Nacht bekam das Kind am Morgen einen Anfall, der in Herumschlagen mit den Armen und Verdrehen der Augen bestand. Nachher war es wieder ruhig, nur etwas mürrisch. Abends wieder Erbrechen, was seit einigen Tagen nicht mehr aufgetreten war. Temp. 37,0.

30. X. In der Nacht zeigte das Kind grosse Unruhe, warf sich im Bett herum und schrie oft laut auf, zeitweise war es nicht bei Bewusst-sein. Fortwährende Kopfschmerzen. Gegen Abend trat wieder ein Krampf-

anfall ein in der Art, dass das Kind mit der einen Hand die andere packte und so stark verdrehte, dass die Umgebung es mit Gewalt daran verhindern zu müssen glaubte. Doch kehrte gleich nachher das Bewusstsein wieder. Abends 1 g Chloralhydrat.

31. X. In der Nacht war Pat. meist besinnungslos. Den Tag über war sie im allgemeinen ruhig, nur zuweilen machte sie wieder ähnliche Verdrehungen mit den Händen, sonst lag sie ruhig da mit geschlossenen· Augen, zuweilen einen Klageton ausstossend und mit den Händen nach dem Kopf greifend. Nur $1/4$ Stunde nachmittags war sie bei sich, dabei strampelte sie mit den Beinen und gab auf Befragen an, die Beine thuen ihr so weh.

1. XI. In der Nacht grosse Unruhe trotz Chlorals; öfters Bewegungen mit Händen und Füssen. Bisher keine Nackenstarre. Morgens 8½ Uhr liegt das Kind wie schlafend auf der Seite, den Kopf nach vorne geneigt; plötzlich wird der Kopf heftig in den Nacken gezogen, Arme und Beine gesteift. Völlige Bewusstlosigkeit. Der Anfall geht rasch vorüber.

Kurz nach 9 Uhr erneuter Anfall. Das Kind nimmt die rechte Seitenlage ein, der Kopf ist sehr stark in den Nacken gezogen, die Nackenmuskulatur ist stark gespannt, die Wirbelsäule und der Rücken in hohem Grade koncav gekrümmt. Anfangs bestehen noch Krämpfe, die mehr tonischer Natur sind; es wird bei leichter Flexion im Ellbogen der eine Arm langsam emporgestreckt, während der andere nach abwärts bewegt wird. Dabei sind die Armmuskeln hart anzufühlen. Gleichzeitig werden auch die Beine gestreckt. Diese Krämpfe hören bald auf spontan einzutreten, zeigen sich aber wieder in derselben Weise, wenn die Haut des Thorax gereizt wird. An den Beinen kann man nach Belieben drücken und kneifen, ohne jede Reaktion. Bewusstsein vollständig aufgehoben. Injektion von 2 g Ol. camphor. wobei wieder dieselben Krämpfe auftreten und ein leiser Klageton ausgestossen wird. Bis 1 Uhr nachmittags zeigt sich keine Veränderung. Dann tritt heftiges krampfartiges Zittern am ganzen Körper auf, das eine volle Stunde anhält. Linksseitige Facialisparese. Das konvulsivische Zittern am ganzen Körper dauert fort. Cheyne-Stokes'sches Phänomen.

5 Uhr abends. Die klonischen Krämpfe währen noch, intensives Zittern, besonders an den Armen.

8 Uhr abends. Unverändertes Bild.

2. XI. An den Armen besteht etwas Kontraktur. Die Nackenmuskeln sind aufs strammste gespannt. — Zittern wie gestern.

4 Uhr abends. Konvulsionen zur Zeit fehlend.

6 Uhr. Das Kind ist vollständig ruhig, um 8 Uhr der Tod ohne weitere Erscheinungen.

Obduktion. Tuberkel an der Dura. Meningitis basilaris tuberculosa mit sulzigem Exsudat. Gehirnsubstanz ödematös; die Rinde mit zahlreichen kleinen Blutergüssen durchsetzt. Ventrikelhydrops. „Die Affektion der Häute scheint sich nach abwärts in den Rückenmarkskanal zu erstrecken." — Tuberkulose der rechten Lunge. Verkäste Bronchial- und Trachealdrüsen. Knötchen in Leber und Milz.

Für das Verhalten bei Katalepsie ein Beispiel!

Beobachtung XII. Karl B., 6 Jahre alt, aus Lustnau, wird am 24. III. 1890 in die poliklinische Behandlung aufgenommen. Hereditär nicht belastet. Vor einem Jahr Auftreten einer Coxitis.

Am 16. III. zum ersten Male Erbrechen, das sich in den folgenden Tagen wiederholt. Obstipation. Keine Kopfschmerzen. — Schlecht genährtes rhachitisches Kind. Haut runzelig, von schmutzig gelber Farbe. Kahnbauch. Rechtes Bein in der der Coxitis eigentümlichen Stellung. Lunge und Herz normal. — Erst verminderte, später erhöhte Reflexerregbarkeit von den Fusssohlen aus.

27. III. Patient ist etwas benommen. Sehr ausgeprägte kataleptische Erscheinungen. Die Extremitäten lassen sich in jede Stellung bringen und verharren bis zu einer Minute in derselben. Das senkrecht in die Höhe gestellte Bein bleibt eine Zeitlang in dieser gezwungenen Stellung und fällt dann wieder langsam in die horizontale Lage.

28. III. Seit 1 $\frac{1}{2}$ Tagen Harnverhaltung. Abends wird auf Kataplasmen auf die Blasengegend reichlich klarer Harn gelassen.

29. III. Ausgeprägte kataleptische Erscheinungen. Wirbelsäule nicht druckempfindlich.

30. III. Harnentleerung erfolgt nicht spontan, aber auf Kataplasmen.

31. III. Zustand im grossen und ganzen unverändert; nur sind die kataleptischen Erscheinungen weniger ausgebildet vorhanden. Puls 66, unregelmässig; Resp. 18.

2. IV. Unveränderter Zustand.

4. IV. Tiefer Sopor.

5. IV. Tod.

Auszug aus dem Sektionsprotokoll.

Rückenmark. Pia ödematös durchtränkt und weniger durchsichtig als normal. Sie zeigt in den unteren Teilen der Lendenanschwellung und der Cervikalanschwellung eine etwas stärkere venöse Injektion und im Bereiche der Cervikalanschwellung auch eine sulzige Infiltration. Tuberkel lassen sich makroskopisch nicht erkennen (doch ergab die mikroskopische Untersuchung, dass an den verdächtigen Stellen in der Pia des Rückenmarks deutliche feinste Tuberkelknötchen vorhanden waren).

Gehirn. Dura frei, Pia der Konvexität ebenfalls. Die Nerven im Durchschnitt von normaler Weisse. Bei der Untersuchung der Pia im Chiasmawinkel und der linken Fossa Sylvii lassen sich Tuberkelknötchen mit Sicherheit nicht konstatieren. Die Pia ist an dieser Stelle ödematös durchtränkt, keine feste, sulzige Einlagerung; nur in der rechten Fossa Sylvii sieht man einzelne durchsichtige, feinste graue Knötchen an den Arterienwandungen, welche als Tuberkeleruptionen angesprochen werden könnten. Auch erscheint hier die Pia etwas stärker verdickt. Die mikroskopische Untersuchung ergiebt, dass an der Basis deutliche feinste Tuberkelknötchen sich befinden. — Seitenventrikel und 3. Ventrikel erweitert. Hirnsubstanz blutreich und ödematös durchfeuchtet.

Die Blase ist gefüllt; beim Aufschneiden derselben entleert sich alkalisch riechender, dunkelgefärbter, trüber Harn. Miliartuberkulose der übrigen Organe. Verkäste Bronchial- und Mesenterialdrüsen.

5*

Die Krämpfe werden bekanntlich zurückgeführt auf die Reizung der beherrschenden Centren: bei allgemeinen Konvulsionen auf solche der verschiedenen Rindencentren (Fritsch und Hitzig, nach Nothnagel liegt ein Krampfcentrum im Pons; auch Reizung einer Stelle am Boden des 4. Ventrikels und der Medulla oblongata bewirkt Konvulsionen), bei partiellen auf die der bezüglichen Centren, resp. der einzelnen Nerven in ihrem Verlauf. Zuweilen findet man bei der Sektion Herde, Tuberkeleruptionen, Exsudatbildungen, Hämorrhagien (vgl. Beobachtung XI), welche eine anatomische Grundlage für die intra vitam beobachteten Störungen abgeben. Andere Male, ja vielleicht in den meisten Fällen lassen sich solche Herde nicht nachweisen, eine mangelhafte Blutverteilung dürfte dann als Ursache anzusehen sein. Jedenfalls hüte man sich bei partiellen Krämpfen dieses oder jenes Bezirks auf nachweisbare Veränderungen zu schliessen. Manchmal kann ja die Diagnose zutreffend sein, öfters wird man Enttäuschungen erfahren. — Die Nackenstarre und Steifigkeit der Wirbelsäule sind der Effekt von tonischen Krämpfen im Gebiete der der Wirbelsäule dienenden Streckmuskeln; da die Extensoren den Flexoren an Stärke überlegen sind, so kommt das Überwiegen jener zur Geltung. Ebenso erklärt man sich die Krämpfe in den Extremitäten, bei welchen die tonischen Krämpfe der Strecker als häufiger angegeben werden als die Beugekrämpfe. Als Ursache nimmt man eine entzündliche Affektion der vorderen Rückenmarksnervenwurzeln an oder auch eine reflektorische Übertragung der gereizten hinteren Wurzeln. Leyden führt die Nackenstarre auf eine Affektion der Medulla oblongata resp. des oberen Teils des Halsmarks zurück.

Ähnlich wie mit den Krämpfen verhält es sich mit den Lähmungen. Man findet häufig den einen oder anderen Nerven von eitrigem Exsudat umschlossen, ja auch den Nerven selbst verändert; in anderen Fällen fehlte aber gerade bei schweren Läsionen der Nerven die Lähmung, oder umgekehrt war eine solche vorhanden, ohne dass die Obduktion tiefer greifende Prozesse bestätigt hätte. Manchmal liegen tuberkulöse Plaques oder Erweichungsherde im Bereiche der bezüglichen motorischen Rindencentren.

Die Lähmungen treten gewöhnlich später als die Krämpfe auf, sie gehen aber auch gleichzeitig mit ihnen einher, seltener voran. Oft sieht man an einem Körperteil Lähmung, während ein anderer von Krämpfen geschüttelt wird.

Lähmungen im Bereiche der Augenmuskeln sind sehr häufig, manchmal nur Paresen, manchmal Paralysen. Bei der Abducenslähmung sehen wir Strabismus convergens, die Aussendrehung des Auges ist unmöglich — nur eine leichte Aussen-, aber zugleich Auf-

oder Abwärtsdrehung (Obliquuswirkung) kann gemacht werden. Die Kinder sehen doppelt. Bei unvollständiger Lähmung des Nerven sind die Symptome weniger deutlich, die Möglichkeit, den Bulbus nach aussen zu drehen, ist nicht aufgehoben, sondern nur beschränkt. — Bei Lähmung des Oculomotorius hängt das obere Augenlid herab, Ptosis. Die Pupille ist mittelweit und unbeweglich, durch Lähmung des M. rectus internus entsteht Strabismus divergens, durch solche der Mm. rect. sup. und inf. Bewegungsunfähigkeit in der betreffenden Richtung. Manchmal ist Exophthalmus vorhanden — herrührend von der verringerten Spannung der den Bulbus nach hinten ziehenden Muskeln.

Trochlearislähmung (M. obliquus sup.) wird man wohl selten diagnostizieren können.

Gegen das tötliche Ende hin nehmen oft die Lähmungen ab, die Ptosis wird weniger ausgesprochen oder verschwindet ganz, Strabismus wird undeutlicher.

Es ist selbstverständlich, dass auch durch Spasmen der betreffenden Muskeln Strabismus entstehen kann.

Häufig ist ferner die Lähmung des Nervus facialis: Lähmung des ganzen Nerven als auch solche beschränkter Gebiete kommt vor, Parese und Paralyse. Gewöhnlicher ist die Parese in einem Teil des Facialis; man sieht das Gesicht leicht verzogen, die Nasolabialfalte der kranken Seite mehr oder weniger verstrichen, den Mundwinkel tiefer hängen. In selteneren Fällen ist eine Gesichtshälfte völlig starr, das Auge kann nicht geschlossen, die Stirn und Augenbrauen können nicht gerunzelt, die Nasenflügel, die Lippen, der Mundwinkel nicht bewegt werden; das Gesicht hat einen eigentümlichen maskenähnlichen Ausdruck. Ausnahmsweise ist die Lähmung doppelseitig.

Von sonstigen Lähmungen sind noch zu erwähnen die des Hypoglossus: Abweichungen der Zunge nach der kranken Seite hin; die Lähmung einzelner Extremitäten und Hemiplegien oder Hemiparesen.

In einzelnen Fällen ist vollständige Aphasie aufgetreten, welche in einem von Bouchut beschriebenen Fall nach kurzer Zeit wieder schwand[1]). Ebenso hat Seeligmüller in einem Fall Aphasie gesehen. Da der Fall auch mit Hemiplegie einherging, sei er hier kurz erwähnt.

Beobachtung XIII. Ein 11 Jahre alter Knabe erkrankt, nachdem er tags zuvor einen leichten Schlag mit einem Buch auf den Kopf erhalten hatte, plötzlich mit epileptiformen Anfällen und Erbrechen, und schon am nächsten Tag ist die linke obere Extremität motorisch und sensibel ge-

---

1) Cit. bei Steffen.

lähmt; am nächstfolgenden Tag erstreckt sich die Lähmung auf die linke
untere Extremität. Auch linksseitige Facialislähmung. Die Konvulsionen
wiederholen sich, sind zum Teil allgemeine, zum Teil auf die Gesichtsmuskeln und auf den linken Arm beschränkt, zum Teil nur Trismus. Es
kommt ausserdem zu profuser Salivation und halbseitigen Schweissen. Im
Verlauf stellt sich die Sensibilität in der linken Unterextremität einigermassen wieder her, später auch die Motilität. Am 14. Krankheitstag kann
Pat. „das rechte Wort" nicht finden: sagt statt „süss" erst „kalt", dann
„warm", erst dann „süss". Die Krankheit dauerte 24 Tage. Bei der Sektion
fand sich Meningitis tuberculosa mit sehr starker Hyperämie der weichen
Hirnhäute. Grössere Herde oder Solitärtuberkel, die erwartet wurden, fehlten.
    Der Fall zeichnete sich noch dadurch aus, dass Decubitus am linken
Ohr auftrat.

    Über einen Fall von vollständiger einseitiger Facialislähmung sei
hier berichtet, obwohl keine Tuberkel in den Meningen vorhanden
waren und erst Schnitte durch das Felsenbein mit nachfolgender mikro-
skopischer Untersuchung aufhellten. Ich gebe nur einige Daten aus
der sehr ausführlichen Krankengeschichte.

    Beobachtung XIV. Marie K., 8 Jahre alt, wurde vom 22. Mai
1888 bis Dezember 1889 beobachtet. Die Mutter war an akuter Miliartuberkulose gestorben. Das Kind litt während mehrerer Monate an ausgebreiteter Lungentuberkulose. Am 15. Oktbr. entsteht rechtsseitige
Facialislähmung aller Äste. Am 19. X. 1889 ergiebt eine genaue
Untersuchung der Ohren (Prof. Wagenhäuser): Die Uhr wird rechts nur
vom Knochen aus gehört, Luftleitung gleich Null. Stimmgabel vom Scheitel
aus nach rechts vernommen. Knöcherner Gehörgang in vorderer und unterer
Wand gerötet und stärker nach innen gewölbt. Nierenförmige Perforation
des Trommelfells, die ganze untere Partie einnehmend, nach oben hin mit
samt dem Hammer erhalten. Eitriges Sekret in der Paukenhöhle. Links
Einziehung des Trommelfells, Narbe im hinteren unteren Quadranten. Unter
fortschreitender Zunahme der Lungenerkrankung geht Pat. — nachdem am
2. XII noch leichte Conjunctivitis am rechten Bulbus aufgetreten — am
4. XII zugrunde.

    Die Sektion zeigte neben einer fortgeschrittenen Lungentuberkulose
und einer Miliartuberkulose des Peritoneum, der Milz, der Nieren, Tuberkulose des Darms und der Bronchial-, Tracheal- u. Mesenterialdrüsen Folgendes: Das Schädeldach ist von mittlerer Dicke, der Breitendurchmesser der
Schädelhöhle ziemlich gross. Die Dura mater nicht abnorm gespannt. Der
Sinus longitudinalis ist ziemlich leer, nur mit einem frischen dünnen Blut-
gerinnsel erfüllt. Die grossen Venen sind ziemlich stark geschlängelt und
in den hinteren Partien reichlich mit Blut gefüllt, vorn ist die Injektion
eine mässige. Die Arachnoidea ist diffus getrübt. Die weichen Hirnhäute sind verdickt. Arachnoidea und Pia bilden nahe der Hemi-
sphärenspalte eine zusammenhängende sulzige Bindegewebs-
membran, an der jedoch mit blossem Auge Tuberkel nicht zu erkennen
sind. An der Innenfläche ist die Dura mater glatt, ohne jegliche Veränderung. Bei der Herausnahme des Gehirns sammelt sich in der hinteren
und mittleren Schädelgrube viel Flüssigkeit an. — Nervus facialis und

acusticus der rechten Seite sehen äusserlich normal aus, von weisser Farbe, weder dicker noch dünner als die der linken Seite. Hydrops ventriculorum. Nirgends Tuberkel wahrnehmbar.

Das rechte Felsenbein wurde von Prof. Dr. Wagenhäuser genauer untersucht. „Was den Facialis anbelangt, so fand sich der Kanal desselben in der Paukenhöhle nach oben von der Nische des ovalen Fensters durch kariöse Zerstörung seiner Wandung eröffnet und von käsigen, die äussere Seite der Nerven umgebenden Massen erfüllt. Der Nerv selbst erscheint auf den Durchschnitten von einem stark verdickten Perineurium umgeben, mit auffallend dicken Bindegewebsscheiden zwischen den Nervenbündeln. In der Schleimhaut des Promontorium und der Nische des runden Fensters lässt sich in mehreren Präparaten knötchenförmige Anordnung mit Riesen- und epitheloiden Zellen erkennen, was für die tuberkulöse Natur des Prozesses sprechen dürfte."

In diesem Fall war also diffuse Trübung, Verdickung und sulzige Verklebung der weichen Hirnhäute vorhanden und zwar an der Konvexität, ohne dass Tuberkel zu sehen waren; auch Hydrops ventriculorum war da. Die mikroskopische Untersuchung wurde leider unterlassen. Im Verlauf des Facialis dagegen wurden zweifellose tuberkulöse Veränderungen nachgewiesen. — Henoch giebt ebenfalls Fälle an, bei welchen man nur entzündliche Erscheinungen in der Pia, diffuse Trübung und Verdickung oder sulziges Exsudat, aber nirgends miliare Knötchen der Pia findet, während diese in anderen Organen sehr verbreitet sein können. Rilliet und Barthez, die 11 solche Fälle beobachteten, rechnen sie zur tuberkulösen Meningitis wegen der Gegenwart von Miliartuberkeln in anderen Organen und der Eigentümlichkeit der entzündlichen Produkte. Henoch folgert — vorausgesetzt, dass diese Annahme berechtigt ist — daraus, dass etwa ein von den Tuberkelbacillen produziertes Toxin Meningitis zustande bringen könne. — Vielleicht sind aber auch nur durch die Lupe resp. durch das Mikroskop nachweisbare Gewebsveränderungen vorhanden und es kann doch der Nachweis der Tuberkulose erbracht werden. So war es in einem unserer Fälle. Oder es können auch die Knötchen resorbiert werden, und an ihre Stelle tritt Narbengewebe, wie es neuerdings bei der Peritonitis tuberculosa mehrfach gesehen worden ist.

Störungen in der psychischen Sphäre begegnet man bei der Meningitis tuberculosa schon frühzeitig. Die Prodrome werden ja durch solche eingeleitet. Im Verlauf der Krankheit steigert sich die Unruhe, die Kinder bekommen Delirien meist blander Natur; es kommt zu Illusionen und Hallucinationen, zu Gesichts- und Gehörstäuschungen. Dabei werden zwischenhinein die Kinder wieder vollbesinnlich, geben richtige Antworten und wissen genau, was um sie vorgeht. Furibunde Delirien

gehen meist rasch vorüber. Später herrscht Apathie vor, die Kinder liegen
ruhig mit halbgeschlossenen Augen da, sind gleichgültig gegen ihre
Umgebung und murmeln vor sich hin, stöhnen zwischenhinein oder
schreien laut auf; sie zupfen an der Bettdecke und bewegen die Finger
zwecklos. Harn und Fäces lassen sie unter sich gehen. Noch später
geht der Zustand in Sopor und Koma über. — Die Reizerscheinungen
sind zurückzuführen auf funktionelle Störungen, die auf verändertem
Blutgehalt beruhen, oder auf anatomische; in manchen Fällen wurde
eine besonders starke Beteiligung der Konvexität an dem Krankheitsprozess gefunden.

Der Eintritt des Sopors ist durch den wachsenden intrakraniellen
Druck bedingt (Leyden).

Eigentümlich ist bei kleinen Kindern das Verhalten der Fontanelle. Zu Beginn der Erkrankung ist die Fontanelle gespannt und
lässt lebhafte Pulsationen erkennen, später wölbt sie sich stark vor, die
Pulsationen werden schwächer, dafür aber fühlt man bei stärkerem
ventrikulären Erguss deutliche Fluktuation. Gegen das Ende hin lässt
die Spannung oft nach. — Der Erguss in die Ventrikel kann so
mächtig werden, dass man glaubt, direkt unter der Fontanelle Flüssigkeit zu fühlen, ja die Fluktuationswelle setzt sich bis zur kleinen
Fontanelle fort.

In neuerer Zeit hat v. Ranke auf ein wichtiges diagnostisches
Merkmal für den Hydrocephalus aufmerksam gemacht; es sind dies
spastische Erscheinungen von verschiedener Intensität; wenn auch die
Hydrocephalie durch eklamptische Anfälle bei kleinen Kindern eingeleitet wird (Trousseau), so sind viel charakteristischer spastische Zustände.

Ich führe hier einen Fall von hochgradigem Hydrocephalus an.

Beobachtung XV. Paul W. in Lustnau, 14 Wochen alt, wird am
10. Mai 1892 aufgenommen. Der kleine Patient wurde als ausgetragenes
Kind geboren. In der Familie ist Tuberkulose. In den ersten Wochen
entwickelte sich das Kind nur mässig. Es trat nämlich ein Abscess an
der linken Schulter auf, der im März incidiert wurde, worauf nach 8—10
Tagen Heilung erfolgte. Bei der ausschliesslichen Ernährung durch die
Brust der Mutter, wie sie jetzt noch stattfindet, entwickelte sich nun das
Kind gut, das Körpergewicht nahm zu; der Stuhlgang war stets in Ordnung. — Seit etwa 8 Tagen (2. Mai) bemerkte die Mutter, dass das Kind
von neuem erkrankt ist. Trotzdem es die Brust nach wie vor gut nimmt,
magerte es rasch ab; Blässe des Gesichtes trat auf und — sonst immer
ruhig — liegt es nun unruhig unter krampfhaften Bewegungen der Arme
und Beine und unter fortwährendem leisen Winseln in seinem Bett,
während die Augen anhaltend hin- und hergehen. — Am 7. Mai stürmisches
Erbrechen, seit der Zeit sind auch leichte Diarrhöen eingetreten.

10. V. Blasses, anämisches und abgemagertes Kind. Es liegt — halb
auf die Seite gelagert — in seinem Bettchen, die Beine angezogen, die Arme

im Ellenbogengelenk flektiert, die Hände in die Luft streckend, die Finger fortwährend in spielender Bewegung. Die Muskeln der Arme befinden sich im Zustand einer leichten Kontraktion, so dass der Versuch, die Unterarme zu strecken, auf einen nicht unbedeutenden Widerstand stösst. Ab und zu tritt deutliche Kontrakturstellung der Finger ein, die längere Zeit anhält. Obwohl mit dem Kinde zunächst nichts geschieht, liegt es bei halb geschlossenen Augen fortwährend in leisem Schreien und Stöhnen da. Der Kopf ist starr in den Nacken gezogen und wird so von der stark kontrahierten Nackenmuskulatur fixiert. — Die Gegend der grossen Fontanelle ist leicht vorgewölbt und bei Betastung von durchaus praller Resistenz. — Pupillen eng, auf Lichtwechsel schwach reagierend. Die Bulbi befinden sich in anhaltender Bewegung. Das Abdomen ist etwas aufgetrieben, die Palpation desselben durch fortwährendes Schreien erschwert. — Puls 96, unregelmässig in der Füllung, hin und wieder aussetzend. Atmung unregelmässig, dem Cheyne-Stokes'schen Typus sich nähernd.

11. V. Nacht sehr unruhig; einmal breiiger Stuhl. Zustand unverändert. Conjunctivae bulbi beider Augen getrübt. Annäherung eines spitzen Gegenstandes an das Auge löst keinen Lidschlag aus; der Kornealreflex bei Berührung ist dagegen erhalten. Die Fusssohlenreflexe scheinen rechts stärker zu sein als links. — Tâches cérébrales an der Haut des Rumpfes wohl ausgebildet. Die Bauchmuskulatur in krampfhafter Kontraktion. Puls unregelmässig, etwa 90—100 in der Minute.

12. V. Zustand seit gestern unverändert. Heute morgen 8 Uhr Erbrechen; kurz nachher trinkt das Kind mit Appetit von der Brust der Mutter. — Abends abermals Erbrechen. Öffnung 2 mal im Tag. Puls 120—130.

13. V. Heute morgen abermals Erbrechen. Das Befinden hat sich insofern geändert, als dem Zustand der Unruhe ein ruhiges Verhalten Platz gemacht hat. In der Nacht war Pat., obwohl er wenig schlief, ruhig. Puls unregelmässig, wechselnd in der Füllung, etwa 150. — Es fällt eine leichte Facialisparese rechts auf. Zu den fortwährenden Augenbewegungen treten nun auch nickende Krämpfe des Kopfes. Abdomen weich. Hyperästhesie der Haut des Rumpfes.

15. V. Seit gestern besteht Stuhlverstopfung. Heute früh einmal Erbrechen. Puls 146.

16. V. Das Kind ist wieder sehr unruhig. Puls 144.

17. V. Keine Veränderung im Zustand. Puls 180, sehr wechselnd, aussetzend.

18. V. Puls 159, zuweilen intermittierend.

20. V. Puls 180, unregelmässig. Abends wieder Erbrechen.

22. V. 2mal Erbrechen.

23. V. Morgens Erbrechen, später nochmals unmittelbar nach dem Trinken. Fortschreitende Abmagerung. Puls 170, unregelmässig.

24. V. Die Facialisparese besteht fort. Konvulsionen in den unteren Extremitäten und im Gesicht. Mittags Erbrechen.

25. V. Abends Erbrechen. Puls 178.

26. V. Sehr starke Krampfanfälle, das Kind verdreht die Augen, Zuckungen im Gesicht, die Arme werden gebeugt und gestreckt, die Beine sind meist fest an den Leib gezogen.

27. V. Konvulsionen wie gestern. Strabismus.

28. V. Auf Chloral war das Kind ruhiger. Auffallend ist die hochgradige Abmagerung des Körpers, gegen den der grosse Schädel sehr kontrastiert. Die grosse Fontanelle ist stark gespannt; bei der Palpation hat man den Eindruck, als ob Flüssigkeit direkt unter der Kopfhaut sich befände, die in der grossen Fontanelle erzeugte Welle setzt sich weiter fort und ist auch an der kleinen Fontanelle und unter den dünnen Schädeldecken zu fühlen. — Ausgesprochenes Cheyne-Stokes'sches Phänomen. Puls 158, sehr unregelmässig.

29. V. Puls 132, unregelmässig.

30. V. Puls 120, unregelmässig. Konvulsionen sind noch vorhanden. Cheyne-Stokes'scher Atmungstypus.

31. V. Puls 132, unregelmässig.

2. VI. Puls 154.

3. VI. Pat. liegt ganz apathisch, reagiert nicht auf Betasten. Hochgradige Macies. Bauch tief eingesunken. Fluktuation am Schädel deutlich. Puls 119, unregelmässig. Abends soll der Stuhlgang ganz schwarz gewesen sein.

4. VI. Das Kind ist völlig soporös, atmet kaum mehr. Puls 129. Auch heute 2 mal schwarz gefärbter Stuhlgang. Bei der mikroskopischen Untersuchung reichlich Blut.

5. VI. Exitus letalis. Die Temperatur bewegte sich in den Grenzen von 36,2 und 38,7; erst 2 Stunden vor dem Tode stieg sie mehr an und erreichte 39,4.

Sektionsauszug (Dr. Roloff). Kleine, stark abgemagerte kindliche Leiche; leichte rhachitische Auftreibung der Rippen. Die grosse Fontanelle ist in grosser Ausdehnung fibrös, die kleine fast zu. Zwischen Dura und Arachnoidea keine Flüssigkeitsansammlung. Die Schläfen- und Stirnlappen zeigen nach der Basis zu eine ziemlich erhebliche Vorwölbung, auch die Gegend des Infundibulums und die vor dem Chiasma ausgespannte Pia wölbt sich stark nach unten vor und ist durchscheinend. Beim Durchschneiden des Rückenmarks entleert sich zwischen Medulla und Kleinhirn hervor aus dem 4. Ventrikel eine sehr reichliche, ziemlich klare, helle Flüssigkeit, welche springbrunnenartig hervordringt und welcher einige grünliche, eitrige Gerinnsel nachfolgen. Nach Entleerung derselben sinken die Grosshirnlappen etwas zusammen.

An dem herausgenommenen Gehirn zeigt sich die Pia der Basis. namentlich der Kleinhirnhemisphären stark eitrig infiltriert, in etwas geringerem Masse am Pons und in der Fossa Sylvii. Innerhalb der eitrigen Infiltration sind vielfach feine, weissgelbliche Knötchen erkennbar. Bei der Herausnahme des Gehirns aus der Schädelkapsel entleert sich aus dem Spalt zwischen Kleinhirn und Medulla weitere Flüssigkeit und Eiter. Die Gyri der Konvexität sind stark abgeflacht, die Sulci fast völlig verstrichen, der Balken stark nach oben vorgewölbt. Nach Ausschneiden des Balkens entleert sich aus den kolossal erweiterten Seitenventrikeln noch immer mehr Flüssigkeit und grössere Eiterflocken, welche besonders im Hinterhorn ihren Sitz haben. Die Substanz der Hemisphären erscheint bis auf 1—1½ cm Dicke verdünnt. Der Blutgehalt ist gering, dagegen ist die Substanz feucht und der Kontrast zwischen weisser und grauer Substanz deutlich. Auch rechterseits enthält der stark erweiterte Seitenventrikel reichlich wässrige Flüssigkeit und etwas mehr Eiter als der linke. Auch im 3. und 4. Ventrikel sind Ansammlungen von Eiter vorhanden. Der Aquaeductus Sylvii ist auf etwa Federkieldicke erweitert. Das Ependym, namentlich in den Seitenventrikeln erscheint leicht uneben, getrübt und von gelblichen Fleckchen durchsetzt. In der Substanz des Gehirns sind keine herdförmigen Erkrankungen. An der Basis der Kleinhirnhemisphäre, entsprechend der stärksten eitrigen Infiltration, findet sich ein jetzt entleerter, etwa wallnussgrosser subarachnoidaler Abscess, in dessen Wandung vielfach grauweisse Knötchen erkennbar sind.

Das subkutane Gewebe und die Muskulatur der Bauchwand auffallend trocken. Die Bauchhöhle frei von abnormem Inhalt. Darmserosa spiegelnd. Im Mesenterium sehr zahlreiche bis zu Linsengrösse erreichende Lymphdrüsen von geringer Konsistenz, blassgelber Farbe, ohne Verkäsung. In der rechten Pleurahöhle eine geringe Menge bräunlichen Blutes. Die Lungen retrahieren sich mässig und sind in den vorderen Teilen blass und etwas gebläht. Herzbeutel leer, Herz etwas grösser als die Faust, sonst von normaler Form, ohne Besonderheiten. Linke Lunge lufthaltig, ohne Besonderheiten. Die rechte Lunge zeigt meist spiegelnde Pleura, im Unterlappen einige atelektatische Partien. An der Zwerchfellfläche des Unterlappens ist in einer zweimarkstückgrossen Partie die spiegelnde Pleura unterbrochen. Es scheint hier das gerötete, von einigen Blutungen durchsetzte, stellenweise geblähte Parenchym wie von Pleuraüberzug frei vorzuliegen. Der Rand dieser Fläche ist unregelmässig und verschieblich. An der Pleura diaphragmatica ist der normale spiegelnde Glanz, ausgenommen jedoch im Gebiet des Centrum tendineum, wo einige bewegliche Adhäsionsfäden sitzen. In der rechten Lunge kein weiterer pathologischer Befund. Im Lungenhilus findet sich eine kleine, bohnengrosse, zum Teil verkäste Lymphdrüse. — Milz 5—6 cm lang, 3 cm breit, 1 cm dick, von glatter Oberfläche, mittlerer Konsistenz, dunkelbraunrot; Tuberkel nicht erkennbar. In den Nieren keine nennenswerten Veränderungen. — Magen zusammengezogen, enthält etwas braungefärbten Schleim. Inhalt des Duodenums stark gallig gefärbt, frei von Schleim. Aus der Mündung des Ductus choledochus lässt sich ein gelblich gefärbtes, durchscheinendes Pfröpfchen leicht entleeren, ebenso bewirkt leichter Druck auf die Gallenblase Entleerung flüssiger Galle. — Der Darm enthält reichliche schwarzbraune Massen von breiiger, etwas schleimiger Konsistenz. In der Schleimhaut sind stellenweise einige schwarzgraue Pünktchen bemerkbar. Die follikulären Elemente sind nicht geschwellt, mit Ausnahme einiger solitären im Dickdarm. Im übrigen ist die Schleimhaut blass und dünn und bietet keine besonderen, speziell auf Tuberkulose deutenden Erscheinungen. — Leber von allgemein ziemlich hellroter Farbe, zeigt eine Anzahl anämischer Partien. Auf der Schnittfläche sind einige scharf umschriebene miliare Fleckchen erkennbar, welche zum Teil ganz wenig prominieren. — In den übrigen Organen keine tuberkulösen Veränderungen.

In dem vorliegenden Fall dürfte die tuberkulöse Entzündung der Meningen ihren Ausgangspunkt von der verkästen Lymphdrüse am Lungenhilus gehabt haben. Ausser dieser und den Tuberkeln im Gehirn war eine tuberkulöse Erkrankung überhaupt nicht vorhanden — die einzelnen

Fleckchen in der Leber wurden als anämische Partien gedeutet. — Während des Lebens schon fiel der grosse Kopf gegen den ausserordentlich abgemagerten kleinen Körper auf; dass starker Hydrocephalus vorlag, konnte leicht diagnostiziert werden: durch die grosse Fontanelle, bei welcher zuletzt die Pulsation fehlte, fühlte man deutlich Fluktuation. Es war nicht zu verwundern, wenn man das herausgenommene Gehirn sah, es sah aus wie ein schlaffer, Flüssigkeit haltender, schwappender Sack; die Ventrikel waren kolossal erweitert, die Gehirnsubstanz sehr verdünnt.

Besonderheiten bot noch die hydrocephalische Flüssigkeit und das Verhalten des Darms. Gewöhnlich ist die Beschaffenheit des hydrocephalischen Ergusses seröser Natur, meist klar, oft getrübt, manchmal gerötet, hier aber lautete die anatomische Diagnose: Hydro- et Pyocephalus internus. Die helle Flüssigkeit enthielt reichlich Eiter in Flocken; ausserdem war noch an der Basis der Kleinhirnhemi- sphäre ein etwa wallnussgrosser subarachnoidaler Abscess. Ferner waren aufgefallen die in den letzten Tagen des Lebens aufgetretenen blutigen Stuhlentleerungen. Die Stühle waren schwarz gefärbt, hellrotes Blut war ihnen nicht beigemischt. Bei der Sektion fanden sich an verschiedenen Stellen der Darmschleimhaut schwarzgraue Punkte, offenbar Blutungen entsprechend; der Darminhalt war schwarz- braun und schleimig, es handelte sich · um einen hämorrhagischen Katarrh des Ileum. Darmblutungen gehören bei der tuberkulösen Meningitis jedenfalls nicht zum gewöhnlichen Befund, es sei denn, dass eine Tuberkulose des Darms mit ulcerativen Prozessen vorliegt. Hier war dies aber nicht der Fall; im Sektionsprotokoll heisst es aus- drücklich: „Die Schleimhaut ist im übrigen blass und dünn und bietet keine besonderen, speziell auf Tuberkulose deutenden Erscheinungen." Es wäre nun noch die Frage aufzuwerfen: Ist es ein reiner Fall von Tuberkulose oder liegt noch etwas anderes vor? Die Eiterbildung in den Gehirnhöhlen, der Abscess daselbst spricht nicht gerade für Tuberkulose, Darmblutungen sind, soviel ich aus der Literatur ersehe, bei einfacher tuberkulöser Meningitis nicht beobachtet worden. Nur Henoch und Jaku- basch beschreiben einen Fall von hämorrhagischer Diathese bei Miliar- tuberkulose, sie lassen es aber dahingestellt, ob die Blutung durch die Tuberkulose bedingt sei oder nicht.[1] Die Möglichkeit einer Doppel- infektion gewinnt an Wahrscheinlichkeit, wenn wir die Krankengeschichte durchnehmen. Das Kind wird von der Mutter gestillt, es entwickelt sich aber nur mässig: „es trat nämlich eine von der linken Schulter ausgehende Anschwellung der ganzen linken oberen Extremität ein, die immer mehr zunahm und den Patienten in seinem Ernährungszustand

---

1) Vgl. das Kapitel über Lungentuberkulose, Beobachtung LIII.

sehr zurückbrachte. Anfang März wurde der Abscess auf der Höhe der Schulter breit incidiert und aus der etwa kinderfaustgrossen Abscesshöhle eine reichliche Menge Eiter entleert, worauf im Verlauf von 8—10 Tagen Heilung erfolgte." Von dem Abscess könnte eine Infektion mit Eiterkokken stattgefunden haben, von diesem Gesichtspunkte aus wäre das anatomische Bild wohl in Einklang zu bringen. Denn bei der Eiterkokkeninfektion kommen Darmblutungen vor. Eiterherde in verschiedenen Organen, auch im Gehirn, sind ja das gewöhnliche. Ausserdem würde die umschriebene Pleuritis an der Zwerchfellfläche des Unterlappens in diesen Rahmen passen; gerade umschriebene Entzündungen der serösen Häute von oft nur ganz geringer Ausdehnung sind den septischen Erkrankungen eigen. In unserem Fall nimmt die Pleuritis nur einen ca. zweimarkstückgrossen Raum ein, Tuberkel an dieser Stelle fehlten. Leider unterblieb die bakteriologische Untersuchung, so dass es nicht möglich war, die Wahrscheinlichkeitsdiagnose zur unumstösslichen zu erheben.

Das Verhalten des Abdomens hat häufig etwas Eigentümliches. Im Beginn der Erkrankung finden sich keine besonderen Veränderungen; man fühlt beim Betasten des Bauches einen gewissen leichten Widerstand, zuweilen sind — oft willkürlich — die Muskeln mehr oder weniger gespannt. Etwa am Ende der ersten Woche oder auch schon früher bemerkt man eine leichte Auftreibung des Abdomens; manchmal sieht man einzelne Darmschlingen durchscheinen. Beim Getast fühlt der Leib sich eigentümlich teigig an, der Tonus der Bauchmuskeln fehlt, es besteht eine völlige Gleichmässigkeit der Weichheit, keine Partie bietet stärkeren Widerstand. So kann es bis zum Tode bleiben, der Bauch giebt nach wie ein Luftkissen, und nur die durch die allgemeine Abmagerung bedingte Abnahme der Leibesfülle wird auch hier auffallen. Andere Male bemerkt man dagegen, dass der Bauch im Verlauf der Krankheit ganz allmählich immer mehr einsinkt, so dass er schliesslich eine mulden- oder kahnförmige Aushöhlung zeigt, aus welcher in den volle Entwicklung der Erscheinung zeigenden Fällen die Wirbelsäule und die pulsierende Bauchaorta durch die schlaffen Bauchdecken leicht durchgefühlt werden können. Die Betastung giebt auch hier meist eine gleichmässige Weichheit, vielleicht fühlt man auch einige mit Kotmassen angefüllte Darmschlingen. Der Kahnbauch wird mit Recht zu den der Meningitis tuberculosa eigenen Erscheinungen angeführt und ist auch — wenn einigermassen ausgeprägt — so auffallend, dass ein Übersehen unmöglich ist; aber man hüte sich, aus dem Fehlen desselben die Diagnose selbst in Frage zu stellen, wenn andere Symptome bejahen. In unseren Fällen war der Leib in $2/3$ eingesunken, wobei aber nicht immer ausgesprochener

Kahnbauch vorhanden war, in $1/_3$ der Fälle zeigte das Abdomen überhaupt keine Einziehung, ja es war in manchen aufgetrieben. Wortmann findet bei seinen Fällen ebenfalls in $2/_3$ Kahnbauch, „in den übrigen Fällen war die Einziehung des Leibes weniger ausgeprägt". — Auch Henoch beobachtete mehrmals eine Auftreibung des Unterleibs. In einem unserer Fälle verhielt sich der Bauch erst normal, fiel dann stark ein und am Todestag trat eine bedeutende meteoristische Auftreibung auf.

Seltener ist es, dass man die Bauchdecken stark gespannt findet, doch kommen solche Fälle vor, in denen die Recti oder der Transversus und die Obliqui oder alle zusammen sich tagelang im Zustande einer tonischen Kontraktion befinden; ja Manche (Vogel u. A.) haben gerade den Kahnbauch aus einer solchen Kontraktion der Mm. obliqui und des M. transversus ableiten wollen. Allein diese Fälle, in welchen die tonische Kontraktion der Bauchmuskulatur statthat, befinden sich jedenfalls weitaus in der Minderzahl. Von Anderen wird die Entstehung des Kahnbauches aus der Zusammenziehung der Därme, welcher auch die Bauchhaut sich anschliesst, erklärt.

Auch bei an tuberkulöser Meningitis erkrankten Erwachsenen ist das Verhalten des Bauches ein verschiedenes (Seitz).

Es wäre noch einiges über das Verhalten der Haut zu sagen. Die Haut im allgemeinen ist blassgelb, gegen das Ende hin entbehrt sie ihres Turgors, sie wird trocken, spröde, schilfert oft ab. — Dann aber bemerkt man sehr häufig — namentlich im Gesicht — einen ausserordentlich auffallenden Wechsel in der Farbe: Leichenblässe, Scharlachröte kommen in kurzen Zwischenräumen vor. Manchmal sieht man inmitten glänzender Röte ganz weisse umschriebene Hautstellen flächenartig oder streifenförmig. Bisweilen ist der betreffende Hautabschnitt dabei gespannt, gedunsen. — Andere Male oder bei demselben Fall zu anderen Zeiten treten am ganzen Körper nicht selten in symmetrischer Verteilung herdweise Rötungen mit seröser Durchtränkung des Gewebes, urticariaähnliche Ausschläge auf, die sich nach kurzer Zeit zurückbilden (vgl. Beobachtung IX).

Sehr häufig können durch äussere Reize — Bestreichen der Haut mit dem Fingernagel — Flecke und Streifen erzeugt werden: Troussau's Tâches cérébrales. Die Reize verursachen meist ein Erblassen der betreffenden Partie, dann wird sie rot und diese Rötung persistiert während längerer Zeit. — Vielfach ist diese Erregung auf beiden Körperhälften nicht gleichmässig, die eine ist mehr empfindlich als die andere. — Manchmal geht die Wirkung weit über die Ausdehnung des Reizes hinaus. Selten kommt es zuerst zum Auftreten der Röte und dann zum Erblassen. Diese Färbungen gedrückter Hautstellen,

ebenso wie der rasche Wechsel der Gesichtsfarbe mit den schon beschriebenen Eigentümlichkeiten gehen gewöhnlich rasch zurück und
nach einiger Zeit — Minuten oder Stunden — ist die normale Farbe
der Haut wieder sichtbar. In dem unter Beobachtung VII kurz
angeführten Fall war die Reaktion der gereizten Hautstellen besonders
auffallend. 7 Tage vor dem Tode heisst es in der Krankengeschichte:
„Im Gesicht treten auf die leiseste Berührung, schon auf das
Niedersetzen einer Fliege hin, sehr schnell hochrote, bis
thalergrosse circumskripte Flecken auf, die nach ca. 2—3
Minuten allmählich abblassend kreideweiss werden, um dann
erst nach längerer Zeit normale Farbe anzunehmen."

Bei diesen Formen des Exanthems handelt es sich um Störungen
im Gebiet der die Gefässe zur Kontraktion resp. Dilatation bringenden
Nerven. Centren der Gefässnerven liegen in der Grosshirnrinde, in der
Medulla oblongata das als das beherrschende bezeichnete, und schliesslich im Grau des Rückenmarks. Diese dürften bei der tuberkulösen Erkrankung der Meningen die Angriffspunkte für das abnorme Verhalten
der Gefässe abgeben; die an den Gefässen selbst befindlichen lokalen
Ganglien kommen weniger in Betracht. Es handelt sich wohl meist
um heftige Reizung der Hautvasomotoren — Erblassen, weisse
Streifen — mit nachfolgender Lähmung derselben — länger dauernde
Rötung. Dabei kann es, wenn die Erregung eine hochgradigere ist, zu
einer serösen Durchtränkung des Gewebes mit Austritt von weissen
Blutkörperchen kommen, so dass kleinere circumskripte oder grössere,
beetartige Erhabenheiten entstehen — urticariaähnliche Ausschläge.

Exantheme im Allgemeinen gehören bei der tuberkulösen Meningitis zu den Seltenheiten, immerhin werden dann und wann solche
beobachtet.

Es wären zu nennen:

Roseolaartige Exantheme. Huguenin berichtet darüber bei
Erwachsenen; über solche bei Kindern habe ich bei den verschiedenen
Autoren keine Angaben gefunden. In Beobachtung VI traten an
einem Tage rosealaähnliche Flecken am Bauch auf. Ferner wäre noch
der von Mertz veröffentlichte Fall aus der hiesigen Poliklinik zu
erwähnen.

Beobachtung XVI. Ein 8 Jahre alter Knabe — Wilhelm K. — erkrankt
Ende Januar 1890 mit Frieren, später Kopfschmerzen und Erbrechen. —
Am 10. Krankheitstag morgens Auftreten von starkem Schweiss. Am
12. Krankheitstag bemerkt man auf dem Nasenrücken, der Stirn und
Brust eine Andeutung von unbestimmtem kleinfleckigem Exan-
them. — Am 15. Krankheitstag stärkerer Exanthemausbruch im
Gesicht, einige Flecke auch am Abdomen.

Bei der Sektion (Prof. v. Baumgarten) ausgebreitete Meningitis cerebrospinalis tuberculosa. Im Unterlappen der rechten Lunge ein grösserer käsiger Herd mit centraler Höhle, um ihn frischere Tuberkeleruptionen in kleineren Nestern. Verkäste, stellenweise erweichte Bronchialdrüsen. Sonstige Organe frei von Tuberkulose. — Bei der genauen Untersuchung des Rückenmarks fand sich eine reichliche Entwicklung frischer Knötchen mit Tuberkelbacillen; andere Mikroorganismen fehlten.

Das Exanthem war in diesem Fall der Roseola ähnlich, nur grösser und stärker gefärbt sind die Flecken, die am 12. Krankheitstage sich zuerst in Gesicht und an der Brust zeigen. Sie bleiben einige Tage stehen und am 15. Krankheitstag erfolgt ein neuer Schub im Gesicht und auch eine Ausbreitung am Abdomen. Es hatte sich grösstenteils um Hyperämien gehandelt, die sich wieder zurückbildeten; nur in der Nasengegend, dem Ort der ersten Eruption hatte Blutaustritt stattgefunden; das Sektionsprotokoll weist noch auf „ein paar stecknadelspitzengrosse Blutungen" hin. Die Erkrankung war nach dem Ergebnis der bakteriologischen Untersuchung nur tuberkulöser Natur, Doppelinfektion war auszuschliessen.

Masernähnliches Exanthem ist in einem Fall beobachtet worden. Anna M., 10 Monate alt, kam am 9. II in Behandlung mit ausgesprochenen Zeichen einer tuberkulösen Meningitis. Fünf Tage vor dem Tode sieht man auf dem stark eingezogenen Abdomen „einige umschriebene blassrote Flecke, welche grosse Ähnlichkeit mit Masernexanthem zeigen."

Doch scheint sich das Exanthem nicht weiter ausgebreitet zu haben und auch nicht von längerer Dauer gewesen zu sein; denn an den nächsten Tagen ist desselben keine Erwähnung mehr gethan.

In dem unter Beobachtung X kurz angeführten Fall trat der Ausbruch eines Exanthems geradezu in den Vordergrund. Nicht sonstige Krankheitserscheinungen, sondern der Ausschlag beunruhigte die Mutter.

Beobachtung XVII. Luise Sch., 8½ Jahre alt, hatte am 24. VI über Kopfschmerzen geklagt und mehrmals Erbrechen gehabt. „Am 25. VI bemerkte die Mutter einen roten Ausssschlag an der Nase des Kindes und gab es deshalb in Behandlung." Bei der Aufnahme fand man ein sehr schlecht genährtes anämisches Kind. Das Gesicht und der Hals zeigten zahlreiche Brandnarben, die von einer vor 3 Jahren stattgehabten Verbrennung herrührten. „Auf der Nase ist die Haut eigentümlich, fast scharlachrot gerötet, und es setzt sich diese Rötung auf die Glabella frontis und zu beiden Seiten auf die Wangen in die dort befindlichen Narben fort. Die geröteten Partien sind zugleich angeschwollen.

26. VI. „Rötung und Schwellung der Haut im Gesicht in denselben Dimensionen."

27. VI. „Die Rötung und Schwellung der Haut im Gesicht hat sich etwas weiter auf der Stirn ausgebreitet und reicht bis zum Haarboden."

28. VI. Rötung der Haut ziemlich verblasst, ist am 29. VI. kaum mehr zu sehen.

Am 30. VI wird die Rötung und Schwellung an einigen Stellen wieder deutlicher, ist am 1. VII noch zu sehen, am 2. VII ist sie vollständig verschwunden. Eine Abschuppung hat nicht stattgefunden.

In diesem Falle trat das Exanthem einen Tag nach dem initialen Erbrechen ein und hielt sich während 7 Tagen, verschwand dann vollständig, ohne besondere Veränderung in der Haut zu hinterlassen.

Henoch hat bei einem 2 jährigen Kinde in den letzten Tagen der Krankheit ein über den ganzen Körper verbreitetes Erythema annulare gesehen.

Herpes (labialis) wird als sehr selten angegeben, in unseren Fällen trat bei einem, der überhaupt noch mehrere Eigentümlichkeiten bietet und bei dem die Diagnose nicht durch die Sektion gesichert ist, Herpes labialis auf. Bei Seitz sind 2 Fälle angeführt, welche Herpes labialis hatten (Fall 21 und 28). Leyden giebt in seinem Buche „Klinik der Rückenmarkskrankheiten" an: „Auch Herpes tritt häufig auf, meist im Gesicht. In einem Falle sah ich Herpes zoster intercostalis ausbrechen."

Decubitus ist in unseren Fällen nicht beobachtet worden, auch finde ich in der Literatur keine bezüglichen Angaben. Nur in dem schon unter Beobachtung XIII erwähnten Falle Seeligmüller's ist diese Erscheinung beschrieben.

Es zeigte sich bei dem Knaben am 4. Krankheitstage am linken Ohr, auf welchem er seit dem ersten Tage gelegen, Druckbrand. Später, am 22. Krankheitstag, wird auch die linke Ferse betroffen. Ebenda erwähnt Seeligmüller eine ähnliche Beobachtung von Dr. Reimer, der in einem Fall von tuberkulöser Meningitis bei einem 13jährigen Knaben Gangrän der unteren Hälfte des einen Ohres gesehen hat.

Von weiteren sekretorischen oder trophischen Verhältnissen sei noch genannt das Auftreten von Schweiss. Während in den meisten Fällen die Haut des Körpers trocken ist und abschilfert, sind manchmal profuse Schweissausbrüche beobachtet worden (vgl. Beobachtung IX). Ausserdem stellen sich in den letzten Tagen zuweilen Schweisse und zwar meist im Gesicht ein. Manchmal zeigt die eine Körperhälfte ein stärkeres Befallenwerden als die andere. Der von Seeligmüller schon wiederholt citierte Fall hatte halbseitige Schweisse, dabei war zu Zeiten auffallend vermehrte Speichelabsonderung zu beobachten. Letztere ist nicht gar selten; man bemerkt vielfach bei Kindern, namentlich bei Konvulsionen des Gesichtes, bei Kau- und Saugbewegungen Salivation, dass der schaumige Speichel vor den Mund tritt.

Henoch ist es aufgefallen, dass stark eiternde Ekzeme nicht selten im Verlauf der Krankheit eintrocknen, dass reichliche Sekretion der

Nasenschleimhaut versiegt, früher bestandene Diarrhöen aufhören, dass
überhaupt Beschränkung der Sekretionen stattfindet. Ein paar Mal sah
er bedeutende, seit längerer Zeit bestehende Anschwellungen der
Cervikaldrüsen unter dem Einfluss der Meningitis im Laufe
weniger Tage zurückgehen.

Auch wir verfügen über einen solchen Fall.

Beobachtung XVIII. Gotthilf B., ein 9jähriger Knabe, ist hereditär
belastet, hatte schon mehrere Jahre geschwollene Drüsen am Hals und
war deshalb im Jahre 1893 in der Behandlung der chirurg. Klinik. Doch
ging die Anschwellung nicht zurück. Am 26. III. 94 soll der Junge —
nachdem einige Tage vorher Unsicherheit beim Stehen und Gehen vorhanden war — plötzlich Schwindel bekommen haben und umgefallen sein.
Hierauf Kopfschmerzen, Übelkeit, Erbrechen. Aufnahme am 27. III. Es
fallen grosse Lymphdrüsenpackete zu beiden Seiten des Halses, namentlich
rechts auf. Ferner fand man Romberg'sches Phänomen, gesteigerte Fuss-
sohlen- und Patellarsehnenreflexe. An Lunge und Herz nichts besonderes.
Am 28. III Herpes labialis. Im Laufe der folgenden Tage gehen alle
Erscheinungen zurück und von da ab werden wesentliche Änderungen nicht
beobachtet. Die Lymphdrüsenanschwellung bleibt bestehen. Wegen fort-
gesetzter Temperatursteigerung verbleibt Pat. noch in poliklinischer Behandlung. — Bei wiederholten Untersuchungen wird ausser geringfügigem
Katarrh der Bronchien nichts besonderes gefunden. Pat. hat keine Klagen, ist
immer munter und willig; nur starke Schweisse sind ihm einigermassen lästig.

Vom 8. V an hören die Schweisse völlig auf. Am 10. V wird Pat.
wegen der ausserordentlich stark geschwollenen Drüsen in die chirurgische
Klinik gebracht, wo aber weiter nichts geschieht. Die Schwellung der
Cervikaldrüsen hatte um diese Zeit ihr Maximum erreicht; der Hals war zu
beiden Seiten stark verdickt, namentlich war an der rechten
Halsseite eine männerfaustgrosse Anschwellung, so dass selbst
die Drehung des Halses erschwert war, die bedeckende Haut war
leicht gerötet. Bei der Palpation fühlte man Tumoren bis zu Hühnereigrösse
durch, Fluktuation war nicht vorhanden. — Von da an bilden sich die geschwollenen Lymphdrüsen zurück; die Haut des Körpers wurde trocken,
schmutzig graugelb und schilferte an mehreren Stellen ab. Die Stuhlgänge
blieben nach wie vor diarrhoisch. Bis zum 18. V hat die Macies rapide Fortschritte gemacht. Am 22. V verändertes Wesen des Pat.: er ist mürrisch, klagt
über Schmerzen im ganzen Körper, sieht nicht mehr recht; bei leichten Be-
rührungen schreit er auf. Keine Kopfschmerzen, kein Erbrechen, Stuhlgang
3—4 mal.

23. V. Die Drüsengeschwulst am Hals ist ausserordentlich
stark zurückgegangen, bei der Besichtigung fällt die Schwellung
nur wenig mehr auf, bei der Betastung sind die Drüsen als
haselnussgrosse Tumoren zu fühlen. — Weit verbreiteter Katarrh
der Bronchien. Fusssohlenreflexe beiderseits gleich stark, nicht erhöht;
leichte Pupillendifferenz. 3 mal dünner Stuhl. Am 24. V morgens ruhiger
Tod; Pat. war beinahe bis zuletzt bei Bewusstsein. Temperatur: Während
in den ersten 5 Beobachtungswochen die Köperwärme mässig erhöht war
und häufiger Normaltemperatur gemessen wurde, bestand in den letzten drei
Wochen kontinuierliches Fieber zwischen 39,0 und 40,0.

Bei der Sektion fand sich chronisch verkäsende Tuberkulose der cervikalen, thorakalen, abdominalen Lymphdrüsen; allgemeine akute Miliartuberkulose. Das Protokoll lautet bezüglich der Halsdrüsen: „In der rechten Supraclavikulargrube fühlt man verschiedene, etwa bohnengrosse Lymphdrüsen. Sie sind von derber Beschaffenheit, auf der Schnittfläche glatt, durchscheinend von graugelber Farbe, durchsetzt von kleineren und grösseren trockenen Käseherden. Bei der Herausnahme der Halseingeweide zeigen sich beiderseits bis hinauf hinter die Kieferwinkel noch reichliche Lymphome mit käsigen Einlagerungen.

Bei der Sektion des Gehirns: Dura mater stärker als normal gespannt. Die Piaoberfläche trocken, Gyri abgeplattet. Venen der Pia stark injiziert. Ventrikel erweitert, enthalten klare Flüssigkeit. Tuberkel sind an der Konvexität des Gehirns nicht zu sehen, dagegen finden sich solche in grosser Anzahl in der Pia der Basis, welche von einer trüben Flüssigkeit durchtränkt erscheint, namentlich reichlich den Verzweigungen der Arteriae fossae Sylvii aufsitzend.

Es handelte sich in diesem Fall um eine allgemeine akute Miliartuberkulose. Bei der Besprechung der Epikrise wurde besonders hervorgehoben, dass ein so rasches Zurückgehen einer kolossalen Drüsenanschwellung im Verlauf von 14 Tagen ausserordentlich selten ist, und es wurde die Hypothese aufgestellt, dass vielleicht aus irgend einem Grunde im Körper massenhaft Stoffwechselprodukte der Tuberkelbacillen, Tuberkulin, gebildet worden ist. Unter dem Einfluss dieses werden ja bekanntlich alte Herde tuberkulöser Natur zum Zerfall gebracht, die Tuberkelbacillen werden frei. So könnte man sich vielleicht den Rückgang der stark geschwollenen Cervikaldrüsen und die Überschwemmung des Körpers mit Tuberkelbacillen in unserem Fall erklären. Die Körperwärme war namentlich in der letzten Zeit der Beobachtung besonders hoch.

Ob es sich bei den Fällen von Henoch um reine Meningitis oder um sonst ausgebreitete Tuberkulose handelte, ist in seinem Lehrbuch nicht angegeben.

Solchen Rückgang von Geschwülsten hat H. Fischer in verschiedenen Fällen von fieberhaften Erkrankungen gesehen; dreimal waren es Lymphdrüsentumoren am Hals und zwar bei einem Fall — einem Mann — trat während der Entwicklung einer Meningitis und Pericarditis tuberculosa wesentliche Verkleinerung der Tumoren ein — um mehr als $2/3$ ihrer früheren Grösse. — Auf das Verschwinden von Geschwülsten nach dem Auftreten von Erysipel hat u. A. namentlich P. Bruns aufmerksam gemacht.

Die Schleimhäute sind meist von blasser Farbe. Das Auftreten von Soor im Munde ist namentlich bei schlecht gepflegten Kindern nichts seltenes.

In den übrigen Organen des Körpers sind besonders bemerkenswerte Störungen selten.

Der Verdauungsapparat zeigt ausser den schon genannten Erscheinungen wenig Besonderheiten: Die Zunge ist manchmal belegt und geschwollen. Der Appetit liegt oft danieder, bisweilen bleibt er bis zum Tode erhalten, die Kinder essen bis zum letzten Tage mit Heisshunger. Im Magendarmkanal sind gewöhnlich keine Erkrankungen nachweisbar. Oft ist der Darm mit festen Kothmassen gefüllt. In Beobachtung XV waren bedeutende Blutungen aufgetreten.

Von Seiten des Harnapparats ist zu sagen, dass der Urin in den überwiegenden Fällen von geringerer Menge ist als normal, dass er dementsprechend koncentriert ist und reichlich harnsaure Salze enthält. Es wird gewöhnlich weniger Flüssigkeit zugeführt, daher die verminderte Ausscheidung. In manchen Fällen wurden geringe Quantitäten Eiweiss gefunden, ohne dass das Sediment organisierte Körper aufgewiesen hätte. — Harnverhaltung kommt bisweilen vor. Henoch beobachtete bei einem 2jährigen Kinde eine starke Verminderung der Harnsekretion. Das Kind liess nur einmal in 24 Stunden normalen Urin, die Blase war nicht ausgedehnt. Bei Fall B. (Beobachtung XII) bestand Verhaltung während anderthalb Tagen, doch erzielte die Applikation von Kataplasmen auf die Blasengegend ausgiebige Entleerung von normalem Harn. Es handelte sich offenbar bei diesem Patienten um einen Krampf des Blasensphinkters, der durch die Anwendung von Wärme gelöst wurde.

Die Milz ist in einer Reihe von Fällen vergrössert gewesen.

Das Hörvermögen bleibt gewöhnlich bis zum Eintritt des komatösen Zustandes erhalten. Manchmal besteht Hyperästhesie, lautes Reden, Geräusche werden unangenehm empfunden.

Über Geruch und Geschmack ist nichts näheres bekannt.

Von Seiten der Geschlechtsorgane ist nichts wesentliches zu bemerken. Bei 2 Mädchen trat in den letzten Tagen eitriger Ausfluss aus der Scheide ein. Die pathologisch-anatomische Untersuchung gab keinen Anhaltspunkt hierfür. Henoch erwähnt auch einen solchen Fall.

Es erübrigt noch, die Temperaturverhältnisse bei der Meningitis tuberculosa zu besprechen. — Schon in früherer Zeit, als die Anwendung des Thermometers noch nicht üblich war, schlossen die Beobachter aus der Hautröte, den Schweissen, dem heissen Anfühlen, dem Verhalten des Pulses auf das Vorhandensein von Fieber. Später sind genauere Messungen mit dem Thermometer gemacht worden, auf deren Grund verschiedene Autoren zu verschiedenen Resultaten kamen, immerhin wurde mehr oder weniger betont, dass der Fieberkurve bei der Entzündung der Gehirnhäute ein bestimmter Typus nicht zukommt.

In der letzten Zeit haben sich Turin und Balaban der Mühe unterzogen, eine Gleichmässigkeit in der Kurve festzustellen, allein der Versuch misslang. Turin kommt zu dem Schluss, „dass die Resultate keine positiven sind; im Gegenteil waren wir genötigt, ebenso viele Ausnahmen wie Regeln festzustellen. Dieses Studium wird nichtsdestoweniger seinen Nutzen behalten und vielleicht die zahlreichen Widersprüche der verschiedenen Beobachter begreiflich machen. Alle, können wir sagen, haben wohl richtig beobachtet, aber wenigen war es vielleicht recht bewusst, dass ihre gefundenen und aufgestellten Regeln ebenso viele Ausnahmen haben."

Auch Balaban sagt am Schlusse seiner Arbeit, dass von einer typischen Fieberkurve nicht die Rede sein kann. — In der That kann man, wenn man die Kurven verschiedener Fälle vergleicht, den Satz aufstellen, dass sich in der Temperatur bei Meningitis tuberculosa keine Spur von Gleichmässigkeit findet, dass beinahe jeder Fall ein anderes Bild zeigt.

Die akutest verlaufenden Fälle bieten schon weit auseinandergehende Zahlen. Der Fall von Rohrer, bei welchem das Krankenlager nur 6 Stunden betrug, zeigte eine Temperatur von 39,8, in der Achselhöhle gemessen (vgl. Beobachtung IV). Im Fall von Seeligmüller ist eine Temperaturangabe nicht gemacht. Der von uns beobachtete, in 10 Stunden letal endende hatte eine Temperatur von 37,6, im Rectum gemessen (vgl. Beobachtung II).

Um das oben Gesagte zu illustrieren, gebe ich im Folgenden einige Kurven. Zunächst folgt eine, in welcher während einer 13tägigen Beobachtung die Körperwärme überhaupt nicht über die Norm hinausging. Die Messungen geschahen meist 3 mal täglich und — wie bei allen Kranken der hiesigen Poliklinik — im Rectum. Die Temperaturbestimmungen gehören zu Beobachtung XII.

Es handelte sich um einen Fall von Coxitis, an welche sich nach einjähriger Dauer eine tuberkulöse Meningitis des Gehirns und Rückenmarks und tuberkulöse Affektion verschiedener anderer Organe anschloss.

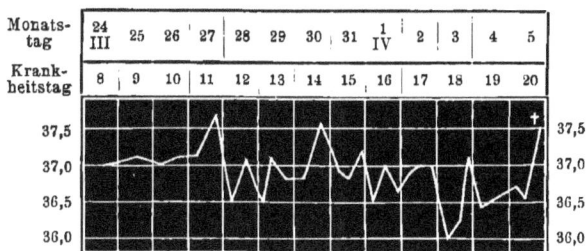

Kurve 4. Karl B. 6 Jahre alt.

In diesem Fall, der ohne Konvulsionen einherging — nur ausgesprochene Katalepsie war vorhanden — erreicht die Körperwärme nur an einem Tag — dem 11. Krankheitstag — 37,7, am 14. Krankheitstag 37,6; sonst bewegen sich die Werte unter 37,5, das Minimum 36,0 fällt auf den 18. Krankheitstag.

In der folgenden Kurve sehen wir während der ersten 18 Beobachtungstage die Norm der Körperwärme kaum überschritten, ja es sind eher subnormale Werte, während in den letzten 3 Tagen mässiges Fieber besteht — Maximum 38,6 am drittletzten Tage, von da ab fällt die Temperatur und beträgt am Todestage nur 38,0.

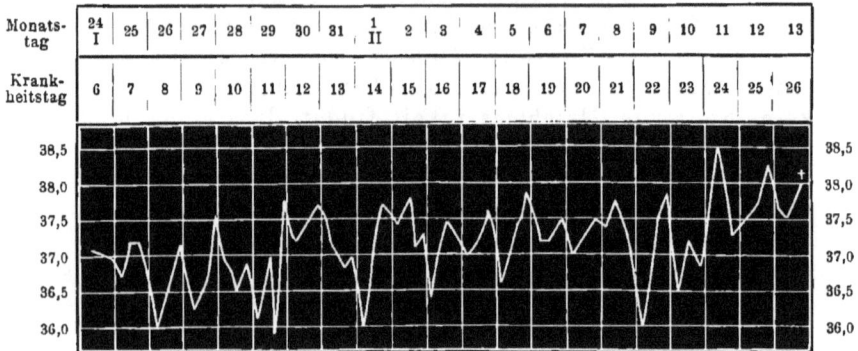

Monats-tag	24 I	25	26	27	28	29	30	31	1 II	2	3	4	5	6	7	8	9	10	11	12	13
Krank-heitstag	6	7	8	9	10	11	12	13	14	15	16	17	18	19	20	21	22	23	24	25	26

NB. Am 21. I. u. an den folgenden Tagen „k e i n e Temperatursteigerung".

Kurve 5. Marie B. 8 Jahre alt.

Beobachtung XIX. Die Krankheit begann bei der Patientin mit heftigen Kopfschmerzen und Appetitlosigkeit, denen sich nach 3 Tagen Erbrechen zugesellte. Zu gleicher Zeit leichte Angina. Der Verlauf zeigt keine auffällige Besonderheiten, Konvulsionen sind nur gering, einige Tage lang Aufregungszustände, in denen Pat. nur mit Mühe im Bett zu halten ist, leichterer Grad von Katalepsie, vom 17. Krankheitstag an Resolution der Glieder, ruhiger Tod ohne vorausgegangenes Koma. — Sektion: Dissemination von Knötchen in den weichen Häuten der Konvexität der linken Hemisphäre; Exsudatbildung an der Basis, starker Hydrops ventriculorum. Geringe tuberkulöse Affektion der Lungen — u. a. ein Käseherd im r. U. L. ohne schwielige Demarkation — verkäste Bronchialdrüsen mit Kavernenbildung, ohne nachweisbaren Durchbruch in das angrenzende Gewebe, vereinzelte Knötchen in der Milz, Niere und Leber.

Kurve 6 zeigt uns beständiges Fieber mit abendlichen Exacerbationen, morgendlichen Remissionen; am Todestag erhebt sich die Temperatur, welche an den vorhergehenden Tagen sich in mässigen Grenzen bewegte, wieder zu der anfänglichen Höhe 39,5. ·

Monats-tag	30 III	31	1 IV	2	3	4	5	6	7	8	9	10	11	12	13	14	15	16	17
Krank-heitstag	10	11	12	13	14	15	16	17	18	19	20	21	22	23	24	25	26	27	28

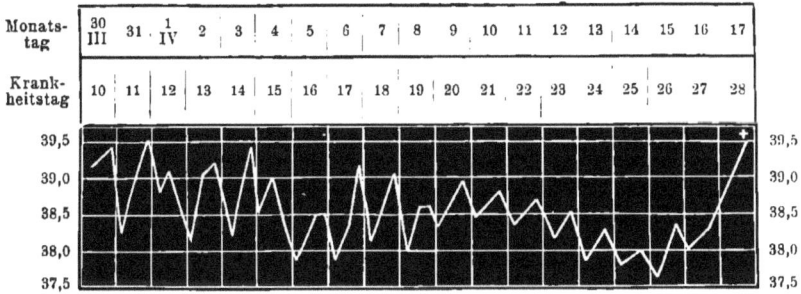

Kurve 6. Fritz K. 5³/₄ Jahre alt.

Der Beginn der Erkrankung liess sich bei dem kleinen Patienten (vgl. Beobachtung VI) nicht mit Sicherheit feststellen, Erbrechen war nie aufgetreten. Abmagerung und Appetitlosigkeit waren schon längere Zeit vorhanden, Kopfschmerzen stellten sich 10 Tage vor der Aufnahme ein. Bei der Sektion fand sich nur tuberkulöse Entzündung der Gehirnhäute.

Von Manchen wird angegeben (Balaban u. A.), dass die Temperatur im Anfang der Krankheit etwas höher, in der Mitte weniger hoch sei, während auf das Lebensende meist die höchsten Temperaturen fallen. Auch solche Fälle stehen mir zur Verfügung. Kurve 7 ist aus Beobachtung IX entnommen. Es handelte sich um eine tuberkulöse Entzündung der Gehirn- und Rückenmarkshäute, vereinzelte Knötchen in den Nieren, verkäste Cervikaldrüsen. Die Beobachtung fand vom zweiten Krankheitstage an statt.

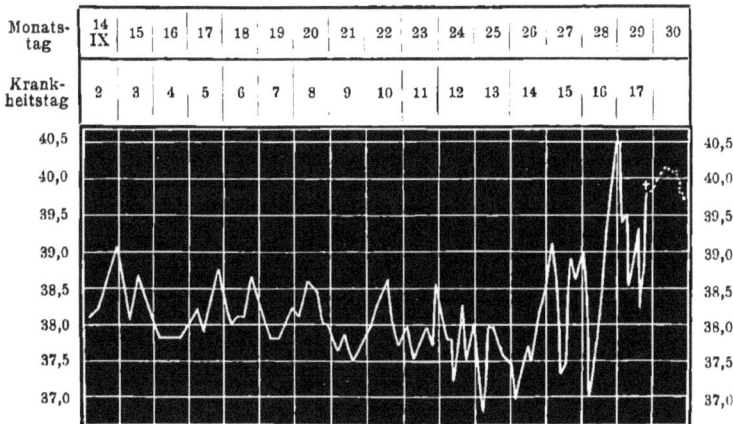

Monats-tag	14 IX	15	16	17	18	19	20	21	22	23	24	25	26	27	28	29	30
Krank-heitstag	2	3	4	5	6	7	8	9	10	11	12	13	14	15	16	17	

. . . . Postmortale Temp.

Kurve 7. Sofie K. 11 Jahre alt.

Das Fieber ist in der ersten Zeit mässig hoch, geht später noch mehr zurück, so dass kaum febrile Grade erreicht werden, um in den letzten drei Tagen erheblich anzusteigen. Die höchste Höhe fällt auf die Zeit 24 Stunden vor dem Tode. Auf eine plötzliche und sehr hohe Temperatursteigerung in den letzten 24 Stunden hat besonders Henoch hingewiesen, und zwar „kommt sie so häufig vor, dass ich sie fast als ein zum normalen Verlauf der Krankheit gehöriges Symptom betrachten möchte". — Dass solche prämortale Temperaturerhöhungen vielfach beobachtet werden, ist fraglos, doch haben spätere Autoren sie nicht so konstant gefunden wie Henoch. Von Turin's Fällen endigten 11 mit einer Steigerung, 7 mit einem Sinken der Körperwärme, während bei 20 der Gang der Temperatur gleich blieb wie zuvor. In unseren Fällen trifft die prämortale Steigerung in der Hälfte ein. Nachfolgende Kurven bringen diese agonale und prämortale Temperaturerhöhung zur Anschauung.

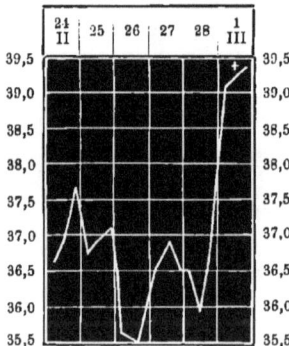

Kurve 8. C. F. 1 Jahr altes Mädchen.   Kurve 9. Hermann K. 1 Jahr alt.

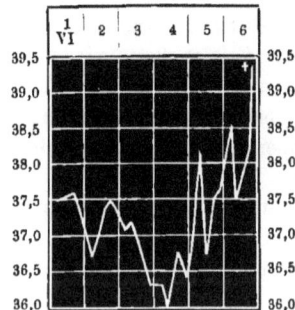

Das Kind C. F., aufgenommen am 15. II. 90, 1 Jahr alt, hatte erst Brechdurchfall und Bronchitis; nach 8 Tagen Obstipation, am 23. V. Eintritt ausgesprochener cerebraler Symptome. Vor dem Tod aufgetriebener Bauch. Eine Stunde vor dem Exitus Erbrechen; keine heftigen Konvulsionen. Tod 1. III.

Bei der Sektion Tuberkelaussaat an einigen Stellen der Konvexität, Basalmeningitis mit Exsudatbildung, starker Hydrops der Seitenventrikel, verkäste Bronchialdrüsen, mässige Tuberkeleruptionen in den Lungen, Tuberkel in Milz, Leber und Niere.

Die Temperatur ist in den ersten 5 Beobachtungstagen bei diesem Fall normal und subnormal, bis 35,5, erst kurz vor dem Tode steigt die Kurve steil an, um 3,2⁰, und erreicht ihr Maximum 1 Stunde vor dem letalen Ausgang.

In der Kurve 9 ist der Gang der Temperatur ein etwas anderer als in Kurve 8. In den ersten Tagen ist sie normal und subnormal, dann steigt sie kontinuierlich in den letzten 2 Tagen und erreicht ihren Höhepunkt vor dem Tode.

Es handelte sich um einen Fall von Meningitis tuberculosa mit sehr heftigen Konvulsionen, die kurz vor dem Tode am stärksten waren. Anatomische Diagnose: Meningitis tuberculosa basilaris, geringer Ventrikelhydrops, Tuberculosis pulmon. mit Kavernenbildung, miliare Knötchen in Milz und Leber.

Kurve 10 zeigt uns wieder, wie lange Zeit die Temperatur der normalen gleich bleiben kann, nur 3 Tage — ausgenommen die prämortale Steigerung — gehen mit geringem Fieber einher, die Spitzen fallen am 7. Krankheitstag auf den Abend, am 19. auf den Morgen, am 24. auf den Abend. 8 Stunden vor dem Tode wird noch 37,0 gemessen, dann steigt die Kurve jäh auf 39,2 um 6 Uhr, um 8$\frac{1}{2}$ Uhr tritt der Tod ein.

Kurve 10. Elise K. 6$\frac{1}{2}$ Jahre alt.

Der Fall ging mit tonischen und klonischen Konvulsionen einher, zuletzt herrschten tetaniforme Konvulsionen mit Erstickungsanfällen vor. — Die Obduktion ergab Tuberkeleruption an der Konvexität, sulziges, trübgelbes Exsudat an der Basis, Tuberkelanhäufungen in den Telae chorioideae, reichliche Anzahl grauer Knötchen in der linken Pleura, nur ganz vereinzelt in der rechten. In der Lunge selbst nur einzelne zerstreute Tuberkel; verkäste Bronchialdrüsen, zum Teil central erweicht, vereinzelte Knötchen in der Milz und Leber.

Indem die genannten 3 Fälle ohne oder nur mit geringem vorhergehenden Fieber verliefen, zeigt uns die folgende Kurve continuierliches Fieber während der ganzen Beobachtungszeit, manchmal mit tiefen Remissionen; gegen das Ende wird die Temperatur immer höher und erreicht vor dem Tode 41,4^{0}.

Die Messungen begannen am 5. Krankheitstage. Es war ein Kind von 4½ Jahren, das neben Miliartuberkulose der Lungen, Leber, Milz eine solche der Gehirnhäute, namentlich der Basis hatte. In den Vordergrund traten neben katarrhalischen Erscheinungen von Seiten der Lungen Konvulsionen, die bis zum Tode anhielten.

Ich lasse die Kurve aus der Beobachtung XV folgen. Die Beobachtung

erstreckt sich auf 27 Tage. In diesem Fall ist die Möglichkeit der Doppelinfektion nicht ausgeschlossen. Wir haben lang dauerndes Fieber, an welches sich mehrtägige Fieberlosigkeit anschliesst, der gegen das Ende hin wieder Temperaturerhöhung folgt; sub finem vitae wird die höchste Temperatur erreicht.

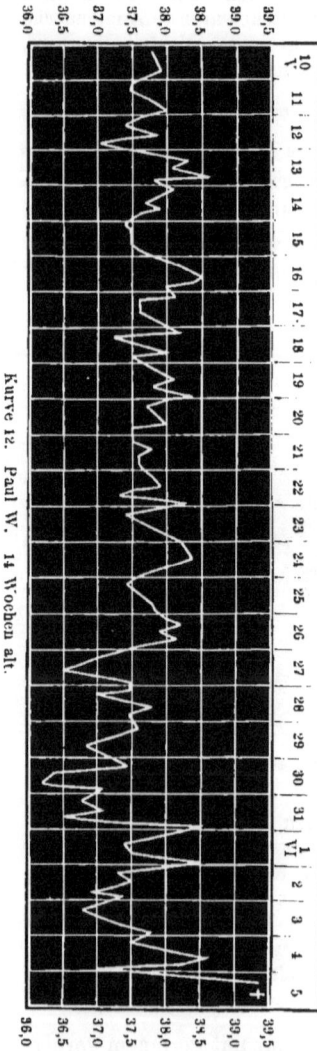

Kurve 12. Paul W. 14 Wochen alt.

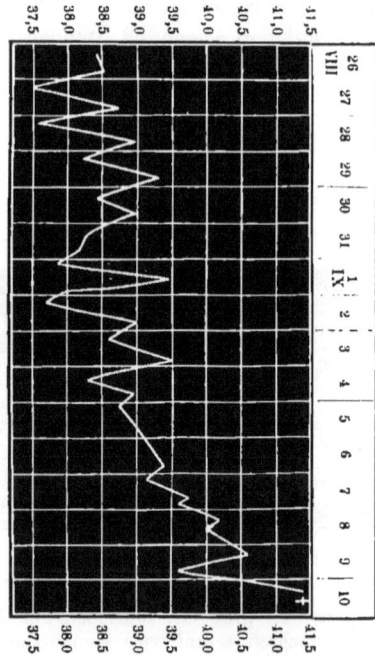

Kurve 11. Pauline K. 4½ Jahre alt.

In der folgenden Kurve gebe ich ein Beispiel von abnorm niederen
Werten — Hypopyrexie — die auf anfänglich bestehende hohe
Temperaturen folgen.

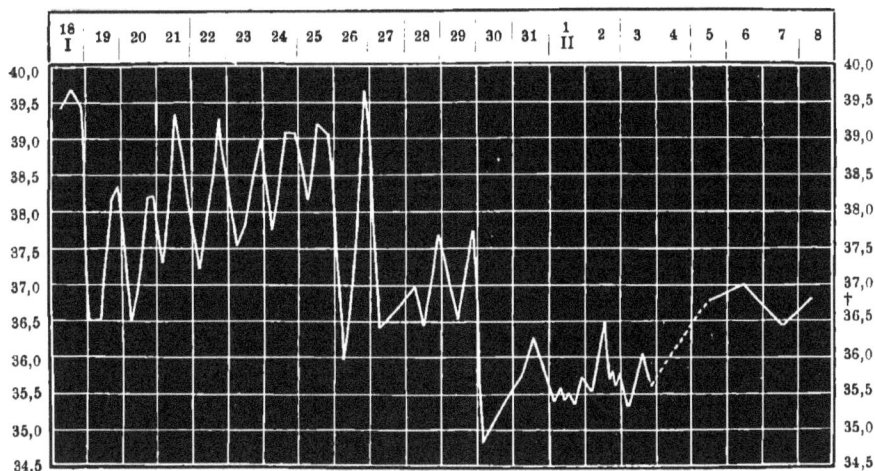

Kurve 13. Emilie B. 3 Jahre 5 Monate alt.

Das Mädchen war schon seit ca. 1 Jahr nicht gesund. Es wurde bei
der Aufnahme ein alter Herd in der rechten Lunge — von einer Katarrhalpneumonie zurückgeblieben — gefunden. Am 23. I ausgesprochene Hirnerscheinungen, die von Tag zu Tag zunehmen; am 30. I vollentwickelte
Hirndrucksymptome. Vom 3. bis 5. II anhaltende Konvulsionen, dann Teilnahmlosigkeit, Resolution der Glieder. — Sektionsbefund. Ausgesprochene
tuberkulöse Basalmeningitis mit besonderer Beteiligung der Wurzel des
Kleinhirns; an der Konvexität verkäste Tuberkel, Hirntuberkel im linken
Streifen- und rechten Sehhügel. Miliare Tuberkel in der Pleura, der linken
Lunge, des rechten Ober- und Unterlappens, käsige Infiltration des rechten
Mittellappens; verkäste Bronchialdrüsen. Tuberkelaussaat in der Leber und
deren Überzug, tuberkulöse Gallengangscysten. Miliare Tuberkel in der Milz.
Verkäste Mesenterialdrüsen.

Auffallend ist das Verhalten der Körperwärme; während wir in
den ersten 9 Beobachtungstagen Fieber mit teilweise tiefen Remissionen
sehen, nähert sich in den nächsten 3 Tagen die Temperatur der normalen und stellt sich dann 5 Tage auf abnorm niedere Werte —
Minimum **34,9** — ein; in den letzten 3 Tagen des Lebens ist sie
wieder höher, der Tod erfolgt bei 36,8⁰.

Solche niedere Temperaturgrade sind auch von Turin, Balaban
u. A. beschrieben, doch handelt es sich meist um prämortale Abfälle, sich auf den letzten oder die beiden letzten Lebenstage be-

schränkend. In unserem Falle war die Temperaturherabsetzung auf abnorm niedere Grade eine dauernde und liess gegen den Exitus eine geringe Steigerung, jedoch nicht bis zu Fieberhöhe, erkennen.

Ganz excessive Temperaturherabsetzungen gegen das Lebensende hin hat Gnändinger gesehen, dessen Temperaturkurven ich wiedergebe. Im Fall Leopoldine K. fällt die Temperatur von 40,0 in einem Tag um 8 Grad — auf 32,0, am

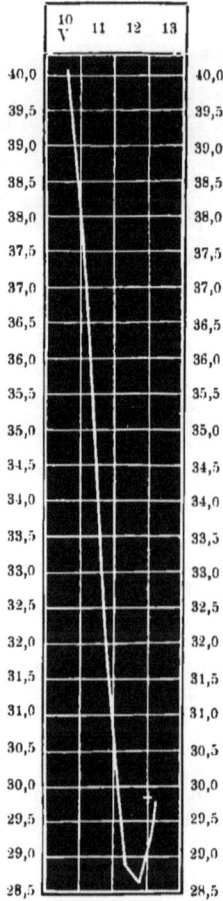

Kurve 14. Leopoldine K. 1879.   Kurve 15. Anna M. 1879.

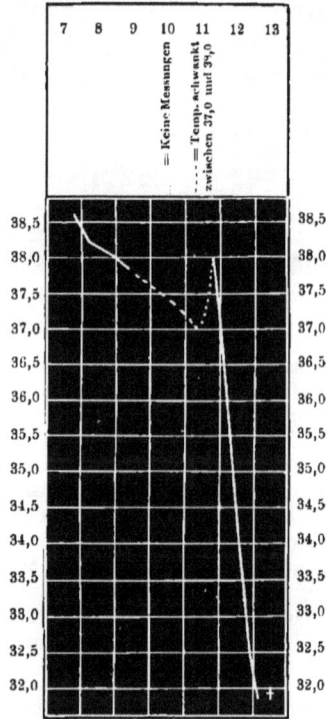

folgenden gar auf 28,6, um kurz vor dem Tode 29,8 zu erreichen. — Fall Anna M. zeigt uns keine so jähe Abfälle, aber immerhin von 38,6 auf 31,9 im Laufe von 2 Tagen. Im Fall Marie B. schliesslich haben wir 4 Tage vor dem Tode sehr mässiges Fieber, dann normale

Temperatur, einen Tag vor dem Tode wird nochmals 38,0 erreicht und nun fällt die Temperatur rapid auf 29,4 auf welcher Höhe der Tod eintritt.

Die Messungen sind in den Fällen im Rektum und zwar mit Kontrolthermometer von dem Arzte selbst ausgeführt. Eine Ungenauigkeit ist somit ausgeschlossen.

Einen ähnlichen Fall führt J. Bókai jun. an. 3 Tage vor dem Tode Temperaturabfall auf 32^0—33,6^0, am nächsten Tag zwischen 31,3 und 28,4, am Todestag 31,0^0.

Die excessiven Temperatursteigerungen und Abfälle ante mortem sind nach Henoch abhängig von einer direkten Beeinflussung des excitokalorischen resp. moderierenden Centrums in der Medulla oblongata.

Schliesslich gebe ich noch als Beispiel für die unregelmässige Tagesverteilung der Körperwärme und die Temperatursprünge, die bei der tuberkulösen Entzündung der Gehirnhäute sich zeigen, eine Kurve, die 2stündige Messungen enthält (aus Beobachtung IX). Der Gang der Temperatur ist ein durchaus unregelmässiger, oft da das Maximum, wo wir sonst das Minimum erwarten und umgekehrt.

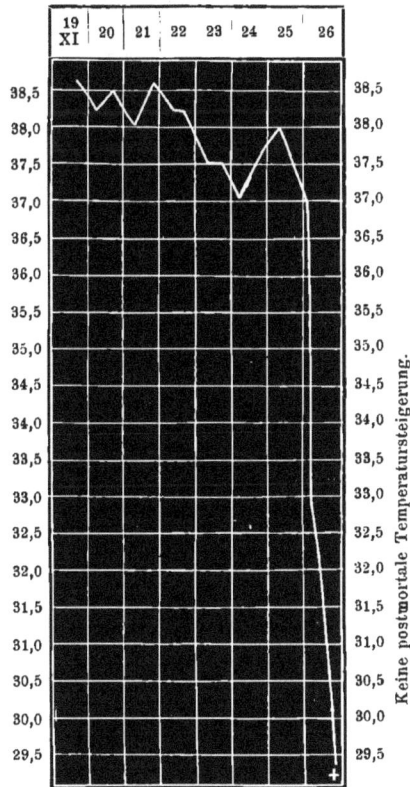

Kurve 16. Marie B. 1879.

Noch einige Worte über die Tage, an welchen Fieber überhaupt nicht beobachtet wird. Zu solchen Zeiten fällt es nicht selten auf, dass der Gang der Temperatur nicht dem entspricht, den wir beim Gesunden sehen. Während bei diesem mit Konstanz die niedrigste Temperatur auf den frühen Morgen, die höchste auf den Abend fällt, bemerkt man bei tuberkulösen Individuen überhaupt sowohl als bei solchen, bei welchen die Entzündung der Gehirnhäute in den Vordergrund tritt, Abweichungen in der Art, dass dieser normale Gang

gestört ist, dass entweder die Morgentemperaturen höher sind als die
am Mittag oder am Abend, oder dass doch die mittags gefundenen

Postmortale Temperatur von
5 Minuten zu 5 Min. abgelesen.

Kurve 17.　Sofie K.　11 Jahre alt.
(2 stündige Messungen.)

Werte die abendlichen übertreffen, oder dass der Gipfel der Kurve in
die Mittagszeit fällt.

So z. B. Katharine F., 1 Jahr alt.

Morgens	Mittags	Abends
36,4	35,6	35,5
37,3	37,6	37,2
37,4	37,1	36,7

Ich habe in 53% von den an tuberkulöser Meningitis erkrankten
Kindern die Mittagstemperatur höher gefunden als die abendliche.

Post morten steigt die Körperwärme oft noch an, hält sich einige
Zeit — $1/4 - 1/2$ Stunde — hoch und sinkt dann rasch. In Kurve 17
(aus Beobachtung IX) sind postmortale Werte aufgezeichnet, die Temperaturen wurden von 5 zu 5 Minuten abgelesen. In anderen Fällen
kommt eine postmortale Temperatursteigerung überhaupt nicht vor.

Dauer und Ausgänge.

Der Verlauf der tuberkulösen Erkrankung der Gehirnhäute ist
ein ausserordentlich wechselnder. Den akutesten Formen, welche in
wenigen Stunden oder Tagen mit dem Tode enden, stehen solche
gegenüber, bei denen sich der Krankheitsprozess über mehrere Wochen
und Monate hinzieht.

Die akutesten Fälle setzen manchmal mit ausgesprochenen Konvulsionen ein, wie ein Blitzstrahl aus heiterem Himmel trifft es das
vorher scheinbar gesunde Kind, oder es geht ein mehrstündiges Unbehagen vorher, welches aber nicht so stark ist, dass die Kinder ins
Bett verlangen; manchmal verbringen sie einige schlaflose Nächte, bei

Tag dagegen sind sie munter. — Beobachtung II, bei welcher reine Piatuberkulose vorliegt, zeigt uns das urplötzliche Beginnen der Krankheit ohne alle Vorboten. Ohne dass Temperatursteigerungen vorhanden, bekommt das Kind plötzlich Konvulsionen, die bis zu dem nach 10 Stunden erfolgten Tode anhielten. — Im Fall Rohrer's stellen sich bei dem ganz gesunden Kind Appetitlosigkeit und Erbrechen ein, trotzdem geht das Kind am Nachmittag noch aus, ist munter, am Abend Somnolenz, Koma, unter Konvulsionen Tod. Dauer im ganzen 12 Stunden.

Beim Fall Seeligmüller's waren mehrere Jahre Darmkatarrhe ohne Beeinträchtigung des Allgemeinbefindens vorangegangen; nach einigen schlaflosen Nächten bekommt das Kind plötzlich Konvulsionen und während dieser stirbt es.

Über plötzliche Erkrankungen bei Erwachsenen und nachherigen kurzen Verlauf berichtet Seitz in seinen Fällen 40 und 41.

Diese stürmisch verlaufenden Fälle sind sehr selten, häufiger schon sind Erkrankungen, deren Dauer einige Tage beträgt.

Die grosse Mehrzahl trägt einen subakuten Charakter. Meistens gehen unbestimmte Prodrome voraus, denen dann ausgesprochene cerebrale Erscheinungen folgen. Oft kommt es zu Konvulsionen und zu Koma, manchmal nur zu letzterem; zwischen solche schwere Störungen können zeitweise Besserungen von allerdings meist nur kurzer Dauer sich einschieben, bis ein erneuter Anfall dem Leben ein Ende macht. Die mittlere Dauer der Krankheit beläuft sich bei diesen Fällen vom initialen Erbrechen an gerechnet auf 2 bis 3 Wochen — in unseren Fällen im Minimum auf 8 Tage, im Maximum auf 31, durchschnittlich auf 18 Tage. Dieses Mittelmass findet auch Wortmann.

Bei einer Reihe von Kindern bestehen langwährendes Siechtum, Abmagerung, Husten, Durchfälle, die auf Tuberkulose anderer Organe hinweisen, Monate und Jahre können unter solchen Erscheinungen vergehen, und die beginnende Meningitis bildet sich nur unklar aus diesen Störungen heraus, so dass erst schwere cerebrale Symptome die Aufmerksamkeit darauf lenken; ja es giebt hierunter Fälle, welche bis zum Tode niemals Hirnsymptome aufweisen und bei denen erst die Sektion das Ergriffensein der Gehirnhäute zeigt; so ein von Seitz erwähnter Fall bei einem 5 Jahre alten Knaben und 2 von Barthez und Rilliet.

Von Manchen wird hervorgehoben, dass die Verlaufsdauer verschieden sei, je nachdem es sich um reine Piatuberkulose ohne wesentliche Erkrankung anderer Organe oder um eine solche mit bereits fortgeschrittener Allgemeintuberkulose handle; im ersteren Fall soll die Dauer in der Regel eine langsamere sein als im zweiten. Es leuchtet

ja ein, dass ein schon ohnehin geschwächter Organismus einer neuen
Invasion geringeren Widerstand entgegenzusetzen vermag als ein gesunder. Immerhin wird auf die Menge und den Virulenzgrad der Tuberkelbacillen ein grosses Gewicht zu legen sein; findet die Invasion in
Schüben mit einer kleineren Zahl und mit geringerer Virulenz ausgestatteter Bacillen statt, so kann der Körper länger widerstehen als
bei einer Überschwemmung mit vollvirulenten Mikroben. So sehen
wir auch in den Meningen von fortgeschrittener Tuberkulose anderer
Organe alte gelbe Tuberkel neben frischen, ein Beweis, dass der Prozess
schon länger gedauert hat. Von wesentlichem Einfluss ist die Blutverteilung; werden die dieselbe regulierenden Apparate schwer geschädigt, so wird der Verlauf ein rascher sein.

Viel seltener sind solche Fälle, bei welchen nach dem ersten Auf-
treten ausgesprochener Hirnerscheinungen eine Rückkehr zu schein-
barer Gesundheit statt hat, und Wochen vergehen, bis von neuem die
Krankheit einsetzt und dem Leben ein Ende macht. Als solches
Beispiel dient Beobachtung V. Die Krankheit beginnt urplötzlich mit
Bewusstlosigkeit, Krämpfen in den Gesichtsmuskeln, im linken Arm,
im Zwerchfell, die Störungen halten nur kurze Zeit an und nach einigen
Tagen folgt relatives Wohlbefinden, so dass das Kind entlassen wird.
Erst 5 1/2 Wochen später stellen sich von neuem Symptome der Menin-
gitis ein und das Kind erliegt derselben. Krankheitsdauer von den
ersten Erscheinungen an gerechnet 57 Tage.

Schleichende Formen mit langer Dauer werden u. a. auch von
Barthez und Rilliet angeführt; bei Erwachsenen von Seitz — Dauer
58 Tage.

Einen Fall, bei welchem der Verlauf sich ebenfalls lange hinzieht
und die Erkrankung der Gehirnhäute zurücktritt, beinahe keine Erscheinungen mehr macht, führt Steffen an. Die Beobachtung ist von
Bóckai gemacht.

Ein angeblich gesundes Mädchen erkrankt unter Konvulsionen, es folgen
die ausgesprochenen Symptome der Meningitis, gleichzeitig Pleuritis links,
Pneumonie rechts. Nach 21 Tagen Nachlass der Erscheinungen, allmählich
schwinden die meningitischen Symptome und die der Pleuropneumonie treten
in den Vordergrund. Dann erschöpfende Durchfälle; Tod nach 3 1/2 Monaten. Sektion: In der Pia der Konvexität und Basis alte gelbe Knötchen,
gelblichweisse, verdickte derbe Pia; Hydrops ventriculorum. Doppelseitige
Pneumonie mit käsigen Herden. Verkäste Bronchial- und Mesenterialdrüsen; tuberkulöse Darmgeschwüre. Miliare Knötchen in Leber und Milz.

Es wären noch Fälle zu erwähnen, bei welchen jahrelanger Stillstand vorkommt, bei denen man also von Heilung in beschränktem
Sinn reden könnte. Sie gehören zu den seltenen Ausnahmen.

Über einen solchen berichtet Politzer.

Ein Kind, das 3 Jahre früher eine Basilarmeningitis überstanden hatte und ausser einer anhaltenden Magerkeit vollkommen genesen war, stirbt an neu aufgetretener Meningitis. Bei der Sektion fand sich Basilarmeningitis neuen Datums und ein altes, obsoletes, schwieliges Exsudat am Pons.

„Bisher der einzige Fall von nicht tötlichem Ausgang und tötlich erst im Recidiv, in einer 24jährigen Praxis."

Auch Henoch teilt 3 Fälle mit, welche die Zeichen der Meningitis tuberculosa darboten, und bei welchen die Erscheinungen zurückgingen. Eines der Kinder starb nach 3 Jahren an Basilarmeningitis.

Über ähnliche Fälle berichten Barthez u. Rilliet, Biedert, E. Nilsson, F. W. Warfvinge u. A. Warfvinge spricht sogar von 5 Fällen von unzweifelhafter (?) tuberkulöser Meningitis, welche durch die Einreibung von Jodoformsalbe geheilt wurden.

Von Erwachsenen führt Seitz 2 Krankengeschichten an, wo in dem einen Fall obsolete und frische tuberkulöse Meningitis bestand (Fall 53), bei dem anderen Heilung eintrat (Fall von Bazin). — Ferner hat Leube einen Fall beschrieben, bei welchem 2½ Jahre vor dem Tode die Diagnose auf Meningitis und zwar M. spinalis gestellt war; das Mädchen starb später unter den Erscheinungen einer cerebralen Meningitis. Bei der Autopsie wurde frische Basilarmeningitis neben alter Tuberkulose der Pia spinalis cervicalis gefunden.

Neuerdings hat Freyhan einen Fall von tuberkulöser Meningitis, welcher in Heilung ausging, veröffentlicht. Die Diagnose wurde durch den Nachweis von Tuberkelbacillen in der durch die Lumbalpunktion gewonnenen Cerebrospinalflüssigkeit erhärtet.

Ich führe hier eine Krankengeschichte im Auszug aus unserer Beobachtung an.

Beobachtung XX. Karl H., 2½ Jahre alt, aus Lustnau, wird am 8. XII. 1890 aufgenommen und stammt aus gesunder Familie. Die Mutter schildert den kleinen Pat. als einen heiteren, lebhaften Knaben. Er war bis jetzt gesund und von jeder Krankheit verschont. Ohne dass er etwas besonderes klagte, fiel der Mutter schon seit 8—10 Tagen auf, dass der Junge in seinem Wesen etwas ruhiger wurde und sich lieber still mit sich selbst beschäftigte. Seit etwa 4 Tagen liegt er am liebsten in seinem Bett und verhält sich, wenn man ihn sich selbst überlässt, ruhig; ist aber mürrisch und unzufrieden und fängt — was früher nie der Fall — öfters ohne äusseren Grund zu weinen an, indem er bald über Schmerzen im Bauch klagt, bald auch mit beiden Händen nach der Stirn fasst. Auf Zuspruch beruhigt er sich wieder schnell und liegt dann lange Zeit ohne Interesse und ohne eine Miene zu verziehen da. Seit einigen Tagen verweigert er mit Ausnahme von etwas Milch jede Nahrung.

Status praesens. Das äusserst blass aussehende Kind liegt sehr apathisch mit angezogenen Beinen in Rückenlage in seinem Bett. Ernährungszustand gut, Haut kühl, trocken. Alles was um das Kind vorgeht, scheint es nicht zu interessieren. Der Kopf ist steif, hintenüber etwas in die Kissen gebohrt, wird unbewegt gehalten. Das Gesicht hat einen halb mürrischen, halb weinerlichen Ausdruck. Die Bulbi folgen in gleicher Weise dem vorbeigeführten Finger, die Pupillen reagieren gut auf Licht. — Das Abdomen ist leicht aufgetrieben und bei der Betastung von verschiedener Spannung. Die Untersuchung der Lungen und des Herzens ergiebt keine Besonderheiten. Während er auf dem Arm der Mutter sich befindet — fällt die ziemlich zurückgebeugte Haltung des Kopfes noch mehr auf; die Nackenmuskulatur ist hart und befindet sich in einem bedeutenden Grad von Spannung. Der Puls ganz regelmässig: 135, Atmung 33. Es besteht seit 2 Tagen Stuhlverstopfung.

9. XII. Die angeführten Symptome sind noch deutlicher, das ganze Bild voller entwickelt. P. 120; Resp. 30.

10. XII. Die Pupillen sind bei gleichbleibender Beleuchtung fortwährend in spielender Bewegung, in Sekunden bald enger, bald weiter werdend. Sehnenreflexe an den Beinen sind links bedeutend erhöht, die Hautreflexe von den Fusssohlen aus rechts entschieden stärker, der Kremasterreflex beiderseits gleich. — Fussklonus auf der rechten Seite ausserordentlich deutlich auszulösen derart, dass der Fuss sekundenlang in rechtwinkliger Dorsalflexion stehen bleibt. Muskeln der unteren Extremität befinden sich in einem gewissen Grad von Spannung, die nur mit einem Gefühl des Widerstandes und ruckweise gelöst werden kann. Puls 130, regelmässig; Resp. 28.

11. XII. Puls 141; Resp. 36.

Vom 12. XII. ab wird dem Pat. Tuberkulin injiziert, beginnend mit 0,0001 g und steigend bis 0,009 g (bis Anfang März). — Am 12. XII ausserordentlich häufiger Wechsel in der Gesichtsfarbe, rechtes Auge mehr geschlossen, Pupillen ausserordentlich wechselnd in ihrer Weite, Nackenstarre sehr stark ausgeprägt; Lidreflexe herabgesetzt, Sehnenreflexe verschieden, ebenso Hautreflexe von den Fusssohlen aus. Gelinder Grad von Trismus. Puls 98, wechselnd in Schlagfolge und Füllung, einmal aussetzend. Dann und wann tiefes Aufseufzen.

Im Laufe der folgenden Tage tritt Besserung ein, erst kaum merklich, dann entschieden erkennbar, die Nackenstarre wird besser, Trismus verschwindet. Kopfschmerzfalten auf der Stirn nur noch ab und zu vorhanden. Puls immer noch unregelmässig zwischen 108 und 120 in der Minute.

16. XII. Während die oben genannten Erscheinungen nur noch wenig vorhanden sind, tritt in der Beschaffenheit des Pulses bedeutende Änderung ein. Morgens werden 111 leicht unregelmässige Schläge gezählt, mittags 84 sehr stark unregelmässige und aussetzende. In wenigen Minuten wechselt die Frequenz bedeutend; so erhält man für die Pulsfrequenz folgende Zahlen: 84, 93, 105, 102; ebenso schwankt die Atmungsfrequenz zwischen 20 und 30.

In den folgenden Tagen ist der Puls immer noch unregelmässig, steigt erst auf 90, dann 100—120. In derselben Zeit grosse Apathie, Stuhlverstopfung und Appetitlosigkeit. — Hierauf — am 21. XII — stellen sich leichte Zuckungen, besonders im Gebiet der oberen Gliedmassen, bald nur einzelne Muskelgruppen bald die ganze Extremität betreffend, ein. Die Mutter hat solche Zuckungen schon mehrmals bei Nacht beobachtet. Ausgeprägte Nackenstarre. Klagen über Kopfschmerzen. Puls immer noch unregelmässig in Stärke und Schlagfolge: 111, 117, 111, 120 in der Minute.

Es folgen einige Tage des Besserbefindens, zu welcher Zeit der Puls regelmässiger wird, Pat. lebhafter ist, die Reflexe gleichbleibend sind.

Dann wieder Verschlimmerung, Klagen über Kopfschmerzen, Apathie, Verdriesslichkeit und mürrisches Wesen; immer noch Verstopfung, die durch Darreichung von Pulv. liquir. comp. beseitigt wird.

Im Laufe der nächsten Tage treten starke Kopfschmerzen auf, die am 7. I. 91 so heftig werden, dass das Kind sich wimmernd und stöhnend in seinem Bett herumwälzt, mit den Händen nach dem Kopf greift und sich an den Haaren zieht. — Bei der zweiten Visite liegt das Kind mit stark geröteten Wangen und halbgeschlossenen Bulbi im Schlaf. Die Bulbi gehen anhaltend hin und her, die Stirn ist in Falten gezogen. Von Zeit zu Zeit deutliche blitzähnliche Zuckungen über den ganzen Körper. Das Fussphänomen ist links deutlich auszulösen, während die Hautreflexe von der Fusssohle aus und der Kremasterreflex rechts entschieden verstärkt sind. Mittags 3—4 mal stürmisches Erbrechen.

Am 8. I unregelmässiger Puls, 99, oft aussetzend. Die Abdominalatmung von eigentümlichem Typus, indem bei der Inspiration klonische Zuckungen in dem Gebiet der Bauchmuskeln auftreten. Spielen der Pupillen, Nackenstarre; Reflexerregbarkeit wie bisher. Mürrischer Gesichtsausdruck.

Von da an tritt wesentliche Besserung ein. Der Unterschied der Sehnen- und Hautreflexe wird geringer und verschwindet zuletzt, die leichten kataleptischen Erscheinungen gehen zurück, oft aber wird die Besserung durch Tage, an welchen wieder deutlichere cerebrale Symptome hervortreten, unterbrochen. Nach und nach erfolgt wieder spontan regelmässiger Stuhlgang. Der Puls wird regelmässig und voll, der Appetit besser. — Immerhin nimmt die Rekonvalescenz lange Zeit — mehrere Monate — in Anspruch. Wichtig für den Fall ist noch das Verhalten der Temperatur, welche während 5 Monaten bestimmt wurde. — In den ersten Tagen schwankten die Zahlen zwischen 39,3 und 37,2; dann wurde längere Zeit (21 Tage) 38,0 nicht erreicht, wohl aber war die Tagesverteilung eine abweichende; hierauf ein Tag mit Temperaturen bis 38,6, dem einige fieberfreie Tage folgen, und so geht es weiter, oft schieben sich zwischen fieberfreie Tage solche mit 38,0 und darüber bis 39,1 ein. Die letzte Temperatursteigerung wird am 1. V. 91 — also nahezu 5 Monate nach der Aufnahme beobachtet.

Auffallend ist an manchen Tagen mit niederen Temperaturen der Gang der Körperwärme, so z. B. am

		8. II.	9. II.	10. II.	24. III.
Morgens	8 Uhr:	37,7	37,5	37,7	37,3
Mittags	12 „	37,7	37,4	37,4	37,2
Nachmittags	2 „	37,7	36,9	37,5	—
Abends	5 „	37,6	36,9	37,4	37,1
„	8 „	35,5	35,6	35,9	35,5

Bei der klinischen Besprechung, 12. I. 91, wird zunächst auf das Verhalten des ganzen Krankheitsbildes hingewiesen, dann der Stellung

7*

der Diagnose eingehende Berücksichtigung geschenkt. Was das erstere
betrifft, so ergiebt sich daraus wohl zweifellos, dass es sich bei dem
Fehlen irgend welcher Veränderungen von Seiten der Lunge, des Herzens
oder der Bauchorgane um eine Erkrankung der Centralorgane, resp. ihrer
Häute handelt, und es wird diese Ansicht auch positiv begründet:
    1. durch Schwankungen in der Temperatur, die hier in auffälliger
Weise auf- und abtanzt und die durch den Vergleich einer Normal-
kurve eines Kindes noch augenscheinlicher gemacht wird.
    2. Fällt das mit der Temperatursteigerung verbundene Erbrechen
stark ins Gewicht. Bei Kindern kann zwar stürmisches Erbrechen
auch vom Magen resp. Darm ausgelöst werden; wenn aber dabei der
Puls unregelmässig wird, wie es hier der Fall, so ist dies an und für
sich schon Bedenken erregend. Aber gesetzt auch, dass das hier ein
zufälliges Zusammentreffen gewesen, so ist zu erwähnen, dass unser
Pat. sehr regelmässig mit Milch ernährt wird, und dass Gährungsvor-
gänge in derselben in der damals kalten Jahreszeit so gut wie auszuschliessen sind. — Die Durchfälle, die in dieser Zeit aufgetreten,
sind die Folgen von Pulv. liquir. compos., das von der Mutter wegen
des stets protrahierten Stuhlgangs verabfolgt wurde. Hätten wir
ausserdem als Ursache der ganzen Erkrankung eine Verdauungs-
störung, so müsste sich diese schon über Wochen hinziehen und hätte
schon lange Erscheinungen von Erbrechen und Diarrhoe machen müssen;
dann könnten auch die Temperaturschwankungen nicht erklärt werden.
So ist dieses Erbrechen als eine cerebrale Erscheinung anzusehen.
    3. Spielt eine Hauptrolle im Krankheitsbild das Verhalten der
Reflexe, die Schwankungen derselben in der Intensität und ihre Verschiedenheit auf beiden Seiten. Neben dieser vermehrten Reflexerregbarkeit ist seit heute auch eine gesteigerte Muskelerregbarkeit, besonders
der linken Seite zur Beobachtung gekommen.
    4. Liegt in dem Verhalten der Pupillen ein weiterer Anhaltspunkt,
ebenso sind die Kopfschmerzen als Zeichen mit hereinzunehmen.
    Alles dies deutet auf chronische entzündliche Veränderungen in
den Centralorganen hin, die bei dem Mangel einer anderweitigen ge-
nügenden ätiologischen Erklärung als auf tuberkulöser Basis beruhend
angesehen werden müssen. Deswegen werden auch die mit minimal-
sten Mengen beginnenden und langsam ansteigenden Injektionen nach
Koch gemacht. — Die Frage, ob das Schwanken der Temperaturen
auf diesen beruht, lässt sich ohne weiteres verneinen, da die Temperatur schwankt, ob injiziert wird oder nicht. Es mag gleich hier
erwähnt werden, dass auch lange Zeit nach der letzten Injektion von
Tuberkulin noch bedeutende Schwankungen in der Körperwärme sich
zeigten.

Es muss deshalb die Diagnose einer sich im Gehirn und wahrscheinlich auch im Rückenmark lokalisierten, nur abnorm langsam verlaufenden Meningealtuberkulose aufrecht erhalten werden.

Der Verlauf war ein ausserordentlich hinschleppender. In Monaten
geht es im Befinden des Kranken allmählich besser — oft wird die
Besserung unterbrochen durch Tage mit Fieber und Schlechterbefinden.
Zuletzt tritt indess Stillstand und relative Heilung ein. Der Pat. ist
heute munter und gesund, einmal hat er noch eine kurze Zeit dauernde
Pneumonie durchgemacht. Wenn auch in diesem Falle nicht durch
nachträgliche Sektion die Diagnose erhärtet wurde, so dürfte er immerhin
zu den im höchsten Grade wahrscheinlichen Fällen von geheilter resp.
stillstehender Meningealtuberkulose zu rechnen sein. Wie weit die
Tuberkulinbehandlung zum günstigen Verlauf beitrug, mag dahingestellt bleiben.

Diagnose.

Fassen wir die Momente, welche hauptsächlich der Meningitis tuberculosa zugehören, zusammen, so wären für die Stellung der Diagnose
in Betracht zu ziehen:

1. hereditäre Belastung.
2. im allgemeinen eine mit scheinbar harmloser Unpässlichkeit
beginnende, langsam, aber stets progressiv verlaufende Erkrankung.
3. die Allgemeinerscheinungen, gekennzeichnet durch raschen Rückgang der Ernährung, ganz unregelmässige Temperaturkurve.
4. psychische Alteration.
5. Erbrechen, unabhängig von der Nahrungsaufnahme, Obstipation,
Kopfschmerzen; gestörte Sensibilität und Reflexerregbarkeit, cerebrale
Erregungs- und Depressionszustände, Reiz- und Lähmungserscheinungen;
Unregelmässigkeit des Pulses und der Atmung, Eingezogensein des
Bauches.

Das voll entwickelte Bild der Krankheit hat ein so eigenartiges
Gepräge, dass die Diagnose Meningitis keine Schwierigkeiten macht.
Anders aber ist es, wenn die Erscheinungen wenig ausgebildet sind,
zum Teil ganz fehlen, oder die Aufmerksamkeit auf eine etwa vorhandene Lungenerkrankung gelenkt wird. Ähnlich wie die Tuberkelbacillen verhalten sich auch andere Mikroben, so vor allem die Kokken
der Pneumonie und die Eiterkokken; auch sie invadieren häufig in
Schüben und machen successive die verschiedenen Erscheinungen
vom Leichteren ins Schwerere übergehend; auch sie ergreifen verschiedene Organe und nicht selten die Hirnhäute.

Pathognomonische Zeichen kommen der Meningitis tuberculosa als
solcher nicht zu; immerhin haben wir für die Diagnose Anhaltspunkte.

Vor allem ist das hereditäre Moment in Betracht zu ziehen. Erkrankt ein Kind, dessen Eltern oder Geschwister tuberkulös oder an Tuberkulose zugrunde gegangen sind, mit Verdauungsstörungen ohne vorhergegangene Diätfehler, tritt eine Änderung im Wesen, Neigung zu Schlaf ein, werden Klagen über Kopfschmerzen laut, ziehen sich diese Erscheinungen in die Länge, magert des Kind ab, gesellen sich hierzu mehr oder weniger ausgesprochene cerebrale Symptome, so hat man alle Ursache auf der Hut zu sein; der weitere Verlauf wird oft den Verdacht bestätigen.

Ebenso wird man kaum irre gehen, wenn man bei einem Kinde, bei welchem Drüsentuberkulose oder tuberkulöse Erkrankung der Lungen, des Darms oder anderer Organe nachgewiesen ist, Gehirnerscheinungen sich einstellen, auf Ergriffensein der Gehirnhäute schliesst. Die Meningitis ist das Endglied der ganzen Kette von Organerkrankungen und führt den Tod herbei.

Schwieriger dürfte die Diagnose sich gestalten bei Erkrankung von Kindern, bei welchen die angeführten Anhaltspunkte fehlen. Vielfach ergiebt die Anamnese keine hereditäre Belastung, das Kind selbst erfreute sich voller Gesundheit, gedieh, war heiter; mit einem Male bemerken die Angehörigen leichte gastrische Störungen, welche vielleicht auf einen Diätfehler zurückgeführt werden. Da ist es wohl möglich, dass im Beginn eine falsche Diagnose gestellt wird und dass man an Dyspepsie glaubt; erst der weitere Verlauf bringt Licht. Ein Ausgangsherd für die Piatuberkulose ist wohl vorhanden, aber derselbe liegt versteckt, wird übersehen oder ist mit unseren diagnostischen Hilfsmitteln nicht nachweisbar. Eine geschwollene Drüse am Halse wird vielleicht nicht bemerkt, verkäste Bronchialdrüsen sind durch die Perkussion erst dann nachzuweisen, wenn sie zu grösseren Packeten angeschwollen sind und nicht in der Tiefe liegen, Mesenterialdrüsen fühlt man oft nicht durch die gespannten Bauchdecken. Erst der nach und nach sich einfindende Symptomenkomplex wird die Diagnose auf Meningitis tuberculosa stellen lassen.

In zweifelhaften Fällen wird die Untersuchung des Augenhintergrundes manchmal die Diagnose sichern helfen; die Chorioidealtuberkel sind ja ein untrügliches Zeichen, der negative Befund aber schliesst, wie schon früher hervorgehoben, die Meningealtuberkulose nicht aus.

Für die Differentialdiagnose wären zu nennen:

1. Meningitis cerebrospinalis simplex. Für diese Krankheit wird hervorgehoben, dass sie Kinder von jeder Konstitution befällt, während die Tuberkulose schwächliche, oft schon lange an Tuberkulose anderer Organe leidende Kinder ergreift. Der Beginn der Meningitis

cerebrospinalis ist häufig ein plötzlicher, Schüttelfrost, hohe Temperaturen und Erbrechen leiten die Krankheit ein; die Kopfschmerzen sind
beiden Krankheiten gemein, sollen aber bei der Meningitis cerebrospinalis
heftiger sein, die Nackenstarre mehr ausgesprochen. Die Temperaturen
bleiben meist hoch. Herpesbläschen schiessen häufig auf, während sie
bei der tuberkulösen Form selten sind. — Strümpell bezeichnet den
Herpes labialis geradezu als pathognomonisch für die einfache Form.
Ausserdem kommen bei der Meningitis simplex häufiger Exantheme
anderer Art vor. Der Puls zeigt nicht die Änderung in der Qualität
und der Frequenz, wie es oft bei der Tuberkulose der Fall ist. Die
Respiration ist nicht in der Weise gestört. Das Sensorium ist im
Beginn der Meningitis tuberculosa weniger benommen, erst nach und
nach stellen sich Somnolenz, Koma und Delirien ein, während bei der
Meningitis purulenta gewöhnlich schon von vornherein schwere Gehirnerscheinungen sich finden, die Delirien frühzeitig sich zeigen, Konvulsionen schon im Anfang auftreten. Der Verlauf ist bei letzterer ein
rascherer. Es giebt aber auch Fälle von Cerebrospinalmeningitis,
welche langsam verlaufen, Remissionen aufweisen, zu welcher Zeit die
Symptome fast völlig zurücktreten, um dann von neuem mit voller Heftigkeit hervorzubrechen. Andererseits haben wir Fälle von tuberkulöser
Meningitis gesehen mit urplötzlichem Beginn und rapidem Verlauf, bei
welchen die Unmöglichkeit, eine sichere Diagnose zu stellen, evident zu
Tage tritt. — Für die Wahrscheinlichkeit einer epidemischen Cerebrospinalmeningitis wird noch angeführt das mehrfache Vorkommen der
Krankheit zur Zeit an einem Ort; allein auch Meningitis tuberculosa
zeigt manchmal Häufung der Fälle, ohne dass dafür eine richtige
Deutung möglich wäre, so hatten wir im Jahre 1890 7 Fälle, 1889
nur einen.

Ferner wird angegeben: wesentliche Besserungen, ein Hinschleppen
der Krankheit mit Nachlässen und Exacerbationen und endliche
Genesung schliessen Meningitis tuberculosa aus. Dass das nicht für
alle Fälle zutreffend ist, geht aus dem früher Gesagten hervor. Ich
möchte hier noch einen Fall, der in mancher Richtung Interessantes
bietet, anführen.

Beobachtung XXI. Minna Pf., 2 Jahre und 8 Monate alt, aufgenommen am 21.II.94. Hereditär nichts nachweisbar. Ein kleiner einjähriger
Bruder ist gesund. Pat. von Geburt an mager, ist rasch gewachsen, blieb
immer mager trotz guten Appetits und hatte stets blasse Gesichtsfarbe.
Sehr intelligentes Kind. Früher immer gesund, erkrankte das Kind etwa
in der letzten Januarwoche an heftigem Husten, der nach ca. 14 Tagen
wieder verschwand. Etwa um den 11. Februar herum bemerkte die Mutter
eine Änderung im Wesen des Kindes: Früher immer vergnügt und heiter
und folgsam, sei das Kind auf einmal ruhig geworden, habe sich oft auf

den Boden gelegt und den Kopf fest aufgelegt; habe zu Bett verlangt, sei aber immer unruhig gewesen. Pat. sei mürrisch geworden, unfolgsam, nichts habe man ihr recht machen können.

Am 20. II. klagte Pat. über Kopfweh und fühlte sich heiss an. Die zufällig im Hause anwesende Diakonissin fand, dass das Kind den Kopf rückwärts gebeugt halte und die Pupillen trotz heller Beleuchtung weit seien.

21. II. Für sein Alter grosses, mageres Kind, mit blasser Hautfarbe. In der Bettlage Kopf stark nach rückwärts gebeugt. Das Kind ist bei vollem Bewusstsein, hört alles und weiss, was vorgeht, klagt über Kopfweh und will in Ruhe gelassen sein. Bei der Herausnahme aus dem Bett fällt auf, dass die Nackenstarre nahezu verschwunden ist. Kopfschmerzfalte. An Lungen und Herz nichts besonderes nachweisbar. Puls 120, leicht unregelmässig. Seit 8 Tagen Stuhlverstopfung.

22. II. In der Nacht schlechter Schlaf, Klagen über Kopfschmerzen. Würgen ohne Erbrechen. Appetitmangel. Puls unregelmässig, oft aussetzend, klein. Puls 105, später 75.

In je $\frac{1}{3}$ Minute 35, 40 und 39 Schläge,
1 Stunde später 25, 32 „ 33 „

Abdomen leicht eingezogen, weich. Fusssohlenreflexe beiderseits vorhanden, gleichmässig. Pupillen eng, spielen fortwährend. Nackenstarre. Druck auf die Wirbel nicht schmerzhaft. Auf Klysma Stuhl. Nachmittags P. 120, regelmässiger. Tiefes Aufseufzen. Zuckungen im Gesicht.

23. II. Herpes labialis. Ausgesprochene Nackenstarre. Enge Pupillen. Fusssohlen-, Patellarsehnen- und Bauchdeckenreflexe bedeutend verringert. Puls 120, sehr unregelmässig, klein. Atmung langsam und tief, 15. Am Herzen und an den Lungen nichts besonderes. Abends P. 120, unregelmässig; ausgesprochen Cheyne-Stokes'scher Atmungstypus. Hyperästhesie der Haut. Stuhlverstopfung, die auf Klysma weicht. — Pat. ist bei Bewusstsein, will aber in Ruhe gelassen sein.

24. II. Nachdem Pat. gut geschlafen, erwacht sie morgens munter, lacht, verlangt ihr Spielzeug und beschäftigt sich mit ihrer Puppe. Beim Mittagessen sitzt sie auf dem Schosse der Mutter und isst mit gutem Appetit. Der Kopf wird gerade gehalten. Nachmittags 3 Uhr wieder heftige Kopfschmerzen, Teilnahmlosigkeit; starke Nackenstarre. Halswirbelsäule druckempfindlich. Umschlagen der Stimmung des Kindes: vorher mürrisch und verdriesslich frägt es nach diesem und jenem im Zimmer; dann verlangt es ruhig zu liegen wegen heftiger Kopfschmerzen.

Trousseau'sche Flecken heute zum ersten Mal deutlich. Puls 125, leicht unregelmässig.

25. II. Gestern kein Stuhl, heute auf Klysma nur einige harte Kotballen. In der Nacht kein Schlaf. Morgens ist Pat. widerwärtig. Hyperästhesie der Haut, namentlich an den unteren Extremitäten. Fusssohlenreflexe gering, links schwächer als rechts, Bauchdecken- und Patellarsehnenreflexe fehlen. Nackenstarre so stark, dass Pat. nur mit Mühe schlucken kann. — Wirbelsäule druckempfindlich. Tâches cérébrales deutlich. Pupillen mittelweit, spielen. — Nachmittags 3 Uhr ist Pat. munter, spricht, verlangt zu essen. Puls 105, unregelmässig, aussetzend. Leichter Strabismus convergens.

26. II. Puls 80, unregelmässig. Pupillen erst weit, dann eng, ohne dass die Beleuchtung geändert wäre. Leichte Ptosis rechts. Fusssohlenreflexe fehlen rechts ganz, links sind sie etwas vorhanden. Apathie. Abends:

Eigentümliche strichweise Rotfärbung der Haut des Gesichts. Grosse Unruhe. Kein Stuhl.

In den folgenden Tagen bleibt der Zustand ungefähr derselbe, es treten neben Übelbefinden mit heftigen Kopfschmerzen Remissionen ein, zu welcher Zeit das Kind heiter ist, spricht, spielt, isst; meist sind die Morgenstunden von Remissionen begleitet, mittags und abends dagegen setzen die Gehirnsymptome mit vermehrter Heftigkeit ein. Einmal Erbrechen, häufig Würgen. Der Stuhl ist stets angehalten. Aufgehobene Reflexerregbarkeit. Die Hyperäthesie der Haut geht zurück. Der Puls ist während der Tage stets unregelmässig, wechselt in der Frequenz zwischen 90 und 127. — In den Lungen und am Herzen nichts pathologisches zu finden. Dann kommt es zu leichter Facialisparese links. Der Puls wird am 3. III frequent, klein und regelmässiger, 160. Bei der Herausnahme aus dem Bett Resolution der Glieder; die Nackenmuskeln sind stark gespannt. Pat. ist nicht bei vollem Bewusstsein. Öfters tiefes Aufseufzen. Am 4. III ist der Puls wechselnd, während morgens 90 Schläge gezählt wurden, sind es am Abend 160. Morgens Wohlbefinden, später wieder heftige Kopfschmerzen. An demselben Tage ein urticariaähnliches Exanthem, das im Gesicht beginnt und sich rasch über den ganzen Körper ausbreitet, der Ausschlag — mit Jucken einhergehend — verschwindet nach ca. 1 Stunde vollständig. — Die Wirbelsäule ist gar nicht druckempfindlich, Hyperästhesie der Haut ist nicht vorhanden. Fusssohlenreflexe beiderseits aufgehoben. Pupillen weit. 2 Tage Stuhlverhaltung.

In der folgenden Zeit werden die Remissionen seltener. Während erst Pat. eine grosse Unruhe zeigt, wird sie nach und nach apathisch, stösst von Zeit zu Zeit gellende Schreie aus. Das früher sehr reinliche Kind lässt unter sich gehen, der Stuhl ist noch immer angehalten und wird durch Klysmata einigermassen geregelt. Nackenstarre besteht immer, zeitweise kommt es zu ausgesprochenem Opisthotonus. Die Fusssohlenreflexe sind schwach oder fehlen; keine Hyperästhesien. Der Gesichtsausdruck wird matt, die Augen verlieren ihren Glanz, der Blick wird starr. Einmal wird ausgesprochene Katalepsie des rechten Beins beobachtet. Öfters Würgbewegungen, die manchmal von Erbrechen begleitet sind. — Das Kind magert rapid ab, der Bauch sinkt kahnförmig ein.

Am 13. III wird das Kind soporös und ist weder durch Anrufen noch durch Rütteln und Kneifen zu erwecken. Dieser Zustand hält 3 Tage lang an. Es besteht während dieser Zeit offenbar Hyperästhesie an den Fusssohlen, denn beim Kitzeln an diesen schreit das Kind auf, dabei sind die Reflexbewegungen nur sehr schwach, erst durch mehrmaliges Kitzeln wird der Fuss dorsal flektiert. — Ausgeprägter Opisthotonus. Zähneknirschen. Die linksseitige Facialisparese ist sehr deutlich ausgesprochen, namentlich sind die vom unteren Aste versorgten Muskeln paretisch. Resolution der Glieder. — Es besteht vollständige Amaurose, die Pupillen sind sehr weit und reagieren nicht bei Beleuchtung; auch bei Annäherung eines spitzen Gegenstandes bleiben die Augen starr, unbeweglich, erst bei der Berührung der Kornea erfolgt Lidschlag.

Der Puls ist sehr wechselnd zwischen 94 und 124, meist unregelmässig. Pat. nimmt keinerlei Nahrung zu sich.

Nach und nach macht der Sopor einem mehr somnolenten Zustand Platz, an einem Tag ist Pat. benommener, an einem anderen weniger; immerhin aber kommt es zu entschiedener Besserung. — Später, am 20. III bekommt Pat. etwas Appetit, erbricht aber das Genossene sofort wieder.

In den folgenden Tagen wird ausser einem ziemlich verbreiteten Katarrh der grösseren Bronchien nichts besonderes beobachtet. Am 24. III erwacht das Kind zu Zeiten aus seinem somnolenten Zustand und nimmt wieder Anteil an seiner Umgebung. In den nächsten Tagen wechselt die Stimmung ziemlich bedeutend. Im grossen und ganzen herrscht noch Schlafsucht vor, aber zwischenhinein ist das Kind sehr unruhig, wälzt sich im Bett herum, schreit; ist unartig, giebt aber auf Fragen oft ganz vernünftige Antworten. — Die Macies macht immer grössere Fortschritte, Pat. ist bis zum Skelet abgemagert, der Bauch ist tief eingezogen. — Da das Kind jede Nahrungsaufnahme verweigert, werden ernährende Klystiere verabreicht. Anfang April wird das Aussehen der Pat., nachdem der Appetit vom 30. III an sich hebt und nachher zum Heisshunger ausartet, ein entschieden besseres. Das Kind wird wieder lebhafter, giebt meist Antworten auf Fragen, aber oft verkehrte; es scheint die Intelligenz entschieden geringer zu sein; ausserdem besteht vollständige Amaurose. Die Pupillen sind ausserordentlich weit, reagieren auf Lichteinfall nicht oder kaum. — Das Essen schlingt das Kind wie ein Tier hinunter, kaut nicht, zerreisst das Fleisch oder Obst hastig und stopft sich den Mund voll. Von Zeit zu Zeit blödes Lachen. Das Kind lässt immer noch Harn und Fäces, die jetzt wieder regelmässig, ja manchmal diarrhoisch entleert werden, unter sich gehen.

Im Laufe des Monats April ändert sich der Zustand nur insofern, als das Kind etwas lebhafter wird, sich für seine Umgebung mehr interessiert, mit anderen Kindern sich unterhält, nach und nach werden auch seine Antworten besser; die Amaurose besteht aber fort, wenn man einen Gegenstand vorhält, so sucht Pat. ihn zu erfassen und durch Betastung zu erkennen. Das Hörvermögen ist sehr scharf. Die Pupillen bleiben weit. Die ophthalmoskopische Untersuchung ergiebt am 24. III scharf umgrenzte, helle, weisslichgelbe Papille. Keine Stauungspapille. Leichte Hyperämie des Augenhintergrundes. Gefässe nicht auffallend erweitert.

22. IV. Keine Änderung. Negativer Befund am Augenhintergrund. Vielleicht geringer Grad von Lichtempfindung, weil die Pupillen etwas Lichtreaktion zeigen.

Ausserdem bessert sich das Allgemeinbefinden, die Körperfülle nimmt zu, die Gesichtsfarbe bleibt blass; Kopfschmerzen sind nicht mehr vorhanden. — Es bestehen Kontrakturen in den Knie- und Fussgelenken; die Beine, in mässiger Beugung, können nur mit Kraftaufwand gestreckt werden; die Füsse sind in Pes-varus-Stellung, lassen sich aber mit Anwendung von Gewalt in richtige Stellung bringen. — Der Puls wird regelmässig, meist 100 Schläge in der Minute.

Im Laufe des Monats Mai verändert sich der Zustand der Pat. wesentlich. Es tritt eine allmähliche Besserung des Augenlichtes ein, das Kind greift nach grösseren vorgehaltenen Gegenständen etwas sicherer; Mitte Mai erkennt es die vorgehaltene Uhr gut, später auch kleinere Gegenstände. Der Befund aus der Augenklinik lautet am 12. V: „Das Kind folgt hin und wieder dem Licht und greift nach grossen hellen Gegenständen, die man vorhält. Das Sehvermögen scheint sich also wieder herzustellen. Die Pupillarbewegung, welche am 20. IV kaum sichtbar war, ist normalerweise vorhanden."

Die Pat. wird wieder heiter, der blöde Gesichtsausdruck verschwindet, sie ist wieder wie früher. Von Mitte Mai an lässt sie auch nicht mehr unter sich gehen, sagt stets prompt an wie früher. Bei gutem Appetit — das gefrässige Schlingen besteht nicht mehr — nimmt auch das Körpergewicht wieder zu, das Aussehen des Kindes wird ein besseres, doch die blasse Gesichtsfarbe bleibt bestehen.

Die Gehversuche fallen anfangs sehr kümmerlich aus, aber nach und nach gleichen sich die Kontrakturen wieder aus und das Kind kann allein gehen.

Analysieren wir den Krankheitsverlauf, so wäre in erster Linie zu nennen der schleichende Beginn. Schon ca. 10 Tage bemerkt die Mutter eine Änderung im Wesen des Kindes: die kleine Patientin war früher heiter und besonders intelligent, interessierte sich für alles, was um sie vorging, sie war sehr folgsam, nun wird sie auf einmal ruhig, legt sich auf die Erde, um einen Stützpunkt für den schmerzenden Kopf zu haben, verlangt ausser der Zeit ins Bett. Im Verlauf von 1½ Wochen verschlechtert sich der Zustand, die Kopfschmerzen werden heftiger, aus der heiss anzufühlenden Haut schliesst die sehr gut beob-

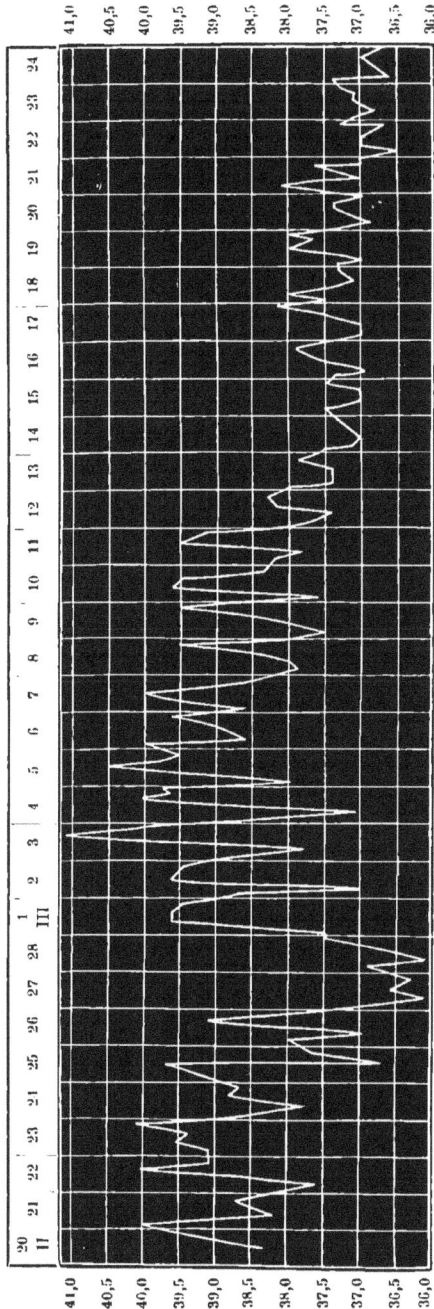

Kurve 18. Minna Pf. 2 Jahre u Monate alt. 1894.

achtende Mutter auf vorhandenes Fieber. Dazu kommt Nackenstarre, hartnäckige Stuhlverstopfung, die wochenlang andauert. Der Puls ist schon bei der Aufnahme sehr unregelmässig in der Stärke und Schlagfolge, wechselt in einer Stunde zwischen 75 und 105; auch im weiteren Verlauf bleibt er unregelmässig, nur manchmal bei hoher Frequenz wird er regelmässiger. Konvulsionen werden im geringen Masse zu Beginn der Beobachtung gesehen. Nackenstarre, die 2 mal in Opisthotonus übergeht, besteht lange Zeit, ebenso Kopfschmerzen. Erbrechen und Würgen tritt ganz unregelmässig auf. Dann und wann Cheyne-Stokes'scher Atmungstypus. Weite Pupillen. Abschwächung resp. Aufhebung der Reflexe, Hyperästhesien, Zähneknirschen, Lähmungen im Gebiete des Facialis und Oculomotorius, urticariaähnliches Exanthem, Herpes labialis, Wechsel der Gesichtsfarbe, rapide Abmagerung, muldenförmiges Einsinken des Bauches. Dann Somnolenz, übergehend in tiefen Sopor, der einige Tage lang dauert, allmählich wird das Sensorium wieder freier. Später vollständige Amaurose, welche 1½ bis 2 Monate anhält. — Kontrakturen in den unteren Extremitäten wohl durch die langwährende, unveränderte Körperstellung bedingt.

Die Temperaturen sind ganz unregelmässig. In den ersten 20 Beobachtungstagen ist die Körperwärme — ausgenommen an 2 Tagen mit subnormaler Temperatur — eine hohe: zwischen 39,0 und 41,1, dabei kommen aber fast täglich Remissionen bis zur Norm resp. unter diese vor. Hierauf sinkt die Temperatur auf niedere Grade, an manchen Tagen ist überhaupt kein Fieber vorhanden, an anderen zeigen sich wieder Spitzen von 38,0 und darüber; die letzte Temperatursteigerung, 38,1, wird am 30. Beobachtungstage gemessen.

Ganz auffallend sind die in den ersten 11 Tagen fast täglich sich zeigenden Exacerbationen und Remissionen im Befinden des Kindes. Meist ist es morgens, zu welcher Zeit auch die Temperatur niedrig ist, heiter, isst, spielt, singt, unterhält sich, fühlt sich so wohl, dass die Mutter es ankleidet und an den Tisch setzt, die Nackenstarre verschwindet; nachmittags dagegen häufig Übelbefinden mit heftigen Kopfschmerzen. — Später Apathie, Somnolenz, Koma.

Der schleichende Beginn, die Unregelmässigkeit des Pulses mit zeitweiliger Verlangsamung, die Obstipation, die rapide Abmagerung, der Kahnbauch und das ganz unregelmässige Fieber, das Auftreten von Cheyne-Stokes'schem Phänomen ohne Veränderungen in der Lunge, das Fehlen schwerer Gehirnerscheinungen im Anfang, der langsame Verlauf würden die Diagnose auf tuberkulöse Meningitis rechtfertigen; auch bei dieser kommen, wie wir früher gesehen haben, Remissionen und Exacerbationen — wenn auch nicht häufig in so ausgesprochener Weise wie hier — vor.

Der Herpes labialis, die sehr ausgeprägte Nackenstarre und sehr heftige Kopfschmerzen sind wohl die einzigen Zeichen, welche vielleicht eher an eine Meningitis cerebrospinalis simplex denken liessen; allein auch die Nackenstarre ist bei der tuberkulösen Form oft so stark, dass Schlingbeschwerden, Halsschmerzen auftreten (vgl. Beobachtung IX).

Um welche Erkrankung hat es sich hier gehandelt? Um tuberkulöse Meningitis oder um die einfache cerebrospinale Form? Der günstige Ausgang wird die Meisten dazu bestimmen, sich zur Diagnose der letzteren Krankheit zu neigen, ob mit Recht, mag dahingestellt bleiben. Jedenfalls illustriert dieser Fall die zuweilen sich darbietende Schwierigkeit bei der Differentialdiagnose.

Über einen ähnlich verlaufenden Fall von 55tägiger Dauer, bei welchem manche Erscheinungen der Meningitis tuberculosa zutage traten (Kahnbauch, Erbrechen), berichtet Bókai jun., aber es handelte sich um Meningitis basilaris non tuberculosa.

Andererseits habe ich (l. c.) einen Fall veröffentlicht, in welchem bei Würdigung aller Symptome die Diagnose auf nichttuberkulöse Meningitis gestellt werden musste, die Obduktion aber Tuberkulose ergab.

Henoch beschreibt eine mittelschwere Form der einfachen, nicht tuberkulösen Meningitis des Kindesalters, „welche sich nicht nur durch einen langgezogenen Verlauf, sondern auch durch eine wechselnde Besserung und Exacerbation der Symptome auszeichnet und dadurch ein stetes Schwanken zwischen Hoffnung und Unruhe bedingt." Doch sind seine Fälle nicht so ausgeprägt wie der vorstehende, er sieht nach ungefähr 1½ bis 2 Wochen das Fieber bedeutend nachlassen, ja temporär verschwinden und einen gewissen Grad von Euphorie eintreten; dann nach kurzem Intervall, welches von 24 Stunden bis mehreren Tagen schwankt, flammt das Fieber wieder auf, das Allgemeinbefinden verschlechtert sich, Kopfschmerzen und Kontraktur der Nackenmuskeln stellen sich ein ohne nachweisbare äussere Ursache. Solche Nachlässe und Exacerbationen können sich im Laufe der nächsten Wochen mehrfach wiederholen, so dass die Frage sich aufwirft, ob es sich nicht doch vielleicht um Gehirntuberkulose handle etc.

2. Spitzenpneumonie. Es ist nicht selten, dass bei Kindern, die an krupöser Pneumonie der Lungenspitze leiden, heftige Hirnerscheinungen auftreten — Erbrechen, Kopfweh, Delirien, Konvulsionen. Der akute Anfang, das Missverhältnis zwischen Atmungs- und Pulshäufigkeit, Cyanose, die gewöhnlich sehr hohe Temperatur, der Nach-

weis eines Herdes in der Lungenspitze weisen auf die genannte Erkrankung hin. — In manchen Fällen wird die eingeleitete Behandlung
entscheiden. Da die cerebralen Erscheinungen im wesentlichen durch
die hohe Körperwärme bedingt sind — allerdings können sie auch durch
Intoxikation der Pneumoniemikroben hervorgerufen sein — so werden
durch kühle Bäder die schweren Erscheinungen zum Schwinden gebracht.
— Auch bei raschem Fieberabfall zur Norm oder unter diese können
sich Hirnsymptome einfinden mit Unbesinnlichkeit, Schlummersucht,
Delirien, es ist dies das Delirium anaemicum, hervorgerufen durch Kreis-
laufstörungen im Gehirn bei Nachlass der Herzthätigkeit. Anspornen
des Herzens beseitigt sie.

3. Typhus abdominalis. Die Unterscheidung dieser Krankheit
von der Piatuberkulose kann grosse Schwierigkeiten machen. Man
wird sagen können, dass die Stuhlverstopfung, die verminderte Pulsfrequenz, die Nackenstarre, Konvulsionen und Lähmungen, der einge-
zogene Bauch eher für Meningitis, Diarrhoe, Meteorismus, Roseola,
Milzschwellung eher für Typhus sprechen; aber letztere Erscheinungen
kommen auch bei Meningitis tuberculosa vor, Lähmungen und Konvulsionen sind auch bei Typhus gesehen. Einen festeren Anhaltspunkt
wird man in der Berücksichtigung des Temperaturverlaufs haben: beim
Typhus haben wir fast immer einen einigermassen gesetzmässigen Gang
der Temperaturkurve, bei der tuberkulösen Meningitis ist die Körperwärme eine ganz unregelmässige. Die Änderung in der Pulsbeschaffen-
heit und -Frequenz wird manchmal für die Diagnose verwertbar sein.
Vielleicht wird auch das Verhalten der Reflexerregbarkeit Aufschluss
geben; ob bei Typhus die Reflexe nach der einen oder anderen Richtung
hin geändert sind, ist nicht bekannt. Man wird in Zukunft auf dieses
Zeichen zu achten haben. Schliesslich dürfte der bakteriologische
Nachweis in manchen Fällen von ausschlaggebender Bedeutung sein.

4. Septikopyämie. Die Abgrenzung dieser Erkrankung von der
Tuberkulose im allgemeinen kann in manchen Fällen unmöglich werden
und auch die der tuberkulösen Hirnhautentzündung von den Gehirnerscheinungen bei der Eiterkokkeninfektion. Ich habe a. O. diese Frage
eingehender behandelt. Die Sepsis kann auch schleichend verlaufen,
atypisch ist die Fieberkurve; Doppelinfektionen, die durch bakterielle
Untersuchung mit Bestimmtheit nachgewiesen sind, kommen vor.

5. Verdauungsstörungen bringen bei Kindern manchmal cerebrale Erscheinungen mit sich, namentlich sieht man bei der Cholera
infantum nicht gar selten Zeichen, welche sich mit denen der Meningitis
decken; auch kommen dabei unregelmässige Temperaturen vor — subnormale, normale, mässig febrile Werte bis zu hyperpyretischen. Das
von Marshall Hall unter dem Namen Hydrocephaloid beschriebene

Krankheitsbild charakterisiert sich durch zunehmende Teilnahmlosigkeit, Schlafsucht, Nackenstarre, Konvulsionen, Trübung der Kornea, bündelförmige Injektion der Konjunktivalgefässe, Schwäche des Pulses, Kaltwerden der Extremitäten. Es handelt sich dabei um ungenügende Versorgung des Gehirns mit arteriellem Blute. — Die vorausgegangenen erschöpfenden Diarrhöen, das tiefe Einsinken der ev. noch offenen grossen Fontanelle, der ganze Verlauf schützen vor Verwechselungen.

6. Urämie setzt zuweilen ohne alle Vorboten ein, in anderen Fällen gehen aber auch Erbrechen und Kopfschmerz vorher, dann folgen Verlangsamung und Unregelmässigkeit des Pulses, Somnolenz und Konvulsionen. Eine vorhergegangene Infektionskrankheit — Scharlach, Diphtherie, Masern, Varicellen — oder vorhandenes Ödem, spärliche Harnausscheidung werden die Aufmerksamkeit auf die Untersuchung des (event. mit dem Katheter entleerten) Harns lenken und die Diagnose sichern.

7. Helminthiasis und „Zahnen" spielt beim Publikum eine grössere Rolle als beim Arzt. Es mag ja dann und wann vorkommen, dass die genannten Prozesse mit Reizerscheinungen des Gehirns einhergehen, jedenfalls sind sie selten und werden kaum irre führen.

Es giebt Fälle von Miliartuberkulose der Lunge, welche ganz unter dem Bilde der Meningitis tuberculosa verlaufen, ohne dass im Gehirn irgend welche tuberkulöse Veränderungen gefunden werden. Ich werde im betreffenden Kapitel einige Krankengeschichten anführen.

In neuester Zeit ist zur Sicherstellung der Diagnose ein weiteres Hilfsmittel angegeben worden, welchem — wenn es sich in einer grösseren Zahl von Fällen bewahrheitet — eine grosse Rolle zuzuschreiben ist: der Untersuchung der durch die Lumbalpunktion gewonnenen Cerebrospinalflüssigkeit. Das Verdienst, genauere Untersuchungen der Flüssigkeit angestellt zu haben, gebührt Lichtheim. Derselbe hatte 1893 zum ersten Male Tuberkelbacillen in der Subarachnoidalflüssigkeit gefunden und zwar in 6 Fällen von tuberkulöser Meningitis. Seither haben sich die bezüglichen Untersuchungen gehäuft und es ist dieser Untersuchungsmethode ein diagnostischer Wert nicht abzusprechen (Lichtheim, Freyhan, Dennig, Fürbringer). Fürbringer hat unter 37 Fällen 27mal in der Cerebrospinalflüssigkeit Tuberkelbacillen nachweisen können. Es ist zu bemerken, dass in der Regel die Bacillen spärlich vorhanden sind und es einer genauen Durchmusterung mehrerer Präparate bedarf. Nur in unserem ersten Fall waren in Deckglaspräparaten virulente Tuberkelbacillen (Tierexperiment) massenhaft enthalten; in den übrigen — es sind deren 7 — waren sie nur spärlich vertreten (ca. 6 im Präparat). Wie ich a. O. schrieb, „ist bei Fällen, in welchen bei Würdigung aller vorhandenen

Symptome die Diagnose auf Zweifel stösst, anzuempfehlen, die von
Quincke angegebene Lumbalpunktion und die bakteriologische Untersuchung der entleerten Flüssigkeit vorzunehmen." Diese Untersuchungsmethode kommt der des Auswurfs gleich: positives Resultat macht die
Diagnose auf tuberkulöse Erkrankung zur unumstösslichen, negatives
schliesst die Tuberkulose nicht aus.

Die Prognose ergiebt sich aus dem bisher gesagten von selbst.
Darin stimmen alle Autoren überein, dass die Prognose eine infauste
ist, und geben, wenn die Diagnose festgestellt, fast jeden Fall von
vornherein für verloren. Es ist ja auch nicht zu leugnen, dass mit
verschwindenden Ausnahmen die sicher beobachteten Fälle binnen
kürzerer oder längerer Zeit mit dem Tode endeten, ja dass, wenn einmal die Zeichen der Meningitis tuberculosa offenkundig geworden sind,
es sich in der Regel nur um wenige Tage bis zum tötlichen Ausgang
handelt; immerhin giebt es doch auch Fälle, in welchen nach der ersten
Attaque ein Stillstand eintritt und dieser von längerer Dauer — über
Jahre sich hinziehend — sein kann. In dieser Hinsicht können wir
von einer relativen Heilung sprechen. Die Möglichkeit eines Latent-
bleibens der Tuberkel ist auch für die Gehirnhäute nicht auszuschliessen.
Wie in anderen Organen tuberkulöse Herde einen relativ festen Ab-
schluss durch Bindegewebe finden, aus welchen Neuinfektion allerdings unter günstigen Verhältnissen zu dieser oder jener Zeit stattfinden kann, aber nicht notwendigerweise stattzufinden braucht, so
können auch in den Hirnhäuten vereinzelte Tuberkel abgekapselt liegen
ohne weiteren Schaden zu verursachen, ja es ist nach neueren Erfahrungen, welche bei der Bauchfelltuberkulose gemacht wurden, nicht
unmöglich, dass die Knötchen völlig resorbiert werden und nur eine
Narbe zurückbleibt. Allerdings liegt die Gefahr einer weiteren Ausbreitung von abgekapselten Herden aus nahe, und mit dieser Möglichkeit wird man in solchen Fällen zu rechnen haben, in welchen der
erste Anfall gut vorüberging. Auch die Heilung der Fälle von Politzer
und Henoch war keine dauernde; beide Kinder erlagen einer neuen
tuberkulösen Entzündung der Meningen, der Fall Bókai's ging an
einer Lungentuberkulose zugrunde. Dass die Tuberkulose der Gehirnhäute so rasch und häufig letal endet, ist dadurch bedingt, dass hier
die zur Erhaltung des Lebens wichtigen Centralorgane getroffen werden,
und ferner dass die Meningitis in den meisten Fällen mit einer Ausbreitung des tuberkulösen Giftes in anderen Organen einhergeht. —
Man kann vielleicht sagen, je reichlicher die Überschwemmung der
Gehirnhäute mit virulentem Material ist, um so heftiger die Entzündung,
um so rascher der Verlauf, um so sicherer der baldige Tod. — Immerhin
wird man bei jeder Meningitis tuberculosa mit der, wenn auch entfernt

liegenden Möglichkeit eines Stillstandes und Rückkehr in relative Gesundheit zu rechnen und unter Umständen Schutzmassregeln gegen sekundäre Erkrankungen, wie z. B. der Augen, zu treffen haben.

Therapie.

Die Therapie steht der tuberkulösen Erkrankung der Meningen machtlos gegenüber. Die vereinzelten Fälle von Heilung oder Stillstand verdanken dies nicht einer besonderen Behandlung, sondern wohl nur der schwachen Infektion, über welche der Körper Herr geworden. Trotz der ungünstigen Aussichten bleibt aber dem Arzt, besonders da ja die Diagnose nicht immer über alle Zweifel erhaben ist, noch die Aufgabe, diese oder jene Störung, die namentlich auch für die Umgebung besonders beunruhigend hervortritt, zu beseitigen oder zu mildern. Zunächst ist ein grosses Gewicht auf die Ernährung zu legen; wo es irgendwie möglich ist, führe man Nahrung zu. Die Wiederherstellung der Funktionstüchtigkeit in Entzündung befindlicher Gefässe ist nur durch genügende Versorgung mit sauerstoffhaltigem Blute möglich. Von diesem Gesichtspunkt ausgehend können wir zu grösseren Blutentziehungen nicht raten, da dadurch die Herzkraft nur geschwächt wird. — Man wird sich darauf zu beschränken haben, die Kinder möglichst ausgiebig zu ernähren, sie ruhig zu halten, die Herzthätigkeit aufrecht zu erhalten resp. anzuspornen. Dabei wird es oft angezeigt sein, die hartnäckige Obstipation durch innere Mittel oder durch Klysmata zu beseitigen. Eisumschläge auf den Kopf lindern zuweilen die Schmerzen einigermassen, ebenso haben wir bei älteren Kindern von Darreichung kleinerer Phenacetinmengen, 0,1—0,5, vorübergehenden Erfolg gesehen; wirken diese nicht, so kann man mit Morphiuminjektionen einen Versuch machen, die meist den Schmerz nehmen und den Patienten Ruhe schaffen. Handelt es sich um tonischen Krampf des Zwerchfells, so ist sofortiges Eingreifen durch Morphiuminjektion nötig.

Die heftig auftretenden Krämpfe werden am besten durch Chloralhydrat per Klysma gemildert. Man giebt je nach dem Alter der Patienten:

Rp. Chloralhydrat. 0,05—0,5—1,0

Decoct. Alth. 30,0—50,0

MDS tgl. 1—2 Kölbchen voll als Klystier z. g.

Hyperpyretische Temperaturen können die Anwendung von kalten Bädern indizieren. — Laue Bäder erzielen in manchen Fällen Beruhigung. — Reinhalten der Mundhöhle, dass dem Soorpilz keine Gelegenheit zur Ansiedlung gegeben wird, ist selbstverständlich. In den

Fällen, in welchen durch Facialis- und Trigeminuslähmung eins oder beide Augen nicht geschlossen werden können, wo Conjunctivitis und Keratitis drohen, ist das Anlegen eines Schutzverbandes dringend anzuraten. Es können sonst frühzeitig gänzliche Zerstörung der Augen, Panophthalmien, auftreten, die — wenn es wirklich einmal zum Stillstand der Krankheit kommen sollte, doch die denkbar schwersten Störungen sind. Manchmal muss man zu ernährenden Klystieren greifen. Harnverhaltung wird durch Auflegen von Kataplasmen meist beseitigt, unter Umständen muss der Katheter angewandt werden. Von manchen Seiten wird die Blutentziehung mittelst Blutegeln, die hinter den Ohren zu applizieren sind, empfohlen; ferner Ableitungen auf den Darm mit Calomel und Jalappe in Dosen zu āā 0,05; Einreibung von Jodoformsalbe. Diesem Mittel glauben Nilsson und Warfvinge die Heilung ihrer Fälle zu verdanken. Einreiben von grauer Salbe mehrmals täglich in Hals und Nacken. Ferner Jodkalium. — Beim Sinken der Temperatur und bei tiefen soporösen Zuständen sind warme Bäder mit kalten Übergiessungen angeraten worden. — Von der Behandlung mit Tuberkulin hat man wohl allseitig Abstand genommen. — Die Entleerung des Exsudats durch die Lumbalpunktion hat in Ausnahmefällen dauernden Erfolg gehabt (Quincke, Freyhan). Diesem Eingriff ist eine gewisse Berechtigung nicht abzusprechen, man schadet nicht und schafft zum mindesten Erleichterung.

Tuberkulose des Gehirns.

Litteratur.

Adamkiewicz, Die sogenannte Stauungspapille und ihre Bedeutung als eines Zeichens von gesteigertem Druck in der Höhle des Schädels. Zeitschrift für klinische Medizin XXVIII. — Barthez et Rilliet, Traité des maladies des enfants. II. Aufl. — Bernhardt, M., Beiträge zur Symptomatologie und Diagnostik der Hirngeschwülste 1881. — Bull, Jahrb. für Kinderheilkunde XXV. — Demme, 17. Jahresbericht des Jenner'schen Kinderspitals zu Bern. — Edinger, Über den Bau der nervösen Centralorgane. IV. Aufl. — Fürbringer, P., Zur klinischen Bedeutung der spinalen Punktion. Berliner klinische Wochenschrift 1895. 13. — Goltz, Pflüger's Archiv für Physiologie XIII. — Gubler, Gazette hebdom. 1856. — Griesinger, Archiv der Heilkunde 1862. — Henoch, Vorlesungen über Kinderkrankheiten. VII. Aufl. — Charité-Annalen IV—VII. — König, P., Ein Fall von Kleinhirntuberkel im Kindesalter. Strassburger Dissertation. 1890. — Ladame, P., Symptomatologie und Diagnostik der Hirngeschwülste. Berner Dissertation. 1865. — v. Liebermeister, C., Vorlesungen über spezielle Pathologie und Therapie. — Lichtheim, Deutsche med. Wochenschrift 1893. S. 1186 u. 1234. — Zur Diagnose der Meningitis. Berliner klin. Wochenschrift 1895. 13. — May Bennet, Lancet VI. 1887. — Meyer, E., Handbuch der Augenheilkunde. III. Aufl. — Meuret, E., Zur Diagnose der Tumoren in der hinteren Schädelgrube. Tübinger Dissertation 1894. — Niemeyer, F., Spezielle Pathologie und Therapie. — Nothnagel, Topische Diagnostik der Gehirnkrankheiten. 1879. — Experimentelle Untersuchungen über die Funktion des Gehirns. Virchow's Archiv. Bd. 68. — Obernier, Geschwülste des Gehirns und seiner Häute. v. Ziemssen's Handbuch der speziellen Pathologie und Therapie XI. — Quincke, H., Über Hydrocephalus. Verhandlungen des Kongresses f. innere Medizin. X. 1891. — Die Lumbalpunktion des Hydrocephalus. Berlin. klin. Wochenschrift 1891. 38. 39. — Seeligmüller, Jahrbuch für Kinderheilkunde XIII. — Seidl, A., Beitrag zur Statistik und Kasuistik der Gehirntuberkel bei Kindern. Münchener medizin. Abhandlungen 1891. II. — Senator, Charité-Annalen XIII. — Starr, Tumors of the brain in childhood. Medic. news 1889. — Steffen, Krankheiten des Gehirns im Kindesalter. Gerhardt's Handbuch für Kinderkrankheiten V. — Wortmann, Joh., Beitrag zur Meningitis tuberculosa und der Gehirntuberkulose im Kindesalter. Strassburger Dissertation 1883. — Ziegler, E., Lehrb. der pathol. Anatomie. V. Aufl.

Tuberkulose des Gehirns.

Im vorigen Kapitel habe ich schon erwähnt, dass von der Nachbarschaft, von kariösen Knochen, dem Felsenbein oder Wirbel-

8*

knochen aus, von einem tuberkulösen Herd in den Meningen selbst
eine Erkrankung sich auf das Gehirn fortpflanzen kann. Man findet
dann umschriebene, in die Subarachnoidalräume und die Gehirnsubstanz
selbst eingesprengte Plaques. Aber auch unabhängig von diesen
Herden, nicht in der Kontiguität fortschreitend, kommen auf dem Blutwege Ansiedelungen des Tuberkelbacillus vor, und es bilden die fertigen
Tuberkel in der grauen und weissen Hirn- und Rückenmarkssubstanz
graue durchscheinende oder gelbliche miliare und submiliare Knötchen. Ausserdem bilden sich grössere Knoten, sogenannte Solitärtuberkel. Die disseminierten kleinen Knötchen finden sich dann und
wann bei der allgemeinen Miliartuberkulose; die solitären Knoten
stellen im Kindesalter bei weitem die Mehrzahl der im Gehirn vorkommenden Geschwülste dar.

Bei Erwachsenen sind die Solitärtuberkel viel seltener als
bei Kindern. Henoch schreibt: „Unter den chronischen Hirnaffectionen,
welche das Kindesalter betreffen, nimmt die Tuberkulose an Häufigkeit die erste Stelle ein." Ladame fand unter 70 Fällen von Geschwülsten im Kindesalter 59 mal Tuberkel, Starr, der aber das
Kindesalter bis zum 19. Jahre ausdehnt, sah unter 300 Fällen von Hirntumoren 152 Solitärtuberkel. Eine genaue Zusammenstellung hat in
neuerer Zeit Seidl gegeben. Nach seinen Untersuchungen hatten von
den an Tuberkulose gestorbenen Kindern 13 %, Gehirntuberkel, resp.
latente Fälle von Tuberkulose eingerechnet 7 %. Erwachsene dagegen stellen nur ein Kontingent von 1,42 resp. 1,02 %. — Ähnliche
Ziffern geben unsere Fälle. Von den an Tuberkulose gestorbenen
Kindern hatten 11,66 %, latente Fälle eingerechnet 9,6 % Gehirntuberkel.
Bei Erwachsenen wurden Solitärtuberkel nur einmal gefunden.

Was das Alter der Kinder angeht, so ist die Zahl der Erkrankungen in den verschiedenen Lebensjahren keine gleichmässig ver-
teilte, am geringsten sind die beiden ersten Jahre beteiligt. Doch
kommen auch im frühesten Kindesalter Solitärtuberkel vor; so hat
Demme bei der Sektion eines hereditär belasteten 23 Tage alten
Kindes einen haselnussgrossen Tuberkel im Kleinhirn gefunden;
Henoch wies einen solchen bei einem 11 Wochen alten Kinde nach,
in einem unserer Fälle war das Kind 20 Wochen alt. Die grösste
Frequenz fällt zwischen 2 und 5, nach Anderen zwischen 3 und
6 Jahre. Knaben werden häufiger betroffen als Mädchen. Die
tuberkulösen Geschwülste des Gehirns entwickeln sich nicht primär,
sondern von irgend einem Herd aus. Primäres Vorkommen hat Seidl
in einem Fall gesehen. Ob aber hierbei nicht doch irgendwo versteckt im Körper ein Ausgangsherd sich befindet, ist zum mindesten
fraglich.

Pathologische Anatomie.

Abgesehen von den disseminierten, in der Gehirnsubstanz bei allgemeiner Miliartuberkulose vorkommenden Knötchen, die — wenn frisch — eine rötliche Farbe zeigen, rasch verkäsen und dann graugelblich aussehen, finden sich nicht selten umschriebene grosse Käseknoten im Gehirn resp. Rückenmark. Wenn Tuberkelbacillen von einem primären Herd aus in eine einzige Verzweigung der cerebralen Gefässe kommen, siedeln sie sich nur in einigen Stellen dieses Gefässbezirkes an, und es kommt zur Bildung von nur vereinzelten Knoten; diese wachsen dann zu grösseren Geschwülsten an. Die solitären Tuberkel stellen gewöhnlich erbsen- bis haselnussgrosse graugelbe, rundliche oder höckerige Käseknoten dar; oft werden sie aber auch grösser, bis hühnereigross und darüber. Die Entstehungsursache dieser langsam sich entwickelnden Solitärtuberkel führt man zurück auf den Reiz einer geringen Menge mit nur schwacher Virulenz ausgestatteter Tuberkelbacillen (Ziegler).

Die Zahl der Tuberkelknoten ist eine variable; in manchen Fällen ist überhaupt nur ein Knoten da, in anderen finden sich mehrere, bis über 1 Dutzend in verschiedenen Regionen zerstreut; Steffen führt an: „Die Grösse der Tumoren steht in umgekehrtem Verhältnis zu ihrer Zahl", doch dürfte die Behauptung nicht immer Gültigkeit haben, in zwei unserer Fälle war bei genauer Untersuchung nur ein einziger kleiner Knoten von ca. Linsengrösse nachweisbar, andererseits kommen bei multiplen Tumoren grosse und kleinere Knoten nebeneinander vor.

Bei der Palpation fühlt man die Solitärtuberkel als feste, rundliche oder cylindrische, abgegrenzte Knoten durch. Kleinere Knoten haben eine mehr homogene Beschaffenheit, ihre Konturen sind scharf, auf dem Durchschnitt repräsentieren sie sich als gelbe oder gelbgrünliche, kartoffelähnliche, ziemlich trockene, derbe Massen, anfangs sind sie weich, später werden sie mit Eintreten der regressiven Metamorphose härter; andere sind mehr weich und nicht selten central verflüssigt. Gegen die Umgebung sind die solitären Tuberkel durch graurötliches oder grau durchscheinendes Granulationsgewebe abgegrenzt, das oft exquisite miliare Knötchen beherbergt; bisweilen fehlen die kleinen Knötchen in der Umgebung. Andere grössere Knoten erweisen sich auf dem Durchschnitt als mehrschichtig, in der Art, dass die äussere Schicht zackig, wie gefältelt erscheint, von dem kompakteren Kern sich einigermassen abhebt, und der Kern selbst koncentrische Schichtung zeigt, in dessen Mittelpunkt sich eine bröcklig zerfallene

Käseschicht befindet. Die den Tuberkelknoten umgebende Gehirnsubstanz ist häufig etwas erweicht.

Die grossen Knoten entwickeln sich aus kleinen durch fortgesetzte
Bildung neuer Granulationsherde, bald mit reichlichen Riesenzellen-
tuberkeln, bald ohne diese. Im Gebiete der tuberkulösen Entzündung
gehen die bindegewebigen Bestandteile des Nervensystems oft eine bedeutende Wucherung ein und produzieren ein zellfaseriges Gewebe, das
eine derbe Kapsel bildet.

Die tuberkulösen Geschwülste wachsen in die Peripherie, es ist
daher häufig, dass sie der Gehirnoberfläche zustreben, durch Propa-
gation der Entzündung nach den Gehirnhäuten zunächst eine umschriebene Meningitis hervorrufen, welche zur diffusen werden kann.
Die circumskripte Menigitis führt zur Verlötung der Pia, ja der Dura
mit dem Tumor, so dass nur durch Substanzverluste eine Lösung
möglich wird. — Ferner ist noch die Möglichkeit gegeben, dass
von einem tuberkulösen Knoten durch erneute Blutinfektion eine neue
embolische Eruption und ev. allgemeine Miliartuberkulose zustande
kommt.

Die Solitärtuberkel kommen bei Kindern — im Gegensatz zu
den Erwachsenen — am häufigsten im Kleinhirn zur Beobachtung.
Gerhardt schätzt die Hälfte der Tuberkel als im Cerebellum befind-
lich, ebenso Barthez und Rilliet; Steffen giebt an, dass dem Kleinhirn im Verhältnis zu den einzelnen Regionen des Grosshirns etwa
der vierte Teil sämtlicher Tuberkelgeschwülste angehört; „wenn man
aber das Kleinhirn dem gesamten Grosshirn gegenüberstellt, so überwiegt das letztere entschieden. Přibram [1]) fand von 47 Solitärtuberkeln
bei Kindern 14 auf das Kleinhirn und 33 auf die übrigen Hirnteile verteilt.

Wie schon angeführt, sind die Tuberkelknoten nicht nur als
„solitäre", als Einzeltumoren im Gehirn vorhanden, sondern es kommt
auch eine grössere Anzahl der tuberkulösen Hirngeschwülste bei einem
und demselben Individuum vor; in einem unserer Fälle wurden 19
gezählt. Über das Verhältnis der solitären Tuberkel zu den multiplen
gehen die Angaben auseinander. Gerhardt, Steffen, Přibram be-
tonen das Überwiegen der multiplen Tuberkel, auch Henoch schreibt:
„Am seltensten findet man nur einen Tuberkel, meistens mehrere in
verschiedenen Hirnteilen zerstreute etc. Starr dagegen und Seidl in
seiner neueren Arbeit kommen zu gegenteiligen Resultaten; in ihrer
Zusammenstellung überwiegen die solitären Tuberkel die multiplen
beiläufig um 77 %. Auch bei unseren Fällen herrschen die solitären
Tuberkel vor.

---

1) cit. von Seidl.

Endlich behaupten noch Barthez und Rilliet, dass die Erkrankung wie bei der Meningitis häufiger die linke Gehirnhälfte befalle, von anderen Autoren (Steffen und Seidl) ist dieses widerlegt worden.

Symptome und Verlauf.

Die Tuberkelgeschwülste wirken als einfache Tumoren, die alle eine Änderung des Schädelinhalts und einen Untergang von Gewebe bewirken. Viele Fälle von Gehirntuberkeln verlaufen latent, es wird kein Zeichen irgend welcher Art beobachtet, erst die Autopsie des an allgemeiner Tuberkulose oder an Menigitis oder an irgend einer interkurrenten Krankheit gestorbenen Kindes weist einen oder sogar mehrere Knoten im Gehirn auf. Dieser symptomenlose Verlauf kann seine Erklärung finden einmal darin, dass der Tumor an einer relativ indifferenten Stelle sitzt, dann aber kann auch durch ein sehr langsames Wachstum des Tumors die Nervensubstanz nur allmählich verdrängt werden, ohne dass ausgedehntere Vernichtung derselben statthat. „Kaum sonst im Organismus besteht eine so grosse Toleranz gegen langsam sich entwickelnde Neubildungen als im Centralnervensystem. Die nervösen Gebilde scheinen einen ganz enormen Grad von Druck resp. Dehnung ertragen zu können, ehe sie ihr Leitungsvermögen einbüssen" (Bernhardt). — Ferner ist in Betracht zu ziehen: Gewisse Hirnfunktionen sind an bestimmte Regionen des Centralorgans gebunden, bei Zerstörung des einen oder anderen Bezirkes erfolgt ein Ausfall der betreffenden Gehirnverrichtung; allein es ist festgestellt, dass für einzelne Centren andere, oft entlegene vikariierend eintreten können und nach kürzerer oder längerer Zeit in vollständiger oder beschränkter Weise der Ausfall gedeckt wird. Ich erinnere nur an die bei Zerstörung bestimmter Teile der linken unteren Stirnwindung und der Reil'schen Insel eintretende Aphasie. Bei Individuen, welche den Insult überstehen, stellt sich mit der Zeit das Sprachvermögen wieder her, obwohl das ursprüngliche Sprachcentrum verloren gegangen ist; die verlorenen Erinnerungsbilder sammeln sich auf der korrespondierenden Stelle der rechten Hemisphäre wieder an und der Kranke erlernt nach und nach wieder die Sprache. Ähnlich wie mit den Centren dürfte es sich mit den Leitungsfasern verhalten: werden die gewöhnlich gebrauchten unwegsam, so wird auf anderen bisher ungeübten Bahnen die Fortleitung erfolgen. Aber erst allmählich durch Übung werden die stellvertretenden Centren und Fasern die von den ursprünglichen Centren und Bahnen innegehabte Promptheit erlangen, oft nur in unvollkommener Weise. Je langsamer nun die Zerstörung eines Bezirkes vor sich geht, desto leichter werden die Ersatzcentren resp. Fasern geübt werden, so dass der Ausfall ein geringer, ja oft unmerklicher wird. Indem noch ein Teil des alten Centrums funktioniert, kann schon frühzeitig ein anderes zur Hilfe herangezogen werden. Der Organismus hat Zeit, sich den allmählich entwickelnden geänderten Bedingungen anzupassen und Reservekräfte herbeizunehmen, z. B. die Leitung ist irgendwo teilweise gestört, die Meldungen laufen nicht mehr so präzis wie früher, es wird daher ein anderer Weg gesucht und dieser schon geübt, während die alte Bahn noch nicht völlig unwegsam geworden ist. Da die tuberkulösen Geschwülste sich sehr langsam entwickeln und vergrössern, so erklärt sich ohne weiteres, dass ein Gehirntuberkel lange Zeit, ja während des ganzen Lebens bestehen kann, ohne irgend welche Symptome zu machen; ferner, dass bei Zerstörung grosser Hirnpartien nur das eine oder andere Zeichen auftritt, während andere nach der Schablone mit zwingender Notwendigkeit auftreten sollende Störungen durch Ersatzpartien zur Deckung gebracht sind.

Hiervon ausgehend sind die bei den Solitärtukerkeln beobachteten Symptome zu würdigen. Abgesehen von der Latenz der Tuberkel ist der Umstand zu berücksichtigen, dass bei kleinen Kindern die Gehirnfunktionen noch wenig ausgebildet sind und geringfügigere Erscheinungen auch von der Umgebung nicht beachtet werden; so wird bei einem Kinde, das vor kurzem gehen gelernt hat, ein schwankender Gang kaum als alarmierendes Zeichen aufgefasst werden können.

Bei Seidl verliefen von 12 Fällen 4 latent, bei Wortmann von 10 Fällen einer ohne Symptome, 4 unter dem Bilde der Meningitis tuberculosa, nur in 3 Fällen war die Diagnose auf Gehirntumor zu stellen.

Nach Henoch's Beobachtungen neigen multiple Tuberkel weit mehr zur Latenz als solitäre.

Allgemeines Krankheitsbild.

Die Kinder, welche an Gehirntuberkulose leiden, tragen oft schon vorher den Stempel der Tuberkulose an sich. Bei manchen geht lange während des Siechtum voraus und die Zeichen allgemeiner Tuberkulose treten in den Vordergrund, andere zeigen diese oder jene Veränderungen, welche auf tuberkulöse oder skrofulöse Affektionen hindeuten, so häufige Entzündungen der Augen, geschwollene Lymphdrüsen, lang dauernde Ekzeme, tuberkulöse Prozesse an den Knochen. Ja Henoch geht so weit, dass er sagt: „Nur selten wird man bei der sorgfältigen Ausforschung der Angehörigen die Antwort bekommen,

dass das Kind stets vollkommen frei von allen skrofulösen Erscheinungen gewesen sei."
Der Beginn der Erkrankung lässt sich in vielen Fällen nicht feststellen. Man führt an, dass die Kinder oft ein anderes Wesen an-
nehmen, dass vorher artige Kinder unfolgsam, launenhaft und reizbar
werden, dass ihre Stimmung rasch umschlägt, dass sie sich am Spiele
mit Altersgenossen nicht mehr beteiligen wollen; ferner dass der
Appetit nachlässt, dass sich Gelüste einstellen. — Eine der konstantesten
Erscheinungen sind Kopfschmerzen, sie sind fast in jedem manifesten
Fall da und oft das erste Krankheitszeichen. Sie wechseln in der
Regel an Stärke und werden manchmal an bestimmte Stellen des
Kopfes verlegt. Die Kopfschmerzen sind nicht anhaltend vorhanden,
sondern verschwinden oft ganz, um nach Tagen oder Wochen wieder-
zukehren. Manchmal tragen sie den Charakter der Hemikranie an
sich. Im späteren Verlauf weichen die Schmerzen nicht mehr, sie
sind beständig und können sich bis ins Unerträgliche steigern. Hin
und wieder tritt auch Erbrechen ein. — Mit einem Male kommt es
dann oder auch ohne die erwähnten Prodrome zu schwereren Störungen.
Die Kinder werden bewusstlos, sie bekommen Krämpfe, die den ganzen
Körper erschüttern oder auf einzelne Teile sich beschränken, Konvulsionen
in den Extremitäten, Zähneknirschen. Nach solchem Anfall, der gewöhnlich von kurzer Dauer ist, sind die Kinder matt, erschöpft; nach
längerem Schlaf erwachen sie zuweilen ganz frisch, verlangen zu essen
und sind munter. Es können sich nun wochen- und monatelange Ruhe-
pausen nach den ersten alarmierenden Zeichen einschieben und das
Allgemeinbefinden ist nicht weiter gestört, bis ein zweiter Anfall einsetzt. Bei anderen Kindern, und das ist in der Mehrzahl, tritt nach
dem ersten Anfall eine Zeit ein, in welcher das Krankheitsgefühl
weniger ausgesprochen ist, aber die veränderte Stimmung besteht fort,
der Appetit wird immer geringer, der Stuhlgang ungeregelt, Stuhlverhaltung ist das vorherrschende; — die Kopfschmerzen, schon im
Beginn vorhanden, kehren häufiger, sie schwellen zu heftigen Paroxysmen an. Erbrechen, das nicht an die Nahrungsaufnahme gebunden ist, wird häufiger. Schon frühzeitig zeigt sich die Reflexerregbarkeit geändert, die Reflexe sind wechselnd, bald sind die Haut-
und Sehnenreflexe gesteigert, bald sind sie herabgesetzt oder fehlen;
ferner sind sie oft verschieden stark an korrespondierenden Stellen.
Als frühes Zeichen findet man auch manchmal kataleptische Zustände.
— Es kann nun ein zweiter Anfall — ähnlich dem ersten — folgen,
aber er geht nicht spurlos vorüber, sondern nach diesem findet man
vielleicht das eine oder andere Glied gelähmt oder die Lähmung eines
Augenmuskels oder auch nur auf einen Teil eines Nervengebietes be-

schränkte Parese, so z. B. den unteren Ast des Facialis. Die Lähmung
kann nach kürzerer oder längerer Dauer zurückgehen.

Diese Lähmungen, besonders Strabismus, können aber auch das
Primäre sein und das Krankheitsbild einleiten. Zuweilen geraten die
gelähmten Extremitäten in Zuckungen und nachher breiten sich die
Konvulsionen auf den ganzen Körper aus (Nothnagel). Manchmal geht den Lähmungen ein Gefühl von Schwäche voraus, die betreffende Extremität ermüdet rascher, es kommt zu Tremor in derselben
und erst nach und nach geht der Zustand in Parese und Paralyse
über. — In anderen Fällen sind weniger Krämpfe vorherrschend,
sondern die Anfälle spielen sich mehr in der psychischen Sphäre ab,
Depressionszustände wechseln mit Erregungen; letztere können einen
maniakalischen Charakter annehmen. — Oft bemerkt man auch Pupillendifferenzen und träge Reaktion der Pupillen; später findet eine Abnahme des Sehvermögens statt, die Untersuchung ergiebt Stauungspapille und Sehnervenatrophie. Auch Störungen des Hörvermögens
sind beobachtet. Mit der Zeit nehmen die Erscheinungen zu, die
Lähmungen werden dauernd und ergreifen auch andere Gebiete, da
und dort bilden sich Kontrakturen aus; es folgen erneute Anfälle mit
schweren Schädigungen, Benommenheit, Koma und tötlichem Ausgang.
Bei manchen Tumoren tritt der Tod ganz plötzlich ein. Das Endglied
des ganzen Komplexes ist häufig die tuberkulöse Meningitis; diese
kann zu jeder Zeit — oft schon nach dem ersten Anfall — einsetzen,
das Krankheitsbild vollkommen beherrschen und den Verlauf abkürzen.
Die Dauer kann sich über Monate und Jahre erstrecken. Bei Kindern
in früherem Alter findet man oft schon intra vitam eine bedeutende
Volumenzunahme des Kopfes, chronischen Hydrocephalus. Das Bild
der Gehirntuberkulose ist ein überaus chamäleonartiges, und es
rührt dies zum grossen Teil vom verschiedenen Sitz der Tumoren
her, aber auch bei gleichem Sitz wechseln die Symptome ungemein
und diese erklären sich aus dem früher gesagten, oder sie sind der
Ausdruck der indirekten Beteiligung anderer Hirnteile (Druckerschei-
nungen).

Betrachtung der Einzelerscheinungen.

Es sind zu trennen die Allgemeinsymptome von den Herd-
erscheinungen, also diejenigen Störungen, welche mit dem Herd
als solchem nichts zu thun haben und durch intrakraniellen Druck
auf die nähere oder entferntere Umgebung entstehen, und diejenigen,
welche durch Zerstörung von Gehirnsubstanz selbst, durch Ausfall der
Funktion bedingt sind. Es lassen sich aber diese beiden Symptomen-

reihen nicht ganz scharf scheiden, wir werden bei der Betrachtung der Herdsymtome manchmal auf Erscheinungen zurückzukommen haben, welche wir zu den diffusen Affektionen (Griesinger) rechnen.

. Die diffusen Erscheinungen werden durch Gehirndruck hervorgerufen. Durch die Entwicklung eines Tumors findet Raumbeschränkung im Gehirn statt und damit ein stärkerer oder geringerer Druck auf die Umgebung. Gleichmässig ist die Ausbreitung des Drucks im Gehirn nicht, die der Geschwulst zunächst gelegenen Teile werden stärker alteriert werden als entferntere; ausserdem setzen Falx und Tentorium einen gewissen Widerstand entgegen. Erreicht aber der Druck, von irgend einer Seite ausgehend, eine bestimmte Höhe, so werden auch diese Widerstände überwunden und er breitet sich auf die ganze Hirnsubstanz aus; doch wie schon erwähnt mit der Einschränkung, dass die dem Tumor zunächst gelegenen Teile stärker betroffen werden als entferntere. Hieraus erklärt es sich ohne weiteres, weshalb diese diffusen Erscheinungen bei manchen Herden frühzeitig zu Tage treten, bei manchen spät oder auch ganz fehlen.

Von Allgemeinsymptomen wären zu nennen:

Kopfschmerzen. Diese wird man, wenn überhaupt Zeichen für Erkrankungen der Hirnsubstanz vorhanden sind, kaum je vermissen, vielleicht sind sie manchmal die einzige Erscheinung. Meistens stellen sich die Schmerzen frühzeitig ein und zeichnen sich durch anfallsweises Auftreten aus; es können aber wochenlange schmerzfreie Zwischenräume bestehen. Später kehrt das Kopfweh häufiger, manchmal hält sich der Anfall an bestimmte Tageszeiten. Henoch sagt, dass die Kopfschmerzen oft einen migräneartigen Charakter tragen. Sie wechseln an Intensität und schwellen manchmal zu solcher Heftigkeit an, dass die Kinder in gellendes Geschrei ausbrechen und sich in den Haaren raufen. — Obwohl die Kopfschmerzen bei den verschiedensten Lokalisationen der Tuberkelknoten im Gehirn beobachtet werden und vielfach der ganze Kopf als schmerzhaft angegeben wird, wird in manchen Fällen der Sitz des grössten Schmerzes in bestimmte Regionen verlegt und man hat hieraus auf die Lage des Tumors Schlüsse zu ziehen versucht. So spricht ausgesprochener Stirnkopfschmerz für Erkrankungen in der vorderen, Hinterkopfschmerz mit Ausstrahlen in den Nacken für solche in der hinteren Schädelgrube; ist das Kopfweh mehr auf eine Kopfseite beschränkt, so liegt die Geschwulst mit Wahrscheinlichkeit in dieser. In manchen Fällen stimmt diese Lokaldiagnose, in anderen ist der Tumor der schmerzhaften Region entgegengesetzt. — Von Bedeutung ist noch Schmerzhaftigkeit an circumskripten Stellen bei Anklopfen an den Schädel.

Die Entstehung des Kopfschmerzes ist zurückzuführen auf Reizung der in der Dura mater sich verbreitenden Trigeminusfasern, in ähnlicher Weise wie bei der Meningitis. Der Tumor selbst, die wechselnde Blutfülle in seiner Umgebung oder die allgemeine intrakranielle Drucksteigerung bewirken Zerrung und Spannung der Hirnhäute.

Schwindel. Bei manchen Kindern merkt man, dass sie sich in sitzender Lage nicht sicher fühlen, dass sie sich an der Stuhllehne festhalten und, wenn dieselbe losgelassen wird, umfallen; ältere klagen auch beim Liegen über Schwindelgefühl. Besonders beobachtet wird der Schwindel bei Kleinhirnaffektionen oder bei Tumoren, welche in der Nähe des Cerebellum liegen.

Psychische Störungen äussern sich in Herabsetzung der geistigen Fähigkeiten, Gedächtnisschwäche, schwerem Auffassen, Stumpfheit, Änderung des Charakters, Mürrischsein, Teilnahmlosigkeit, Delirien abwechselnd mit Schlafsucht und Sopor, seltener maniakalischen Aufregungszuständen. Solche Zustände werden bei verschiedentlichstem Sitz der Tumoren beobachtet; es wird angegeben, dass sie besonders bei Affektionen der Hirnrinde auftreten.

Als weiteres Allgemeinsymptom ist Erbrechen zu nennen. Auch dieses kommt bei verschiedenem Sitz der Tumoren vor. Es ist häufig nicht an die Nahrungsaufnahme gebunden, stellt sich bei Nacht ein, erfolgt explosiv, ohne grössere Anstrengung. Das zeitliche Auftreten ist verschieden, oft ist es durch tage- und wochenlange freie Intervalle getrennt, um dann mit erneuter Heftigkeit zu erfolgen. Am häufigsten wird das Erbrechen bei Geschwülsten in der hinteren Schädelgrube beobachtet, doch ist es auch bei anderweitig lokalisierten Tumoren keine Seltenheit. Durch direkten oder indirekten Druck auf das Brechcentrum wird es hervorgerufen. Bernhardt findet es bei Tumoren in der Hirnrinde in 28 %, bei solchen im Kleinhirn in 36 %.

Hydrocephalus. Zuweilen kommt es bei kleineren Kindern zu einer starken Volumzunahme des Kopfes mit Auseinanderweichen der bereits geschlossenen Nähte und Fontanellen des Kopfes. Kinder von 3 Jahren zeigten noch diese Erscheinung (Henoch). Der ausgedehnte Gehirnschädel kontrastiert auffallend zu dem kleinen Gesicht. Der Hydrocephalus beruht auf einer Flüssigkeitsansammlung in den Ventrikeln, dieselbe kann so hohe Grade erreichen, dass die benachbarten Gebilde abgeflacht und auseinandergezerrt werden, ja das ganze Gehirn so ausgedehnt wird, dass es nur noch einen von einige Millimeter dünnen Wandungen umgebenen Sack darstellt. Er entsteht namentlich bei in der hinteren Schädelgrube sitzenden Tumoren; man führt ihn auf mechanische Bedingungen zurück. F. Nie-

meyer erklärt ihn aus einer Kompression oder Knickung der Vena
magna Galeni und dadurch behinderten Abfluss des Blutes aus den
Chorioidealplexus. Aber auch ohne solche ist die Entstehung möglich,
nämlich wenn in dem Raum unterhalb des Tentorium der Druck
grösser ist als der Blutdruck in der Vena magna Galeni, durch diesen
vermehrten Seitendruck ist der Abfluss des Blutes in die Sinus unterhalb des Tentorium aufgehoben (v. Liebermeister). Man hat auch
beträchtlichen Hydrocephalus bei Erkrankungen in den anderen
Schädelgruben gefunden, und Henoch meint, dass für solche Fälle
ein von der Pia ausgehender, durch die Tela chorioidea auf das Ependym
der Ventrikel übertragener Reizzustand in Anschlag zu bringen sei.

Stauungspapille. Die Veränderungen am Auge, die infolge des
Hirndrucks sich einstellen, sind Prominenz der mit steilen Rändern
abfallenden Papille, rötliche Färbung derselben, starke Schlängelung
der Venen; später Atrophie des Sehnerven. Die Funktionsstörungen
bestehen in einer Herabsetzung des Sehvermögens bis zu vollständiger
Amaurose, manchmal auch in Defekten des Gesichtsfeldes. Doch ist
häufig keine Übereinstimmung des ophthalmoskopischen Befundes mit
den Funktionsstörungen zu konstatieren, indem bei annähernd normalem
Sehvermögen die ausgesprochensten Veränderungen gefunden wurden
(Meyer). Das Zustandekommen der Stauungspapille erklärt man sich
entweder aus der Kompression der Vena ophthalmica durch intrakranielle Drucksteigerung, wobei die bestehenden Anastomosen mit der
Vena facialis anterior zur völligen Abfuhr des Blutes nicht ausreichen
— oder aus einem durch die Drucksteigerung innerhalb des Schädels
bedingten Hineinpressen von Cerebrospinalflüssigkeit in die Sehnerven-
scheiden, was Kompression und Einschnürung des Nerven selbst und
der Vena centralis nervi optici zur Folge hat. In manchen Fällen
spielen vielleicht noch entzündliche Prozesse eine Rolle. — Adamkiewicz nimmt, gestützt auf experimentelle Untersuchungen, an, dass
es sich bei der Stauungspapille nur um eine neuroparalytische Neuritis
nervi optici handeln könne.

Allgemeine Konvulsionen oder epileptiforme Anfälle.
Diese Reizerscheinungen sind bei Kindern sehr häufig, sie leiten oft
die Krankheit ein und sind das erste alarmierende Symptom. Sie erklären sich aus den durch den Gehirndruck geänderten Circulations-
verhältnissen. Es kommt bei vermehrtem Druck innerhalb des Schädels
zu einer behinderten Entleerung des Blutes aus den Carotiden und
Vertebralarterien und dadurch zu arterieller Gehirnanämie (Niemeyer). Die Kussmaul-Tenner'schen Versuche lehren, dass Gehirnanämie durch Reizung des Krampfcentrums im Pons (Nothnagel)
allgemeine Krämpfe hervorruft.

Auf ein weiteres Allgemeinsymptom, das bisher noch wenig gewürdigt und vielleicht auch weniger beachtet ist, glaube ich noch
hinweisen zu müssen, nämlich auf die kataleptischen Zustände.
Ich habe diese Erscheinung schon bei der Meningitis hervorgehoben,
aber auch bei Solitärtuberkeln begegnen wir ihr öfters, und zwar
scheint sie schon ziemlich bald aufzutreten. — In Seidl's Fall I
bestand schon 6 Monate vor dem Tode Katalepsie; bei der Sektion
wurde hochgradiger Hydrocephalus und ein faustgrosser käsiger Tumor
in der linken Kleinhirnhemisphäre, der sich bis in den Wurm fortsetzte,
gefunden. In Seidl's 3. Fall zeigt sich dieses Zeichen auch frühzeitig,
namentlich erstreckt sich die Starrsucht auf die rechten Extremitäten,
aber auch die linken sind in geringerem Grade beteiligt. Die Obduktion
ergab einen Solitärtuberkel im linken Thalamus opticus, der sich ins
Corpus striatum erstreckte.

In dem folgenden Fall war die Katalepsie schon frühzeitig vorhanden.

Beobachtung XXII. Maria G., 5 Jahre alt, kräftig entwickeltes
Mädchen, stammt von gesunden Eltern und ist nie krank gewesen. Am
3. III. 91 kommt sie in poliklinische Behandlung. Seit ca. 10 Tagen
Appetitlosigkeit, schlechte Laune, Unlust zum Spielen, Klagen über Schmerzen
im Hinterkopf, die jedoch an Intensität wechseln und oft ganz verschwinden,
Stuhlverhaltung. Bei der Aufnahme an Lungen und Herz nichts abnormes
nachweisbar. Pupillen reagieren äusserst wenig; Reflexe von den Fusssohlen aus so gesteigert, dass leichtes Kitzeln Fussklonus hervorruft.
Patellarreflexe ebenfalls gesteigert. Trousseau'sches Phänomen deutlich:
Puls unregelmässig, 106—114; Resp. 24. Wenn man bei der Rückenlage der Patientin Arme und Beine in eine zum Körper nahezu
senkrechte Stellung bringt, so verharren sie in dieser über
5 Minuten. 2maliges Erbrechen ohne vorherige Nahrungsaufnahme.

5. III. Erbrechen. P. 132; Resp. 57. Verbreiteter Katarrh in den
Bronchien.

In der ersten Hälfte des März ziemlich unveränderter Zustand. Die
Kopfschmerzen eher geringer. P. zwischen 84 und 138; Resp. 34—60.

14. III. Bronchialkatarrh gebessert. Pupillen reagieren prompt.
Reflexe nahezu aufgehoben.

17. III. Klagen über viel Kopfschmerzen. Das linke Bein in eine
zum Körper senkrechte Stellung gebracht, fällt erst nach 8½
Minuten nieder.

18. III. Reflexerregbarkeit stark erhöht.

20. III. Erbrechen in der Nacht. Vermehrte Kopfschmerzen. Cheyne-
Stokes' Phänomen; leichte Genickstarre. Katalepsie viel weniger ausgeprägt.

22. III. Pat. ist nicht ganz bei sich und spricht verworrene, unzu-
sammenhängende Worte. P. 103, unregelmässig, aussetzend, Resp. 29.

23. III. Kataleptische Zustände vollständig verschwunden.
Fussklonus ausgeprägt. Pat. apathisch, reagiert auf Anrufen nicht. Ziem-

lich häufig Schmerzanfälle, wobei Pat. laut aufschreit und mit beiden Händen nach dem Hinterkopf fährt und in den Haaren wühlt.

Bis zum Ende des Monats sind immer heftige Schmerzen vorhanden, dann und wann Erbrechen. Reflexe gesteigert; ausgeprägter Fussklonus. Katalepsie bleibt verschwunden. P. 64—93, unregelmässig; Resp. 21—36. Anfangs April Anfälle mit Fäusteballen, Zähneknirschen; Pat. oft bewusstlos. Puls 105—122; Resp. 27—36. Seit 13. IV mehren sich die Anfälle, tragen maniakalischen Charakter.

23. IV. In den oberen Extremitäten wieder Katalepsie, links stärker als rechts: linker Arm verharrt in der gegebenen Lage 12 Minuten, der rechte 8 Minuten. Haut- und Sehnenreflexe sehr schwach. Häufiger Wechsel der Gesichtsfarbe.

Ende April Anfälle weniger häufig und intensiv. Anfang Mai Besserbefinden, Pat. hat weniger Schmerzen und ist munter; die Katalepsie wird nach und nach geringer. Puls 108—120; Resp. 16—26. Bis zur zweiten Hälfte des Mai hält der Zustand an, dann nehmen die Kopfschmerzen allmählich wieder zu. P. 112—126; Resp. 16—29.

23. V. Leichter Grad von rechtsseitiger Facialisparese, doch geht die Erscheinung nach einigen Tagen zurück.

26. V. Beginnende Stauungspapille, links mehr als rechts. P. 114; Resp. 36.

Im Juni treten von Zeit zu Zeit Konvulsionen auf, Zuckungen im Gesicht und in den Extremitäten. Es wird meist über Kopfschmerzen geklagt; Appetit fehlt ganz; Launenhaftigkeit, unruhiger Schlaf. Stuhlverhaltung. Öfters Erbrechen. Reflexe wechselnd. Leichte Bronchitis. Puls zwischen 128 und 156; Resp. 27—30, dann steigend bis 41.

Im Juli mehren sich die Konvulsionen im Gesicht und in den Gliedern. Trousseau'sches Phänomen sehr ausgesprochen. Häufiger Wechsel der Gesichtsfarbe. Der Bauch sinkt ein.

5. VII. Während der letzten Wochen wechseln die Erscheinungen fast täglich: bald sind die Fusssohlenreflexe beiderseits gleich, bald sind sie auf der einen Seite stärker als auf der anderen; ebenso verhält es sich mit dem Fussklonus. Meist Klagen über Kopfschmerzen. — Puls um 120; Resp. 42. — Am 17. VII Strabismus divergens rechts; Amaurose. Hyperästhesie der Haut, namentlich der unteren Extremitäten. Koma. P. 178; Resp. 40. Cheyne-Stokes' Phänomen. Kein Erbrechen mehr.

18. VII. Pat. ist im Laufe der Krankheit erheblich abgemagert. — Reflexe nahezu verschwunden. Weite Pupillen, reagieren nicht auf Lichteinfall, Irisspielen. Beginnende Conjunctivitis. Resolution der unteren Extremitäten, Starre der oberen. Singultus, Zuckungen durch den Körper, Koma.

19. u. 20. VII. Pat. in tiefem Koma. Starre der oberen Extremitäten, Resolution der unteren. Von Zeit zu Zeit leichte Stösse in verschiedenen Muskelgruppen. Kahnbauch. Unzählbarer Puls. P. 184; Resp. 60.

21. VII. Puls unzählbar, über 200. Cheyne-Stokes'sches Atmen. Um 10 h. a. m. Exitus letalis.

Auszug aus dem Sektionsprotokoll (Prof. v. Baumgarten).

Dura stark gespannt. Hirnwindungen verkleinert, abgeplattet, Sulci verstrichen. Subarachnoidealräume mit leicht getrübter Flüssigkeit gefüllt; Arachnoidea selbst nur leicht getrübt. An der Durainnenfläche ganz feine,

submiliare Knötchen. Am hinteren Rande der zweiten Stirnwindung ein
kleiner gelblicher ca. linsengrosser Knoten in der Cortikalsubstanz. — Starker
Hydrops ventriculorum. Seitenventrikel mindestens um das Doppelte erweitert. — An der Gehirnbasis fibrinös-eitriges Exsudat, das sich gegen
die Medulla hin allmählich verliert. An der unteren Fläche der rechten
Kleinhirnhemisphäre treten mehrere gelbliche, käsige, lappige Knoten buckel-
förmig vor; der grösste Knoten hat die Grösse einer Wallnuss, nach vorn
davon zeigen sich mehrere kleine Knötchen. Die grösseren Knoten haben
einen unregelmässigen, zackigen Rand und erweisen sich deutlich aus zahlreichen Einzelknoten zusammengesetzt. In den weichen Häuten der Basis
sieht man an der Stelle, wo das Exsudat geringere Dichtigkeit besitzt,
zahlreiche miliare und submiliare Tuberkelknötchen, welche oft perlschnur-
artig aufgereiht den Wandungen der kleineren Arterien aufsitzen. Weitere
Käseknoten in der Substanz der linken oberen Temporalwindung (kirsch-
kerngross), in der linken Hemisphäre in der Mitte des Gyrus fornicatus,
im vorderen Teil des Oberwurms, der nach vorn hin die Oberfläche des Wurms
erreicht, in der linken Kleinhirnhemisphäre (2), in der linken Grosshirnhemisphäre (ca. 6 von Linsen- bis Kirschkerngrösse, zwar sämtlich der Rinde ange-
hörig), im vorderen Teil der Capsula interna; in der rechten Grosshirnhemisphäre
vereinzelte kleinere Käseknoten. An der Spitze des rechten Occipitallappens
ist ein oberflächlich gelegener Knoten fest mit der Dura verwachsen, derselbe
ist beim Herausnehmen des Gehirns an der Dura haften geblieben.

Beide Pleurahöhlen vollständig leer, Lungen ziemlich stark ausgedehnt, retrahieren sich nur wenig. Herzbeutel mit reichlicher seröser
Flüssigkeit gefüllt; am Epikard ein einzelnes submiliares Tuberkelknötchen. Herzfleisch etwas blass, aber durchscheinend. Klappenapparate
normal. — Beide Lungen sind durchsetzt von unzähligen hirsekorngrossen
grauen bis graugeblichen Knötchen, im oberen Teil etwas grössere und
mehr gelbliche, im unteren kleinere und mehr graue. — Die Bronchialdrüsen sind zu einem umfänglichen Packet käsiger Tumoren zusammen-
getreten, dessen einzelne Knollen sich innig anlehnen an die Bronchien und
grossen Gefässe des Hilus. teilweise in die äussere Schicht der Bronchial-
wand eindringen bis nahe zur Mucosa heran; in einem der Hauptäste der
linken Lungenarterie eine Perforation durch eine käsig erweichte Lymphdrüse. Milz vergrössert, von sehr zahlreichen feinen, miliaren Knötchen
durchsetzt. Nierenrinde ebenfalls mit kleineren Tuberkeln, ebenso Leber.
Darm frei. Mesenterialdrüsen der Radix in ein umfängliches Packet
käsiger Knoten umgewandelt; auch die epigastrischen Lymphdrüsen und die
der Leberpforte sind käsig degeneriert.

In diesem Falle war ausgeprägte Katalepsie eines der ersten
Zeichen. Neben Kopfschmerzen und erhöhter Reflexerregbarkeit war
gleich bei der Aufnahme auffallend, dass die Extremitäten die ihnen
beigebrachte Stellung 5 Minuten behielten; später wird der Zustand
noch erhöht, 8 $\frac{1}{2}$, ja 12 Minuten lang verharren die Glieder in der
gezwungenen Stellung. Es war aber nicht immer dieses Zeichen
vorhanden, im März ist ausdrücklich bemerkt, dass nichts mehr hiervon wahrzunehmen ist, erst Ende Mai kehrt es wieder, erreicht den
höchsten Grad und verschwindet dann ganz allmählich.

Eine weitere Art von Krämpfen, die den diffusen Erscheinungen zuzuzählen und hier anzureihen ist, ist die allgemeine Muskelstarre. Wir müssen sie wohl als den höchsten Grad der Flexibilitas cerea betrachten. Bei der allgemeinen Muskelstarre ist der Körper steif wie ein Brett, die Muskeln des Rumpfes und der Extremitäten verharren in tonischer Kontraktion, der Körper kann an einem Ende steif emporgehoben werden. König beschreibt einen solchen Fall:

Beobachtung XXIII. Es handelte sich um einen 3jährigen rhachitischen Knaben. Im Status heisst es: „Kind ziemlich gross, liegt in passiver Rückenlage ganz steif wie ein Brett im Bett. Permanente Kontraktur in den Beugern der Oberarme. Die Unterschenkel gekreuzt. Die Muskulatur der Oberschenkel fühlt sich starr an und befindet sich in permanenter Kontraktur, desgleichen sind die Muskeln beider Unterschenkel stark gespannt und hart. Alle diese Kontrakturen werden durch äussere Reize, sei es dass man die Haut berührt oder die Muskeln palpiert, sei es dass man passive Bewegungen der Extremitäten vornimmt, bedeutend gesteigert. Dabei besteht hochgradige Nackenstarre und abnorme Steifigkeit der Wirbelsäule, so dass man imstande ist, den ganzen Körper des Patienten an der grossen Zehe des oben liegenden Beines wie ein Brett zu erheben, derart dass der Kopf etwas nach hinten gezogen auf dem Kopfkissen aufliegt und der Fuss hoch erhoben ist; ebenso vermag man den Patienten wie ein Brett umzudrehen.“ Es treten dann in den folgenden Tagen noch klonische Krämpfe auf. Sektion. Starker Hydrocephalus. Medulla oblongata stark gekrümmt. Die hinteren Abschnitte der Kleinhirnhemisphären sind zapfenförmig in das Foramen magnum hineingedrängt. Tuberkulöser Tumor im Oberwurm, der auch in beide Hemisphären des Kleinhirns hineinragt, die hinteren Kleinhirnabschnitte verdrängt und zu Abknickung der Medulla oblongata geführt hat.

Ähnliche Fälle citiert König von Hughlings Jackson und Stephan Mackenzie; darunter 2 von Kindern, von denen einer (5jähriger Knabe) Hydrocephalus und einen grossen Tuberkel des Kleinhirnwurms hatte, ein zweiter (9jähriger Knabe) einen Tumor (Tuberkel?) von der Grösse einer Billardkugel im Wurm des Kleinhirns und in dessen rechter Hemisphäre.

König geht auf das Symptom der Muskelstarre näher ein und versucht eine Beantwortung der Frage, welche Veränderung dieser Erscheinung zugrunde liege. Mit Berücksichtigung der Experimente Ducret's kommt König zu dem Schluss, dass eine Reizung der Corpora restiformia durch allgemeinen Hirndruck oder aber auch durch direkte Druckwirkung des Tumors in der Nähe dieser Körper — Wurm des Kleinhirns — die Ursache der allgemeinen Muskelstarre sein könne.

Als Allgemeinsymptom wäre vielleicht noch anzuführen eine veränderte Reflexerregbarkeit. Es zeigen sich oft früh die Fusssohlen-, Patellar-, Cremastarreflexe geändert, indem sie bald erhöht, bald vermindert sind, wobei sehr häufig die eine Seite prävaliert.

Herdsymptome.

Wir hätten nun diejenigen Erscheinungen durchzunehmen, welche von dem Sitz der Geschwulst abhängig sind. Man unterscheidet dabei Ausfalls- und Hemmungserscheinungen (Goltz) und versteht unter ersteren diejenigen Veränderungen, welche durch Zerstörung des Nervengewebes, an dessen Stelle der Tumor getreten, hervorgerufen und daher dauernde resp. länger anhaltende sind; unter letzteren fasst man die Symptome zusammen, welche nicht direkt mit der Lokalisation des Tumors im Zusammenhang stehen, sondern ihre Entstehung dem Druck desselben auf die Nachbarschaft verdanken. Es leuchtet ein, dass die Störungen sich aus Reizungs- und Lähmungserscheinungen zusammensetzen können und keine Konstanz zu haben brauchen, und ferner, dass der Symptomenkomplex ein recht vielgestaltiger sein kann; denn abgesehen von den durch den Tumor selbst gesetzten Störungen, kommen nun noch solche hinzu, welche durch Druck, durch umgebende Encephalitis, durch Circulationshindernisse auf die Nachbarschaft entstehen. Immerhin liefern die Art des Auftretens der Ausfallssymptome sowie die sie begleitenden oder nachfolgenden Hemmungserscheinungen einigermassen Anhaltspunkte, um der Diagnose näher zu kommen.

Sitz der Geschwülste und die dadurch bedingten Erscheinungen.

Kleinhirn. Tuberkulöse Knoten kommen sowohl im Wurm als in den Hemisphären vor. Die Tumoren im Cerebellum können ohne jede Erscheinung bestehen und bilden bei der Sektion einen zufälligen Befund. Nothnagel hebt hervor, dass dies besonders beim Sitz in den Hemisphären der Fall sei, während bei solchem im Mittelstück häufiger Erscheinungen irgend welcher Art zur Beobachtung gelangen. — Es seien als Beispiele für die Latenz einige Fälle aus der Litteratur in Kürze angeführt.

Fall I (Seidl).

Beobachtung XXIV. Fritz F., 15 Jahre. Hereditär belastet, hatte seit 2 Jahren Husten und Auswurf. 14 Tage vor dem Tode heftige Kopfschmerzen und Erbrechen; öfters Bewusstlosigkeit. Bei der Aufnahme Dämpfung über beiden Oberlappen; ferner die Zeichen der Meningitis. Tod nach 2 Tagen. Sektion. Chronische Lungentuberkulose, tuberkulöse Darmgeschwüre. Meningitis tuberculosa. In der rechten Kleinhirnhemisphäre ein bohnengrosser Solitärtuberkel.

Fall Andral's.[1])

10jähriger Knabe, der niemals das geringste Symptom seitens des Gehirns dargeboten, starb an Lungenphthise. In der linken Kleinhirnhemisphäre 4 Tuberkel, 3 von Kirschkerngrösse, der vierte war wie eine grosse Nuss.

Fall Wortmann's:

Friedrich Z., 2 Jahre. Keine nennenswerten Symptome. Kirschkerngrosser Tuberkel in der linken Kleinhirnhemisphäre.

Aber auch beim Sitz des Tuberkels im Mittellappen kann völlige Latenz bestehen. So ein Fall Henoch's:

Ein 2jähriges Kind, das nur 6 Tage vor dem Tode die Erscheinungen einer Meningitis tuberculosa bot, hatte einen mehr als walnussgrossen tuberkulösen Herd im Wurm, der in beide Kleinhirnhemisphären ausstrahlte, und zugleich 2 Rindenherde in den Hinterlappen. Allerdings führt Henoch selbst an, dass bei dem Alter des Pat. Koordinationsstörungen nicht zu bestimmen waren.

Auch Wortmann führt einen hierher gehörigen Fall an.

Eugenie R., 8 Jahre. Keine Gehstörung, keine Lähmung, nur Symptome einer gewöhnlichen Meningitis tuberculosa. Im Ober- und Unterwurm Tuberkelknoten von fast 1 cm Durchmesser.

Andere Male treten Allgemeinerscheinungen mehr in den Vordergrund, Kopfschmerzen, die kommen und gehen und deren Sitz vorzugsweise in den Hinterkopf verlegt und genau lokalisiert wird; ferner anhaltendes starkes Erbrechen (Druck auf das Brechcentrum in der Medulla), dann Reiz- und Lähmungserscheinungen im Gebiet der motorischen Nerven, Sehstörungen auf Stauungspapille beruhend. Alle diese Erscheinungen haben für Kleinhirntumoren nichts Charakteristisches und sind der Ausdruck der intrakraniellen Drucksteigerung; sie kommen allerdings häufig bei Tumoren in der hinteren Schädelgrube frühzeitig zur Beobachtung und können wohl die Diagnose einer Kleinhirnaffektion unterstützen.

Viel wichtiger sind von den Herdsymptomen die Koordinationsstörungen, und es zeigen sich diese, namentlich wenn der Tumor im Wurm selbst sitzt, oder von der Nachbarschaft aus einen Druck auf den Mittellappen ausübt (Nothnagel). Dieses Zeichen kann fehlen, wenn noch ein grösserer Teil des Wurms unversehrt ist. Leider ist das wichtige Symptom für die Erkrankung im Kindesalter nur in beschränkter Weise zu verwerten; je jünger ein Kind ist, desto weniger werden wir Koordinationsstörungen beobachten können. Bei älteren Kindern dagegen sind sie in vielen Fällen von Kleinhirntuberkeln frühzeitig bemerkt worden. Die Kinder gehen wie Betrunkene, verlieren das Gleichgewicht, gehen, um das Taumeln zu verhindern,

---

1) angeführt bei Nothnagel.

breitspurig, halten sich fest. Es besteht Neigung nach vorn oder
hinten zu fallen, Schwindel; auch beim Sitzen fühlen sich die Kinder
unsicher, sie halten sich fest, um nicht umzufallen. In Seidl's
Fall I war bei dem 5 1/2 Jahre alten Kind nahezu 2 Jahre vor dem
Tode ein unsicherer und schwankender Gang aufgefallen; in Fall XI
unsicherer Gang, 7 Monate vor dem Tode. Weitere Fälle von
Capozzi, Hughlings Jackson, Jones, Simpson, Cubasch[1]),
Vulpian, Romberg, Constant, Barrier, Bouchut[2]), Bull, bei
welchen der tuberkulöse Tumor aber nicht immer im Wurm sass, sondern auf die Kleinhirnhemisphäre beschränkt war, zeigten in ausgesprochener Weise Koordinationsstörungen. Diesen Fällen gegenüber
stehen viele andere, in welchen Koordinationsstörungen fehlten,
die nur mit Allgemeinerscheinungen einhergingen, oder auch Erscheinungen darboten, welche sich in keiner Weise mit der Erkrankung des Kleinhirns in Einklang bringen liessen, welche vielmehr
als Fernwirkung auf Pons, Medulla, einzelne Basalnerven zurückzuführen sind.

Plötzliche Todesfälle sind bei Kleinhirntumoren ziemlich häufig.
Nach Bernhardt's Feststellungen ist in 22 % der Fälle der Exitus
letalis ein plötzlicher, während bei Neubildungen der Medulla in 24 %
rascher Tod eintrat (in absteigender Linie folgen die übrigen Bezirke).
Diese Erscheinung ist wohl zu erklären durch den Druck, welchen Geschwülste auf die Medulla oblongata und das in ihr befindliche Centrum respiratorium ausüben; aus akuter Lähmung desselben resultiert
das plötzliche Eintreten des Todes.

Als Beispiel führe ich 2 Fälle von Seidl an.

Beobachtung XXV. Antonie H., 4 Jahre alt, lernte erst mit 3 Jahren
gehen, aber schon nach 6 Wochen wurde dies aufgegeben, weil das Kind
nicht mehr stehen konnte (Koordinationsstörung?). Beginn mit Kopfschmerzen,
Zittern der Hände etc. Bei der Aufnahme Kopfschmerzen. Kopfumfang
gross; grosse Fontanelle in der Grösse eines Markstücks offen. Mässige
Genickstarre, Tremor, zuweilen Strabismus divergens rechts, Stauungspapille.
Im Laufe von 14 Tagen wesentliche Besserung, in der letzten Zeit werden
keine cerebralen Erscheinungen mehr beobachtet, das Kind ist apathisch;
am 26. XII folgte die Entlassung. Nach 10 Tagen plötzlicher Tod.
Sektion: Hydrops ventriculorum; in der rechten Kleinhirnhemisphäre ein
ungefähr wallnussgrosser Tumor mit centraler Verkäsung.

Beobachtung XXVI. Georg H., 12 Jahre. Vor 3 Jahren Klagen
über anhaltende starke Kopfschmerzen. Vor 1 Jahr häufiges Erbrechen, seit
1/2 Jahre Anfälle von Bewusstseinsstörung; seit dieser Zeit unsicherer
Gang. Später Husten. Bei der Aufnahme ziemlich starker Husten. Kopfschmerzen. Gehen und Stehen unmöglich, Beine krampfhaft gestreckt.
Kopf vergrössert, Stauungspapille. In den nächsten 3 Wochen halten die Er-

---

1) cit. bei Bernhardt. — 2) angeführt bei Steffen.

scheinungen an; auf den Lungen Dämpfung. Am 5. III, nachdem Pat. noch zu Mittag gegessen, erfolgt plötzlich um 12 Uhr der Tod. Bei der Sektion Hydrops ventriculorum, wallnussgrosser Solitärtuberkel in der rechten Kleinhirnhemisphäre.

Tumoren, die sich auf die Crura cerebelli ad pontem beschränken, sind selten, meist ist das Kleinhirn oder der Pons mit beteiligt. Als wesentliche, mit der Kleinhirnschenkelerkrankung im Zusammenhang stehende charakteristische Erscheinungen nennt Nothnagel Zwangsbewegungen und Zwangsstellungen des Rumpfes, Kopfes und der Augen, Schwindel, mit Neigung nach einer Seite zu fallen, namentlich vollständige Körperumwälzungen um die Längsaxe nach der Seite des Tumors oder nach der entgegengesetzten gerichtet (während Zwangslagen, Zwangsbewegungen einzelner Körperteile auch bei anderen Erkrankungen vorkommen) und Deviation der Augen, wie sie von Nonat in einem Falle beschrieben: rechtes Auge nach aussen und unten, linkes nach innen und oben.

Fall Minchin's.[1]

4½jähriger Knabe. Kopfschmerzen, Konvulsionen. Wälzungen um die Längsaxe von links nach rechts. Rechtsseitige Hemiplegie. Atem- und Schlingbeschwerden. — Mandelgrosser Tuberkel an der Basis der linken Kleinhirnhemisphäre; Umgebung bis in die Kleinhirnschenkel erweicht.

Henoch beschreibt einen Fall,

bei welchem ca. 8 Monate vor dem Tode choreatische Bewegungen der linken Seite, Tremor der Zunge beim Ausstrecken und Athetosebewegungen der Finger und des Fusses linkerseits bestanden. Dabei Paralyse der linksseitigen Extremitäten, Strabismus convergens links. Die Bewegungen hörten im Schlaf auf. Bei der Sektion fand sich ein haselnussgrosser Solitärtuberkel im rechten Pedunculus cerebelli ad pontem.

Andere Fälle (Perls, Constant, Fleischmann, Ware) bieten keine Umwälzungen.[2]

Pons. Auch von diesem Hirnteil existieren Beobachtungen, in welchen Tuberkelknoten ganz symptomenlos bestanden haben, z. B. ein Fall Henoch's.

5jähriges Mädchen, seit 3 Wochen zunehmende Apathie, seit 10 Tagen bettlägerig, wird mit den Zeichen einer vorgeschrittenen Meningitis tuberculosa aufgenommen. Teilnahmlosigkeit, keine Spur von Paralysen, Reflexe erhalten. Tod nach 4 Tagen. Sektion: Ausgedehnte Meningitis tuberculosa, starker Hydrocephalus ventriculorum, im Pons rechts von der Raphe nahe seinem hinteren Ende ein erbsengrosser gelber Tuberkel.

Fall von Stiebel.[3]

2jähriges Mädchen. Keine cerebralen Störungen irgend welcher Art, Tuberculose anderer Organe. In der Brücke ein käsiger Tuberkel mit erweichter Umgebung.

---

1) cit. von Bernhardt. — 2) angeführt bei Steffen. — 3) angeführt bei Ladame.

Fall von Laborde.[1])

11jähriger Knabe mit Pott'scher Kyphose, die sonst keine Erscheinungen
machte, erkrankt Ende Oktober mit starkem Erbrechen und äusserster
Schwäche. Hierauf die Symptome einer Meningitis. Tod am 13. November.
Sektion: 4 Tuberkelknoten im Cerebellum, 1 Tuberkel von Haselnussgrösse
im Centrum des Pons.

Die Erscheinungen, die intrapontinische Tumoren machen können,
sind ausserordentlich vielgestaltig: Reizungs- und Lähmungserscheinungen im Gebiete von motorischen und sensiblen Nerven; dazu können
noch vasomotorische und trophische Störungen kommen. Nothnagel stellt den Satz auf, dass Lähmungszustände der motorischen
und sensiblen Nerven nicht nur viel häufiger sind als Reizungszu-
stände, sondern dass sie auch durch eigentümliche Gruppierung die
wesentlichen und charakteristischen Anhaltspunkte für die Diagnose
liefern. — Abhängig ist die Gruppierung der Erscheinungen vom Sitz
des Tumors, ob er central gelegen ist, ob rechts, links, vorne oder
hinten. — Störungen der Motilität. Die motorischen Bahnen für
die willkürliche Innervation der Extremitäten scheinen näher der
Mittellinie und zugleich der unteren basalen Oberfläche zu liegen.
Bei der Lage des Tumors in dieser Region kommt es in einer grossen
Zahl von Fällen zur Paralyse der Extremitäten, und zwar ist dieselbe
immer contralateral. Die Hemiplegie kann entweder in beiden Extremitäten gleich stark sein oder von verschiedenem Grade, z. B. vollständige Lähmung des Armes und Schwäche des Beins und umgekehrt. Oft sind auch die Hirnnerven mit beteiligt, so vor allem
der Facialis, und zwar ist charakteristisch für intrapontine
Erkrankungen die wechselständige Lähmung des Facialis
und der Extremitäten, und zwar so, dass die Hemiplegie der
Extremitäten auf der dem Tumor entgegengesetzten Seite ist, die
des Facialis auf der gleichen. Diese alternierende Lähmung,
Hémiplégie alterne (Gubler), ist besonders dann vorhanden, wenn
die Geschwulst sich im unteren, dem der Medulla oblongata benachbarten, nahe der Medianlinie gelegenen Teile, also an derjenigen Stelle
befindet, an welcher die zu den Extremitäten verlaufenden Bahnen sich
noch nicht gekreuzt haben, während die Facialisfasern hier schon zur
anderen Seite übergetreten sind. Die motorischen Fasern für die Hirnnerven kreuzen sich ganz nahe an den Nervenkernen selbst (Edinger).
Die Lähmung des Facialis betrifft gewöhnlich sämtliche Äste, sie ist eine
periphere (im Sinne Liebermeister's), da die Erregbarkeit für den Induk-
tionsstrom im Facialisgebiet frühzeitig erlischt; in den gelähmten Extremitäten dagegen bleibt die Erregbarkeit für den faradischen Strom erhalten.

---

1) angeführt bei Nothnagel.

Fall Seeligmüller's.

Beobachtung XXVII. 2jähriger Knabe. Circa 7 Monate (Juni) vor dem Tode bemerkte die Mutter, dass das Gesicht nach rechts verzogen war, später dass die rechte Hand zum Greifen nicht mehr benutzt und bewegt wurde, noch später, dass der rechte Fuss nachgeschleppt wurde. Im Juli Aufnahme. Ausgesprochene Lähmung der rechtsseitigen Extremitäten und des linken N. facialis aller Äste. Zuckungen auf der rechten Körperhälfte gewöhnlich zur Zeit des Einschlafens. Die Sensibilität der gelähmten Extremitäten scheint herabgesetzt zu sein.

Im November beiderseits Kaumuskeln in dauernder Kontraktion, durch den Lagophthalmus eitrige Conjunctivitis. Das Schmeckvermögen scheint vermindert. Später Schlingbeschwerden, so dass erst Verschlucken eintrat, dann überhaupt nicht mehr geschluckt werden konnte. Rechtsseitige Extremitäten sind etwas zurück im Wachstum und kühler als die linken. Grosse Fontanelle weit. Bronchitis. Tod am 15. I. 78. Sektion: Hydrops ventriculorum. Die hinteren zwei Drittel der linken Brückenhälfte werden eingenommen durch einen tuberkulösen Knoten; derselbe wölbt sich nach der Seite etwas vor, so dass der Quintus stark abgeplattet ist. Auf der rechten Seite ebenfalls nach hinten von den Quintuswurzeln am Fusse der Crura cerebelli ad pontem ein erbsengrosser Knoten. Im übrigen Gehirn und seinen Häuten nirgends Tuberkel. Miliartuberkulose der Lungen etc.

Fall Wortmann's.

Beobachtung XXVIII. 3jähriger Knabe, lernte mit 2 Jahren gehen, wurde aber nach einigen Monaten wieder schwächer in den Beinen. Bei der Aufnahme Hemiplegie linkerseits, Facialisparese des rechten mittleren Facialisastes. Klonische Zuckungen in den rechtsseitigen Extremitäten. Tod unter Konvulsionen, die die Augenmuskeln und die rechte Seite betreffen. Sektion: An der rechten Kleinhirnhemisphäre ein oberflächlich gelegener Tuberkel; an der unteren Fläche derselben Hemisphäre ein Käseherd. Die obere Hälfte des Pons ist von einem dicken käsigen Herd eingenommen und zwar die Hälfte (welche?) vollständig, die andere Hälfte zeigt zum Teil normales Gewebe. Er wird gegen die Basis des 4. Ventrikels hin von einer 7 mm dünnen Schicht getrennt.

Auch der Fall Sanné's (Beobachtung XXIX) passt hierher.

Es kann aber auch sein, dass ein Tumor im Pons in der vorderen Seite, den Hirnschenkeln benachbart, sitzt, wo die Facialiskreuzung noch nicht stattgefunden hat; in solchen Fällen wird halbseitige, nicht alternierende Hemiplegie auf der kontralateralen Seite entstehen, also ähnliche Erscheinungen, wie wenn die Affektion im Grosshirn liegt. — Ich habe einen solchen Fall in der Litteratur bei Kindern nicht finden können; wo gleichseitige Hemiplegie angeführt ist, ist die Lage des Tuberkels nicht genau angegeben.

In einem Fall Cantani's [1]

handelt es sich um einen 28 Jahre alten Mann, der an Phthisis litt. Die Störungen waren: linksseitige Kopfschmerzen, Sensibilität der rechten Ge-

---

[1] erwähnt bei Bernhardt.

sichtshälfte vermindert, Rechtsseitige Gesichts- und Extremitätenlähmung.
Verminderung der elektrischen Erregbarkeit am rechten Gesicht und den
rechten Unterextremitäten. Allgemeine Schwäche. Incontinentia urinae.
Impotenz. Blepharospasmus und Lichtscheu des linken Auges. Krampfhafte Abduktionsstellung des linken Auges. Linke Pupille kleiner als die
rechte. Neuroretinitis mehr links, als rechts. Sektion: 2 verkäste, zusammen haselnussgrosse Tuberkel im vorderen Teil der linken Ponshälfte.
unterhalb der linken Vierhügel, fast bis zur Brückenmitte reichend. Alles
andere sonst gesund.

Da ausser dem Facialis noch die Kerne des Abducens und des
Trigeminus in der Brücke liegen, so können auch diese Nerven bei
Erkrankungen des Pons in mehr oder weniger ausgedehntem Masse
mitbeteiligt sein, und zwar ist auch hier bei vorhandener Extremitätenlähmung die Lähmung eine wechselseitige. Beim Trigeminus
kann die sensible oder motorische Portion affiziert sein.

Fall H. Weber's [1]):

Knabe von 7 Jahren. Konvulsionen, Paralyse, Abmagerung der linken
Extremitäten. Schmerzen in der rechten Gesichtshälfte, Kontraktion
der Pupillen, besonders der linken. Dann folgen Kontraktur der gelähmten
Extremitäten, allgemeine Konvulsionen, Anästhesie der rechten Gesichtshälfte, Beschwerden beim Sprechen und Schlingen, Unregelmässigkeit der
Respiration. Sektion: In der rechten Hälfte des Pons ein rundlicher tuberkulöser Tumor von 1 cm Durchmesser nahe am Ursprung des Trigeminus. [2])

Durch die Brücke verlaufen ferner noch die Nervenfasern zu den
Kernen der Medulla oblongata, welche die Muskeln innervieren, die
der Rede dienen; daher kommen bei Ponserkrankungen Störungen im
Gebiete des Hypoglossus vor: es kann die Zunge nicht richtig bewegt werden, es fehlt die Fähigkeit, das bekannte Wort richtig zu
artikulieren — Dysarthrie und Anarthrie.

Als wichtig führt Bernhardt noch an die Kombination von Abducenslähmung mit der einzelner Äste des N. oculomotorius, und zwar
sowohl gleichseitiger als ungleichseitiger. Bei letzterer weichen die
Augen nach der gleichen Seite ab, und zwar so, dass die Kranken von
ihrem Hirnherd wegzusehen scheinen, entgegengesetzt der Erscheinung
bei Grosshirnherden (Prevost'sche Regel), also konjungierte Lähmung
des Abducens (Musc. rectus ext.) auf dem einen Auge, des M. rectus
internus auf dem anderen. Manchmal ist die Eigentümlichkeit noch
vorhanden, dass das dem Tumor kontralaterale Auge allein, resp. bei
Fixation nächstgelegener Objekte, wenn es mit dem linken zusammen
zu starker Konvergenzbewegung gebracht wurde, die Parese nicht erkennen lässt (Bernhardt). Solche Fälle habe ich bei Tuberkeln bei
Kindern nicht finden können, wohl aber führt Bernhardt mehrere

---

1) bei Steffen. — 2) vgl. auch Fall Seeligmüller's l. c.

Erwachsene an, die Tuberkelknoten im Pons hatten — so Fall 6, 28, 66, bei den multiplen Tumoren Fall 21. Ausserdem einen von ihm beobachteten Fall bei einem 4jährigen Kinde.

Bei dem Knaben waren vorhanden: rechtsseitige totale Facialis- und Abducenslähmung, linksseitige Lähmung der Extremitäten; schwere, lallende Sprache; ferner Parese des linken M. rectus internus. Bei der Sektion ein Gliom in der rechten Ponsseite, das die rechte Hälfte der Medulla oblongata mit einnahm.

Bernhardt nimmt an, dass das Centrum für die konjugierte Augenbewegung nach den Seiten hin am Boden des 4. Ventrikels gelegen ist. Nach physiologischen Untersuchungen (Graux und Duval) steht der Abducenskern der einen und der Oculomotoriuskern der anderen Seite durch Kommissurenfasern in Verbindung, und Duval und Graux haben durch Zerstörung einer dem Abducenskern entsprechenden Stelle am Boden des 4. Ventrikels die besprochene Augenabweichung erzeugen können. — Der Abducenskern kann auch allein gelähmt sein, ohne Beteiligung der übrigen Augenmuskeln, und zwar dann, wenn die Läsion peripher vom Abducenskern — zwischen diesem und wo der Abducens als fertiger Nerv auftritt — sitzt.

Bernhardt kommt zu dem Schluss: „Das Symptom der kombinierten Abweichung der Augen nach der einen oder anderen Seite hin ist — wenn es konstant und namentlich mit Extremitätenlähmung kombiniert ist — ein sicheres Zeichen für eine Brückenläsion."

Ausser der Lähmung des Musc. rectus findet sich auch solche des Levator palpebrae sup. — Ptosis.

Es kommen auch Reizzustände vor. Motorische Reizerscheinungen, allgemeine oder partielle Krämpfe sind bei Tumoren im Pons selten, obwohl das Krampfcentrum in der Brücke gelegen ist. Nothnagel erklärt dies daraus, dass ein gleichmässig anhaltender oder allmählich wachsender Reiz anders auf den Nerven wirkt als ein plötzlich einsetzender: plötzliche Durchschneidung eines motorischen Nerven erzeugt eine Zuckung, nach der Durchschneidung aber erfolgt keine Zuckung mehr, das vom Nerven versorgte Gebiet ist gelähmt; rasch eintretende Hirnanämie führt zur Erregung des Krampfcentrums, zu Konvulsionen, langsame Verblutung ruft keine Krämpfe hervor. So kann eine Geschwulst den Nerven ganz allmählich komprimieren, ohne dass Zuckung ausgelöst wird. Auch Bernhardt führt an, dass Krampfzustände bei Ponstumoren relativ selten seien. Bei der Durchsicht der verschiedenen Befunde bei Kindern, welche Ponstumoren hatten, ist es mir aufgefallen, dass doch ziemlich häufig Konvulsionen —

partielle und allgemeine — beobachtet wurden. Ich machte deshalb eine Zusammenstellung der Fälle, die Erwachsene betreffen, und von Kindern. Da ergab es sich, dass bei 37 Fällen von Erwachsenen — von Ladame und Bernhardt — nur 9 mal überhaupt Konvulsionen angeführt waren, 2 mal waren solche kurz vor dem Tode — einmal war eine Cysticercusblase geplatzt — aufgetreten. Abstrahieren wir von diesen beiden Fällen, so waren bei Ponstumoren nur in beinahe 19 $^0/_0$ der Fälle Krämpfe vorgekommen. Bei den Tumoren im Kindesalter dagegen sind bei 30 Fällen — Ladame, Bernhardt, Steffen, Wortmann, Seidl, Henoch — 20 mal Konvulsionen verzeichnet, also bei 66,6 $^0/_0$. — Allerdings ist in beiden Rubriken öfters nicht angegeben, welcher Natur der Tumor war; handelte es sich um eine sehr gefässreiche Geschwulst, so lassen sich Konvulsionen leicht erklären; vielfach ist auch Hydrops ventriculorum erwähnt, durch diesen dürften manchmal auch Allgemeinkonvulsionen bedingt sein, ferner auch durch Meningitis. Immerhin ist es doch gewiss auffallend, dass Ponstumoren bei Kindern mehr als 3 mal so häufig mit Krämpfen einhergehen, als bei Erwachsenen. Ich möchte daher annehmen, dass das kindliche Gehirn anders reagiert als das der Erwachsenen. — Es waren entweder allgemeine epileptiforme Konvulsionen, welche die Diagnose der Ponstumoren nicht unterstützen, oder Krämpfe, die wohl den ganzen oder grössten Teil des Körpers befallen, aber eine Körperhälfte besonders bevorzugen (so z. B. bei Steffen: Pons nahezu in toto in einen festen tuberkulösen Tumor verwandelt; Zuckungen über den ganzen Körper, besonders des linken Armes), oder auch auf eine Seite beschränkt bleiben: Fälle von Steffen, Völkels, Seeligmüller, Wortmann u. A. Diese halbseitigen Krämpfe haben aber nichts charakteristisches für Ponsaffektionen. Einen Stützpunkt für die Diagnose der Ponstumoren dürften nur alternierende Konvulsionen — Facialisgebiet der einen, Extremitäten der anderen Seite — sein; ich habe aber solche Erscheinungen in keiner der Krankengeschichten angeführt gefunden.

    Störungen der Sensibilität kommen bei Tumoren der Brücke vor, es überwiegen die Lähmungserscheinungen die Reizerscheinungen; doch lassen sich Störungen der Sensibilität bei Kindern nur schwer nachweisen. Es kann sein, dass zuerst Hyperästhesie in einem Teil vorhanden ist und nachher Anästhesie folgt, z. B. im sensiblen Ast des Trigeminus.[1]) Es scheint, dass die mehr seitlichen und dem Boden des 4. Ventrikels näher gelegenen Teile der Brücke die sensiblen Fasern führen. So fand Sanné[2]) bei einem
(Beobachtung XXIX) 4 Jahre alten Knaben neben alternierender Lähmung die Sensibilität in beiden Gesichtshälften, mehr noch in den Armen

---

1) vgl. den oben citierten Fall Weber's. — 2) cit. bei Bernhardt.

vermindert; von Zeit zu Zeit Zeichen von Schmerz. Der Tuberkel sass in
der linken Hälfte der oberen Schichten des Pons, sich erstreckend über den
linken Hirnschenkel bis hinab zum Tractus opticus, nach oben bis zu den
Vierhügeln, überall die Mittellinie nach rechts überschreitend, nach vorn
den Zwischenraum zwischen den Hirnschenkeln ausfüllend und noch in den
rechten eindringend.

In den gelähmten Extremitäten ist auch oft die Sensibilität herabgesetzt. Besteht halbseitige Anästhesie resp. Hyperästhesie, so würde
sie wie die motorische Hemiplegie zu verwerten sein. — Neural-
giforme Schmerzen sind selten.

Vasomotorische und trophische Störungen sind nur wenig
beschrieben. Im Falle Seeligmüller's (Beobachtung XXVII) sind die
gelähmten rechtsseitigen Extremitäten im Wachstum etwas zurückgeblieben und fühlten sich im Vergleich zu den linksseitigen kühl an. —

Es wäre noch zu erwähnen, dass beim Übergreifen des Tumors
über die Mittellinie, sei es durch Gewebszerstörung, sei es durch Druck,
oder wenn in beiden Ponshälften Tumoren sitzen, sich die oben erwähnten Erscheinungen in der vielfältigsten Weise kombinieren können.

Medulla oblongata. Tuberkelknoten in dem verlängerten Mark und
zwar nur in diesem sind selten. — Die Tumoren in der Medulla
oblongata können ebenfalls latent verlaufen (Nothnagel).

Die wesentlichsten Symptome, die bei Erwachsenen beobachtet
wurden, sind Dysphagie, Aphonie, Anarthrie, Störungen der Respiration (Dyspnoe, unregelmässiger Typus der Respiration; Singultus)
und Circulation (Arhythmie der Herzthätigkeit, Beschleunigung oder
Verlangsamung des Pulses), bedingt durch die Läsion der in der
Medulla entspringenden Nerven. Besonders die Aphonie und Störung
der Atmung dürften wichtige Zeichen sein. — Erbrechen ist nach
Bernhardt in der Hälfte der Fälle vorhanden; tritt es mit den oben
genannten Erscheinungen zusammen auf, so kann es zur Diagnose
herangezogen werden.

Störungen der Motilität sind bei Tumoren im verlängerten
Mark häufig. — Dieselben können entweder kontralateral sein, wenn
der Tumor auf eine Hälfte beschränkt ist und in der Nähe der Brücke
liegt, wo die Pyramidenkreuzung noch nicht stattgefunden hat —
oder lateral, wenn er hinter derselben sich befindet. Die Lähmungen
scheinen viel häufiger zu sein als die Krämpfe. Auch Paraplegie
kann vorkommen, wenn die Kreuzungsstelle selbst beteiligt ist.

Von den wenigen Fällen von Tumoren im verlängerten Mark,
die bei Kindern beschrieben sind, finde ich keines der charakteristischen
Symptome verzeichnet.

Bei einem Fall von Garrod[1]) (papillomatöser Tumor im 4. Ventrikel,
Verdrängung des Velum und beider Kleinhirnhälften nach oben) bestanden
Hinterhaupt-Nackenschmerzen; dabei wurden unsicherer schwankender Gang,
ungeschicktes Greifen mit den Händen, später Lähmung des rechten Facialis
und der Unterkieferöffner, Pupillenerweiterung, Strabismus convergens auf
dem rechten Auge, Neuroretinitis duplex beobachtet. — Ein Fall von Kelly[2])
(an der rechten Seite der Med. obl. die Lappen des Kleinhirns auseinander-
drängendes Papillom) zeigte Unmöglichkeit zu gehen, Ataxie bei Bewegungen
der Unterextremitäten, rechtsseitige Facialisparese, Neuritis optica duplex,
erweiterte Pupille und rechtsseitiges Schielen.

Wortmann führt einen Fall an,
bei welchem am Boden des 4. Ventrikels in das Corpus restiforme hinein-
ragend ein Tuberkelknoten neben dem Calamus scriptorius sich befand, ein
anderer Tumor war in der linken Kleinhirnhemisphäre. Bei dem 1 ³/₄ Jahre
alten Mädchen fielen „unter den Symptomen der Meningitis" hochgradige
Unregelmässigkeiten der Respiration und klonische Krämpfe in allen
4 Extremitäten auf. Am vierten Tage vor dem Tode synchron mit der Inspiration alle paar Sekunden eine starke Einziehung der Rippen und der
Gegend des Schwertfortsatzes und hierauf wieder Vorstossen der unteren
Thoraxpartie. Dabei geringe Zuckung, welche den ganzen Körper durchfuhr.

Wortmann rechnet die Erscheinungen als zur tuberkulösen Meningitis gehörig, dass solche bei dieser vorkommen, lehren die früher angeführten Krankengeschichten.

Plötzlicher Tod tritt bei Tumoren in der Medulla oblongata
häufig ein, nach Bernhardt in 24 %.

Pedunculi cerebri. Dass Tumoren im Grosshirnschenkel bestehen
können, welche keine charakteristischen Symptome darbieten, scheint
ein Fall Gintrac's[2]) zu beweisen.

Ein 6 monatlicher Knabe wird vom 20. V bis 16. VI wiederholt
von allgemeinen epileptiformen Krämpfen befallen. Keine auf ein lokales
Hirnleiden hinweisenden Symptome. Bei der Sektion 180 g Flüssigkeit
in den Ventrikeln. In der unteren und äusseren Partie des Grosshirnschenkels
dicht unter der Oberfläche, aber überall vom Nervengewebe bedeckt, ein
Tuberkelknoten von 13 mm Länge und 4 mm Dicke, welcher 3 mm vor
dem Pons aufhört.

In diesem Falle lag der Tumor in der äusseren unteren Partie
des Pedunculus. Wenn der innere (mediale) Abschnitt aber mitgegriffen
ist, so entstehen motorische Lähmungen, Hemiplegien.

Charakteristisch für einen Tumor im Grosshirnschenkel ist eine
alternierende Lähmung des Oculomotorius an der Seite, wo der Tumor
seinen Sitz hat, und Lähmung der Extremitäten ev. auch des Facialis,
meist der unteren Zweige (Nothnagel), des Hypoglossus — die

---

1) bei Bernhardt. — 2) angeführt bei Nothnagel.

Zunge weicht nach der Seite der Extremitätenlähmung ab, Anarthrie
— und des Trigeminus auf der entgegengesetzten Körperhälfte.
Der Oculomotorius kann zwiefach getroffen werden: einmal dass
die den Hirnschenkel selbst durchsetzenden Fasern verletzt werden,
oder dass der Nerv nach seinem Austritt an der unteren Fläche des
inneren Abschnitts des Grosshirnschenkels komprimiert wird. Es werden
fast ausnahmslos alle Zweige des Nerven betroffen, man findet Ptosis,
Erweiterung der Pupille, Strabismus divergens, Diplopie.

Bernhardt erwähnt noch das Vorkommen von Anästhesie der gelähmten Extremitäten und ein späteres Auftreten von paralytischen
Zuständen im Oculomotoriusgebiet der anderen Seite. Nothnagel
legt mit Hughlings-Jackson noch grossen Wert für die Diagnose
auf ein rasches, gleichzeitiges Entstehen der Symptome. Folgender
Fall von Henoch dürfte einiges Charakteristisches bieten.

Beobachtung XXX. Max S., 3jährig, aufgenommen am 26. März. Seit
6 Wochen Tremor der linken Hand, der sich allmählich auf den ganzen
Arm ausdehnte und mit Kontraktur desselben im Ellbogengelenk sich ver-
band; ebenso Tremor des linken Beins. Der Tremor verstärkt sich
beim Versuch zu greifen, hört aber im Schlafe auf. Finger flektiert; keine
Paralyse. Ptosis des rechten Augenlids, Mydriasis und Strabismus
divergens auf dem rechten Auge. Später Ptosis, Mydriasis und Strabismus
divergens auf dem linken Auge. Tod an Masern und Bronchopneumonie.
Bei der Sektion im rechten Grosshirnschenkel ein kirschgrosser derber
Tuberkel, der in den 3. Ventrikel hineinragt. An der Basis ist der rechte
Oculomotorius durch den Druck des Tumors abgeplattet, verdünnt und grau
entfärbt.

Vierhügel. Gewöhnlich unterscheidet man bei Erkrankung dieses
Hirnteils zwischen dem vorderen und hinteren Paar. Bei der Affektion
der vorderen Vierhügel besteht häufig eine Abnahme des Sehvermögens bis zur Amaurose. Man hat aber bei diesem Zeichen darauf
zu achten, ob nicht durch intrakranielle Drucksteigerung Stauungspapille, Opticusatrophie vorliegen. Daher formuliert Nothnagel so:
„Wenn bei einer akut aufgetretenen Amaurose (und Reaktionslosigkeit
der Pupille) noch anderweitige Symptome einer Herderkrankung des
Gehirns und gleichzeitig ein negativer ophthalmoskopischer Befund
bestehen, darf man eine Beteiligung der vorderen Vierhügel annehmen.“
— In manchen Fällen von Erkrankungen des vorderen Paares hat man
Reaktionslosigkeit der Pupillen gesehen. —

Bei Tumoren in den hinteren Vierhügeln kann Oculomotorius-
parese resp. Paralyse vorhanden sein, charakteristisch für Erkrankung dieser Partie ist doppelseitige Lähmung einzelner gleichwertig
wirkender Äste, so z. B. Lähmung beider Recti superiores (im Fall
Henoch's, Beobachtung XXXI), oder doppelseitige Ptosis, besonders

wenn eine Extremitätenlähmung fehlt. Diese Doppelseitigkeit der Oculomotoriuslähmung kann auch zustande kommen bei einseitiger Vierhügelerkrankung. —

Ferner sind beim Sitz des Tumors in dem hinteren Vierhügelpaar
Koordinationsstörungen ähnlich denen der cerebellaren Ataxie beobachtet worden. Es werden aber von Vielen diese Störungen zurückgeführt auf Druck resp. Übergreifen des Tumors auf das Kleinhirn,
auf Hydrocephalus, endlich auf die Beeinträchtigung des Sehvermögens
(Doppeltsehen etc.).

Störungen der Motilität und Sensibilität in anderer, als der angeführten Weise, kommen den Erkrankungen der Vierhügel nicht zu.

Fall von Steffen.

Mädchen von 3 Jahren. Ptosis beider oberen Augenlider. Bewegung
der Bulbi unbehindert, Pupillen mittelweit und träge reagierend. Die Seh-
kraft schien an und für sich nicht beeinträchtigt zu sein. Später —
nach 6 Wochen — allgemeine eklamptische Anfälle, die sich bis zum Tode
häuften. Sektion: Bedeutende Hyperämie des Gehirns — keine Meningitis.
Die Vierhügel stellen eine rundliche, zerklüftete Masse (Tuberkel) dar.
Im Gehirn sonst keine Veränderungen.

In diesem Fall waren also die ganzen Vierhügel in eine tuberkulöse Masse umgewandelt, aber nur die doppelseitige Ptosis und die
träge Reaktion der Pupillen konnten für die Diagnose der Vierhügelerkrankung herangezogen werden.

Fall Henoch's.

Beobachtung XXXI. 1¼jähriges Mädchen mit Lungentuberkulose
zeigte zunächst keine Erscheinungen seitens des Nervensystems. Plötzlich
wurde der Blick stier; beide Augen waren starr nach unten gerichtet,
Pupillen etwas weiter und träger reagierend als sonst. Vorgehaltenen
Gegenständen folgt das Kind mit den Augen nach beiden Seiten, aber nicht
nach oben. 4 Wochen später Erbrechen, dann Parese des rechten Arms
und Beins und sämtlicher rechter Facialisäste, Strabismus des rechten
Auges, rechte Pupille enger als die linke; Anfälle von allgemeinen Konvulsionen. Tod ca. 6 Wochen nach Auftreten der Oculomotoriumslähmung,
Sektion: Meningitis tuberculosa an Basis und Konvexität. Hydrops ventriculorum. Im linken Corpus quadrigeminum ein halbbohnengrosser Tuberkel
ohne Veränderung der umgebenden Substanz.

Fall von Pilz.[1]

Beobachtung XXXII. 3jähriges Mädchen, das Meningitis durchgemacht haben soll, wird mit weitverbreiteter Bronchitis aufgenommen.
Imbecillität seit der Meningitis. — Plötzlich Ptosis links, welche sich
steigert; später Dilatation der linken Pupille; dieselbe zeitweise nach unten
verzogen, Bewegungen des linken Bulbus nach innen behindert. Parese der
rechten Körperhälfte, linker Mundwinkel hängend. Hierauf wird der linke
Bulbus nach unten und aussen gewälzt und prominent; die Ptosis und

---

1) cit. bei Steffen.

Lähmung des linken M. internus nehmen immer mehr zu. Vollständige linksseitige Facialisparese. Tod beinahe $1/_4$ Jahr nach dem Auftreten der ersten Hirnerscheinungen. Sektion. Hydrops ventriculorum, Gehirnödem. Die Corpora quadrigemina sind in einen gelblichweissen tuberkulösen Tumor verwandelt, der von der Grösse einer Wallnuss ist und in den 3. Ventrikel vordrängt.

Fall Henoch's.[1]

Beobachtung XXXIII. 4jähriges Mädchen. Linksseitige Facialis-, rechtsseitige Extremitätenparese; choreaartige Bewegungen der paretischen Extremitäten; leichte Rigidität derselben. Schielen. Neuritis optica duplex. Doppelseitige Ptosis, weite starre Pupillen. Doppelseitige Rect. internus — Lähmung. Tod durch Scharlach. Grosser Tuberkel unterhalb des linken Corpus quadrigeminum, in die Substanz des Pons nach abwärts eingreifend. Mehrere Tuberkel in der rechten Kleinhirnhemisphärenperipherie.

Die alternierende Lähmung des Facialis und der Extremitäten erklärt sich in diesem Fall durch das Ergriffensein des Pons, die Oculomotoriuslähmung dagegen dürfte auf Vierhügelerkrankung zurückzuführen sein.

Sehhügel. Tuberkel auf die Thalami optici beschränkt sind selten. Beim Sitz in dieser Gegend — es gilt dies auch für den Streifenhügel — muss man besonders in Betracht ziehen, dass die Neubildung in der Mehrzahl der Fälle die benachbarten Hirnteile direkt oder indirekt in Mitleidenschaft zieht (Nothnagel), daher stösst ein Auseinanderhalten der Symptome auf Schwierigkeiten.

Für ein Ergriffensein der Sehhügel sprechen vielleicht Sehstörungen; gekreuzte Amblyopie oder laterale Hemiopie sind bei Läsionen des hinteren Teils beobachtet. Ferner kommen bei Erkrankungen des Thalamus opticus eigentümliche motorische Reizerscheinungen, Hemichorea, Athetosis, halbseitiges Zittern, halbseitige Ataxie vor. Doch sind diese Erscheinungen auch bei anderweitigem Sitz gesehen (vgl. Beobachtung XXX).

Es können auch Störungen des Muskelsinns auftreten. — Psychischreflektorische Bewegungen, Weinen, Lachen, sind vielleicht vom Sehhügel abhängig. — Sehr häufig haben wir Mitbeteiligung benachbarter Hirnteile, dann kommt es zu .Lähmungen in der motorischen und sensiblen Sphäre.

Fälle Henoch's.

1. Einjähriges Kind, aufgenommen mit allen Zeichen der Meningitis tuberculosa. Beginn vor 8 Tagen mit wiederholten Konvulsionen. Fast anhaltende choreaartige Bewegungen des rechten Arms und Beins. Bei der Sektion Meningitis tuberculosa und ein haselnussgrosser Tuberkel im mittleren Teil des linken Thalamus opticus.

---

1) cit. bei Bernhardt.

Henoch ist geneigt, die choreaartigen Bewegungen auf die terminale Meningitis zurückzuführen.

2. Dreijähriger Knabe. Beginn der Erkrankung 7 Monate vor der Aufnahme mit Tremor der rechten Hand; hierauf Lähmung der ganzen rechten Körperhälfte; später Tremor der linken Hand, der bei Bewegungen zunimmt; starre Kontrakturen aller 4 Extremitäten in den Ellbogen- und Kniegelenken. Meningitis. Sektion: Tuberkel in der rechten Hemisphäre des Kleinhirns, an der Konvexität des linken Stirnlappens, im linken Corpus striatum; beide Sehhügel in ihrem oberen Teil in eine höckrige käsige Masse umgewandelt.

Im Falle III Seidl's,

einem 3 Jahre alten Mädchen, waren die beiden rechten Extremitäten in beständiger Zitterbewegung, im rechten unteren Facialisgebiet zeitweilig leichte Zuckungen; bei intendierten Bewegungen vermehrte sich das Zittern bedeutend. Katalepsie namentlich rechts, aber auch links. Das halbseitige Zittern trat schon mehr als 2 Jahre vor dem Tode auf, es war an Intensität verschieden, steigerte sich einmal zu heftigem Schütteln. — Das Kind machte Varicellen und Masern durch; im Anschluss an diese Krankheit Tod. Sektion: Am hinteren Rande des linken Thalamus opticus ein erbsengrosser Höcker. Beim Einschneiden an dieser Stelle, entsprechend der hinteren Commissur, ein bohnengrosser, scharf abgegrenzter Knoten, der sich in das Corpus striatum fortsetzt.

Fall Hügel's[1]).

1²/₃jähriger Knabe. Mehrere konvulsivische Anfälle. Zuckungen im linken Arm; linkerseits vollständige Amaurose. Tuberkulöse Meningitis. Hydrocephalus. Nussgrosser Tuberkel im rechten Thalamus opticus.

In einem Fall Senator's

zeigte ein 2 Jahre alter Knabe eine rechtsseitige Parese des Facialis, welche bei mimischen Bewegungen undeutlich wird. Bewegungen des atrophischen rechten Arms werden schleudernd und ataktisch ausgeführt; das rechte Bein wird bei Gehversuchen in die Höhe gezogen und stampfend aufgesetzt. Tod an Masern. Wallnussgrosser Tuberkel im linken Thalamus opticus, der nicht bis zur Capsula int. reicht, aber nach innen den Sehhügel etwas vorwölbt.

Bei den angeführten Fällen sind die oben erwähnten Symptome: halbseitiges Zittern, Hemichorea, halbseitige Ataxie, Amaurose vorhanden, doch stehen diesen gegenüber andere, welche keine der genannten Erscheinungen aufweisen (Seeligmüller, Pilz, Henoch, Fleischmann, Ebstein u. A.).

Corpora striata. Bei langsam wachsenden Tumoren in den Streifenhügeln hat die Anpassungsfähigkeit weite Grenzen, die Geschwülste können einen grossen Raum einnehmen, ohne dass Lokalsymptome bestehen.

---

1) bei Ladame.

Fall Henoch's.

4jähriger Knabe mit Tuberculosis pulmonum. Cerebralsymptome nie beobachtet. Tod an einer schnell verlaufenden Meningitis basilaris. Sektion: Ausser der Meningitis ein taubeneigrosser Tuberkel auf der Konvexität des rechten Vorderlappens, ein ebensogrosser an der Vorderfläche des rechten Corpus striatum, endlich eine pomeranzengrosse Tuberkelmasse zwischen dem Kleinhirn und dem Tentorium cerebelli.

Die Erscheinungen, welche Herde im Streifenhügel machen, sind abhängig von dem Sitz; besonders wichtig ist das Ergriffensein der Capsula interna. Die Folgen sind motorische Hemiplegie der kontralateralen Körperseite, und zwar sind beide Extremitäten und die von den unteren Facialisästen versorgte Gesichtshälfte paretisch; ferner ist gewöhnlich auch die Rumpfmuskulatur paretisch: die betreffende Thoraxhälfte nimmt bei den Atmungsbewegungen weniger Teil, auch die Bauchmuskulatur kontrahiert sich auf der einen Seite weniger als auf der anderen (Nothnagel). In seltenen Fällen sind nur die Extremitäten oder nur der ganze Facialis gelähmt. Der Hypoglossus ist manchmal frei, manchmal aber auch — selten dauernd — gelähmt. Frei bleiben von den Hirnnerven: Accessorius, Vagus, Abducens, Trochlearis, Oculomotorius, motorischer Ast des Trigeminus.

Bei Geschwülsten kommen Spasmen verschiedener Art, namentlich klonische Zuckungen der Extremitäten und des Facialisgebietes auf der dem Tumor entgegengesetzten Seite vor, später werden dann diese Partien gelähmt; indessen ist dies nicht konstant: die Paralyse kann auch ohne Zuckungen entstehen. In den gelähmten Extremitäten entwickeln sich oft sekundäre Kontrakturen. — Die motorische Lähmung ist das einzige Zeichen bei Herden im vorderen Abschnitt der Capsula interna, beim Sitz des Herdes im hinteren Hirnschenkel besteht oft noch Hemianästhesie; sowohl Hautsensibilität als Gesicht, Gehör, Geschmack, Geruch sind auf der betroffenen Seite herabgesetzt. Zuweilen zeigen sich in den gelähmten Regionen auch vasomotorische Störungen: Rötung, Ödeme, erhöhte Temperatur. — Hemichorea und halbseitiges Zittern ist in manchen Fällen gesehen, doch scheinen sie vom Thalamus opticus resp. aus den aus dem Sehhügel in den Stabkranz eintretenden Fasermassen ausgegangen zu sein (Nothnagel).

Folgende Fälle mögen als Beispiele dienen; dabei muss ich aber vorausschicken, dass kaum einer als reiner Fall aufgefasst werden kann.

Fall von Henoch.

Beobachtung XXXIII. Beginn der Erkrankung vor 7 Monaten mit häufig eintretendem Tremor der rechten Hand, wozu sich 2 Monate später eine unvollständige Lähmung der rechten Körperhälfte und des rechten Facialis gesellte; fast anhaltende Kontraktur des rechten Arms im Ellbogengelenk. Später starre Kontrakturen aller 4 Extremitäten, in den Ellbogen und Kniegelenken; die rechtsseitigen wurden nur in sehr geringem Grade bewegt, während die linke Hand einen fast anhaltenden, bei Bewegungen zunehmenden Tremor zeigte. Sektion. Ausser einem Käseherd an der Konvexität des linken Frontallappens 3 erbsengrosse Käseknoten am hinteren Teil des linken Corpus striatum; beide Sehhügel in eine käsige Masse verwandelt. Am hinteren Umfang der rechten Kleinhirnhemisphäre eine nussgrosse Geschwulst, die z. T. verkalkt ist. An der Basis des Gehirns diffuse Trübung und leichte Verdickung der Pia ohne Tuberkel.

In diesem Fall ist vielleicht der beiderseitige Tremor auf das Ergriffensein der Sehhügel, die Lähmung auf die Affektion des Streifenhügels zurückzuführen.

Fall von Pilz[1]).

Beobachtung XXXIV. 11jähriges Mädchen. Soll Diphtherie und Anfälle von Konvulsionen gehabt haben. Es werden Sprachlosigkeit, Erschwerung des Schlingens, Paresen des Rumpfes und der oberen Extremitäten, Paralyse der unteren bemerkt. Gesteigerte Reflexerregbarkeit. Streckung der gebeugten Unterextremitäten ruft Obturatorenkrampf hervor. Allmählich schwinden die Zeichen der Lähmung, die Kranke kann gehen und sprechen. Es ist noch eine beträchtliche Störung des Gedächtnisses zurückgeblieben. — Plötzlich Anfälle von Konvulsionen, welche 2 Stunden dauerten; dieselben treten in der rechten Körperhälfte in verstärktem Masse auf. Darauf wieder fast vollkommene Sprachlosigkeit und Verminderung der Sensibilität in den Extremitäten der rechten Körperhälfte. Gesteigerte Erregbarkeit, Somnolenz. Leichte Kontrakturen der unteren Extremitäten beim Versuch, dieselben zu strecken, Obturatorenkrampf. Allmählich Nachlass der Erscheinungen bis auf eine geringe Parese der rechten unteren Extremität und $1/4$ Jahr nach dem Anfall Entlassung. Nach 1 Jahr Neuaufnahme, da allgemeine Konvulsionen und Verlust der Sprache sich einstellten; nach ca. 4 Wochen Besserung. Da geht das Kind an Variola zugrunde. Sektion: Im linken Seitenventrikel findet sich der vordere Teil des Corpus striatum prominierend; beim Durchschnitt durch diese Stelle des Streifenhügels ein tuberkulöser Tumor von Erbsengrösse, welcher von einer festen dünnwandigen Kapsel umgeben war.

Dieser Fall ist durch die vorausgegangene Diphtherie kompliziert, und man kann geneigt sein, manche im Anfang aufgetretenen Störungen dieser Erkrankung zuzuschreiben; immerhin sind Erscheinungen — halbseitige Konvulsionen mit nachfolgender Parese des rechten Beins, halbseitige Sensibilitätsstörung, Sprachstörungen, die erst verschwinden, dann wiederkehren und bis zu dem Tode bleiben — mit der Erkrankung des Streifenhügels in Verbindung zu bringen.

Fall Reimer's[2]).

Beobachtung XXXV. 4jähriger Knabe. Unter den Erscheinungen einer tuberkulösen Meningitis aufgenommen. Seit längerer Zeit nach Krampf-

---

1) angeführt bei Steffen. — 2) ebenda.

anfällen undeutliche und lallende Sprache. Bei der Aufnahme bereits
Agonie; Lähmung der ganzen rechten Körperhälfte und Anästhesie derselben, Reflexe vermindert. Zeichen der Meningitis. Sektion: Tuberkulöse
Meningitis, Seitenventrikel erweitert, auf dem Boden des linken Seiten-
ventrikels ein grünliches eitriges Exsudat. Im linken Corpus striatum ein
tuberkulöser Tumor von Erbsengrösse und zwar im vorderen Ende des
Nucleus caudatus; er greift auf die Stria terminalis über und ist von einer
hyperämischen Zone umgeben, welche von kapillaren Blutergüssen durchsetzt ist.

Fall von Hagenbach[1]).

Beobachtung XXXVI. 5jähriger Knabe. Kopfschmerzen, Erbrechen,
Apathie. Strabismus convergens, Parese des rechten Facialis, Uvula nach
links gerichtet, Amblyopie, allmähliche Abnahme der Intelligenz. $\frac{1}{2}$ Jahr
später Morbilli. Wenige Wochen darauf Schwerbeweglichkeit der unteren
Extremitäten. nachdem in der rechten Tremor vorausgegangen war. Schlingen
mehr und mehr erschwert. Tod 1 $\frac{1}{4}$ Jahre nach Auftreten der ersten
Symptome. Sektion: Am hinteren Umfang des rechten Orbitaldaches eine
käsige Geschwulst von der Grösse einer Erbse. Linker Seitenventrikel
beträchtlich erweitert, der rechte durch einen Tumor von fast Hühnereigrösse verengt; das rechte Corpus striatum ist ganz in diesen Tumor auf-
gegangen, der Thalamus comprimiert; Atrophie des Tract. olfactorius
und Opticus.

Bei diesem Kinde zeigten sich die Störungen auf der dem Tumor
zugehörigen Seite, Tremor des rechten Beins, Lähmung des rechten
Facialis.

Centrum ovale. Tumoren im Marklager können völlig symptomenlos verlaufen, ja sie können eine beträchtliche Grösse erreichen, ohne
dass irgend welche cerebrale Erscheinungen zutage treten. So z. B.
ein Fall von Steiner und Neureuter[2]).

3 Jahre alter Knabe hat Drüsen- und Lungentuberkulose, weist keinerlei
Nervenerscheinungen auf. Bei der Sektion ein hühnereigrosser Tuberkel im
vorderen Teil der rechten Hemisphäre.

Den Centrumsherden kommen charakteristische Zeichen nicht zu.
Durch Druck, durch umgebende Encephalitis, durch Cirkulationsstörungen bewirken sie im benachbarten Rinden- oder Grosshirnganglien-
gebiet Veränderungen, welche denen in der genannten Partie gleichkommen, Fernwirkungen, die bis zu Allgemeinerscheinungen führen.
Beobachtet sind gekreuzte motorische Lähmungs- und Krampfzustände,
wie wir sie bei Streifenhügelerkrankungen sehen, oder Monoplegien oder
Konvulsionen in einem Glied. Bernhardt erwähnt, dass solche Erscheinungen am häufigsten bei Scheitellappentumoren sind, dass sie bei
Geschwülsten im Occipitallappen zurücktreten. Aber auch bei Sitz in
diesen können motorische Störungen sich zeigen, so im

---

1) angeführt bei Steffen. — 2) angeführt bei Bernhardt.

Fall Henoch's.

Beobachtung XXXVII. Mädchen von 2 Jahren. Wiederholte Anfälle von Konvulsionen. 29. Juni Erbrechen und Krampfanfall, der
auf die linke Körperhälfte beschränkt war, dabei Strabismus convergens
links. Gleich nach dem Anfall Lähmung der linken Körperhälfte. Grosse
Unruhe. Nach 2 Tagen auffallende Besserung, am 8. Juli war die Lähmung
ganz verschwunden. 26. Juli erneute Konvulsionen der linken Körperhälfte, die aber nicht von Lähmungen gefolgt sind. Am 15. Oktober und
Mitte Februar des folgenden Jahres stellen sich wiederum die Krampfanfälle
ein. Am 30. März sehr heftiger Anfall mit Exitus letalis. Sektion: Starke
Hyperämie der Pia, stellenweise kleine Ekchymosen. Im hinteren Lappen
der rechten Hemisphäre mitten im Mark ein erbsengrosser Tuberkel von
einer dünnen Bindegewebskapsel umgeben. Keine Meningitis.

Nicht immer sind übrigens die motorischen Störungen auf der
kontralateralen Körperhälfte gefunden, selten sind sie auch auf der
gleichseitigen beobachtet. Fall von Constant[1]).

7 Jahre altes Mädchen. Epileptiforme Anfälle, Hemiplegie links.
Apathie. Verlust der Intelligenz und Sprache. Tod infolge von Masern.
Sektion: 2 Tuberkel in der linken Hemisphäre; Umgebung erweicht.

Sensibilitätsstörungen an den gelähmten Extremitäten zeigen
sich manchmal bei Marklagertumoren, gleichviel in welchem Lappen
dieselben sitzen. — Hemianopsie kann bei Occipitallappentumoren
vorkommen, Aphasie spricht vielleicht für den Sitz im Fuss der
3. linken Stirnwindung.

Grosshirnrinde. Auch bei Tuberkeln der Hirnrinde ist völlige Latenz
beobachtet worden.

Fall Seidl's IX.

6jähriges Mädchen stand über 1 Jahr in Hospitalbehandlung, cerebrale
Symptome wurden mit Ausnahme derer der terminalen Meningitis nicht
bemerkt. Sektion: Über dem rechten Frontallappen (erste Windung) ein über
linsengrosser gelblicher Fleck, welcher sich beim Einschneiden als ein etwas
über erbsengrosser käsiger Knoten erweist. Meningitis tuberculosa.

Fall Henoch's.

Knabe von 4 Jahren mit Phthisis pulmonum. Cerebralsymptome nie
beobachtet. Tod an schnell verlaufender Meningitis. Sektion: Ein taubeneigrosser Tuberkel auf der Konvexität des rechten Vorderlappens, eben ein
solcher an der Vorderfläche des rechten Corpus striatum, ferner eine Tuberkelmasse zwischen dem Kleinhirn und Tentorium u. s. w.

Bei den Tumoren der Gehirnoberfläche finden sich oft Motilitätsstörungen, teils Krämpfe, teils Lähmungen, und zwar können solche
allein, häufiger kombiniert auftreten. Die Lähmungen sind vielfach
Hemiplegien, die Krämpfe epileptiforme Konvulsionen. Die Motilitätsstörungen zeichnen sich von Herden in anderweitigen Regionen dadurch

---

1) bei Ladame.

aus, dass sie zuerst partielle sind und erst daran weitere Erscheinungen sich anschliessen. Gewöhnlich beginnen sie mit Konvulsionen, nachher folgen Lähmungen. So z. B. im Anfang Zuckungen im Facialisgebiet der einen Seite, hierauf Krämpfe im Arm, es folgt die ganze linke Körperhälfte und schliesslich kann der ganze Körper von Krämpfen geschüttelt werden. Ebenso wie mit den Reizerscheinungen verhält es sich mit den Lähmungen. Wichtig für die Diagnose von Tumoren der Grosshirnrinde ist das Zuerstergriffenwerden bestimmter Muskelgruppen und hieran erst der Anschluss von anderweitigen Krampf- resp. Lähmungszuständen. Gewöhnlich erfolgen zuerst Reizerscheinungen und diese lassen Paresen oder Paralysen in der erst befallenen Muskelgruppe zurück. Bei den Anfällen ist das Sensorium oft frei.

Weiter ist zu bemerken, dass bei den Motilitätsstörungen eine gewisse Aufeinanderfolge derselben stattfindet. So ist es selten, dass Krämpfe oder Lähmungen im Facialisgebiet ihren Anfang nehmen und dann mit Überspringen des Armes auf das Bein sich erstrecken. In der Regel beginnen die Konvulsionen in bestimmten Muskelgruppen, die einem durch den Tumor in den Reizzustand versetzten Centrum entsprechen; der Reiz pflanzt sich hierauf auf benachbarte Gebiete fort (also vom Facialisgebiet auf die motorische Region der oberen Extremität, dann auf die der unteren) und vermag unter Umständen die gesamte Gehirnoberfläche in Mitleidenschaft zu ziehen; es entstehen dann bei Trübung des Bewusstseins Allgemeinkonvulsionen (denen der Epilepsie ähnliche). — Bernhardt schreibt: „Es ist also etwas anderes um die Epilepsie, welche von den in der Medulla oblongata und im Pons liegenden Centren her ihren Ursprung nimmt, welche das gesamte Muskelsystem des Körpers en bloc befällt und bei der das Bewusstsein getrübt oder verloren ist, und um diejenigen Krampfanfälle, welche von der Hirnrinde, vielleicht einem ganz engen Bezirk derselben, ausgehen, zuerst nur einige Muskelgruppen beteiligen, um sich allmählich und in wohl messbarer Zeit wie ein durch seine Dämme nicht weiter zurückgehaltener Strom über die ganze Hirnoberfläche zu ergiessen und zuletzt erst das Bewusstsein in sich zu versenken."

Die partiellen Krämpfe und stückweisen Hemiplegien — beschränkt nur auf eine Extremität oder auf beide einer Körperseite und nachfolgender sekundärer Kontraktur, oder auch beschränkt auf einen Hirnnerven, also isolierte Lähmung des Facialis oder Hypoglossus resp. gleichzeitige Facialis- und Oberextremitätenlähmung sprechen für Reize, welche die Gegend der Centralwindungen und des Lob. paracentralis treffen, dass der Tumor entweder in diesen oder doch in ihrer Nähe seinen Sitz hat.

Fälle Henoch's.

Beobachtung XXXVIII. 2 Jahre alter Knabe, seit 1_2 Jahr an
Husten und Abmagerung leidend, wird am 3. April aufgenommen. Die
rechte obere Extremität befindet sich in anhaltender zitternder, oft auch
stärker zuckender Bewegung, ebenso anhaltende Zuckungen an der rechten
Gesichtshälfte; Sensibilität nicht getrübt. Am 5. April hatten die zittern-
den Bewegungen erheblich zugenommen und sich auf den Kopf und die
rechte untere Extremität ausgebreitet. Auch Brust- und Bauchmuskeln, sowie der Cremaster der rechten Seite zeigten deutliche, in kurzen
Intervallen wiederkehrende Zuckungen. Dabei war ein paretischer Zustand der rechten oberen Extremität unverkennbar. Die Zuckungen bestehen auch während des Schlafs. Zunehmende Apathie, Somnolenz. Am
6. April anhaltende Kontraktur des rechten Daumens, am 7. mässiger
Nystagmus des rechten Auges; Tod. — Sektion: Starkes Ödem der Pia,
besonders auf der Konvexität der linken Hirnhemisphäre. Auf dem Frontallappen derselben zahlreiche Tuberkel, die linke Pia mit der Rinde verwachsen. Dicht vor der linken Roland'schen Spalte ziemlich in der Mitte
der Hemisphäre in der Rindensubstanz ein gelber, haselnussgrosser Tuberkel
dessen nächste Umgebung erweicht ist.

Beobachtung XXXIX. 1 Jahr altes Mädchen, soll wiederholt an
Konvulsionen gelitten haben. Nähere Angaben fehlen. Bei der Aufnahme
Parese des linken unteren Facialisgebiets, rechtsseitige Hemiplegie mit Kon-
traktur, Reflexerregbarkeit rechts erloschen. Sektion: Meningitis basilaris.
Hydrops ventriculorum. In der Rindensubstanz der rechten Grosshirn-
hemisphäre an der hinteren Grenze des Stirnlappens ein die graue Substanz
völlig durchsetzender, etwa taubeneigrosser tuberkulöser Herd, dessen nächste
Umgebung stark vascularisiert, durchfeuchtet und erweicht ist.

Fall Reimer's [1]).

Beobachtung XL. 12jähriger Knabe, Aufnahme 9. XII. 71, soll
öfters an Krämpfen gelitten haben, welche hauptsächlich die linken Extremitäten betroffen und selten auch auf die rechten sich verbreitet haben.
Krämpfe tonisch und klonisch. Heftige Kopfschmerzen vor den Anfällen,
und zwar sind sie meist auf die linke Kopfhälfte beschränkt und von
Ohrenklingen und Funkensehen begleitet. In den folgenden Tagen Krampfanfälle, welche die linke Körperhälfte befielen. Am 21. und 27. Krampfanfälle bei freiem Sensorium mit sehr heftigen Kopfschmerzen. Die Zuckungen
sind zunächst in den linken Extremitäten, dann im rechten Arm, dann
in beiden Gesichtshälften. Bulbi nach oben rotiert. 3. I. 72 Gefühl von
Kitzel in den linken Extremitäten. Dann wieder Krampfanfälle in der
ganzen linken Körperhälfte. 14. I. Ein Krampfanfall gefolgt von Parese der
rechten Gesichtshälfte und des linken Beins mit Herabsetzung der
Sensibilität. Bis Ende Januar öfters Konvulsionen, von reissenden
Schmerzen begleitet. Im Februar Krampfanfälle wie früher. Im Juli
Amaurose, die nach 14 Tagen schwand; Schlingbeschwerden.

Im November Schmerzen im linken Plexus brachialis, am 15. sehr
heftige Schmerzen im linken Bein. Am 30. Dezember heftiger Krampfanfall der rechten Körperhälfte, rotierende Bewegungen des rechten Auges.

---

1) angeführt bei Steffen.

Jan. 73. Nachlass der Anfälle, nur noch Zuckungen. Bewusstsein dauernd ungestört. 21. Jan. Taubheit ohne nachweisbare Ursache. Sektion: In den Maschen der Pia sulziges Exsudat. Zu beiden Seiten der Incisura longitudinalis, entsprechend der vorderen Centralwindung und inneren Stirnwindung, je 6 käsige Tumoren bis zu Haselnussgrösse, einige liegen nur in der Rinde, andere erstrecken sich auch in die weisse Substanz. Die Tumoren sind von einer hyperämischen, erweichten Zone umgeben.

Fall von Morelli[1]).

Beobachtung XLI. Mädchen von 13 Jahren. Zeitweilig partielle Krämpfe des rechten Arms mit Schmerzen; dann und wann auch Konvulsionen des rechten Beins. Sensorium frei, nur einige Male bei allgemeinen Konvulsionen benommen. Öfters nach einzelnen Anfällen choreaartige Bewegungen der rechten Hand, die tagelang anhielten. Sektion: Tuberkulöser Tumor von 3 cm Länge und 1½ Breite mit erweichter Umgebung in der Mitte der linken hinteren Centralwindung; derselbe erstreckte sich auch durch die Centralfurche auf die vordere Windung.

Aus den beiden letzten Fällen geht hervor, dass auch Störungen der Sensibilität bei Affektion der Centralwindungen vorkommen: Parästhesien, Hyperästhesien, Anästhesien.

Betreffs des Sitzes von Tuberkeln in anderen Teilen der Grosshirnrinde habe ich in der Litteratur keine bezüglichen Bemerkungen gefunden. Immerhin kann man aus Erkrankungen Erwachsener und aus experimentellen Daten Schlüsse ziehen.

Bei Tumoren im Occipitallappen kann Hemianopsie zustande kommen und zwar, dass auf dem dem Herde gegenüberliegenden Auge die nasale, auf dem gleichseitigen die temporale Hälfte ausfällt. Auch Seelenblindheit ist beobachtet.

Bei Sitz von Tumoren im Scheitellappen sind Sensibilitätsstörungen: Taubheitsgefühl, Kriebeln, Kältegefühl, Störungen des Muskelsinns gefunden worden. Auch Störungen in den Augenmuskeln sind möglich. Isolierte Ptosis ist wichtig.

Bei Tumoren im Temporallappen kann bei Sitz in der 1. Windung Worttaubheit entstehen; auch das Centrum für das Hören liegt in diesem Lappen (2. Temporalwindung).

Im Vorderlappen kommt namentlich die dritte linke (bei Linkshändigen ev. die rechte) Stirnwindung in Betracht; Schädigung dieser führt zu Aphasie. — Ausserdem glaubt man bei Erkrankung der 1. Stirnwindung Verminderung der Aufmerksamkeit, Abschwächung der Intelligenz und Veränderung des Charakters zum Schlechteren beobachtet zu haben (Goltz). — Es muss jedoch bemerkt werden, dass psychische Störungen auch bei anderweitigen Erkrankungen der Hirnrinde beobachtet sind. Intelligenz und Bewusstsein haben ihren Sitz in der

---

1) angeführt bei Steffen.

Hirnrinde, sie sind aber nicht an bestimmte Regionen gebunden. Hieraus erklärt es sich, warum viele Rindenherde ohne psychische Störungen verlaufen; ein Ausfall grösserer Gebiete dagegen führt zur Abnahme geistiger Fähigkeiten.

Dauer und Verlauf.

Die Dauer und der Verlauf der Hirntuberkulose sind ausserordentlich wechselnd. Wie schon mehrfach betont, verläuft eine grosse Anzahl von Fällen völlig latent, kein Zeichen während des Lebens weist auf einen Tumor im Gehirn hin, erst die Sektion des an Tuberkulose anderer Organe oder an irgend sonstiger interkurrenter Krankheit gestorbenen Kindes führt zur Entdeckung eines oder mehrerer Knoten im Gehirn, oder man beobachtet in manchen Fällen nur die Symptome der terminalen Meningitis. Andere Male sind cerebrale Störungen, welche auf die tuberkulöse Geschwulst hinweisen, vorhanden, die Krankheit hat nur eine Dauer von Tagen, oft gehen die Symptome des Tumors, wie Hemiparese u. s. w., unmittelbar in die der tuberkulösen Meningitis über. So z. B. zwei Fälle Henoch's.

1. 1jähriges rhachitisches Kind, aufgenommen am 10. Juni mit allen Zeichen der tuberkulösen Meningitis. Beginn 8 Tage früher mit allgemeinen Konvulsionen; choreaartige Bewegungen des rechten Armes und Beines. Tod am 26. Juni. Sektion: Meningitis tuberculosa. Haselnussgrosser Tuberkel im mittleren Teil des linken Thalamus opticus.

2. 1jähriges Kind erkrankt 10 Tage vor der Aufnahme mit wiederholten Konvulsionen, denen rasch linksseitige Hemiparese folgte. Dann Symptome der Meningitis tuberculosa. Sektion: Meningitis tuberculosa der Basis und Konvexität mit akutem Hydrocephalus. Käsige Infiltration einige Millimeter in die Rinde hinein sich erstreckend, links an einer zehnmarkstückgrossen Stelle dicht vor der Centralfurche.

Im ersten Fall dauerte die Krankheit vom Auftreten der ersten Erscheinungen bis zum Tode 24, im zweiten 21 Tage. Allerdings lässt sich nicht immer mit Sicherheit bestimmen, welche Erscheinungen auf die Meningitis, welche auf den Tumor zu beziehen sind; denn Hemiparese und halbseitige Zuckungen können auch bei der Meningitis ohne Tuberkel in der Hirnsubstanz vorkommen. Henoch ist geneigt, die Symptome des ersten Falls auf Rechnung der Meningitis zu setzen, und nimmt an, dass der Solitärtuberkel latent bestand.

In wieder anderen Fällen können Monate und Jahre zwischen dem ersten Zeichen und dem Tode liegen. Oft schieben sich langwährende freie Intervalle ein, oder aber wechseln cerebrale Störungen in mehr oder weniger rascher Reihenfolge mit einander ab.

In Fall G., Beobachtung XXII, zeigten sich die ersten Symptome Ende Februar, der Tod erfolgte Ende Juli, also nach 5 Monaten.

In den früher angeführten Fällen von Henoch und Seeligmüller vergingen von den ersten Erscheinungen 8 resp. 7 Monate bis zum letalen Ausgang. Im Falle III Seidl's gingen mehr als 2 Jahre darüber hin, das Kind machte, während cerebrale Erscheinungen häufig sich zeigten, Varicellen und Masern durch; im Anschluss an die letzte Krankheit erfolgte der Tod.

Auch langdauernde Stillstände können zwischen den einzelnen Attacken liegen; andere Krankheiten können, obwohl der tuberkulöse Tumor besteht, glücklich überstanden werden oder sie sind es, die das tötliche Ende beschleunigen.

Plötzliche Todesfälle sind beobachtet, wenn der Tuberkelknoten im verlängerten Mark oder im Wurm des Kleinhirns seine Lage hatte (vergl. Beobachtung XXV und XXVI).

In vielen Fällen bildet die Meningitis tuberculosa den Schluss; nach Henoch zeichnet sich diese in der Regel durch einen stürmischen Verlauf aus.

Diagnose.

Bei der Stellung der Diagnose ist einmal zu berücksichtigen, ob nach den aufgetretenen Störungen überhaupt auf einen Tumor im Gehirn geschlossen werden kann und — wenn dies der Fall ist — welcher Natur er ist.

Bei Latenz ist kaum eine Diagnose möglich; Henoch sagt indessen: „Ich unterschreibe heute noch den Satz, den ich schon 1868 aufstellte, dass bei Kindern, welche an ausgedehnter tuberkulöser Entartung der Lymphdrüsen, der Lungen, der Unterleibsorgane oder der Knochen leiden und unter den Erscheinungen einer normal, häufiger anomal verlaufenden Meningitis tuberculosa zugrunde gehen, auch Tuberkulose des grossen und kleinen Gehirns mit Wahrscheinlichkeit angenommen werden kann, sollte sich diese auch niemals durch ein bestimmtes Symptom kundgegeben haben. Die Wahrscheinlichkeit ist um so grösser, wenn unter den kariösen Knochen sich das Felsenbein befindet."

Sprechen Allgemein- und Lokalsymptome für einen Herd im Gehirn, so wirft sich die Frage auf, wessen Natur ist derselbe? Ist es ein Tumor, ist es eine Embolie mit nachfolgender Erweichung oder eine Hämorrhagie oder ein Abscess? Die Antwort wird im allgemeinen lauten: Die durch Embolien und Hämorrhagien gesetzten Störungen setzen mit einem Male ein, oder es folgen doch die Symptome rasch aufeinander. Gehirnblutungen — es gelten hier grössere Hämorrhagien, nicht kleine Blutaustritte, wie wir sie häufig bei Meningitis sehen — im Kindesalter gehören zu den grossen Seltenheiten, weil bei Kindern das prädisponierende Moment, Arteriosklerose der Hirnarterien, gewöhnlich fehlt; am häufigsten sind noch Traumen die Veranlassung. Konvulsionen allgemeiner Art leiten auch hier häufig die Krankheit ein, denen dann erst Lokalsymptome folgen. Die Zeichen zeichnen sich durch rasche Aufeinanderfolge resp. gleichzeitiges Auftreten aus, und man erkennt bald eine Wendung zum Besseren oder Schlechteren. — Etwas häufiger sind Embolien und zwar auch hier am gewöhnlichsten der Verschluss der Art. fossae Sylvii oder eines ihrer Äste, mit nachfolgender Erweichung der betroffenen Gefässprovinzen. Die Lähmung in Verbindung mit der Erkrankung des Herzens wird die Diagnose in manchen Fällen ermöglichen. — Gehirnabscess kommt bei Kindern noch am häufigsten nach Traumen oder bei Otitis media und Caries des Felsenbeins vor. Manchmal beruhen die Abscesse auch auf tuberkulöser Basis. Eine Unterscheidung von einer Neubildung dürfte in den meisten Fällen, wenn nicht die eben genannten anderweitigen Veränderungen zugleich bestehen, oder hohes Fieber das Ganze begleitet, unmöglich sein.

Die Beantwortung der Frage, welcher Art ein diagnotizierter Hirntumor ist, stösst häufig auf grosse Schwierigkeiten. Im Kindesalter freilich treten die anderen Geschwülste so sehr zurück, dass man in erster Linie immer mit der Tukerkulose zu rechnen hat. In manchen Fällen geben etwa vorhandene Metastasen — Gliome der Retina, Carcinome und Sarkome der Orbita oder sonstwo im Körper, Echinokokken der Leber — Anhaltspunkte.

Für tuberkulöse Prozesse spricht eine etwa vorhandene hereditäre Belastung, die tuberkulöse Erkrankung anderer Organe, namentlich der Lunge, des Peritoneums, der Knochen und besonders der Lymphdrüsen, kalte Abscesse. Allein auch dann kann die Diagnose noch unmöglich sein. Es kann auch vorkommen, dass in einer Körperhöhle ein Prozess sich abspielt, während in einer anderen hiervon total verschiedene Vorgänge zur Entwicklung gelangen, wiewohl ein scheinbarer Zusammenhang besteht. So z. B., dass in der Bauchhöhle ein Echinokokkus der Leber vorhanden ist, während in der Brust und im Gehirn tuberkulöse Prozesse vor sich gehen.

Folgender Fall dürfte ein belehrendes Beispiel für das Gesagte abgeben.

Beobachtung XLII. Anna B. Die Eltern der 5jährigen Pat. sind luetisch. Pat. machte in ihrem zweiten Lebensjahre die Masern durch; seither war sie gesund, nur hin und wieder hat sie etwas Husten gehabt. Im Januar 1891 kam Pat. in Behandlung. Sie hatte leichte Bronchitis; bei der Untersuchung wurde ein kleiner Tumor im Bauch gefunden, der keinerlei Beschwerden machte und von den Eltern bisher nicht wahrgenommen

worden war. Anfang April klagte das Kind über Schmerzen im Bauche.
Der Tumor ist gewachsen; er liegt zwischen Nabel und Proc. xiphoideus,
verschiebt sich mit der Atmung, ist ziemlich frei beweglich, hat unregelmässige Oberfläche und Gestalt und etwa die Grösse eines Hühnereies,
ist nur flacher. Er scheint unmittelbar unter der Haut zu liegen, die Haut
lässt sich davon abheben. Zwischen der Leber und dem Tumor ist ein
freier Zwischenraum und auch in der Tiefe ist kein Zusammenhang zwischen
beiden nachweisbar. Im Bauche fühlt man in der Tiefe geschwollene
Lymphdrüsen.

Im Laufe der nächsten Wochen wächst der Tumor allmählich. Es tritt
Schwellung der Cervikaldrüsen auf. — Am 11. V wird eine Pleuritis
sinistra exsudativa nachgewiesen. Gegen Ende Mai wiederholt heftige
Kopfschmerzen und mehrmals Erbrechen. — Juni: Das Exsudat links
ist beträchtlich gestiegen, die linke Thoraxhälfte wird vorgewölbt, das
Zwerchfell herabgedrängt. Im Juli bekommt Pat. Parotitis epidemica und starken Bronchialkatarrh; diese Erscheinungen gehen noch in demselben Monat zurück. Pat.
fühlt sich wohl, nimmt wieder an Gewicht zu und wird entlassen und nur
hin und wieder untersucht. — Erst im Dezember 1892 kommt das Kind
wieder in Behandlung. Während der Zeit war der Zustand der Kleinen
ein leidlicher; sie hatte Appetit und machte kleinere Spaziergänge. Doch
war dem Vater aufgefallen, dass der Gang unsicher war, ja dass sie sich
manchmal im Bett festhielt. Seit November vermehrte Kopfschmerzen, dann
Anfälle: das Kind bäumt sich auf, schreit, bekommt Konvulsionen in den
Armen und Beinen, es tritt Schaum vor den Mund. Dabei ist Pat. nicht
bei Bewusstsein. Öfters Erbrechen. Abmagerung. Linke Brustseite stark
vorgewölbt. Der Tumor im Bauche ist grösser geworden, fühlt sich
hart an und ist von höckeriger Beschaffenheit; er lässt sich aber von
der Leber noch abgrenzen. In den nächsten Monaten vermehrte Kopfschmerzen in so heftigen Anfällen, dass Pat. laut schreit, häufiger Wechsel
der Stimmung, oft Erbrechen; die Anfälle häufen sich; starke Schweisse.
Im Februar 3—4 mal wöchentlich Anfälle, dabei werden nur beide obere
Extremitäten und das Gesicht krampfartig bewegt, die unteren Extremitäten
liegen ruhig. Am 14. März 92 Tod. — Die Temperaturen erreichten oft
wochenlang nicht 38,0.

Die Diagnose wurde gestellt auf malignen Tumor in abdomine
(Fibrosarkom) mit Metastasenbildung in der linken Pleurahöhle und
im Gehirn.

Die Sektion (Prof. v. Baumgarten) ergab ein anderes Resultat: Der
Tumor im Bauche stellte sich als Echinokokkusblasen heraus, und zwar war die
Cyste durch das Ligamentum suspensorium hepatis sanduhrförmig eingeschnürt.
„Der Echinokokkus hat sich offenbar aus den untersten Randbezirken des zu
beiden Seiten des Lig. suspensorium gleichweit abgelegenen Leberteiles entwickelt und ist bei seinem Weiterwachstum unter dem freien Leberrand hervor
in das Lig. gastrocolicum medium hineingewachsen." In der linken Pleura
fand sich abgesacktes Empyem, tuberkulöse Pleuritis und Pericarditis, verkäste Mediastinaldrüsen, Atelektase der linken Lunge; in der rechten Lunge
keinerlei Veränderungen. Im Gehirn ein Solitärtuberkel von Wallnussgrösse
mit centraler Verflüssigung in der inneren Hälfte der linken Kleinhirn-

hemisphäre; die umgebende Gehirnsubstanz war etwas erweicht. Knötchen in der Nachbarschaft fehlten. Der Tumor war überall von seiner innersten, in den 4. Ventrikel ragenden Partie von der Kleinhirnoberfläche durch eine ca. $\frac{1}{2}$ cm dicke Schicht cortikaler Substanz getrennt. Keine Meningitis.

Der Tumor im Bauche stand in diesem Fall mit der Erkrankung in der Pleurahöhle und im Gehirn in keinerlei Zusammenhang. Dass eine Verbindung mit der Leber intra vitam nicht nachgewiesen werden konnte, erklärte sich aus der eigentümlichen Lage, er war unter der Leber gleichsam an beweglichem, nicht fühlbarem Stiel hervorgewachsen. — Wegen der Lage und Beschaffenheit des Tumors wurde an einen Echinokokkus nicht im entferntesten gedacht; in den Bereich der Möglichkeit wurde neben einer Neubildung fibrosarkomatöser Natur noch Lues hereditaria gezogen, doch ergab die Sektion keine Anhaltspunkte. Oberhalb des Zwerchfells bestand Tuberkulose in eigentümlicher Weise verteilt, die Gehirnerscheinungen machte ein Kleinhirntuberkel.

Neuerdings hat man dem Verhalten der durch die Lumbalpunktion entleerten cerebrospinalen Flüssigkeit grössere Aufmerksamkeit zugewandt. Besonders hat Lichtheim genaue Untersuchungen angestellt; er hat gefunden, dass bei Tumoren der Eiweissgehalt der Punktionsflüssigkeit durchschnittlich geringer ist als bei der Meningitis tuberculosa — bei Geschwülsten betrug die Eiweissmenge Spuren bis $0,8^0/_{00}$, bei Meningitis tuberculosa $1,0—2,0^0/_{00}$, in einem Fall von Gehirnabscess $0,7^0/_{00}$. Entzündliche Ergüsse gerinnen; so bildeten sich jedesmal in der Punktionsflüssigkeit von tuberkulöser Meningitis grossflockige, seltener kleinflockige Gerinnungen; bei Geschwülsten sind die Gerinnungen Ausnahmen. Weiter wurde in der Flüssigkeit bei Geschwülsten regelmässig, bei Meningitis nur ganz ausnahmsweise Zucker gefunden.

Bezüglich der Lokaldiagnose muss auf das früher gesagte verwiesen werden.

Prognose.

Die Prognose ist eine ungünstige. Es ist ja länger währender Stillstand möglich, aber der tötliche Ausgang ist am häufigsten, wenn derselbe auch nicht immer durch den Tumor selbst, sondern durch die sich ihm zugesellende Meningitis oder durch die tuberkulöse Allgemeinerkrankung bedingt ist. Oft beschleunigen interkurrente Krankheiten, wie Scharlach, Masern, Keuchhusten, Diphtherie das tötliche Ende, oder geben sie das veranlassende Moment ab für die Überschwemmung des Körpers mit Tuberkelbacillen und führen somit zu rasch verlaufender akuter Miliartuberkulose. — Plötzlicher Tod kann — wie schon erwähnt —

eintreten bei Sitz der Tumoren im Kleinhirnwurm oder in der Medulla oblongata. — Immerhin ist die Möglichkeit nicht ganz ausgeschlossen, dass Hirntuberkel ausheilen, dass sie fest eingekapselt werden und verkalken (2 Fälle von Henoch).

Therapie.

Den Gehirntuberkeln steht die Therapie machtlos gegenüber. Man empfiehlt eine tonisierende Behandlung einzuleiten, die Kinder gut zu ernähren, sie in frischer Luft zu halten, vor Aufregungen zu schützen, sie zur Ruhe zu ermahnen, sie nicht toben zu lassen. Manche empfehlen Leberthran, Jodeisen, Salzbäder. Von der Injektion des Tuberkulins wird man sich bei der Gehirntuberkulose noch am wenigsten versprechen dürfen; ja die durch das Tuberkulin herbeigeführte Entzündung dürfte nicht ungefährlich sein und das tötliche Ende beschleunigen.

Bei Hydrocephalus wird die von Quincke befürwortete Lumbalpunktion in vielen Fällen Erleichterung schaffen.

Die Operation ist versucht worden. Bennet May diagnostizierte bei einem 7 Jahre alten Knaben einen tuberkulösen Tumor in der rechten Kleinhirnhemisphäre und entfernte denselben, ohne dass Blutung oder irgend welche beunruhigende Gehirnsymptome aufgetreten wären. Wenige Stunden nach Schluss der Wunde Tod unter den Erscheinungen des Shok. Sektion nicht gemacht.

Tuberkulose der Brustorgane.

Litteratur.

Barthez et Rilliet, Traité des maladies des enfants. II. Ausg. 1854. — Baumgarten, P., Lehrbuch der pathologischen Mykologie. 1890. — Biedert, Lehrbuch der Kinderkrankheiten. XI. Aufl. — Brackmann, C., Über tuberkulöse Pericarditis bei Kindern. Göttinger Dissertation 1888. — Buhl, Lungenentzündung, Tuberkulose und Schwindsucht. München 1872. — Demme, R., Medizin. Bericht über die Thätigkeit des Jenner'schen Kinderspitales etc. 1880—1890. — Dubarry, Durchbruch verkäster Bronchialdrüsen ins Pericardium. Revue mensuelle. Février 1883. Ref. Jahrb. für Kinderheilkunde XXVIII. — Eichhorst, H., Über eine besondere Form tuberkulöser Pericarditis. Charité-Annalen 1875. — Frühwald, F., Kasuistische Mitteilungen aus der Klinik für Kinderkrankheiten des Prof. Widerhofer in Wien. Jahrb. für Kinderheilkunde XXIII. — Gehlig, Beobachtungen über Indicanausscheidung bei Kindern, speziell bei der kindlichen Tuberkulose. Jahrb. für Kinderheilkunde XXXVIII. — Giarré, Über den diagnostischen Wert der Indicanurie bei kindlicher Tuberkulose. Ref. Jahrb. für Kinderheilkunde XXXVI. — Hecker, Über Tuberkulose im Kindes- und Säuglingsalter. Münchener med. Wochenschrift 1894. — Henoch, Vorlesungen über Kinderkrankheiten. VII. Aufl. — Über Typhus abdominalis im Kindesalter. Charité-Annalen 1875. — Herz, M., Über Lungentuberkulose im Kindesalter. Klinische Zeit- und Streitfragen 1888. — Hochsinger, Über Indicanurie im Säuglingsalter. Vortrag gehalten auf der Naturforscher-Versammlung zu Bremen in der pädiatrischen Sektion 1890. — Hofmockl, Beiträge zur Verengerung des Ösophagus und der Bronchien infolge Kompression dieser Organe durch tuberculös entartete und geschwellte Lymphdrüsen. Archiv für Kinderheilkunde IV. — Jakubasch, Tuberkulose und hämorrhagische Diathese. Jahrb. für Kinderheilkunde XV. — Jürgensen, Lehrbuch der speziellen Pathologie und Therapie. III. Aufl. — Katarrhalpneumonie etc. Ziemssen's Handbuch der speziellen Pathologie u. Therapie. V. — Behandlung d. Luftröhrenerkrankungen. Handb. der speziellen Therapie innerer Krankheiten. Jena 1894. — Kahane, Über das Verhalten des Indicans bei der Tuberkulose im Kindesalter. Beiträge zur Kinderheilkunde. N. F. II. — Kaufmann, J., Zur Diagnose der Lungentuberkulose bei Säuglingen. Prager med. Wochenschrift 1892. — Kidd Percy, The Lancet VIII. Ref. Jahrb. für Kinderheilkunde XXV. — Leichtenstern, Die Krankheiten der Pleura. Gerhardt's Handbuch der Kinderkrankheiten III. — Leyden, Über die Affektion des Herzens mit Tuberkulose. Deutsche med. Wochenschrift 1896. — Liebermeister, Vorlesungen über spezielle Pathologie und Therapie. — Loeb, M., Durchbruch einer käsig entarteten Bronchialdrüse etc. Jahrb. für Kinderheilkunde XXIV. — Makins M', Trachealstenose durch vergrösserte Lymphdrüsen.

Lancet 1884. — Michael, Über einige Eigentümlichkeiten der Lungentuberkulose im Kindesalter. Jahrb. für Kinderheilkunde XXII. — Momidlowski, Über das Verhalten der Indicans bei Kindern. Aus Epstein's Kinderklinik in Prag. Jahrb. für Kinderheilkunde XXXVI. — Penzoldt, Lehrbuch der klinischen Arzneibehandlung. III. Aufl. — Behandlung der Lungentuberkulose. Handb. der speziellen Therapie der inneren Krankheiten. 1894. — Petersen, F., Deutsche med. Wochenschrift 1885. — Reimer, Kasuistische u. pathologisch-anatomische Mitteilungen aus dem Nicolai-Kinderhospital in St. Petersburg. Jahrb. für Kinderheilkunde X. — Reindorff, O., Über Kehlkopftuberkulose im Kindesalter. Königsberger Dissertation 1891. — Riegel, Krankheiten des Herzbeutels. Gerhardt's Handb. der Kinderkrankheiten IV. — Rindfleisch, Chronische und akute Tuberkulose. v. Ziemssen's Handb. der speziellen Pathologie und Therapie V. — Rödelheimer, Über Meningitis tuberculosa. Tübinger Dissertation 1886. — Rühle, Akute Miliartuberkulose. v. Ziemssen's Handb. der speziellen Pathologie und Therapie. — Smith, Eustace, Jahrb. für Kinderheilkunde IX. — Soltmann, Breslauer ärztliche Zeitschrift 1888. — Steffen, Klinik der Kinderkrankheiten. — Beiträge zur Indicanausscheidung bei Kindern. Jahrb. für Kinderheilkunde XXXIV. — Tulmin Harry, Jahrb. für Kinderheilkunde XXXII. — Vogel, Lehrbuch der Kinderkrankheiten. IX. Aufl. — Weber, Beiträge zur patholog. Anatomie der Neugeborenen. Bd. II. — Weigert, Die Verbreitungswege des Tuberkelgifts nach dessen Eintritt in den Organismus. Vortrag, gehalten in der pädiatrischen Sektion der Naturforscher-Versammlung zu Freiburg. — Widerhofer, Krankheiten der Bronchialdrüsen. Gerhardt's Handbuch der Kinderkrankheiten III. — Wyss, O., Lungenschwindsucht. Gerhardt's Handb. der Kinderkrankheiten III. — Ziegler, E., Lehrbuch der pathologischen Anatomie. V. Aufl.

Die **Lungen** sind — wenn tuberkulöse Prozesse sonstwo im Organismus sich abspielen — fast immer in mehr oder minder ausgedehntem Masse beteiligt. Vereinzelte Knötchen in der Lunge wird man bei der Obduktion eines an Tuberkulose gestorbenen Kindes kaum je vermissen. In den mir zu Gebote stehenden Fällen waren in 95% die Lungen mitergriffen, nur in 5% waren sie völlig frei. Wenn wir aber nur mit der vorwiegenden Mitbeteiligung der Lungen rechnen, so zeigen 70% der an Tuberkulose gestorbenen Kinder gröbere Veränderungen in den Lungen, und wenn wir die Miliartuberkulose abziehen, bleiben nur 26,6 % übrig.

Nach Ziegler unterscheiden wir bei der Tuberkulose der Lunge eine dreifache Genese, je nachdem die Tuberkelbacillen durch die Einatmungsluft oder auf dem Blutwege oder mit dem Lymphstrom in die Lungen gebracht werden.

Gelangen Tuberkelbacillen in die Atmungsluft — Durchbruch einer verkästen Bronchialdrüse in den Bronchialbaum, durch bacillenhaltige Mundflüssigkeit, Verunreinigung der umgebenden Atmosphäre mit Tuberkelbacillen — so werden dieselben in die Bronchiolen und Alveolen aspiriert. Die Veränderungen, welche sie in den Alveolen her-

vorrufen, sind folgende (v. Baumgarten): Wo die Tuberkelbacillen
in das respirierende Parenchym eingedrungen sind, geraten die Alveolar-
epithelien durch Karyokinese in Wucherung, ebenso die Kapillargefässen-
dothelien, vielleicht auch die fixen Bindegewebszellen des Stützgewebes;
es kommt zur Abstossung von Zellen in das Alveolarlumen, zum Austritt von vereinzelten Leukocyten, bis die Alveole erfüllt ist; die in den
Wandungen der umgebenden Kapillaren neugebildeten Riesenzellen
führen zum Verschluss und Verödung des Gefässes. Durch die Wucherung der Zellen entstehen nun die Epitheloid- und Riesenzelltuberkel, welche sich aus Gruppen von Alveolen zusammensetzen,
deren Lumen mit gewucherten Epithelien, vereinzelten Leukocyten, einer
spärlichen homogenen, da und dort auch fädigen Zwischensubstanz erfüllt
ist. Die Tuberkelherde werden vom Rande her in von Tag zu Tag
steigender Zahl mit Leukocyten umgeben, welche aus hyperämischen
Kapillaren der Nachbarschaft einwandern. Mit der stärker werdenden
lymphatischen Infiltration fällt der Beginn der centralen Verkäsung
zusammen. Durch Zusammenfliessen mehrerer solcher infiltrierten Herde
entstehen die grösseren Infiltrate, welche ganze Acini und Lobuli, ja
Summen solcher umfassen, so dass ein grösserer Teil eines Lappens von
der tuberkulösen Veränderung eingenommen werden kann. — Wie oft in
der Atmosphäre zufällig vorhandene inhalierte Bacillen zur Ansiedelung
gelangen, wie oft sie untergehen, ist nicht zu bestimmen. v. Baumgarten legt — wie wir in der Einleitung gesehen haben — der Inhalationstuberkulose in diesem Sinne nur geringe Bedeutung bei.

Die hämatogene Tuberkulose der Lunge trägt einen metastatischen Charakter, indem die Tuberkelbacillen von irgend einem Herde
aus in die Blutbahn einbrechen und die Lunge überschwemmen. Wir
können sie am einfachsten deuten als die Folge von kleinen Embolien
mit infektiösem Material (v. Liebermeister). Man kann noch trennen
die hämatogene Miliartuberkulose von der lokalisierten metastatischen
Tuberkulose. Bei der ersteren trifft man entweder gleichmässig über
beide Lungen verteilt oder da dichter gedrängt, dort spärlicher ausgesät,
je nach ihrem Alter entwickelte graue oder gelbe Knötchen. Histoge-
netisch tritt nach v. Baumgarten eine Wucherung und Anhäufung
in den Alveolarwänden in den Vordergrund; ferner erfolgt die Ansammlung leukocytärer Elemente in den Hohlräumen und den Wandungen
des respirierenden Parenchyms später und weniger reichlich als bei der
Aspirationstuberkulose. Es handelt sich also nur um quantitative und
graduelle Unterschiede.

Eine lokalisierte hämatogene Tuberkulose bildet sich dann, wenn
Tuberkelbacillen sich im Gebiete nur eines Gefässastes ansiedeln und
somit beschränkte Eruptionen veranlassen.

Von der Nachbarschaft aus — von tuberkulösen Bronchialdrüsen oder von tuberkulösen Knochen oder von der Pleura her kann auch noch auf dem Lymphwege Lungentuberkulose entstehen. Verkäsende Lymphdrüsen können direkt ins Lungengewebe durchbrechen, oder aber es entwickeln sich dem Verlauf der Lymphgefässe folgend Tuberkel.

Manche Entzündungsvorgänge in den Lungen, wie die Bronchitis bei Masern und Keuchhusten, ferner überhaupt alle Krankheiten, welche den Respirationstraktus längere Zeit in Mitleidenschaft ziehen, schaffen für die Ansiedelung und Entwicklung des Tuberkelbacillus eine gewisse zeitliche und örtliche Disposition.

Die örtliche Erkrankung kann sowohl mit der Bildung eines einzigen oder mit der mehrerer Knötchen beginnen. Bei starker Entzündung wird zuweilen die Knötchenbildung verwischt. So lange die Knötchen die Grösse eines Hirsekorns nicht überschreiten, bezeichnet man sie als Miliartuberkel; mit dem Weiterschreiten des Prozesses bilden sich durch Konfluenz grössere Granulationsknoten, deren Zusammensetzung aus kleinen Knötchen oft noch erkenntlich ist. Im Innern verkäsen diese Herde. Gleichzeitig pflegen sowohl in der Peripherie des Hauptherdes als auch in dessen Umgebung neue Tuberkel aufzutreten, von welchen die letzteren in den Lymphbahnen liegen (Resorptionstuberkel). Entstehen zwischen benachbarten Knötchen entzündliche Infiltrationen, so verschmelzen diese sekundären Knötchen mit den primären zu einem einzigen Herde. In der nächsten Umgebung der Tuberkel stellen sich Cirkulationsstörungen ein, entzündliche Exsudationen und Wucherungen, die Herde rücken einander näher und gehen schliesslich in einander über, das Gewebe wird luftleer.

Durch Fortschreiten des Prozesses in der Umgebung kommt es zu ausgebreiteten Infiltrationen, welche zum Teil verkäsen und schliesslich den grössten Teil eines Lappens oder einen ganzen Lappen ergreifen.

In manchen Fällen folgt der Verkäsung Verkalkung, in anderen kann die Verkäsung lange Zeit ausbleiben, so dass die Neubildung ihren zelligen Charakter beibehält; häufig jedoch geraten die verkäsenden Herde in Zerfall, es bilden sich zerklüftete Hohlräume, Kavernen, gefüllt mit Eiter und zerbröckeltem, käsigen Gewebe. Die Wandung der Kaverne besteht aus verkästem oder schwieligem, tuberkelhaltigem Granulationsgewebe. Die Höhlen können lange Zeit abgeschlossen bleiben, ihr Inhalt wird eingedickt und verkalkt; häufiger ist allerdings eine Zunahme der Destruktion in der Peripherie; liegen mehrere Kavernen bei einander, so können sie durch Zerfall der Zwischensubstanz unter einander verschmelzen, Kavernensysteme. Es kann

auch sein, dass die Kaverne in einen benachbarten Bronchus oder ein
Blutgefäss durchbricht und so Gelegenheit zur Neuinfektion giebt.
Oft ist es allerdings eine Mischinfektion, indem der Kaverneninhalt
auch noch andere Mikroben, Eiterkokken u. s. w., in sich birgt.

Pathologisch-anatomisch unterscheidet man noch verschiedene
Einzelformen der tuberkulösen Erkrankung der Lunge:

I. Die Miliartuberkulose, entstehend durch Aspiration oder auf
dem Blut- oder Lymphwege, ist ausgezeichnet durch das Auftreten
von zahlreichen miliaren Tuberkeln, welche über die Lunge in weiter
Ausdehnung zerstreut sind und je nach ihrem Alter grau oder weisslich-
gelb erscheinen. Bei nicht sehr stürmischem Verlauf findet man die
Tuberkel in verschiedener Altersstufe, ein Beweis für die schubweise
Invasion. — Eine mit frischen Miliartuberkeln durchsetzte Lunge sieht
infolge der die Eruption von Knötchen begleitenden Hyperämie dunkel-
rot aus und ist resistenter als normal; ihr Luftgehalt ist ein geringer.
— Die Bronchialschleimhaut ist hyperämisch, mit Schleim, der dann
und wann blutige Beimengungen enthält, bedeckt.

II. Die käsige und käsig-ulceröse Tuberkulose der Lunge
(klinisch floride Phthise). Diese Form zeichnet sich dadurch aus,
dass die Herde rasch in Verkäsung übergehen, sich nicht abkapseln,
sondern auf ihre Umgebung übergreifen, und benachbarte Knoten schnell
konfluieren. Ausserdem bilden sich schon frühzeitig Kavernen. Meta-
statische Herde gehen rasch wieder in Verkäsung über.

Der Prozess breitet sich in verhältnismässig kurzer Zeit über
grössere Bezirke, ja ganze Lappen aus, welche erst graurot, dann grau
und schliesslich käsig, gelblichweiss werden. Man spricht dann von
käsiger lobulärer und käsiger lobärer Pneumonie; in frischen
Stadien ist die Schnittfläche einer solchen Lunge graurot, von leim-
artigem Aussehen, und man nennt den Zustand auch gelatinöse, oder
wenn ein ganzer Lappen ergriffen ist, Desquamativpneumonie (Buhl).
Die Alveolen sind dabei mit Flüssigkeit und Zellen, zuweilen auch mit
fibrinösen Massen gefüllt, in den Septen der Alveolen sind da und dort
Leukocyten. — Nach Ziegler kommt die käsige, knotige und lobuläre Tuberkulose namentlich bei Kindern vor und wurde früher oft
als skrofulöse Pneumonie bezeichnet. Hier in Tübingen ist diese
Form selten. Ich habe sie nur in wenigen Protokollen verzeichnet
gefunden.

Die käsig-ulceröse Form entsteht am häufigsten bei der Aspiration
einer grossen Menge vollvirulenter Tuberkelbacillen.

III. Die chronische Form, die käsig-fibröse knötchenförmige Tuberkulose, Bronchopneumonia nodosa chronica.

Diese Form ist bronchopneumonischer Natur. Es bilden sich rundliche, im Centrum verkäsende Knötchen und Knoten, um welche herum eine zellig-fibröse Zone sich lagert; diese bindegewebige Hülle kann bisweilen eine bedeutende Mächtigkeit erreichen, so dass der Herd nach aussen abgekapselt wird. Entstehen in einer Lunge zahlreiche solcher käsig-fibröser Indurationsknoten, so wird das respirierende Lungenparenchym immer mehr eingeengt, der ganze Bezirk gerät in einen Zustand mit Schrumpfung verbundener Verhärtung, welcher mit der Steinhauerlunge Ähnlichkeit hat. Man bezeichnet sie als knotig-tuberkulöse Lungeninduration oder Lungencirrhose. — Die Pulmonalpleura ist bei diesem Vorgang immer beteiligt, sie ist hochgradig verdickt und mit der Pleura costalis verwachsen. Die Knoten werden nach aussen abgeschlossen und können im Innern verkalken, aber es kann auch in ihnen zu Kavernenbildung kommen; doch nehmen die Höhlen in der Regel keine grösseren Dimensionen an. Die Knoten sind meist über beide Lungen verbreitet, aber in verschiedenem Masse; es kann aber der Prozess auch auf eine Lunge beschränkt bleiben und auch da die Verteilung in verschiedenem Grade statthaben. — Ist das Lungengewebe in erheblichem Grade verödet, so erfährt das noch intakte Lungenparenchym eine Blähung.

Weiter wird noch unterschieden eine Bronchopneumonia nodosa caseosa, kleinere Herde — bis zu Erbsengrösse, welche rasch verkäsen und in Zerfall geraten.

Bei allen diesen Formen handelt es sich eigentlich nur um quantitative und graduelle Unterschiede. Übergänge der verschiedenen Formen in einander sind häufig, nur das Prävalieren der einen oder anderen giebt das anatomische Gepräge.

Bei den tuberkulösen Lungenentzündungen nehmen die Blutgefässe, Arterien, Venen und Kapillaren, in hohem Grade anteil. Mit der Entwicklung eines Knötchens gehen die zugehörigen Kapillaren zugrunde; in den Wandungen der grösseren Gefässe entwickeln sich die Knötchen selbst, oder es bilden sich entzündliche Infiltrationen und hyperplastische Gewebswucherungen, die — alle Häute betreffend — zur Verdickung der Gefässwände, zu ungenügender Ernährung derselben, zu Cirkulationsstörungen und schliesslicher Thrombose führen; oder aber es kommt zu käsigem Zerfall solcher tuberkulöser Herde mit Berstung des Gefässes und Blutung — besonders ist letzteres bei Arterien leicht der Fall. Schliesslich können auch durch Durchbruch der Herde nach innen in die Arterien und namentlich in die Venen Tuberkelbacillen in den Kreislauf gelangen und allgemeine Tuberkulose hervorrufen.

Die Beteiligung der Bronchialdrüsen soll später ausführlicher besprochen werden.

11*

Eine Entzündung zuerst der feineren, später der gröberen Bronchien, schliesslich auch der Trachea und des Kehlkopfes ist eine gewöhnliche Begleiterscheinung der Lungentuberkulose. Es entwickeln sich in der Schleimhaut graue, zellige, über die Oberfläche prominierende Knötchen, die durch Zerfall zu Geschwüren werden können; diese können sich vergrössern, in die Peripherie und in die Tiefe und bis auf die Bronchial-knorpel reichen. Oft aber besteht auch nur eine Bronchitis ohne eine spezifische Veränderung der Bronchialwände.

Zu gedenken ist ferner noch der tuberkulösen Peribronchitis im Sinne Ziegler's. Es fehlt eine solche bei der tuberkulösen, verkäsen-den Bronchopneumonie niemals. Der tuberkulöse Prozess kann einmal von der Bronchialschleimhaut direkt übergreifen in die Tiefe, oder aber vom angrenzenden erkrankten Lungengewebe in der Kontinuität auf das peribronchiale Bindegewebe sich fortpflanzen, oder in den Lymphge-fässen des peribronchialen Gewebes weiterkriechen und den Bronchien folgend nach oben rücken. Ebenso kann es sein, dass von im Hilus ge-legenen tuberkulösen Lymphdrüsen die Entzündung nach unten zu auf den Lymphbahnen sich ausbreitet. — Die Wandungen der Bronchien werden verdickt, es bilden sich neben zelligen Infiltrationen Bindege-webszüge, die auch ins Lungenparenchym ausstrahlen; schliesslich fällt das Ganze der Verkäsung anheim.

Eine Prädilektionsstelle, wie sie bei Erwachsenen in den Lungenspitzen besteht, giebt es bei Kindern nicht; wir finden bei ihnen sehr häufig die ersten Veränderungen in den Unterlappen oder in den unteren Teilen der Oberlappen und erst von hier weitergreifend in den Spitzen. — Rindfleisch erklärt dieses Verhalten daraus, dass die Phthisis der Kinder meist aus Miliartuberkeln, welche ja in allen Lungenpartien auftreten, hervorgehe, beim Erwachsenen die Phthise ihren Lieblingssitz in den mechanisch am ungünstigsten gelegenen Lungen-spitzen habe. Weigert führt an, dass bei Kindern gerade häufig die Erkrankung von den Bronchialdrüsen und Lungendrüsen auf das Ge-webe der Lunge per contiguitatem übergreift und hieraus die Unregel-mässigkeit der Verteilung resultiere.

Die übrigen Organe des Körpers sind fast immer gleichzeitig von tuberkulöser Erkrankung befallen. Man wird bei Obduktionen meist auch in der Leber, der Milz, in den serösen Häuten, den Lymph-drüsen, den Knochen etc. mehr oder weniger ausgebreitete tuberkulöse Veränderungen treffen; allein wir wollen hier eben die Erkrankung des Respirationsapparates gesondert besprechen und die von dieser Seite in den Vordergrund tretenden Störungen beleuchten.

Symptome.

In vielen Fällen macht die tuberkulöse Erkrankung der Lungen — selbst wenn ausgebreitete destruktive Veränderungen vorliegen — keinerlei Erscheinungen von Seiten des Respirationsapparates. Es ist nicht selten, dass bei einem Kinde, welches sich bisher gut entwickelt hatte, plötzlich Umschlag in der Stimmung, Appetitmangel, rapide Abmagerung, hochgradige Anämie, hohes Fieber sich einstellen — Zeichen, welche auf eine schwere Erkrankung hinweisen, aber für welche bei genauester Exploration keinerlei Anhaltspunkte gefunden werden; bei der Obduktion zeigt sich die Lunge von oben bis unten mit Tuberkeln besät, ja man findet vielleicht da und dort schon kleinere Höhlen.

Häufig schliesst sich ein Rückgang der Ernährung vorhergegangenen Infektionskrankheiten, von welchen Masern und Keuchhusten besonders zu nennen sind, an. Störungen von Seiten des Digestionstraktus, Appetitmangel, Erbrechen, Unregelmässigkeiten im Stuhlgang, Diarrhöen und Verstopfung beherrschen das Krankheitsbild und bilden bis zum Ende die einzigen Erscheinungen.

Andere Male ist der Verlauf ein weniger rascher, aber auch nur die genannten Symptome sind erkennbar; vielleicht deutet in dem einen oder anderen Falle ein alter Drüsenherd oder eine vorhergegangene Knochenerkrankung auf Tuberkulose hin.

Die Allgemeinerscheinungen können bis zum Tode das einzige Krankheitszeichen sein; oft aber kommt es auch mit einem Schlage zu schweren Veränderungen in den Lungen, sich äussernd in Atemnot, Cyanose, Katarrh. Manchmal findet man nur eine weitverbreitete Bronchitis, andere Male entstehen einem unter den Augen Herde wie bei der krupösen Pneumonie, oder es treten nur ganz allmählich Verdichtungen auf.

Die Krankheit kann akut, subakut und chronisch verlaufen. Wichtig ist, dass meistens Fieber mit ganz unregelmässigem Typus besteht.

Terminale Meningitis wird in vielen Fällen beobachtet.

Die weiteren Symptome der Lungentuberkulose sollen bei den Einzelformen besprochen werden.

Die Miliartuberkulose der Lungen ist gewöhnlich eine Teilerscheinung allgemeiner Miliartuberkulose, aber sie kann auch auf die Lunge beschränkt sein. Sie ist meist hämatogenen Ursprungs, entstanden durch den Durchbruch eines tuberkulösen Herdes in das Gefässsystem, oder sie ist eine Aspirationstuberkulose — Einbruch einer verkästen Bronchialdrüse in einen Bronchus. Diese Form von Tuberkulose ist bei Kindern sehr häufig.

Der Beginn der Erkrankung ist gewöhnlich ein akuter. Hohes Fieber,

vermehrte Atmungshäufigkeit, starke Cyanose, rasche Abmagerung leiten
die Krankheit ein, welche in wenigen Wochen einen letalen Ausgang
nimmt.

Bisweilen wird aber ausser einer rapiden Körpergewichtsabnahme
kein Zeichen gefunden, welches auf eine tuberkulöse Erkrankung
überhaupt, geschweige denn auf eine solche der Lungen hinweist.
Lehrreich ist in dieser Beziehung folgender Fall.

Beobachtung XLIII. August B., 8 Jahre alt; von seinen Geschwistern
sind mehrere an Tuberkulose gestorben, die Eltern leben und sind kräftige,
gesunde Leute. Der Knabe war immer gesund, hatte sich sehr gut entwickelt, „er war der kräftigste und dickste von allen Kindern." Anfangs
Dezember 1894 wurde der blühend aussehende Knabe wegen Bauchschmerzen
in die Sprechstunde gebracht. Ausser einem kleinen Tumor rechts vom
Nabel, der für ein Lipom gehalten wurde, war objektiv nichts nachweisbar. Seit dieser Zeit rapide Abmagerung, wegen dieser und von neuem
auftretender Bauchschmerzen wurde am 12. I um poliklinische Hilfe gebeten.

Bei der Aufnahme fand man einen äusserst abgemagerten Knaben.
Niemals war Husten vorhanden gewesen. Die Untersuchung der Lungen
ergab keine Abweichung von der Norm, nirgends eine Dämpfung; das
Atmungsgeräusch überall schwach vesikulär, keine Rasselgeräusche, die
Atmung war nicht beschleunigt, 18 bis 20 Respirationen in der Minute.
Es treten nun die Erscheinungen der Meningitis tuberculosa zutage, dagegen lassen wiederholte Untersuchungen der Lunge nichts pathologisches
erkennen, auch die Respirationsfrequenz bleibt dieselbe, nie Husten;
22. I Cheyne-Stokes'sches Phänomen, am 28. I Tod. — Die Temperatur
war bis kurz vor dem Tode nur mässig erhöht, die Werte schwankten
zwischen 36,7 und 38,8; vier Stunden vor dem Tode betrug sie 37,9,
$\frac{1}{2}$ Stunde ante mortem 40,2, postmortale Temperatursteigerung war vorhanden. Der Puls war anfangs beschleunigt: zwischen 96 und 120, fiel dann
während 4 Tagen — auf 66 bis 79 — und ging hierauf in die Höhe bis 165.

Bei der Sektion (Prof. v. Baumgarten) allgemeine Miliartuberkulose.
— Linke Lunge im ganzen lufthaltig, mit Ausnahme eines atelektatischen
Streifens im Unterlappen, Rand scharf; aus den Bronchien lässt sich ein
eitrig schleimiges Sekret ausdrücken. Die Pleura ist mit zahlreichen
Knötchen bedeckt, besonders in der Interlobularspalte, daselbst leichte
adhäsive Pleuritis. Das ganze Lungengewebe fühlt sich leicht körnig an;
auf dem Durchschnitt im Oberlappen grosse, kleeblattartig, gestaltete
Eruptionen, im Unterlappen weniger, die Knötchen nehmen nach unten zu
ab. — Rechts ist der Durchschnitt des Bronchus erschwert durch ein Kon-
volut stark geschwollener Drüsen, die auf dem Durchschnitt ganz verkäst
sind. Im übrigen ist die rechte Lunge wie die linke. — Die Bronchien
beider Lungen sind bis in die feinsten Äste mit schleimig-eitrigem Sekret
erfüllt. Vom rechten Bronchus aus erstreckt sich das beschriebene Drüsenpacket nach oben bis in die Mitte des obersten Brustwirbels. Die Drüsen
umgeben die Gefässe der Thoraxapertur, doch ohne dieselben zu perforieren,
oder in dieselben einzudringen. Die Bronchialschleimhaut ist im ganzen
leicht geschwellt und gerötet. In einigen Ästen der linken Lunge findet
sich ein dickes, käseähnliches, den Bronchus fast ausfüllendes Sekret. Eine

Kommunikation eines Bronchus oder eines Gefässes mit einer der käsigen Hilusdrüsen lässt sich nicht konstatieren. — Als Nebenbefund Angiokavernom in den Bauchmuskeln.

In diesem Fall war also eine weitverbreitete miliare Tuberkulose vorhanden. Die Lunge war durchsetzt mit Miliartuberkeln, die Bronchien waren mit schleimig-eitrigem Sekret erfüllt und doch wiesen während des Lebens keinerlei Störungen weder subjektiver noch objektiver Natur auf eine Erkrankung der Lunge hin. Es ist leicht möglich, dass das schwache Atmen des Kranken den Katarrh der Bronchien auskultatorisch nicht zum Vorschein kommen liess, aber auch sonst fehlten die Zeichen der Lungenerkrankung; es war kein Husten, keine Dyspnoe, ja nicht einmal vermehrte Atmungsfrequenz aufgefallen. — Die rapide Abmagerung, die Schwankungen der Körperwärme und die hereditäre Belastung liessen allerdings die Diagnose auf Tuberkulose mit nahezu positiver Sicherheit stellen, die hinzutretende Meningitis benahm dann jeden Zweifel.

In anderen Fällen tritt die Erkrankung der Lunge schon frühzeitig in den Vordergrund. Neben den erwähnten Allgemeinerscheinungen fällt eine stark vermehrte Atmungsfrequenz auf, welche später in Dyspnoe übergeht. Der Puls ist dabei sehr beschleunigt, es besteht mehr oder minder hochgradige Cyanose, die Körpertemperatur ist bedeutend erhöht, ohne dass ein bestimmter Typus der Temperaturkurve eingehalten wird. Häufiger schmerzloser Husten, der kein oder nur geringe Mengen glasigen Sputums zutage fördert, welches dann und wann wenige Tuberkelbacillen enthält; eine rapid vor sich gehende Abmagerung, ohne dass Störungen des Magendarmkanals einen Anhaltspunkt dafür bieten. Von Seiten des Centralnervensystems Aufregungs- und Depressionszustände, Delirien, Konvulsionen, später Benommenheit des Sensoriums, die von Tag zu Tag sich steigert. Der Puls ist gewöhnlich sehr hoch, 150—200 Schläge in der Minute und zwar unabhängig vom Fieber, die Qualität wechselt: während zu Anfang noch voller Puls, die Arterie gespannt gefühlt wird, wird er später weich, leicht unterdrückbar.

Bei der Adspektion fällt die hochgradige Cyanose auf, das Gesicht wird gedunsen, leicht ödematös, die Venen des Halses, der Brust sind erweitert und schimmern als bläuliche Stränge durch; lässt man die Kinder längere Zeit auf dem Tisch sitzen, so färben sich die abhängigen Körperpartien, Hände und Füsse, binnen kurzem blau, die peripheren Körperteile werden kühl. Vor allem aber wird die sehr vermehrte Atmungshäufigkeit wahrnehmbar, die Zahl der Atemzüge steigt auf 60 bis 80 in der Minute, ohne dass vorerst Dyspnoe in erhöhtem Grade besteht. Dabei findet man in den Lungen keinerlei Anhaltspunkte für diese Erscheinung, es lassen sich weder Infiltrationen noch Katarrh nachweisen, und es dürfte hierfür auch heute noch die von Rühle aufgestellte Hypothese zu Recht bestehen. Er schreibt über die Beschleunigung der Atemzüge ohne Dyspnoe sensu strictiori: „Sie muss von einem auf centripetalleitende Nerven ausgeübten Reize herstammen und diesen üben vielleicht die zahlreichen Tuberkeleruptionen auf die peripheren Vagusfasern in der Lunge aus. Ein gewisser Grad des Reizes, der auf das centrale Ende des durchschnittenen Vagus einwirkt, bringt ja bekanntlich Beschleunigung der Zwerchfellkontraktionen hervor (Traube)."

Wenn eine weit verbreitete Bronchitis sich ausgebildet hat, erklärt diese die vermehrte Atmungshäufigkeit. Dann ändert sich aber auch das Krankheitsbild; es entsteht echte Dyspnoe. Die Atemzüge werden frequent, hastig, oberflächlich, die Hilfsmuskeln werden mit zur Atmung herangezogen, die Nasenflügel spielen. Der Husten ist häufig, kurz, schmerzhaft; das Sputum wird — soweit es nicht verschluckt wird — reichlicher, schleimig-eitrig, ist manchmal mit blutigen Streifchen untermischt. Namentlich beim Ergriffensein der feineren Bronchien bemerkt man Flankenschlagen, eine inspiratorische Einziehung der Rippenbögen in ihren unteren Abschnitten, welche um so ausgesprochener ist, je grösser das Hindernis in den unteren Atmungswegen ist, je stürmischer geatmet wird, je elastischer der Thorax ist. Für das Zustandekommen dieser Erscheinung giebt v. Jürgensen die Erklärung: „Wird durch die Inspiration eine Erweiterung des Thorax insgesamt herbeigeführt, so muss der luftverdünnte Raum, der dadurch im Innern des Brustkastens entsteht, ausgefüllt werden. Gewöhnlich geschieht das durch die frei in die Lunge eintretende Luft. Sind aber ungewöhnliche Widerstände eingeführt, so kann ein Missverhältnis zwischen Verdünnung der Luft und Ausgleichung eintreten. Durch die Geschwindigkeit, mit welcher die Zusammenziehung der Muskeln im Anfang der Inspiration geschieht, wird plötzlich ein so starkes relatives Vakuum geschaffen, dass der Luftdruck, welcher auf der unteren Fläche des Zwerchfells ruht, zum unüberwindlichen Widerstand wird. Dauert nun die Kontraktion des Zwerchfellmuskels fort — und dieselbe währt in der That länger als die der Hilfsmuskeln — so ändern sich die Angriffspunkte: das Centrum tendineum wird aus dem beweglichen der feste Punkt, die Enden der falschen Rippen, vielleicht sogar der untere Teil des Brustbeins werden gegen dasselbe hin eingezogen. Der auf der Aussenfläche des Thorax ruhende Luftdruck wirkt in gleichem Sinne mit dem Zuge des Zwerchmuskels."

Bei solch ausgesprochener Dyspnoe treten dann die Erscheinungen der Kohlensäurevergiftung mehr zutage: die Cyanose nimmt zu, die bläuliche Verfärbung des Gesichts macht fahlem Gelbweiss Platz, die Schleimhäute sind tiefblau, die Venen am Thorax und am Halse sind stark gefüllt, sie entleeren sich bei der Inspiration nicht, beim Husten schwellen sie zu dicken Strängen an, die Kinder liegen keinen Augenblick still, sie werfen sich hin und her, suchen möglichst günstige Stellungen zur Befriedigung des Lufthungers zu bekommen. Später werden die Kinder apathisch, die grosse Unruhe lässt nach, trotzdem liegen sie nicht völlig still, sie werfen sich immer noch hin und her, der Husten wird seltener, Sputum wird nicht mehr zutage gefördert; die Kohlensäureintoxikation veranlasst lästiges Hautjucken, dass die Kinder sich die Haut zerkratzen.

Die physikalische Untersuchung ergiebt im Beginn oft keinerlei Anhaltspunkte. Dann aber findet man bei den frequenten und oberflächlich ausgeführten Atemzügen Hochstand des Zwerchfells, die Leberdämpfung beginnt schon auf der Höhe des 8. Brustwirbels oder noch höher, die absolute Herzdämpfung wird grösser gefunden als gewöhnlich, das Herz liegt in grosser Ausdehnung der Brustwand an; der Perkussionsschall wird tympanitisch. Später ändert sich dieser Befund, die relativ freien und zwar mehr die oberen Lungenteile werden gebläht, die absolute Herzdämpfung wird eingeschränkt oder verschwindet ganz; der Perkussionsschall in diesen Partien wird tiefer, sonor, er ähnelt dem Biermer'schen Schachtelton. — Es kann nun weiter ganz wie bei der gewöhnlichen Bronchitis capillaris zu Lungenkollaps kommen, der zu Anfang symmetrisch in den hinteren unteren Teilen der Lunge, welche normaliter die geringsten Exkursionen machen, sich etabliert. Man findet durch die den Thorax gürtelförmig umspannende Perkussion Dämpfungen mehr oder weniger ausgedehnt. Oft aber zeigen sich bei der Miliartuberkulose die Kollapsherde an anderen Stellen, als wir sie bei der einfachen Bronchitis zu suchen gewöhnt sind. Die Verteilung der Herde ist eine unregelmässige, sie treten in diesem oder jenem Lappen auf, zuweilen sind sie der physikalischen Untersuchung unzugänglich oder nur durch sehr genaue Exploration nachweisbar, weil das den Herd umgebende Lungengewebe gebläht ist. — Der Übergang in Katarrhalpneumonie mit ausgedehnter Herdbildung soll später besprochen werden.

Bezüglich der Perkussionstechnik bei Kindern möchte ich auf einen häufig geübten Fehler aufmerksam machen. Es wird gewöhnlich zu stark, mit zu fest aufgedrücktem Finger resp. Plessimeter perkutiert. Man perkutiere bei Kindern schwach, mit kurzem Anschlag, die zu perkutierende Unterlage werde nur lose — ohne dass natürlich eine Luftschicht sich dazwischenlagert — aufgelegt. Durch die stark mit

fest aufgedrücktem Plessimeter ausgeführte Perkussion werden bei dem
zarten elastischen kindlichen Thorax viel zu grosse Gebiete in Schwingung
versetzt und man perkutiert daher leicht über kleinere Herde weg, ohne
sie zu bemerken.

Die Auskultation führt in manchen Fällen wie die Perkussion
zu negativem Resultat.

Oft hört man nur durch die rasch sich vollziehenden Atemzüge
bedingtes, äusserst scharfes pueriles Atmen; manchmal ist das Atmungsgeräusch an symmetrischen Stellen nicht gleich stark, an der einen
schwächer als an der anderen, oder an einer Stelle sakkadiert. Dann
entwickelt sich umschriebene oder ausgebreitete Bronchitis, man hört
trockene und feuchte Rasselgeräusche. Wichtig sind die feinblasigen
Rasselgeräusche, welche dem Knisterrasseln ähnlich sind, aber in- und
exspiratorisch gehört werden (subkrepitierendes Rasseln) und eben auf
Entzündung der feineren Bronchien hinweisen. Sind Kollapse aufgetreten, so vernimmt man gewöhnlich über den gedämpften Bezirken
abgeschwächtes Atmen, welches in unbestimmtes und bronchiales Atmen
übergehen kann, zugleich nehmen dann die Rasselgeräusche einen
klingenden Charakter an. Ob wenig vom Atmungsgeräusch oder ob
Bronchialatmen gehört wird, hängt wesentlich von der Wegsamkeit der
Bronchien ab; sind dieselben offen, so haben wir gute Leitungsverhältnisse zwischen dem Kehlkopf und der Peripherie des Thorax, das Bronchialatmen wird deutlich; sind die Bronchien durch Sekret verstopft,
so wird das Respirationsgeräusch abgeschwächt. Man kann demnach
wie aus der Ferne tönendes Bronchialatmen oder von der Nachbarschaft
fortgeleitetes Vesikuläratmen oder auch gar kein Atmungsgeräusch
hören. Hieraus erklärt es sich auch, weshalb zu verschiedenen Zeiten
der auskultatorische Befund ein rasch wechselnder sein kann. Ebenso
wie mit dem Respirationsgeräusch verhält es sich mit den Neben-
geräuschen.

Beobachtung XLIV. Rosine Sch., 4 $\frac{1}{2}$ Jahre alt, hat gesunde Eltern;
das Kind war gesund und kräftig, lernte mit 1 $\frac{1}{4}$ Jahren gehen, war nie
schwer krank. Manchmal hatte es Husten und Durchfall. In den letzten
Jahren wuchs es kräftig heran und entwickelte sich körperlich und geistig
gut. Mitte April bekam es heftigen Husten und etwas Diarrhoe; doch
besserte sich der Zustand nach einigen Tagen. Am 25. IV fühlte sich
das Kind heiss an, doch geht es ins Freie, ist aber abends sehr müde.
Am 26. IV morgens heftiges Erbrechen und wieder vermehrter Husten,
trotzdem war das Mädchen tagüber auf, ging umher und war munter, ebenso
am 27. IV. In der Nacht vom 27./28 grosse Unruhe, Fieber, viel Husten,
dann und wann Erbrechen.

28. IV. Mässig genährtes Kind mit den Zeichen der Rhachitis. Starke
Cyanose, Atmung vermehrt, ohne eigentliche Dyspnoe, ziemlich häufiger,
nicht besonders schmerzhafter Husten, ohne Auswurf. Resp. 45, Puls 136.

Über die ganze Lunge verbreiteter Katarrh der mittleren und feineren Bronchien; keine Verdichtungsherde nachweisbar. Leib weich, nicht aufgetrieben, noch druckempfindlich. Milz nicht vergrössert, keine Roseola.

29. IV. Leichte Benommenheit; sonst keine Veränderung. Resp. 49, Puls 140. Keine Kopfschmerzen.

30. IV. Benommenheit stärker. Zeitweise Konvulsionen der linken Hand. Atmung hastig und frequent: 56. Puls 145. Lungenbefund unverändert.

1. V. Status idem. Die krampfhaften Zuckungen der linken Hand bestehen noch.

2. V. Pat. ist benommen und nicht zu erwecken. Häufiges Aufschreien ohne weitere Veranlassung; auf dem linken Auge leichte konjunktivale Injektion, Nackenmuskeln leicht gespannt.

3. V. Die Benommenheit hält an. Ausgesprochene Nackenstarre. Angehaltener Stuhl. Ausgedehnter Katarrh über die ganze Lunge verbreitet; links hinten unten ein Kollapsherd, über dem die Rasselgeräusche leicht klingend sind. Milz vergrössert. Puls 164, Resp. 68. Beim Anfassen schreit Pat. auf. Fortschreitende Macies.

4. V. Hochgradige Dyspnoe mit Einziehung des Jugulum und Flankenschlagen. Puls 100, Resp. 62. Benommenheit weniger stark. Lungenbefund unverändert. Klagen über Kopfschmerzen, Kopfschmerzfalte auf der Stirn, Bauch gespannt, gleichmässig anzufühlen. Hyperästhesie der Haut.

5. V. Ruhige Nacht. Morgens ist Pat. etwas mehr bei Besinnung, doch nimmt die Unbesinnlichkeit bis Mittag wieder zu. Resp. 62, Puls 162. Sonst status idem.

6. V. Morgens Erbrechen, Pat. ist nicht mehr benommen, Klagen über Kopfschmerzen. Fester Stuhl. Resp. 54, Puls 152.

7. V. Sehr unruhige Nacht. Öfters Konvulsionen in der rechten Oberextremität. Fusssohlenreflexe beiderseits vorhanden, gleich stark. Pupillen gleichweit, reagieren. Viel Husten mit schleimig-eitrigem Sputum (Untersuchung auf Tuberkelbacillen negativ). Starke Dyspnoe; Resp. 60, P. 162.

8. V. Benommenheit abwechselnd bald stärker, bald schwächer. Hochgradige Abmagerung. Resp. 56, Puls 148.

9. V. Resp. 54, Puls 160. Abends Verschlimmerung. Stärkere Benommenheit. Häufiges Aufschreien, Andeutung von Cheyne-Stokes'schem Phänomen. Trachealrasseln. Lungenbefund unverändert.

10. V. In der Nacht tiefes Koma. Tod 10 Uhr a. m.

Sektion (8 Stunden p. m). Lungen nicht retrahiert, Herz stark überlagert; Läppchen in den oberen vorliegenden Teilen meist durch Luft ausgedehnt, blass; da und dort zurückgesunkene, blassrote Läppchen. Herz stark ausgedehnt, besonders rechts. Aus den Bronchien entleert sich eine trübe, eitrige Flüssigkeit. Bronchialdrüsen geschwollen, grauweiss, feucht, weich. Am hinteren Umfang der linken Lunge Fibrinauflagerungen, auch sind vereinzelte Knötchen in der Pleura sichtbar. Die Läppchen sind abwechselnd lufthaltig, blaurot, atelektatisch, doch überwiegen die lufthaltigen bedeutend. Das Gewebe ist ziemlich blutreich, resistent, entleert bei Druck schaumige Flüssigkeit. Auf der abgestrichenen Schnittfläche zeigen sich gleichmässig ins Lungengewebe eingesprengt sehr zahlreiche graue Knötchen. In einer der stark geschwollenen Bronchialdrüsen ein kleiner Käseherd. —

Rechts dieselben Verhältnisse wie links, eher noch mehr Tuberkel. In den Bronchien, deren Schleimhaut stark gerötet ist, eitrig-schleimige Flüssigkeit. In Milz und Nieren keine Tuberkel, ebenso ist der Darm frei von tuberkulösen Veränderungen. Leber um ca. $^1/_3$ vergrössert; in der Nähe des vorderen Randes des rechten Lappens findet sich eine ca. 8 mm breite narbige Einziehung, aus deren Grund ein gelber Knoten hervorragt, der einen Durchmesser von ca. 7 mm besitzt. Das Lebergewebe im ganzen blass, da und dort sind kleine graue Knötchen erkennbar.

Pia mater im ganzen anämisch, in den subarachnoidealen Räumen ist die Cerebrospinalflüssigkeit vermehrt. An der Basis ist die Pia zart, glänzend, kein Exsudat. Hirnsubstanz weich, schlaff, feucht, Blutgehalt im ganzen mässig.

Dieser Fall zeigt uns das Bild einer reinen frischen Miliartuberkulose der Lungen. Ausser in der Leber, in der neben dem grösseren älteren Knoten noch vereinzelte graue Tuberkel vorhanden waren, zeigte nur noch die Lunge tuberkulöse Veränderungen. Auch hier waren die Knötchen frisch, es ist ausdrücklich bemerkt, dass die Knötchen grau waren. Der primäre Herd ist in diesem Fall in dem in der Leber befindlichen Käseknoten zu suchen; von da aus dürften sich die Tuberkelbacillen in der Leber verbreitet haben, durch die Vena cava ins rechte Herz und in den Lungenkreislauf gelangt sein.

Was zunächst in unserem Fall interessiert, ist der ziemlich rasche Anfang der Erkrankung, doch waren die subjektiven Beschwerden zuerst keine bedeutenden, das Kind war noch nahezu 2 Wochen ausser Bett. Dann allerdings machte sich hochgradige Dyspnoe und starkes Fieber geltend. Die Respirationsfrequenz bewegte sich zwischen 45 und 68 Atemzügen in der Minute; das Verhältnis der Atmung zum Puls war zu Gunsten der ersteren verschoben, es betrug im Mittel 1 : 2,5, im Maximum 1 : 1,6, im Minimum 1 : 3. — Die Untersuchung der Lungen liess ausser einem leichten Kollapsherd links hinten unten nur ausgebreiteten Katarrh der mittleren und feineren Bronchien nachweisen.

Die Erscheinungen von Seiten des Gehirns waren durch makroskopisch sichtbare anatomische Veränderungen nicht bedingt.

Da es sich um einen Fall von reiner Miliartuberkulose der Lungen handelt, dürften die Temperaturverhältnisse von Interesse sein; ich lasse daher die Kurve (folg. S.) folgen.

Im Gegensatz zu dem vorher mitgeteilten Fall haben wir von Anfang an hohes Fieber. In den ersten 5 Beobachtungstagen haben wir eine Febris continua mit meist in die Mittagszeit fallenden Spitzen, die Werte bewegen sich zwischen 39,4 und 40,8; hierauf kommt es 3 Tage lang zu tieferen Remissionen von 39,3 auf 37,3, welche in die Morgenzeit fallen; zuletzt war die Temperatur wieder höher, 38,2 bis 40,5° C.

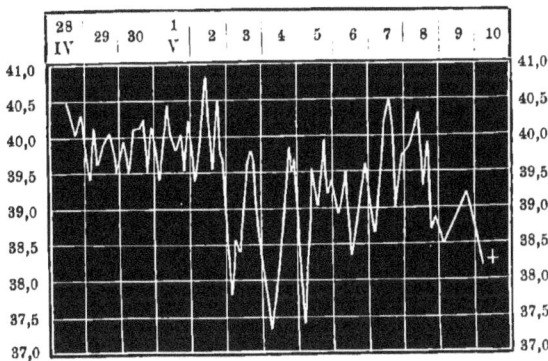

Kurve 19. Rosine Sch.

Der Verlauf war in diesem Falle ein rascher; es fehlte jedwede Beteiligung anderer Organe. Wenn wir vom ersten Unwohlsein an rechnen, dauerte die Krankheit keine 4 Wochen; von der Zeit an, in welcher das Kind bettlägerig wurde, nur 14 Tage.

Selten sind solche Fälle, in welchen die akute Miliartuberkulose in vereinzelten Schüben einbricht, die gekennzeichnet sind durch mehr oder weniger starkes Fieber, und bei welchen in der fieberfreien Zeit Euphorie und Kräftezunahme besteht. Ich selbst verfüge über keinen eklatanten Fall, aber ich finde einen solchen bei Henoch.

Beobachtung XLV. Es handelte sich um einen 6jährigen Knaben, der am 2. II in die Klinik aufgenommen wurde; etwas Husten ohne abnorme physikalische Erscheinungen. Der Knabe erholt sich; vom 13. bis 28. II Diarrhoe, die beseitigt wird. Euphorie. Am 6. März plötzlich Anorexie und Fieber bis 41,2 von 4tägiger Dauer mit negativem Lungenbefund. Resp. zwischen 44 und 64. Vom 11. März bis 8. Mai, beinahe 2 Monate, fieberfreies Intervall (nur an 4 Tagen erreichte die Abendtemperatur 38,0—38,5, sonst war sie immer normal oder subnormal). Euphorie mit Kräftezunahme; Lungenbefund negativ. Plötzlich am 8. Mai neuer Fiebersturm, 2 Tage lang Temperatur nie unter 40,0; Puls 144—160. Resp. 60. Von da an katarrhalische Geräusche. Resp. 40—50. Vom 10. bis 13. fällt die Temperatur allmählich und bleibt normal bis zum 25. V, während der Katarrh und die erhöhte Respirationsfrequenz fortbestehen. Dann erfolgt wieder ein 5 Tage anhaltendes Fieber mit 39,0 bis 40,0° C. Am 1. Juni Febris continua remittens, welche bis zum Todestage (5. Juli) ununterbrochen fortdauert (mrgs. 38,2. abds. 39,2—39,9) mit stets raschem Puls und Respiration, zunehmender Macies und Schwäche, fortdauerndem Bronchialkatarrh und stets wiederkehrender Diarrhoe. Schliesslich Kollaps, Ödeme, Dämpfung r. h. u. Tod am 5. Juli. — Sektion: Ausgedehnte pleuritische Adhäsionen; enorme Miliartuberkulose der Pleura, beider Lungen, des ganzen Peritoneum, der Milz, Leber und beider Nieren.

Käsige Verdichtung an der Basis des rechten Unterlappens, Verkäsung der
Bronchial- und Mesenterialdrüsen.

Andere Male tritt die Beteiligung des Bronchialbaums in den
Vordergrund. Der Katarrh der Bronchien beherrscht das Krankheitsbild.
Es besteht häufiger Husten, der oft zum Erbrechen reizt und reichlichen Auswurf zutage fördert, schleimige bis schleimig-eitrige Massen,
in welchen Tuberkelbacillen in grösserer Menge gefunden werden. Man
hört auf der ganzen Lunge zahlreiche trockene und feuchte Rasselgeräusche,
wobei gross- und mittelblasige vorwiegend sind. Die Schleimabsonderung
kann dabei eine so abundante werden, dass bei geschwächtem Organismus die Kinder nicht mehr die Kraft haben, auszuhusten, so dass durch
die zähen Schleimmassen grössere Bronchien verstopft werden und der
hinter ihnen liegende Lungenbezirk für die eindringende Luft nicht mehr
zugänglich ist. Die — namentlich bei der Unwegsamkeit eines Hauptbronchus — bedingte rasche Ausschaltung eines grossen Teiles der
respirierenden Oberfläche hat, da ja die Lunge schon vorher durch den
Katarrh weniger entfaltbar geworden ist, eine plötzlich auftretende
hochgradigste Atemnot zur Folge, die Zahl der Atemzüge schnellt
plötzlich in die Höhe, es werden bis zu 90 Respirationen in der Minute
gezählt, das Gesicht wird stark cyanotisch, der Puls sehr frequent und
klein. Man sieht eine starke inspiratorische Einziehung der Supra-
und Infraclavikularregion, der Interkostalräume der betroffenen Seite.
Der verminderte Luftgehalt bedingt eine Dämpfung der unwegsamen
Lungenhälfte, bei der Auskultation erscheint ebenda das Atmungsgeräusch völlig aufgehoben, während auf der anderen Seite das Respi-
rationsgeräuch scharf pueril gehört wird. Die Erscheinungen sind leicht
zu deuten: in die verlegten Bronchien dringt keine Luft ein, die Schall-
leitungsverhältnisse sind ungünstige, in die freien Bezirke strömt die
Luft mit vermehrter Geschwindigkeit, woraus die Verstärkung des Vesi-
kuläratmens resultiert.

Beobachtung XLVI Wilhelm R., $^1/_2$ Jahr alt. Der Vater des
Pat. ist an Tuberkulose gestorben. Das Kind gedieh von der Geburt an,
wurde kräftig und dick und hatte ausser einem vorübergehenden Brechdurchfall keine Krankheiten durchgemacht. Sein Appetit liess nichts zu
wünschen übrig. Am 11. III. 85 bekam Pat. eine Anschwellung des linken
Fussgelenkes, die bald zurückging. Am 12. III stellte sich Angina und
leichter Bronchialkatarrh ein, der sich rasch über die ganze Lunge verbreitete; es wurden auf warme Bäder mit kalten Übergiessungen grosse
Massen von Schleim-Eiter herausbefördert. Eine Verdichtung r. h. o.
verschwindet nach wenigen Tagen wieder; ebenso geht der Katarrh zurück.
Im Sputum wurden am 30. III Tuberkelbacillen nachgewiesen. In der
ersten Zeit des April geht es dem Pat. leidlich, nur magert er rasch ab;
in der zweiten Hälfte des April Fieber, häufiges Erbrechen, Zuckungen am

ganzen Körper. Anfang Mai weit verbreiteter Katarrh. Später leichte
Dämpfung r. h. oberhalb der Spina scapulae. Es werden die Erscheinungen
der Meningitis deutlicher bemerkbar.

Am 9. V morgens um 5 Uhr plötzlich hochgradige Atemnot: stärkste
Cyanose des Gesichts, 90 Atemzüge in der Minute, Trachealrasseln, Puls
180, sehr frequent, klein, kaum zählbar; bei der Inspiration starke Einziehung des Jugulums, der linken Regio supraclavicularis und des Sternum;
auch die Interkostalräume werden bei der Inspiration eingezogen. Das
Atmungsgeräusch ist links aufgehoben, rechts verschärft, mit
Rasselgeräuschen untermischt. Es wird eine Verlegung des linken
Hauptbronchus durch Schleimmassen angenommen und zur Entfernung derselben 1/2 Spritze einer 1proz. Apomorphinlösung subkutan injiziert. Nach
5 Minuten 3maliges Erbrechen von Schleim; hierauf wird Pat. viel ruhiger,
die Dyspnoe lässt etwas nach. Nachmittags 2mal 1 warmes Bad mit nachfolgender kalter Übergiessung, worauf viel Schleim erbrochen wird. Nach
den Bädern wird das Kind matt und ruhiger.

Am 10. V Puls 150, Resp. 60, regelmässig. Dyspnoe noch stark.
Abends wird noch einmal Apomorphin eingespritzt, worauf Pat. viel leichter
atmet. Das Atmungsgeräusch wird auf beiden Brusthälften gleich stark
gehört, überall Rasselgeräusche. In der Nacht ist Pat. ruhiger, die
Atmung ist freier, morgens ist die Cyanose geringer.

In den folgenden Tagen beherrschen die meningitischen Erscheinungen
das Krankheitsbild.

Am 13. V wird eine Dämpfung im ganzen linken Unterlappen mit
Bronchialatmen und klingendem Rasseln nachgewiesen. Die Dämpfung wird
im Laufe der folgenden Tage fester, die Atemnot wird stärker und am
18. geht das Kind zugrunde. — Das Verhalten der Körperwärme war in
diesem Fall ein ganz unregelmässiges. In den ersten Beobachtungstagen
waren hohe Temperaturen — bis 40,4 — vorherrschend, doch zeigten sich
auch tiefe Remissionen. Dann kommen Wochen, in welchen die Höhe der
Temperatur ziemlich derjenigen der Norm entsprach, aber mit unregelmässiger Verteilung über den Tag; später sind wieder kurze Zeit höhere
Werte erreicht, kurz vor dem Tode bewegen sie sich zwischen 37,8 und 37,5°.

Sektion (Prof. Ziegler). Lungen stark ausgedehnt, die vorderen Teile
weiss, blutleer, durch Luft ausgedehnt, mit Ausnahme des unteren Randes
des rechten Oberlappens der Lunge, an welchem ein cirkumscripter bohnengrosser, subpleuraler, knotiger Indurationsherd sich befindet, in dessen Umgebung das Gewebe atelektatisch, blaurot erscheint. Pleurasäcke frei. —
Linke Lunge im ganzen gross, in den vorderen Teilen durchgehends blass,
stark durch Luft gebläht, am hinteren Umfang, namentlich im Unterlappen,
blaurot, sich fester anfühlend, über einzelnen Läppchen fibrinöse Auflagerungen. Oberlappen am hinteren Umfang atelektatisch, das Übrige
gebläht. Aus dem Hauptbronchus entleert sich bei Druck ein weisslicher,
mit Luft gemischter Inhalt. In den geblähten Bezirken einige grössere
Blasen. Bronchialdrüsen links frisch geschwollen, gerötet. Lungenparenchym
im ganzen lufthaltig, nur in dem hinteren Umfang luftleer; bei Druck entleert sich aus den kleineren Bronchien eine eitrige Flüssigkeit. Sowohl in
dem lufthaltigen Oberlappen als auch in dem entzündeten Unterlappen eine
Eruption von kleinen grauen Knötchen, namentlich reichlich im Oberlappen,
spärlicher im Unterlappen. Rechte Lunge wie die linke: die beiden

oberen Lappen stark gebläht. Der Unterlappen grüsstenteils blaurot, fühlt
sich fest an. Pleura mit einer dünnen Lage von Fibrin bedeckt und dadurch getrübt; ein kleiner gelber Käseknoten mit centraler Erweichungshöhle im subpleuralen Gewebe. Auf dem Durchschnitt ist das Gewebe
der oberen Lappen schwach lufthaltig, resistenter als normal, entleert aus
den kleineren Bronchien etwas eitriges Sekret. Dabei ist das Gewebe
durchsetzt von kleineren tuberkulösen Knötchen. Unterlappen am hinteren
Umfang fest, luftleer, ziemlich resistent, entleert bei Druck ziemlich reichliche eitrige Flüssigkeit aus Bronchien und Bronchiolen, der sich aus
den Alveolen eine mehr trübe, graurote Flüssigkeit beimischt. Auch hier
zahlreiche Knötchen. — Bronchialdrüsen durchgehends vergrössert, ein grosser
Teil vollkommen verkäst; andere von gelben Herdchen durchsetzt. — In den
Bronchien ein trübes graurötliches Sekret in reichlicher Menge. Bronchialschleimhaut im ganzen blass. Knötchen in der Milz; Mesenterialdrüsen
z. T. vergrössert, mit Knötchen durchsetzt; im Darm oberhalb der Klappe
mehrere tuberkulöse Geschwüre und Knötchen; einzelne Tuberkel in der
Leber. Meningitis tuberculosa; 1 Tuberkelknoten in der ersten linken Stirnwindung.

Die Krankheitserscheinungen dauerten bei diesem Kinde etwas über
2 Monate. Im Anschluss an eine Angina entwickelt sich ein Bronchialkatarrh, welcher sich rasch weiter ausbreitet und zu Kollapsen führt.
Schon frühzeitig werden im Sputum Tuberkelbacillen nachgewiesen,
also der Beweis erbracht, dass die Bronchitis auf tuberkulöser Basis
beruhte. Es geht dann der Katarrh zurück, doch bleibt das Kind dauernd
krank. Anfangs Mai kommt es plötzlich zu alarmierenden Erscheinungen
von Seiten des Respirationsapparates: hochgradigste Dyspnoe mit starker
Cyanose. Es wird durch die physikalische Untersuchung die Verlegung
des linken Hauptbronchus durch Schleimmassen diagnostiziert und nach
Entfernung dieser durch den Brechakt tritt wieder Besserung ein. Es
bilden sich aber Kollapse und bronchopneumonische Herde in den
Unterlappen, während die oberen Lungenteile eine Blähung erfahren.
Das Kind geht unter den Erscheinungen der Meningitis zugrunde.

Das Auffallende war die ausserordentlich starke Schleimproduk-
tion, die ausgebreitete Bronchitis, welche die das Leben direkt be-
drohenden Symptome hervorrief; nur durch Entfernung der Schleimmassen durch den Brechakt wurde die unmittelbare Lebensgefahr
beseitigt. —

Ich schliesse Fälle an, in welchen binnen kurzer Zeit katarrhalische Erscheinungen sich entwickeln — bisweilen sind dieselben auf einzelne Lungenteile lokalisiert, welchen hernach feste
Infiltrationen auf dem Fusse folgen mit der Neigung, sich rasch in
der Nachbarschaft auszubreiten, ganze Lappen einzunehmen und
auf andere überzugreifen. Der Anfang ist akut, so dass das Bild
der krupösen Pneumonie vorgetäuscht wird. Es beginnt die Krank-

heit meist mit einer auf e i n e n Bezirk beschränkten Bronchitis capillaris, welche aber rasch an Ausdehnung gewinnt. An der ursprünglich zuerst ergriffenen Stelle bilden sich dann Kollapse und bronchopneumonische Herde, welche mit solchen der Nachbarschaft konfluieren und dann einen ganzen Lappen einnehmen können; bei längerer Dauer geht der ganze Bereich in Verkäsung über, und wir haben dann eine käsige lobuläre, konfluierende Bronchopneumonie vor uns.

Häufig entwickelt sich diese Form der Lungentuberkulose im Anschluss an Infektionskrankheiten: an Masern, Keuchhusten, seltener Windpocken.

Die physikalische Untersuchung ergiebt zu Anfang, was die Perkussion betrifft, keinerlei Erscheinungen — nicht einmal, wenn noch ausgiebig geatmet wird, Hochstand des Zwerchfells. Durch die Auskultation lässt sich aber ein an umschriebener Stelle etablierter Katarrh nachweisen. Wichtig sind auch hier wieder jene feinblasigen Rasselgeräusche, welche in der Qualität dem Knisterrasseln ähnlich bei der In- und Exspiration gehört werden. Die Bronchitis breitet sich weiter aus und an der urprünglichen Stelle bilden sich Verdichtungsherde, welche sowohl der Perkussion wie der Auskultation zugänglich sind: man findet Dämpfung und je nach der Wegsamkeit der Bronchien abgeschwächtes Atmungsgeräusch bis scharfes bronchiales Atmen mit klingendem Rasseln. — Diese Herde können an ganz beliebigen Stellen der Lunge sich entwickeln.

Ich führe hierher gehörige Fälle im Auszug an.

Beobachtung XLVII. Karl W., 6 Monate alt, ist hereditär belastet; das Kind war gut gediehen, hatte Appetit, die Verdauung war eine gute; Katarrh hat es nie gehabt. Einige Tage vor der Aufnahme bemerkte die Mutter kleine rote Flecken und Bläschen am Körper des Kindes. Bei der Aufnahme, am 13. VI. 94, Varicellen. Auf der Lunge überall voller Schall, im rechten Oberlappen an umschriebener Stelle feinblasige, feuchte Rasselgeräusche. In den folgenden Tagen weitere Eruption von Bläschen, während die alten eintrocknen; Fortschreiten des Katarrhs, der sich über den ganzen rechten Oberlappen verbreitet. — Am 16. VI hochgradige Dyspnoe, es wechseln oberflächliche und tiefe Atemzüge mit einander ab, 80 Respirationen in der Minute und 150 Pulse. Flankenschlagen. Der Katarrh rechts ist stärker geworden und hat auch die gröberen Bronchien ergriffen; auch links jetzt katarrhalische Erscheinungen. — Am 22. VI auf der ganzen rechten Vorderseite des Thorax mit Ausnahme der unteren Partien zahlreiche feuchte Rasselgeräusche, vereinzeltes Rasseln auch in der rechten Spitze, die bis jetzt frei war. — 24. VI. Leichte Dämpfung in der rechten Axilla, ebenso in der rechten Spitze; Atmungsgeräusch daselbst verschärft. Über der ganzen rechten Lunge reichliche Rasselgeräusche, namentlich vorne. Über dem Mittellappen tympanitischer Perkussionsschall. Katarrh links ebenfalls in Zunahme.

26. VI. Die Dämpfung rechts vorne schreitet nach unten fort, reicht bis zur zweiten Rippe; auch r. h. o. leichte Schallverkürzung. Über den gedämpften Stellen haben die Rasselgeräusche klingenden Charakter. — Mehrmals Diarrhöen. 27. VI. Rechts vorne mit Ausnahme der untersten Partien der Lunge, welche tympanitischen Schall geben, Dämpfung von unten nach oben fester werdend mit Bronchialatmen und klingendem Rasseln, rechts hinten ebenfalls abgeschwächter Perkussionsschall. Starke Cyanose. Hochgradige Abmagerung. — 29. VI. Befund unverändert. In den nächsten Tagen zunehmende Cyanose, Atemnot; am 3. VII feste Dämpfung rechts vorne und links hinten oben. 5. VII. Feste Dämpfung rechts, dem Oberlappen entsprechend, weiter nach unten wird der Perkussionsschall weniger dumpf, Bronchialatmen und klingendes Rasseln; ebenso links hinten oben Dämpfung und klingendes Rasseln. Tod. Die Temperatur war meist fieberhaft, das Minimum war 36,5, das Maximum 40,0. Die Pulsfrequenz bewegte sich zwischen 150 und 180, die Respirationen zwischen 40 und 80.

Sektion (Dr. Roloff). Allgemeine Miliartuberkulose. Chronische Tuberkulose der mediastinalen und mesenterialen Lymphdrüsen und des Darms. — Lungen. Verwachsungen am oberen hinteren Teil des rechten Oberlappens. Im vorderen Mediastinum ein wallnussgrosses Konglomerat harter, gelber verkäster Drüsen. — Linke Lunge gross und auffallend schwer, Pleura im ganzen spiegelnd, durchsetzt von zahlreichen Ekchymosen und submiliaren weisslichen Knötchen. Luftgehalt überall vermindert; Konsistenz vermehrt, namentlich in den hinteren Partien und dem unteren Rande des Oberlappens. Auf der Schnittfläche sieht das luftleere Gewebe graurot, glatt und etwas glänzend aus und erhebt sich über das hellrote lufthaltige Gewebe. Überall massenhafte submiliare bis miliare Knötchen von grauweisslicher bis gelblicher Farbe. Rechte Lunge noch grösser und schwerer als die linke; ihr Oberlappen ist fast vollständig, mit Ausnahme vereinzelter Lobuli, infiltriert. Die Schnittfläche des indurierten Gewebes ist glänzend, blassgraurot, von massenhaften, nicht scharf begrenzten Flecken durchsetzt. Mittel- und Unterlappen enthalten noch etwas mehr lufthaltiges Gewebe, sind aber gleichfalls von ausgedehnten Infiltrationen und massenhaften frischen Tuberkeln durchsetzt. Eitrige Bronchitis beiderseits. Lymphdrüsen am Hilus z. T. völlig verkäst.

Der Krankheitsverlauf war in diesem Falle ein rascher. Im Anschluss an Varicellen entwickelt sich bei dem gesunden Kinde ein Bronchialkatarrh, zuerst an umschriebener Stelle, welcher sich rasch ausbreitet und in kurzer Zeit zu festen Infiltrationen führt; das Fortschreiten des Prozesses konnte fast von Tag zu Tag durch die Perkussion nachgewiesen werden.

Es kommen auch Fälle vor, welche akut beginnen, ähnlich der krupösen Pneumonie, in welchen sich rasch Infiltrationsherde entwickeln und den grösseren Teil eines Lappens oder einen ganzen Lappen befallen. Hier kann die Diagnose auf Schwierigkeiten stossen.

Beobachtung XLVIII.[1] Adolf K., 2 1/4 Jahr alt; hereditär nicht belastet, hat im Alter von 11 Monaten die Masern leicht überstanden. Seit-

---

1) von mir veröffentlicht Münchener med. Wochenschrift 1894.

her war Pat. gesund. Ziemlich plötzlich soll die jetzige Krankheit begonnen haben, mit Appetitmangel, etwas Husten, Schlingbeschwerden und Fieber. Aufnahme 26. IX. 94. Gut genährter, etwas blass aussehender Junge. Es bestand Angina. Über der Lunge links hinten einige grossblasige Rasselgeräusche. — Nach einigen Tagen geht die Angina zurück; auffallend ist die bleibend erhöhte Respirationsfrequenz — zwischen 42 und 46 — bei ziemlich negativem Befund in den Lungen.

1. X. Cyanose des Gesichts. Leichte Dämpfung in der rechten Axillarlinie, von der 3. Rippe bis zur Leber reichend; ebenda verschärftes Vesikuläratmen. Puls 160, Resp. 44.

2. X. Hin und wieder Husten; Sputum wird verschluckt. Puls 158, Resp. 46. Die Dämpfung ist etwas fester und breitet sich nach hinten hin aus. Über der Dämpfung unbestimmtes Atmen. Auf der übrigen Lunge geringer Katarrh.

3. X. Die Dämpfung nimmt den ganzen Unterlappen ein, sie reicht nach hinten bis zur Wirbelsäule; über einer Stelle in der mittleren Axillarlinie Bronchialatmen mit klingendem Rasseln. Puls 172, Resp. 46.

5. X. Dämpfung unverändert, ebenso auskultatorischer Befund. Spärlicher Katarrh auf der ganzen Lunge. Puls 172, Resp. 48. — Es treten die Erscheinungen einer beginnenden Meningitis zutage.

7. X. Dämpfung rechts hinten eher etwas weniger fest; Katarrh besteht fort. Puls 168, Resp. 46.

8. X. Puls 180, Resp. 44.

9. X. Husten etwas stärker. Puls 172, Resp. 48.

10. X. Puls 120 und 136. Cheyne-Stokes'sches Phänomen. Lungenbefund unverändert. Die Erscheinungen der Meningitis immer deutlicher.

11. X. Dämpfung rechts hinten noch vorhanden, Atmungsgeräusch dort unbestimmt; auf der übrigen Lunge Rasselgeräusche.

12. X. Tod.

Die Temperaturen schwankten während der 17tägigen Beobachtungszeit meist zwischen 39,0 und 39,5; das Maximum betrug 40,1, das Minimum 38,1.

Bei der Obduktion (Dr. Henke): Meningitis tuberculosa der Konvexität mit subpialen Eiteransammlungen; an der Gehirnbasis keine Eiterherde, aber vereinzelte circumscripte weisse Knötchen. Chorioidealtuberkel. Tuberkulose der Rückenmarkshäute. Linke Lunge: Pleura überall spiegelnd, unter derselben zahllose kleinste verkäste Knötchen. Die Lunge ist luftarm, aber nirgends luftleer, vielfach finden sich um die Tuberkel kleine Emphysembläschen. Auf dem Durchschnitt erscheinen in das blutreiche Parenchym eingelagert zahlreiche, zum Teil durchschimmernde, zum Teil verkäste Knötchen. Nirgends infiltrierte Herde. — Die rechte Lunge zeigt dasselbe Bild wie die linke, nur fehlt hier das Emphysem fast ganz; nahe der Spitze ein vereinzelter kirschgrosser Verkäsungsherd. Herz: Unter dem Endokard des rechten Vorhofs und in einem Papillarmuskel der Mitralis je ein über die Oberfläche hervorragendes Knötchen, die sich durch die mikroskopische Untersuchung als Tuberkelknötchen mit Riesenzellen erweisen. Bronchialdrüsen grösstenteils infiltriert und verkäst.

Dieser Fall bot diagnostische Schwierigkeiten. Das Kind, seit langer Zeit gesund, erkrankt ziemlich plötzlich mit Appetitmangel, Halsschmerzen,

etwas Husten und Fieber. Man findet Angina, leichten Katarrh der
Bronchien. Nach einigen Tagen geht die Rachenaffektion zurück, nicht
aber das Fieber, ausserdem steigt die Respirationsfrequenz, und es tritt
ein Missverhältnis zwischen dieser und der Pulsfrequenz zutage: 30 IX.
42 Resp., 166 Pulse; 1. X. 44 Resp., 160 Pulse; 2 X. 46 Resp., 158 Pulse etc.
Cyanose des Gesichtes. Am 1. X lässt sich eine Dämpfung im rechten
Mittellappen nachweisen, welche sich in den folgenden Tagen nach
hinten hin ausbreitet und den ganzen Unterlappen einnimmt. Auch
durch die Auskultation wurde die Verdichtung der Lunge nachweisbar.
Man musste an die annexive Pneumonie Homburger's denken. Die
Diagnose wurde auf krupöse Pneumonie im rechten Unter- und Mittellappen gestellt. Die Erscheinungen von Seiten des Centralnervensystems
wurden als durch Pneumokokken hervorgerufene Meningitis gedeutet.
An eine tuberkulöse Erkrankung wurde — namentlich da basale Symptome fehlten — nur entfernt gedacht. — Die Sektion ergab eine Miliartuberkulose der meisten Organe, die Meningitis betraf vorzüglich die
Konvexität. In den Lungen war die Miliartuberkulose beiderseits ziemlich gleichmässig verteilt, es waren bronchopneumonische Herdchen vorhanden, beide Lungen waren luftarm: allein linkerseits bestand um
die Einzelherde vikariierendes Emphysem, während dieses rechterseits fehlte. Hieraus erklären sich die physikalischen Abweichungen
ungezwungen; rechts verminderter Luftgehalt, daher Dämpfung, links
wird diese verdeckt durch die lufthaltigen Emphysembläschen.

Auch das Bild der Wanderpneumonie im Sinne Wunderlich's
kann vorgetäuscht werden. Es entwickeln sich rasch Herde, welche
schnell wieder eine Rückbildung erfahren, während in entlegenen Stellen
der Lunge von dem ersten Herd getrennt und zu ungleichen Zeiten
neue Dämpfungsbezirke auftauchen. Dabei zeigt auch die Temperatur
Sprünge, wie sie bei der Wanderpneumonie beobachtet werden: es stellen
sich bedeutende Senkungen nach vorherigen hohen Werten ein, oder
das Fieber kann eine Zeit lang ganz aufhören, um bei der Bildung eines
frischen Herdes von neuem emporzuschnellen, oder es bleibt die Körperwärme erhöht und zeigt dann plötzliche weitere Erhebungen.

Beobachtung XLIX. Gottfried D., 1 Jahr alt, rhachitisches Kind,
hereditär nicht belastet, erkrankt am 16. IV. 91 an Kenchhusten, der mild
auftritt. Nur ganz vereinzelte Rasselgeräusche auf der Lunge. Am 4. und
5. Mai wiederholtes Frieren. Am 5. Mai Dämpfung in der rechten
Lungenspitze, vorne bis zur 2. Rippe, hinten bis zur Spina scapulae;
ebenda Bronchialatmen. 7. Mai. Die Dämpfung rechts oben kaum mehr
nachweisbar, dagegen feste Dämpfung über dem linken Unterlappen. 9. Mai. Dämpfung über der rechten Spitze verschwunden; feste
Dämpfung über dem rechten und linken Unterlappen. 12. Mai. Linker
Unterlappen frei. 16. Mai. Wieder Dämpfung über dem linken Unter-

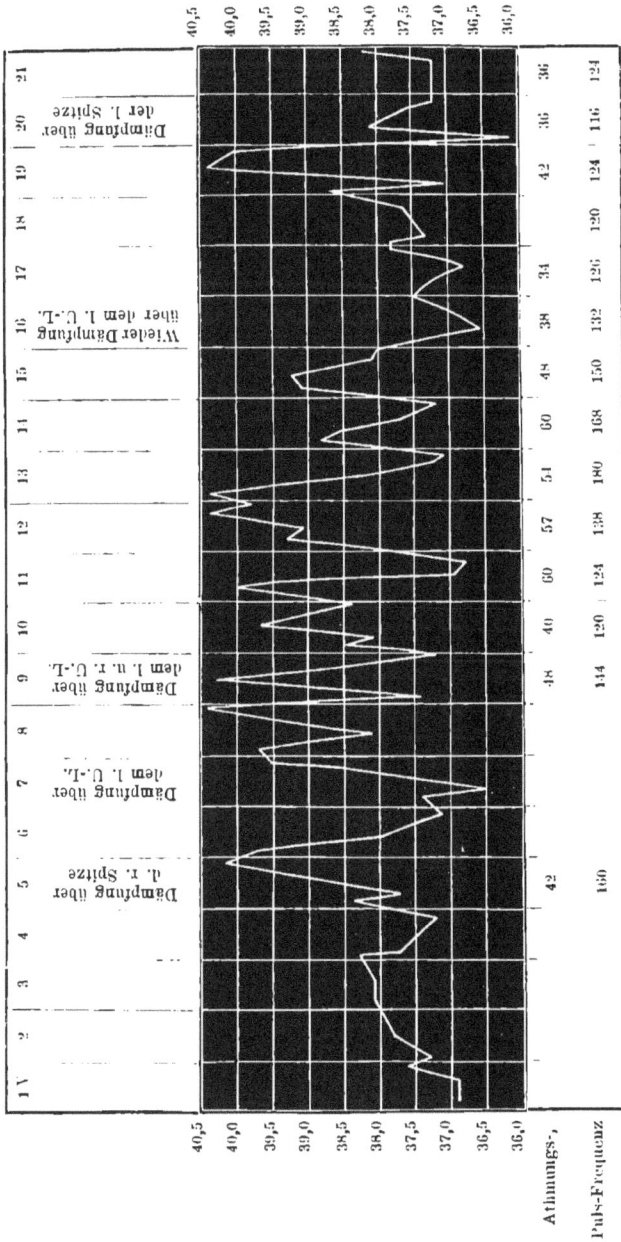

Kurve 20. Gottfried D.

lappen mit Bronchialatmen. Rechts hinten unten hellt sich der Schall auf.
20. Mai. Über der linken Spitze Dämpfung mit Bronchialatmen. Rechter
Unterlappen frei, links unterhalb der Skapula noch gedämpfter Perkussionsschall. 1. Juni. Dämpfung im linken Unterlappen weniger fest. Stets
ausgebreiteter Bronchialkatarrh. 26. Juni. Im rechten Unterlappen feste
Dämpfung mit Bronchialatmen, links erscheint der Perkussionsschall
ebenfalls dumpf, Atmungsgeräusch scharf, Exspiration hauchend. — Die
Dämpfungen in den beiden Unterlappen bleiben auch in den folgenden
Wochen ziemlich unverändert; der Katarrh wird geringer. verschwindet
aber nicht ganz, die Temperatur kehrt zur Norm zurück. Ende Juli wird
das Kind entlassen mit der Weisung, es dann und wann zur Untersuchung
zu bringen. — Im Laufe des Herbstes und Winters war der Zustand des
Kindes ein leidlicher, aber trotz besseren Appetits nahm es immer mehr
an Körpergewicht ab. Im Frühjahr 1892 traten Durchfälle ein und man
hatte nur noch ein mit Haut überzogenes Skelet vor sich, der höchste
Grad der Pädatrophie war erreicht; es bildeten sich Furunkel, Decubitus.
Am 18. April 1892 Tod.

Sektion. Bronchitis diffusa. Tuberculosis pulmonum praecipue dextri
disseminata, Pleuritis adhaesiva duplex, caseosa et purulenta dextra. Tuberculosis glandularum bronchial. et mesaraic.; ilei, renum, lienis, hepatis. —
Rhachitis.

Die Temperatur zeigte — wie aus vorstehender Tabelle ersichtlich
— Sprünge. welche in kurzer Zeit Abweichungen von 3—4 ⁰ C. betragen.
Im späteren Verlauf schoben sich zwischen normale Werte noch länger
dann und wann Erhöhungen ein, zuletzt blieb die Temperatur normal.
Zwischen Atmungs- und Pulsfrequenz bestand ein bedeutendes Missverhält-
nis, es verhielt sich die erstere zur letzteren meist wie 1 : 3 und weniger.

Es waren in diesem Fall also an räumlich getrennten Orten zu
verschiedenen Zeiten Dämpfungen aufgetreten; es hatte sich offenbar
um Atelektasen und bronchopneumonische Herde gehandelt, welche sich
rasch zurückbildeten; nur in den Unterlappen kam es nicht zur Lösung,
sondern die Infiltrationen blieben bis zum Tode bestehen. Der ganze
Prozess aber beruhte auf tuberkulöser Grundlage. Wenn wir einen Blick
auf die Temperaturtabelle werfen, so zeigt es sich, dass die starken
Exacerbationen mit den örtlichen Erscheinungen ziemlich parallel gehen,
wenn sie auch nicht immer streng zeitlich mit ihnen zusammenfallen.
Die Lokalisationen an verschiedenen Stellen zu verschiedenen Zeiten
auftretend, verbunden mit den erheblichen Nachlässen des Fiebers und
nachfolgenden sprungweisen Erhebungen, das Missverhältnis zwischen
Puls und Atmungsfrequenz zu Gunsten der letzteren, das Fehlen einer
hereditären Belastung, das gehäufte Vorkommen von krupösen Pneumonien zu jener Zeit liessen zuerst die Diagnose an eine Wanderpneumonie aufkommen. Bei der Beobachtung des weiteren Verlaufs musste
allerdings die ursprüngliche Diagnose umgestossen und Tuberculosis
pulmonum an ihre Stelle gesetzt werden.

Fälle mit einem Verlauf, welcher sich über längere Zeit-

räume, Monate und Jahre erstreckt, sind ebenfalls keine Seltenheit. Bei solchen sind es gewöhnlich nicht Störungen der Lunge,
welche die Aufmerksamkeit des Beobachters auf sich lenken, sondern es
handelt sich zuerst mehr um eine Beeinträchtigung des Allgemeinbefindens. Bei den Kindern treten in den Vordergrund Unlustgefühl,
Appetitlosigkeit, manchmal mit Verdauungsstörungen einhergehend, Abmagerung. Es fällt auf, dass das Gesicht immer blasser wird, dass die
Leistungsfähigkeit abnimmt; die Kinder wollen nicht mehr spielen, sie
werden ruhiger, ermüden rascher. Nun stellt sich dann und wann ein
leichtes Hüsteln ein, welches kaum beachtet wird. Die Mütter schieben
die Schuld für die zunehmende Abmagerung, für die hochgradige Blässe,
für die Verdauungsstörungen dem „Zahnen" oder „Würmern" zu. Dann
aber giebt der stärker werdende Husten Anlass zur Untersuchung
der Lunge. Es wird ein mehr oder weniger ausgebreiteter Katarrh
der Bronchien nachweisbar — weiter nichts; die Lungenspitzen können
völlig frei sein. Der gewöhnlichen Behandlung weicht aber der
Katarrh nicht; es werden weitere Bezirke in Mitleidenschaft gezogen und Wochen und Monate nach dem ersten Auftreten der Allgemeinstörungen findet man vielleicht, dass an irgend einer Stelle der
Perkussionsschall weniger voll klingt als an der korrespondierenden
Partie der anderen Brusthälfte; bei der Auskultation ist dort der
Katarrh in verstärktem Masse vorhanden. Auch dieser Zustand bleibt
möglicherweise längere Zeit unverändert. Mittlerweile magern die
Kinder mehr und mehr ab, die Blässe wird stärker, das Allgemeinbefinden wird noch schlechter. An der ursprünglich stärker befallenen Stelle der Lunge werden die Verdichtungserscheinungen deutlicher, der Perkussionsschall wird leerer, die Luftleere des betroffenen
Bezirks lässt sich auch durch die Auskultation nachweisen. Es kann
nun zur Abkapselung des ersten Herdes mit nachfolgender Schrumpfung
kommen, aber dieser Stillstand ist von kurzer Dauer, es tritt ein
neuer Herd auf oder im Anschluss an den alten entwickeln sich
weitere Infiltrationen, welche langsam in ihrer Umgebung sich ausbreiten, bis schliesslich ein ganzer Lappen feste Dämpfung zeigt.
In diesen Verdichtungsherden kann Zerfall mit Kavernenbildung eintreten, aber dies ist nicht das Gewöhnliche. — Der Umstand, dass
eine ganz allmähliche Ausbreitung statt hat, dass der Prozess nur
langsam fortschreitet, bringt es mit sich, dass die Atmung relativ ruhig
sich vollzieht, dass die Cyanose weniger ausgeprägt ist; es ist der
Lunge und dem Herzen Zeit gelassen, sich den geänderten Bedingungen
anzupassen. Trotzdem wird man nicht im Zweifel sein, dass „Schwindsucht" im wahren Sinne des Worts vorliegt. Die Abmagerung erreicht
die höchsten Grade, die eckigen Knochen springen stark vor, das Ge-

sicht wird spitz, die traurig blickenden Augen liegen tief in den Höhlen,
die Rippen sind nur noch mit Haut bedeckt, der Bauch sinkt stark ein,
die Darmbeinschaufeln ragen scharfkantig empor, die Extremitäten sind
bis aufs äusserste abgemagert. Die Haut ist welk und trocken, schilfert
ab, eine aufgehobene Hautfalte gleicht sich nur langsam wieder aus,
Furunkelbildung und Decubitus sind nicht selten. Schliesslich macht
sich auch die immer stärker werdende Einengung der atmenden Oberfläche geltend, das exzessiv blasse Gesicht wird cyanotisch, die Atmung
wird schwerer. Ganz allmählich erlischt das Leben; oder aber es erfolgt
plötzlich eine Ausbreitung der Tuberkulose auf die übrigen Organe,
und es wird dadurch der tötliche Ausgang beschleunigt.

    Beobachtung L. Marie K., 8 Jahre alt, hereditär belastet, ent-
wickelte sich in ihrer ersten Jugendzeit gut. Ein Jahr vor dem Nachweis
der ersten Lungenverdichtung Bronchialkatarrh, der nie ganz verschwand,
und mit dessen erstem Auftreten beginnende Abmagerung, welche im Laufe
der Zeit immer mehr zunimmt. Die erste Lungenverdichtung findet sich
am 30. Mai 88 und zwar leichte Dämpfung r. h. o. in der Höhe der
Spina scapulae zwischen Schulterblatt und Wirbelsäule; ferner r. h. u.
von dem Schulterblattwinkel abwärts. Die Dämpfungen sind nicht genau
abgrenzbar. Im Laufe des Sommers wenig Veränderungen, die Dämpfungen
bleiben bestehen, der Katarrh hört nie ganz auf; dabei zunehmende Cyanose
und Abmagerung der Kleinen. — Mitte Dezember 1888 Scharlach, welche
Krankheit gut überstanden wird. Mitte Januar 1889 Parotitis beiderseits
mit Abscessbildung links. Ende Januar Dämpfung rechts hinten ziemlich
unverändert, rechts vorne Einziehung der Thoraxwand. — Ende April Abschwächung des Perkussionsschalls auch rechts vorne, besonders oben,
diffuse Dämpfung in der rechten Axillargegend; Dämpfung rechts hinten
nach unten fester werdend. Überall feinere und gröbere Rasselgeräusche,
namentlich rechts. In der rechten Axillargegend fast vollständig aufge-
hobenes Atmungsgeräusch; über den übrigen gedämpften Partien klingendes
Rasseln und Bronchialatmen. — Ende Mai: Ausser den genannten Dämpfungs-
herden nun auch links hinten zwischen Wirbelsäule und Schulterblatt ein
solcher nachweisbar; der Herd erst diffus wird im Laufe der Tage fester
und deutlicher abgrenzbar. — In den Monaten Juli, August und September
keine besonderen Veränderungen. Ende Oktober ungefähr derselbe Befund
wie im Mai. Im spärlichen Sputum Tuberkelbacillen. — 10. Novbr. Anfall hochgradiger Dyspnoe mit starker Cyanose; nach heftigen Husten-
anfällen reichliches Sputum mit etwas Blut innig gemischt. — Ende November: Beide Verdichtungen hinten sowohl rechts wie links gewinnen an
Ausdehnung, sonst keine wesentliche Veränderung. Später Ödeme an beiden
Unterextremitäten. Leber- und Milzschwellung. Im Harn $1^0/_{00}$ Eiweiss
und zahlreiche granulierte Cylinder. Weiter zunehmende Schwäche, Ödeme,
Dyspnoe stärker. Tod am 4. XII. 89. — Während der ganzen Zeit der
Beobachtung war die Körperwärme meist fieberhaft — an manchen
Tagen wird 40,0 und darüber erreicht — doch ist die Verteilung auf die
einzelnen Tage eine ganz unregelmässige, an manchen Tagen ist das Fieber
eine Continua, an anderen zeigen sich tiefe Remissionen.

Auszug aus dem Sektionsprotokoll.

Hinter dem Manubrium sterni verkäste Lymphdrüsen, welche mit dem Sternum verwachsen sind. Lungen ungenügend kontrahiert. Linke Lunge an vielen Stellen fest infiltriert, mit Knötchen durchsetzt. Rechte Lunge. Ebenfalls wie in der linken feste Infiltrationsherde an mehreren Bezirken, an anderen wieder mehr lufthaltige Partien. Im unteren hinteren Teil des rechten Oberlappens einzelne kleinere Kavernen in den Infiltrationsherden. Bronchialdrüsen vergrössert und verkäst. Rechts grosse Packete solcher; einzelne Drüsen stossen dicht an das Lungengewebe an. Dieselben sind mit der Pleura pulmonalis verwachsen, an einigen Stellen erscheint die Drüsenkapsel und die verdickte Pleura durchbrochen und die Käsemasse direkt ins Lungenparenchym eingedrungen zu sein; ebenda ist auch die Knötchenbildung am weitesten vorgeschritten, es finden sich da schon zur Kavernenbildung eingeschmolzene Knötchengruppen. — Die Bronchialschleimhaut zeigt rechts wie links starke Rötung, durch die Schleimhaut schimmern Knötchen durch; das Lumen der Bronchien ist erfüllt von zähen eitrigen Exsudatmassen. Die Bronchien rechts teilweise stark dilatiert.

Bei dem Kinde erstreckte sich die Krankheit über 2$\frac{1}{2}$ Jahre. Zuerst nur Abmagerung, Katarrhe, allgemeines Krankheitsgefühl. 1$\frac{1}{2}$ Jahre vor dem Tode wurde die erste Dämpfung nachgewiesen. Nach Monaten kommt es zu weiteren Verdichtungen in räumlich getrennten Bezirken. Es wird zuletzt ein grosser Teil der Lunge ergriffen, aber der Prozess schreitet nur langsam fort, so dass Angewöhnung eintritt und die Kleine auch mit sehr reduzierter freier Lungenoberfläche noch genügend Luft bekommen kann. Die ersten durch die Perkussion nachweisbaren Zeichen finden sich in der rechten Lunge. Dementsprechend werden auch hier bei der Obduktion die am weitesten fortgeschrittenen Veränderungen gefunden — Infiltrationsherde mit Kavernenbildung. — Die Infektion dürfte in diesem Fall von verkästen Bronchialdrüsen aus erfolgt sein und zwar durch direkte Verschmelzung solcher mit dem Lungenparenchym: „einzelne Drüsen stossen direkt an das Lungengewebe an, dieselben sind mit der Pleura pulmonalis verwachsen, an einigen Stellen scheint die Drüsenkapsel und die verdickte Pleura durchbrochen und die Käsemasse direkt ins Lungenparenchym eingedrungen zu sein."

Fälle mit solchem protrahierten Verlauf sind im frühen Kindesalter selten; Henoch führt an, dass die Tuberkulose bei Kindern bis zum Beginn der zweiten Dentition sich im allgemeinen durch einen mehr stürmischen Verlauf auszeichnet, dass es sich meist nur um eine Reihe von Monaten, höchstens um 1—2 Jahre bis zum Tode handelt. — Bei Kindern über 6 Jahren nähert sich der Krankheitsverlauf mehr dem bei Erwachsenen. — Auch der vorerwähnte Fall betrifft ein älteres Kind.

Hier in Tübingen ist die Miliartuberkulose der Lunge vorherrschend; kommt es zu Herdbildungen, so handelt es sich um Atelektasen oder Bronchopneumonien, welche den grossen Teil eines Lappens ergreifen können. Ich bin mit diesem Befunde — dem Prävalieren der Miliartuberkulose über die anderen Formen der Lungentuberkulose — im Gegensatz zu den Erhebungen an anderen Orten. — So findet Michael für Leipzig, dass die Verkäsung über die Bildung miliarer Knötchen überwiegt und dass die befallenen Teile häufig ganz diffus käsig infiltriert, teils auch in Zerfall begriffen sind. Auch Hecker kommt aus Untersuchungen in München zu dem Resultat, dass die käsigen Pneumonien vorwiegen über die akute Miliartuberkulose.

Verkäsung eines grösseren Lungenbezirks — also wirkliche käsige Lobärpneumonie — habe ich bei unserem Material nur in ganz vereinzelten Fällen finden können; bei einem derselben — einem $3\frac{1}{2}$ jährigen Kinde — war allerdings der ganze rechte Mittellappen in einen grossen Käseherd mit centraler Erweichungshöhle umgewandelt.

Kavernenbildung in grösserem Umfang ist im frühen Kindesalter ebenfalls nicht häufig. Während kleinere Hohlräume bei Sektionen öfters gefunden werden, kommen solche von grösserer Ausdehnung nur dann und wann zur Beobachtung. Immerhin sind sie auch bei kleinsten Kindern gesehen worden, so von Demme bei 2 Kindern im Alter von 17 resp. 21 Tagen, von Henoch; Weber fand bei einem noch nicht vierteljährigen Kinde eine Kaverne, welche nahezu einen halben Lungenlappen einnahm. — Kleine Hohlräume entgehen selbstverständlich dem physikalischen Nachweis, grössere machen dieselben Erscheinungen wie beim Erwachsenen; oft kann auch jedes Zeichen fehlen. —

Was bei Kindern Kavernensymptome überhaupt betrifft, so muss man beim Vorhandensein solcher vorsichtig mit der Stellung der Diagnose sein. Gerade beim kindlichen Thorax trügen die physikalischen Zeichen oft genug; manchmal sind alle Kavernensymptome vorhanden und bei der Sektion ist keine Spur von Hohlraum zu finden. Bei dem zarten elastischen Thorax des Kindes geschieht es sehr leicht, dass man in der Clavikulargegend durch einigermassen stark ausgeübte Perkussion die in der Trachea und den grösseren Bronchien befindliche Luftsäule in Schwingungen versetzt und hierdurch einen beim Öffnen und Schliessen des Mundes in der Tonhöhe wechselnden Schall erhält; auch in weiterer Entfernung gelegene Lungenteile können Wintrichschen Schallhöhenwechsel geben; — namentlich dann, wenn verdichtetes Lungengewebe zwischen der Luftröhre und der Peripherie liegt, der Williams'sche Trachealton wird bei Kindern sehr leicht erzeugt. Das Geräusch des gesprungenen Topfes ist bei Kindern nur mit grösster Vorsicht zu verwerten; schon Wintrich hat darauf aufmerksam gemacht, dass es gerade am kindlichen Thorax nicht selten bei Gesunden hervorgerufen werden kann, „wo man die physikalischen Bedingungen weder ergründen, noch irgend einen Schluss daraus ziehen kann".

Wenn ich vorhin erwähnt habe, dass bei jüngeren Kindern ein protrahierter Verlauf zu den Seltenheiten gehört, so kann es doch sein, dass nach langsamerem oder schnellerem Anfang Stillstand eintritt, und die örtlichen und allgemeinen Erscheinungen zurückgehen, so dass man wohl von temporärer Heilung reden kann. Es können Kinder, bei welchen es zu einer nachweisbaren Infiltration gekommen ist, aufs äusserste abmagern, es kann monatelang Bronchitis bestehen, nach und nach aber erholen sich die Kinder mit zunehmender Esslust langsam, sie nehmen an Gewicht zu und gesunden scheinbar völlig. Oft verrät nur eine Einziehung der betroffenen Gegend — z. B. der Gegend unterhalb der Clavicula — eine überstandene Lungenerkrankung. Ja es kann sogar sein, dass eine früher feste Dämpfung nach und nach verschwindet; es kapselt sich der Herd offenbar ein und um denselben herum wird das Lungengewebe gebläht, so dass die ursprüngliche Dämpfung verdeckt wird; noch mehr, die kranke Seite giebt bei schwacher Perkussion volleren Schall als die gesunde; bei stärkerem Anschlagen tritt dann oft das Umgekehrte auf.

In solchen Fällen ist die Beobachtung der Körperwärme von höchster Wichtigkeit. Ich verfüge über einige Fälle, in welchen trotz scheinbar völliger Gesundheit, trotz Zunahme des Körpergewichts, trotz offenbar vorzüglichen Allgemeinbefindens die Temperatur anzeigte, dass der Prozess keineswegs zum völligen Stillstand gelangt war. Besonders lehrreich sind zwei Fälle: in dem einen wurden während 10½ Monaten täglich 3 Messungen gemacht, im zweiten während 14 Monaten, und da zeigten sich in der Temperaturkurve oft Erhebungen bis zur Fieberhöhe, ohne dass weitere örtliche Störungen hierfür Anhaltspunkte gegeben hätten.

Ich führe in kurzem die Fälle an.

Beobachtung LI. Marie W., 2½ Jahre alt, ist väterlicherseits hereditär belastet, 3 Geschwister sind an Tuberkulose gestorben, nur 1 Bruder lebt. — Das Kind entwickelte sich ziemlich gut, hatte aber schon früh geschwollene Lymphdrüsen am Halse, öfters Husten. Im November 1892 Masern mit langwährendem Bronchialkatarrh. Von dieser Krankheit hat sich die Kleine nie recht erholt, sie gedieh weniger, war meist blass, fühlte sich oft heiss an. Im September 1893 verschlimmerte sich der Zustand, so dass um ärztliche Hilfe gebeten wurde. Bei der Aufnahme — 25. IX — sehr anämisches, schlecht genährtes Kind mit hohem Fieber, geschwollene Cervikaldrüsen, ausgebreitete Bronchitis, besonders der feineren Bronchien — Flankenschlagen; Resp. 57, Puls 140. In den folgenden 2 Wochen lokalisiert sich der Katarrh auf die hinteren unteren Lungenabschnitte und auf eine Stelle links hinten oben. Es entwickeln sich Kollapse zu beiden Seiten der Wirbelsäule, welche auf Bäder mit kalten

Übergiessungen bald zurückgehen. Der Katarrh besteht weiter fort, im Laufe des Oktober aber wesentliche Besserung, so dass, da die Temperaturen keine fieberhaften mehr sind und das Allgemeinbefinden ein sehr gutes ist, das Kind aufsteht. Bei der Untersuchung am 30. X findet sich unterhalb der linken Clavicula eine leichte Abschwächung des Perkussionsschalles, ebendort schwächeres Vesikuläratmen. Diese Dämpfung lässt sich bald abgrenzen, sie ist im 2. Interkostalraum hart neben dem Sternum und hat ca. die Grösse eines Fünfmarkstücks, sie breitet sich in den folgenden Tagen noch etwas aus und wird viel fester. Ebendort Vesikuläratmen und helle Rasselgeräusche; auf der übrigen Lunge kaum noch Katarrh vorhanden. Später dehnt sich die Dämpfung weiter aus, sie reicht am 19. XI von der ersten Rippe zur Herzdämpfung im 3 I.C.R. und seitlich bis zur vorderen Axillarlinie. Auch die linke Spitze giebt abgeschwächten Perkussionsschall, ebenso die hintere obere Partie der linken Lunge. Über der Dämpfung Bronchialatmen mit klingendem Rasseln. Über der linken Spitze abgeschwächtes Vesikuläratmen. Das Kind kommt in seiner Ernährung sehr herunter, es ist rapid abgemagert und sehr anämisch. Anfang Januar 1894 ist der Zustand kaum verändert. Es heisst in der Krankengeschichte am 31. XII 93: „Pat. hat links hinten oben noch eine leichte Dämpfung, rechts normaler Lungenschall, links vorn feste Dämpfung, die in die Herzdämpfung übergeht und bis zur vorderen Axillarlinie reicht. Rechts überall reines Vesikuläratmen, links vorne lautes Bronchialatmen. Nirgends Katarrh." — In den folgenden Monaten geht es der Kleinen wesentlich besser, der Appetit hebt sich, „sie trinkt mit grosser Lust Leberthran, soviel sie bekommen kann", Husten kehrt nicht wieder, sie ist kaum im Bett zu halten, steht oft auf. Die wiederholte Untersuchung ergiebt ausser der Dämpfung unterhalb der linken Clavicula nichts bemerkenswertes. Im Frühjahr bessert sich der Zustand der Pat. noch mehr, sie wird lebhaft, ausgelassen, nimmt an Körpergewicht bedeutend zu; Ende April wird sie von Keuchhusten befallen, der aber einen guten Verlauf nimmt, während der jüngere Bruder diesem erliegt, es hatte sich bei ihm eine Miliartuberkulose angeschlossen. Ich hatte das Kind noch bis Mitte Juli unter Augen und liess bis zu dieser Zeit täglich Temperaturmessungen vornehmen. Bei der letztmaligen Untersuchung — am 12. VII. 94 — war der Befund nahezu unverändert gegen früher, nur war die Dämpfung nicht mehr so fest, es hatte sich offenbar um den Herd vikariierendes Emphysem gebildet; unter der linken Clavicula bemerkte man eine leichte Einziehung.

Wichtig sind in diesem Falle die Temperaturverhältnisse. — Es wurde im ganzen 282 Tage lang die Körperwärme mit 921 Einzelmessungen bestimmt. An 73 Tagen — nur bis zum Auftreten des Keuchhustens gerechnet — wurde die Temperatur von 38,0° erreicht resp. überschritten. In den ersten 12 Tagen der Beobachtung bestand täglich Fieber — zwischen 38,0 und 39,6 — dann kommen 3 fieberfreie Tage, an welche sich wieder 2 Tage mit höheren Temperaturen anschliessen; nun folgen 11 Tage, in welchen die Temperatur als Maximum 37,6 erreicht, hierauf eine Periode, in der Fiebertage abwechseln mit fieberfreien Tagen und nun — 6 Wochen nach der Aufnahme — verlaufen weitere 6 Wochen mit fast täglich die normale Körperwärme überschreitenden Temperaturen — 38 Fiebertage mit in maximo 40,0⁰, 4 fieberfreie. Nach dem ersten Vierteljahr zeigen sich im ersten Monat mehr fieberfreie Tage, aber Spitzen von 38,7 bis 39,1 sind nicht selten; im zweiten Monat wird 38,0 überhaupt nicht erreicht; dann übersteigt die Temperatur wieder mehrmals 39,0. Später, im zweiten halben Jahr, bleibt die Körperwärme mehr eine normale, aber immer schieben sich wieder Tage mit 38,0 bis 38,9 dazwischen. Der Eintritt des Keuchhustens bringt vermehrtes Fieber, 39,5 bis 40,0. Die letzte Temperaturerhöhung 38,0 wird am 10. Mai — also am 228. Beobachtungstage — gefunden. In den letzten 54 Beobachtungstagen blieb die Körperwärme normal.

Sehen wir uns zunächst die Verteilung der Einzelwerte auf die einzelnen Tageszeiten, und zwar an Fiebertagen an, so bemerkt man, dass meist der normale Gang: Aufsteigen vom Morgen bis zum Abend, Abfallen vom Abend bis zum Morgen nicht eingehalten wird, an 48 Tagen sind die Mittags- oder Nachmittagstemperaturen höher als die abendlichen (also in ²/₃ Abweichungen von der Norm). In den fieberfreien Tagen, von denen wir zu unserer Berechnung aber nur 151 heranziehen können, da an den übrigen abends aus verschiedenen Gründen (die Diakonissin fand z. Z. der Rekonvalescenz öfters verschlossene Thüren) nicht gemessen werden konnte, war 46 mal die Mittags- resp. Morgentemperatur höher als die Abendtemperatur, und zwar betrug manchmal die Differenz über 1⁰ C. Also haben wir auch hier wieder, und zwar nahezu in einem Drittel der fieberfreien Tage, Abweichungen vom normalen Gang der Temperaturkurve.

Das Herz ist von Anfang an in Mitleidenschaft gezogen. Der Puls ist klein und stets frequent, In den ersten Wochen besteht meist hohe Frequenz, 150 und darüber; doch zeigen sich auch hier beträchtliche Schwankungen, indem an manchen Tagen nur 90 Pulsschläge gezählt wurden, die erhöhte Frequenz ist aber bei weitem vorherrschend. Erst gegen Ende der Beobachtungszeit geht die Pulsfrequenz zurück und bewegt sich in den letzten Wochen zwischen 90 und 110. — Die Atmung ist ebenfalls gestört, namentlich zu Zeiten des stärkeren Katarrhs haben wir ausgesprochene Dyspnoe mit 57 und 60 Respirationen in der Minute; aber auch noch später, als die Lungen relativ frei, wird noch häufig geatmet, 42 Resp. und mehr; erst ganz allmählich geht die Frequenz zurück auf 28—30 Resp.

Beobachtung LII. Anna D., 2 Jahre alt, wird am 3. III. 94 in Behandlung genommen. Ein Bruder des Kindes ist an Meningitis tuberculosa gestorben. Die Kleine selbst hat vor 1 Jahr die Masern, welche einen leichten Verlauf nahmen, durchgemacht (ebenfalls in unserer Behandlung). Bei der Aufnahme kann ausser einem weit verbreiteten Katarrh der mitt-

leren und grösseren Bronchien nichts besonderes nachgewiesen werden. —
Am 13. III ist der Katarrh in der rechten Lunge viel geringer; links wird
unterhalb der Clavicula eine Stelle gefunden, welche kürzeren Perkussionsschall giebt als die entsprechende Stelle rechts, ebenda vermehrtes helles
Rasseln. In den folgenden Tagen ausgesprochene Dämpfung, deren Gebiet
sich nach und nach erweitert und am 17. III in die Herzdämpfung übergeht. Über der Dämpfung vesikuläre Inspiration, verlängerte, leicht hauchende
Exspiration. — Später werden die Erscheinungen noch deutlicher, die
Dämpfung wird fester, man hört über ihr Bronchialatmen mit klingenden
Rasselgeräuschen. Im April geht der Katarrh zurück, der Appetit der
kleinen Patientin bessert sich, sie ist munter. Die Dämpfung bleibt bestehen, auch l. h. o. ist eine Schallverkürzung wahrzunehmen, die aber bald
wieder zurückgeht.

Am 6. V. heisst es in der Krankengeschichte: „Dämpfung vorne links
von der zweiten Rippe ab in die Herzdämpfung übergehend. Links hinten
an der Spitze etwa dreiquerfingerbreite leichte Dämpfung. Die rechte Spitze
scheint frei zu sein. Geringer Katarrh.".

In den nächsten Tagen geht die Dämpfung links hinten oben zurück,
dagegen bleibt diejenige links vorne bestehen; „links vorne Dämpfung von der
vorderen Axillarlinie an die ganze Gegend oberhalb des Herzens einnehmend; ebenda Bronchialatmen. Hochgradige Abmagerung." — Bei diesem
Befund bleibt es, der Katarrh wird bald stärker, bald schwächer, zuletzt
verschwindet er ganz; es entstehen dann und wann noch Kollapsherde, die
aber nicht von Bestand sind, auf warme Bäder mit kalten Übergiessungen
wird die Lunge wieder frei. Nur die Dämpfung links vorne bleibt eine feste,
Bronchialatmen daselbst wird immer gehört. Im Laufe der Monate hat sich
die gedämpfte Partie etwas aufgehellt, aber sie ist noch leicht nachweisbar.
Die kleine Patientin bekommt wieder mehr Appetit, ihr Aussehen wird ein
besseres, sie nimmt an Gewicht zu.

In diesem Fall habe ich über 1 Jahr lang tägliche Temperaturmessungen ausführen lassen können. Es wurde an **378** auf einander
folgenden Tagen gemessen und **1089** Einzelmessungen bestimmt. —
Auch hier sind die Temperaturverhältnisse ähnlich denen im vorhergehenden Fall. In dem ersten Vierteljahr sind fast täglich Temperatursteigerungen verzeichnet, unter den 90 Tagen sind nur 16 fieberfreie.
Hierauf nähert sich die Temperatur mehr der normalen, ohne indessen
völlig mit dieser zusammenzufallen; es hat das zweite Vierteljahr nur
14 Fiebertage aufzuweisen — gegen 74 im ersten — und diese sind
ganz unregelmässig verteilt, es lässt sich kein Grund für die erhöhte
Körpertemperatur nachweisen. Nun folgen 10 Wochen, in welchen das
Fieber zur Seltenheit gehört: nur an 3 Tagen sind Spitzen von 38,3,
38,0, 38,3. — Am 22. November bekommt das Kind zum zweiten Male
die Masern, welche sich 3 Tage vor dem Ausbruch des Exanthems
durch hohe Temperaturen — 39,3—40,2 — anzeigten. Der Verlauf
der neuen Masernerkrankung ist ein gutartiger, schon nach 8 Tagen
erholt sich das Mädchen.

Nicht im Einklang mit dem Wohlbefinden der Patientin stand die Temperatur. Nachdem 7 Tage nach dem Auftreten des Exanthems Fieber beobachtet worden war — Temperaturen von 38,0 bis 40,2 — fiel die Körperwärme in den folgenden 6 Tagen auf normale und subnormale Werte; dann steigt die Temperatur von neuem an und bleibt 8 Tage fieberhaft. In den nun noch weiteren 96 Beobachtungstagen haben wir noch 13 mal Fieber, von Zeit zu Zeit zeigen sich Spitzen von 38,6, 38,3, 39,0; ja am Ende der Beobachtung tritt wieder anhaltenderes Fieber auf; in 7 auf einander folgenden Tagen sind Werte von 38,1—39,4 verzeichnet, nur an den letzten 7 Tagen war die Temperatur normal oder subnormal. — Leider war es aus verschiedenen Gründen nicht möglich, diese interessante Untersuchung weiterzuführen.

Aus den beiden Fällen geht hervor — ich könnte noch mehrere als Beleg bringen, dass auch bei jüngeren Kindern tuberkulöse Prozesse zum Stillstand kommen können, wenigstens zu scheinbarem Stillstand; die Katarrhe gehen zurück, die Herde kapseln sich ab, aber die genauere Verfolgung der Körperwärme zeigt, dass vollständige Gesundheit nicht vorhanden ist, und die immer wieder sich einschiebenden Fiebertage mahnen zur Vorsicht. — Übrigens ist das Befinden beider Kinder ein recht gutes; sie haben trotz des Fiebers an Gewicht zugenommen, sehen blühend aus, besuchen jetzt die Kinderschule und nichts erinnert beim ersten Anblick, dass sie krank sind. — Bei beiden aber waren bei der kürzlich vorgenommenen Untersuchung die alten Herde noch nachweisbar.

Von Einzelerscheinungen wären noch zu erwähnen:

Fieber. Die Temperaturverhältnisse sind auch hier — wie bei der tuberkulösen Meningitis — durchaus unregelmässige. Es zeigt sich nirgends ein besonderer Typus und es erklärt sich dies eben aus der in Schüben auftretenden Invasion, ferner aus der mit der ulcerösen Phthise wohl immer einhergehenden Mischinfektion mit Eiterkokken. Ein Analogon der reinen Tuberkulose bezüglich der Temperaturverhältnisse haben wir höchstens bei den septischen Erkrankungen, und bei diesen ist auch das Auftreten in zeitlich getrennten Herden die Regel.

Im allgemeinen ist bei der rasch verlaufenden akuten Miliartuberkulose die Körperwärme gewöhnlich eine hohe, die Werte bewegen sich um 40^0 C. herum und es wird diese Höhe fast konstant eingehalten, Remissionen sind selten. Dabei ist die Tageskurve keine der normalen entsprechende. — Diesem Fieberverlauf würde etwa der Fall unter Beobachtung XLIV entsprechen. Aber es giebt auch Fälle von akuter Miliartuberkulose, in welchen die Temperatur nicht oder nur in mässigem Grade erhöht ist, wie aus Beobachtung XLIII hervorgeht.

Wie ich schon bei der Besprechung des anatomischen Befundes
der Miliartuberkulose hervorgehoben, erfolgt auch bei ihr keineswegs
eine gleichzeitige Entwicklung der Knötchen, sondern man findet alte
und frische Eruptionen nebeneinander. Dementsprechend wird auch
die Temperatur durch neu sich einstellende Exacerbationen gekennzeichnet sein können. Eines der schlagendsten Beispiele liefert der
unter Beobachtung XLV erwähnte Befund Henoch's; die Krankheit
erstreckte sich bei dem Kinde auf mehr als 5 Monate, zwischen hohen
Temperaturen lagen wochenlange fieberfreie Zeiträume.

Bei den übrigen Formen der Lungentuberkulose ist der Gang der
Temperatur noch unregelmässiger. Während bei rasch vor sich gehenden Infiltrationen das Fieber dem der krupösen Pneumonie ähneln
kann (vgl. Beobachtung XLVIII), weisen wieder andere fast täglich
Sprünge von mehreren Graden auf, wie in Beobachtung XLVII und
im Fall Henoch's, oder es besteht überhaupt kein Fieber. Henoch
schreibt: „Im Alter vom 3. Jahr aufwärts kommt es auch immer, früher
oder später, zur Entwicklung eines remittierenden hektischen Fiebers,
welches bei ganz kleinen Kindern ganz fehlen kann". Er führt als Beleg
2 Fälle an, in welchen beim ersteren Fieberhöhe überhaupt nicht erreicht
wurde, im zweiten erst in den letzten Tagen die Körperwärme gesteigert war. — Bezüglich des hektischen Fiebers dürfte es sich wohl
meist um ulceröse Phthise handeln. — Wie sich die Temperatur bei
den schleichenden Formen der Tuberkulose verhält, erhellt aus den
Beobachtungen L, in welcher fast immer Fieber mit ganz unregelmässigem Typus bestand, und LI und LII; namentlich sind es die beiden
letzten Fälle, welche zeigen, dass trotz scheinbaren Stillstandes, trotz
guter körperlicher Entwicklung der Prozess nicht völlig zur Ruhe gekommen ist. — Noch einmal möchte ich für solche Fälle hervorheben,
dass bei normaler Körperwärme die Verteilung der Werte auf die
Tageszeiten häufig eine der Norm nicht entsprechende ist,
dass die Morgen- und Mittagstemperaturen oft die abendlichen übertreffen, und weiter, dass täglich mindestens 3 Messungen —
morgens, mittags und abends — vorzunehmen sind; es erreicht
die Temperatur oft nur für kurze Zeit, wenige Stunden, Fieberhöhe,
die bei zu wenig ausgeführten Messungen nicht zur Anschauung gelangt und dass dann nur die Kompensationswerte zu erkennen sind.

Der Auswurf ist bei den einzelnen Formen wechselnd. Häufig
wird er von den Kindern verschluckt. Bei der akuten Miliartuberkulose
wird kein oder nur sehr wenig zähes, glasiges Sputum herausbefördert.
Bei den anderen Formen ist der Auswurf schleimig, später schleimig-
eitrig, aber selten werden grössere Mengen ausgehustet. Die ge-
ballten, luftleeren, stark eitrigen Sputa mit elastischen Fasern und

käsigen Bröckeln sind bei Kindern relativ selten, da bei ihnen Kavernenbildung in erheblichem Masse nicht zum Gewöhnlichen gehört.

Dem Auswurf können vereinzelte Blutstreifen beigemischt sein,
dann und wann· ist auch eine grössere Menge des Sputums blutig
tingiert, dies ist aber nichts charakteristisches. Blutungen in erheb-
licherem Masse dagegen — wie wir sie beim Erwachsenen häufig beobachten — sind im Kindesalter sehr selten. Ich habe bei unserem
Material keinen einzigen Fall von Hämoptoë finden können.

Das wenig häufige Vorkommen von wirklicher Hämoptoë bei der
Kindertuberkulose dürfte sich aus der relativen Seltenheit des destru-
ierenden Charakters des Prozesses, der Verkäsung und des nekrotischen
Zerfalls mit Höhlenbildung erklären. — Henoch hat 3mal bei jüngeren
Kindern sehr reichliche Blutungen gesehen.

In dem ersten Falle, ein 10 Monate altes Mädchen betreffend, waren
3mal Blutungen in sehr erheblichem Masse erfolgt. Bei der Sektion fand
sich inmitten des stark verdichteten, teilweise käsigen Oberlappens eine
wallnussgrosse Kaverne, welche mit einem Bronchus kommunicierte und
ausser blutig käsigem Brei einen haselnussgrossen Tumor enthielt, welcher
sich als dünnwandiges, mit einem Zweige der Arteria pulmonalis in Verbindung stehendes Aneurysma erwies. — Auch in einem zweiten Fall, der
mit stürmischer Hämoptoë einherging, war es ein Aneurysma, welches in
eine kleine Kaverne geborsten war.

Ähnliche Fälle führt Wyss an.

Perforation eines Bronchus und eines Gefässes zugleich durch verkäste Bronchialdrüsen hat Henoch nicht gesehen. Vogl teilt einen
solchen Fall mit — Kommunikation eines Bronchus mit der Vena sub-
clavia dextra durch verkäste Bronchialdrüsen —; ferner Widerhofer.

Herz. Abgesehen von denjenigen Erkrankungen, in welchen das
Herz selbst resp. dessen Umhüllung in den tuberkulösen Prozess
hereingezogen ist, finden wir in den akut verlaufenden Fällen stets
eine Schädigung des Organs. Der Puls ist gewöhnlich hoch, auch
wenn die Körperwärme sinkt, ein Zeichen, dass nicht allein durch das
Fieber die erhöhte Pulsfrequenz bedingt ist. Die Steigerung des Pulses
auf 200 Schläge und darüber ist bei kleineren Kindern häufig, ja
der Puls kann bis ins Unzählbare zunehmen; bei Kindern ist die
Erregbarkeit des Herzens überhaupt eine grosse, deshalb ist die hohe
Pulsfrequenz nichts ungewöhnliches. — Die Qualität des Pulses wechselt;
wenn im Anfang auch noch ein voller, regelmässiger Puls gefühlt wird,
so ändert sich dieser bald, er wird klein, kaum fühlbar, die Arterie
wird leer.

Die Schädigung des Herzens verrät sich ferner in der frühzeitig
auftretenden Cyanose, der starken Füllung der Jugularvenen und deren
ungenügender Entleerung, Ödem des Gesichtes und an dem Kühlwerden

der peripher gelegenen Körperteile; namentlich ist dieses der Fall, wenn
rasch sich ausdehnende Verdichtungen des Lungengewebes entstehen,
die Widerstände im kleinen Kreislauf dadurch sich schnell steigern;
der Tod kann durch Herzlähmung eintreten. Am Herzen selbst sind
Veränderungen nicht nachweisbar. Wenn man zu Anfang der Erkrankung die Herzdämpfung vergrössert, die Herzaktion durch mehrere
Interkostalräume sichtbar findet, später dagegen die Dämpfung eingeschränkt, so rührt dies von der verschiedenen Ausdehnung der Lunge
her, indem bei den anfangs nur oberflächlich ausgeführten Atemzügen
die das Herz bedeckenden Lungenränder sich zurückziehen, später bei
vorhandener Dyspnoe die oberen Lungenteile gebläht werden und das
Herz überlagern. — Anatomische Veränderungen können ganz fehlen,
häufig ist der Herzmuskel von guter Konsistenz, manchmal schlaff, blass,
andere Male findet sich fettige Degeneration der Muskelfasern in verschiedener Intensität. v. Leyden hat auch Fragmentatio pericardii bei
Phthisikern (Erwachsenen?) gesehen.

Bei den chronischen Formen der Lungentuberkulose hält das
Herz lange Zeit stand; die Cirkulationsverhältnisse weichen kaum von
der Norm ab, sie sind in solchen Fällen noch am meisten abhängig
vom Fieber und dem jeweilig begleitenden stärkeren oder schwächeren
Bronchialkatarrh. — Systolische Herzgeräusche, die auch über den
Lungenvenen hörbar sind, werden hergeleitet von Einschnürungen der
Lungenvenenäste durch narbige Gewebskontraktion (v. Leyden).

Auch auf das Blut übt die Tuberkulose einen nutritionsstörenden
Einfluss aus; die Kinder werden rasch blass. Genauere Blutunter-
suchungen bei Kindern sind bis jetzt in grösserem Umfang nicht
gemacht.

Im Harn findet man nicht selten Eiweiss in wechselnder Menge;
der Albumengehalt ist bedingt durch das Fieber und die Herzschwäche.

Die Milz zeigt in vielen Fällen keine Abweichung von der Norm;
sie ist nicht vergrössert, auch bei der Obduktion finden sich keine Veränderungen. Andere Male — besonders bei der akuten Miliartuberkulose
— und wenn das Organ selbst von Tuberkeln durchsetzt ist, ist es erheblich vergrössert. Von Manchen wird die Milzhypertrophie als diagnostisches Zeichen für die Tuberkulose im frühesten Kindesalter angesehen (Landouzy, Médal, Harry Tulmin).

Erscheinungen von Seiten der Leber sind nicht beobachtet. Es
kommt vor venöse Hyperämie und oft fettige Degeneration, beides
entzieht sich dem klinischen Nachweis.

Die Ernährung leidet stets not. In den akuten Fällen ist der
Appetit meist vermindert, manchmal ganz aufgehoben, die Kinder
magern rasch ab; bisweilen haben aber auch die Kinder trotz hohen

Fiebers einen wahren Heisshunger, trotzdem schreitet die Konsumption von Tag zu Tag fort. — In chronischen Fällen bessert sich mit der Zunahme der Esslust allmählich wieder der Ernährungszustand. Erbrechen ist häufig vorhanden, nicht selten ist es eine Begleiterscheinung des heftigen Hustens und wird durch diesen reflektorisch angeregt. — Der Darm verhält sich verschieden. Diarrhöen kommen oft vor, so dass gerade die Darmstörungen das Krankheitsbild beherrschen; Stuhlverstopfung ist ebenfalls häufig, manchmal wechseln Obstipation und profuse Durchfälle mit einander ab.

Gehirn. Man bemerkt namentlich bei der Miliartuberkulose der Lunge bisweilen centrale Störungen, welche aber einer anatomischen Grundlage entbehren und zu den funktionellen — sei es auf Toxinwirkung oder auf ungenügender Ernährung des Gehirns mit sauerstoffhaltigem Blut beruhend — zu zählen sind. Es können die Erscheinungen der Meningitis in mehr oder weniger ausgesprochenem Masse zutage treten. Am deutlichsten illustriert dies die Beobachtung XLIV: es zeigt sich schon frühzeitig heftiges Erbrechen, Benommenheit; dann Konvulsionen, stärkerer Sopor, Cris hydrencéphaliques, Nackenstarre, Obstipation, Hauthyperästhesien. Trotzdem waren bei der genauen Untersuchung keinerlei tuberkulöse Veränderungen nachweisbar. — Ein hierher gehöriger Fall aus der hiesigen Poliklinik wurde von Rödelheimer beschrieben.

Es handelte sich um ein 2jähriges Kind, welches nach überstandenen Masern langsam erkrankte. Es bestanden im Krankheitsverlauf Kopfschmerzen, psychische Depression, Obstipation, Konvulsionen, Nackenstarre, verminderte Reflexerregbarkeit, Hyperästhesien, Pupillendifferenzen. — Bei der Sektion wurden im Gehirn keine tuberkulösen Veränderungen gefunden. Miliartuberkulose der Lunge. Verkäste Bronchialdrüsen. In den übrigen Organen nur vereinzelte miliare Tuberkel.

Über einen ähnlichen Fall berichtet Henoch,

wo bei einem 1 ¼ Jahre alten Knaben alle Erscheinungen des letzten Stadiums der Meningitis tuberculosa vorhanden waren und bei der Sektion nur verbreitete Miliartuberkulose der Pleura, Lungen, Milz und Leber gefunden wurde, während in der Schädelhöhle nur ein diffuses Ödem der Pia, mässiger Hydrocephalus internus und Blutreichtum der Pia und Hirnsubstanz bestand; es fehlte jedwede tuberkulöse Veränderung im Gehirn und dessen Häuten.

Äussere Haut. Ausser den aus der sinkenden Herzenergie resultierenden Veränderungen, als Cyanose u. s. w., beobachtet man manchmal auf der Haut Schweisse. Immerhin ist die Schweissbildung nicht häufig und charakteristisch wie bei den erwachsenen Phthisikern, ja Demme sagt: „Fehlen der Nachtschweisse ist bei Kindern

selbst bei fortgeschrittener Phthise ganz gewöhnlich." — Später wird
die Haut schlaff, welk, gerunzelt, entbehrt der Elastizität, sie wird dünn,
trocken, schilfert besonders an Partien, welche längerem Druck ausgesetzt sind, ab; es bildet sich da leicht Dekubitus. — Bei Miliartuberkulose werden bisweilen roseolaartige Flecke gesehen. — Von
sonstigen Erscheinungen auf der äusseren Haut ist nichts wesentliches
hervorzuheben. — Henoch sah bei einem Knaben, der an allgemeiner
Miliartuberkulose zugrunde ging, während der letzten Woche des Lebens
zahlreiche Purpuraflecke, besonders an den unteren Extremitäten,
Blutungen aus den Schleimhäuten fehlten aber vollständig.

Einmal beobachteten Henoch und Jakubasch im Gefolge der
akuten Miliartuberkulose hämorrhagische Diathese.

Beobachtung LIII. Ein 4jähriger Knabe bekam heftige Blutungen
aus Mund und Nase, welche vom 26. November bis zum Todestage, 10. Dezember, dauerten. Zu Anfang traten sie spontan und stärker auf, später nur
in unbedeutendem Masse und nur noch bei mechanischen Insulten, z. B. beim
Schnauben. Hämoglobinurie. Bei der Sektion wurde gefunden: Tuberculosis
universalis miliaris, Nephritis parenchymatosa, Hyperplasia lienis permagna,
Infiltratio adiposa myocardii et hepatis, Gastritis haemorrhagica.

Die **Kehlkopftuberkulose** ist im Kindesalter selten. Reimer fand
sie unter 151 Fällen 15mal, Steffen unter 79 Fällen 3mal, Barthez
und Rilliet erwähnen 16 Fälle, Demme führt 8 Fälle an — darunter
einen ohne Lungentuberkulose. — In unseren 61 Fällen war nur 2mal,
also in 3,28%, Laryngitis tuberculosa.

Der eine Fall betraf ein 2jähriges Mädchen, bei welchem beide Lungen
tuberkulös waren und Kavernen darboten, der zweite ein 12$\frac{1}{2}$ Jahre altes
Mädchen, welches ebenfalls an Lungentuberkulose mit Kavernenbildung zugrunde ging. In beiden Fällen waren tuberkulöse Geschwüre vorhanden.

Die Tuberkulose des Kehlkopfs entsteht meist als Komplikation
der tuberkulösen Lungenerkrankung und ist bedingt durch eine örtliche,
von bacillenhaltigem Sputum herbeigeführte Infektion. Fälle, in welchen
infolge einer Infektion des Blutes oder der Lymphe Tuberkel in der
Kehlkopfschleimhaut sich entwickeln, sind sehr selten.

Einen solchen beschreibt Demme.

Es handelte sich um einen 4$\frac{1}{2}$jährigen Knaben, bei welchem die
hypertrophische linke Tonsille entfernt worden war; hierauf Schwellung der
linken retromaxillaren Lymphdrüsen, dann Heiserkeit, Tod an Meningitis
tuberculosa. Bei der Sektion wurde bei intakten Lungen ein tuberkulöses
Geschwür im Kehlkopf gefunden.

Demme nimmt als Eingangspforte für das tuberkulöse Virus die
durch die Operation gesetzte Wunde an, von welcher auf dem Lymphwege die Tuberkulose sich auf den Larynx fortgesetzt hat.

Die Kehlkopftuberkulose beginnt mit der Bildung kleiner sub-
epithelial gelegener zelliger Herde, welche als kleine Knötchen etwas
über die Oberfläche prominieren. Diese Herde können rasch verkäsen,
zerfallen, nach aussen durchbrechen und Geschwüre bilden; an den
ersten Erkrankungsherd schliessen sich weitere Herde an, welche tiefer
greifen auf die Mucosa, Submucosa und ins Perichondrium, und die mit
Granulationsbildung einhergehen. Diese Herde entwickeln sich besonders
häufig an der vorderen und hinteren Wand des Kehlkopfs und an der
unteren Fläche sowie am Seitenrand des Kehldeckels. An den Stimmbändern findet dagegen schon frühzeitig Zerfall statt. — Neben diesen
Herden ist die Kehlkopfschleimhaut auch katarrhalisch entzündet.

Die Erscheinungen der Kehlkopftuberkulose weichen nicht von
denen bei Erwachsenen ab.

Auch in der Trachea kann entweder Miliartuberkulose (selten)
oder chronische Tuberkulose mit subepithelialer Gewebswucherung und
zelligen Infiltrationen und späterem geschwürigen Zerfall sich bilden.

In einem unserer Fälle, einem 6 Monate alten Knaben, der an
Miliartuberkulose gestorben war, fanden sich oberhalb der Bifurkation
einige seichte tuberkulöse Erosionen.

Dass die **Lymphdrüsen** des Körpers eine hervorragende Rolle
bei der tuberkulösen Erkrankung spielen, ja dass sie gerade den Ausgangspunkt für das Fortschreiten des Prozesses bilden, ist schon betont
worden. Es gilt dies namentlich auch von den intrathoracischen
Lymphdrüsen, den trachealen, mediastinalen und bronchialen. Man
findet sie bisweilen tuberkulös entartet, ohne dass die Lunge ergriffen
ist, fast regelmässig bei Beteiligung der Lunge. Die intrathoracischen
Drüsen sind überhaupt häufig Sitz einer Erkrankung, bilden sie doch
das Ablagerungsdepot für die in die Lunge eingeführten Schädlichkeiten, und Schädlichkeiten aller Art vom einfachen Katarrh bis zu den
durch spezifische Krankheitserreger hervorgerufenen Erkrankungen sind
die Kinder mit ihren leicht verletzbaren Schleimhäuten noch mehr
ausgesetzt als Erwachsene. — Die akuten Entzündungen der Lymphdrüsen bilden sich in vielen Fällen zurück, andere Male gehen sie aber
in chronische über, und gerade die chronische Entzündung wird oft
durch den Tuberkelbacillus veranlasst. — Die tuberkulöse Infektion
der Drüsen kann — und das ist das häufigere — durch Einschleppung der
Bacillen mit dem Lymphstrom erfolgen oder auch auf dem Blutwege.

Auch hier haben wir die schon beschriebenen durch den Tuberkelbacillus gesetzten Veränderungen, welche sich in der Bildung von Epi-
thelioid- und Riesenzelltuberkeln mit vom Rande her eingewanderten farblosen Blutkörperchen und centraler Verkäsung kennzeichnen. Durch fortgesetzte Bildung verkäsender Tuberkel entstehen grössere unter einander

konfluierende Käseherde, so dass die ganze Lymphdrüse in eine käsige
Masse umgewandelt werden kann, welche verkalkt oder erweicht (Drüsenkaverne).

Oft ist bei der Entwicklung der Lymphdrüsentuberkel die Ein-
wanderung von Rundzellen eine sehr geringe; es besteht dann die ganze
Erkrankung wesentlich in einer fortgesetzten Neubildung von epithelioiden Zellen, welche das lymphadenoide Gewebe mehr und mehr
verringern. Verkäsungsprozesse bleiben hierbei lange aus. Die Wuche-
rungsvorgänge, welche eine grosszellige Hyperplasie des Lymphdrüsen-
gewebes darstellen, gehen stets mit einer Vergrösserung der Drüsen
einher, wodurch diese bis zu Hühnereigrösse anwachsen können. —
Diese grosszellige Hyperplasie der Lymphdrüsen mit später und geringer Verkäsung gehört zu den gutartigen Formen der tuberkulösen Lymphdrüsenerkrankung, welche chronisch verläuft und lange
beschränkt bleibt.

Bei Kindern dagegen wird häufig die maligne Form beobachtet,
welche dadurch sich kennzeichnet, dass frühzeitig eine stärkere Anhäufung von Leukocyten stattfindet und die grossen epithelioiden Zellen
mehr in den Hintergrund treten, so dass die geschwollenen Lymphdrüsen hauptsächlich Rundzellen enthalten. Es handelt sich anatomisch
um eine kleinzellige tuberkulöse Lymphdrüsenhyperplasie.
Das Gewebe ist weich, grauweiss und geht rasch durch Verkäsung zugrunde. — Durch Übergreifen der entzündlichen Gewebshyperplasie auf
die Nachbarschaft — Bronchien, Gefässe, Pleura — kommt es zu Verwachsungen und bei käsigem Zerfall zum Durchbruch.

Der Umstand, dass bei Kindern die Bronchialdrüsen sehr leicht
in toto verkäsen und in ein benachbartes Gefäss oder in einen Bronchus
perforieren, bringt es mit sich, dass die Lunge plötzlich mit einer
grossen Menge virulenter Tuberkelbacillen überschwemmt wird, dass
also die Miliartuberkulose und die rasch um sich greifende perniciöse
Form der Lungentuberkulose prävalieren.

Die oft stark vergrösserten Drüsen können einen Druck auf die
in den Thorax eingelagerten Organe hervorrufen und dadurch Störungen
verschiedener Art bedingen. — Es können einmal die Luftwege komprimiert werden — der unterste Teil der Trachea, die Bifurkationsstelle,
der Bronchus in seinem weiteren Verlauf und dessen Verästelungen
können betroffen werden. Die Stenosierung eines grösseren Bronchus
verrät sich durch Dyspnoe, welche vorwiegend einen inspiratorischen
Charakter trägt. Man hört von weitem das Stenosengeräusch, man fühlt
bisweilen deutliches Schwirren in der betreffenden Gegend; die Exspiration
ist weniger gestört, weil sie weniger stürmisch von statten geht. Wie
sich die Stenose an entfernter liegenden Partien des Thorax manifes-

tiert, hängt ab von den Leitungsverhältnissen: ist die Lunge lufthaltig, so wird das Atmungsgeräusch vermindert sein, wie Henoch von einem Fall — Kompression des rechten Hauptbronchus — berichtet; liegt luftleeres Gewebe zwischen dem Entstehungsort und der Peripherie, so wird man das Stenosengeräusch als hauchendes Atmen, welches sich durch die Nichtübereinstimmung seiner Höhe mit dem am Larynx gehörten auszeichnet, hören können. In mehreren unserer Fälle war dies vorhanden (vgl. Beobachtung LV). Die Luftverdünnung hinter dem dem komprimierten Bronchus zugehörigen Gebiete kann so bedeutend werden, dass der Aussendruck die befallene Partie zum Einsinken bringt.

Fälle über Kompression eines Hauptbronchus beschreiben Henoch, Hofmockl u. A., über solche der Trachea M. Mackins.

Bei hochgradigen Kompressionen treten manchmal ganz plötzlich — wahrscheinlich durch vermehrte Schleimabsonderung (Widerhofer) — heftige Erstickungsanfälle auf, die mit dem Tode enden.

Ausser der Kompression der Bronchien wird auch Durchbruch in diese beobachtet. Es werden sequestrierte Drüsentrümmer durch Husten in die Trachea geschleudert und bedingen heftigste Atemnot, oft mit nachfolgendem Tod. So ein Fall von Löb — Durchbruch einer käsig entarteten Lymphdrüse in den rechten Bronchus, Steckenbleiben des Drüsensequesters in der Trachea, Tod durch Erstickung — Fall Widerhofer's, Frühwald's, Percy Kidd's u. A. In einem Fall von Petersen wurden durch sofort vorgenommene Tracheotomie und Einführung eines elastischen Bougies Drüsentrümmer entfernt und dem plötzlichen Tod vorgebeugt, ebenso in einem Fall Demme's.

Der Druck der vergrösserten Bronchialdrüsen auf die Blutgefässe äussert sich in der Behinderung des Zuflusses resp. Abflusses. Namentlich leicht wird der Druck auf die dünne Wand der Venen erfolgen können, und hier ist wiederum das Gebiet der oberen Hohlvene besonders in Betracht zu ziehen. Wird der Stamm dieser selbst komprimiert, so werden die oberflächlich gelegenen Venen am Halse, am Thorax, im Gesicht ektasiert; es entsteht starke Cyanose, die sich steigert, wenn durch Husten, Schreien etc. der intrathoracische Druck vermehrt wird; ausserdem Neigung zum Nasenbluten. Ferner entsteht Ödem in den der Vene zugehörigen Bezirken — im Gesicht, am Thorax, am Arm.

Ist nur eine Vena anonyma oder jugularis durch Drüsen verengt, so sind die Erscheinungen nur halbseitig, oder es ist vorwiegend eine Hälfte beteiligt. Druck auf die Pulmonalvenen führt zu Lungenödem, Hämoptoë, Infarktbildung.

Über die Kommunikation einer Drüsenkaverne mit einem Bronchus und einer Vene zugleich habe ich früher (unter Auswurf) schon berichtet.

Bei Kompression der Nerven — Vagus resp. Recurrens — wurden Laryngospasmus, Heiserkeit, asthmatische Anfälle beobachtet.

Schliesslich wurden noch einige Fälle gesehen, in welchen die tuberkulösen Bronchialdrüsen auf den Oesophagus drückten, Schlingbeschwerden und Erweiterung des oberhalb der Stenose gelegenen Teils herbeiführten (Hofmockl, Widerhofer). Endlich kann auch noch Durchbruch von verkästen Drüsen in die Speiseröhre erfolgen.

Perforation einer verkästen Bronchialdrüse ins Perikard wird von Dubarry beschrieben.

Dies wären die Erscheinungen, welche vergrösserte tuberkulöse intrathoracische Drüsen machen können; man findet aber häufig genug bei Sektionen grosse Lymphdrüsenpackete, welche intra vitam völlig symptomenlos verliefen.

Durch ihre oft enorme Anschwellung können die Drüsen manchmal der Perkussion zugänglich werden. Am ersten werden sie nachweisbar am oberen Teil des Sternum und im Interscapularraum. — Eustace Smith giebt für die Diagnose der vergrösserten Bronchialdrüsen an der Bifurkationsstelle folgendes Verhalten an: Man beugt den Kopf des zu untersuchenden Kindes so stark nach rückwärts, dass das Gesicht fast horizontal steht; setzt man das Stethoskop auf das Manubrium sterni auf, so hört man ein mehr oder weniger lautes Venengeräusch, indem durch das Rückwärtsneigen des Halses die an der Bifurkationsstelle liegenden, vergrösserten Bronchialdrüsen links auf die Vena innominata drücken. Restierende Thymusdrüse, die auch eine geringe Dämpfung über dem Manubrium sterni verursachen könne, bedinge diese Geräusche nicht, weil diese Drüse unmittelbar hinter dem Sternum, also vor der Vene liegt. Die Drüsen dürfen für das Zustandekommen des Phänomens nicht fixiert sein, also vom Sternum entfernt gehalten werden. Smith hat in 2 Fällen diese Erscheinung beobachtet.

Von Wichtigkeit für die Diagnose von tuberkulösen Bronchialdrüsen ist noch das Vorhandensein von geschwollenen Lymphdrüsen am Halse. Dass auch diese Cirkulationsstörungen bewirken können, sei nur beiläufig erwähnt (vgl. Fall Bertha W. Beobachtung LVI).

Pleura. Pericardium.

Bei der tuberkulösen Erkrankung der Lunge ist die Pleura fast ausnahmslos mitergriffen. Man findet miliare Knötchen oder auch grössere Plaques aus Konfluenz der einzelnen Tuberkel entstanden. Es handelt sich meistens um eine Pleuritis mit keiner oder nur geringer Exsudatbildung — mit Fibrinauflagerungen und mehr oder minder aus-

gedehnten Verwachsungen. Exsudate von grösserem Umfang sind dagegen seltener, wie die exsudative Pleuritis überhaupt im Kindesalter
seltener vorkommt als in den mittleren und höheren Altersklassen
(Leichtenstern).

Von unseren 43 Toten, bei welchen vornehmlich die Lungen ergriffen waren, boten nur 6 grössere Pleuraexsudate dar, also nur 14 %. —

Das doppelseitige Vorkommen der Exsudate, welches beim Erwachsenen eine grosse diagnostische Rolle spielt, ist für das Kindesalter nicht zu verwerten. Ich habe in keinem unserer Fälle dieses sonst
diagnostisch wichtige Zeichen finden können; auch in den bekannten
Lehrbüchern fehlen bezügliche Angaben.

Die Tuberkulose der Pleura ist entweder eine Teilerscheinung der
allgemeinen Miliartuberkulose oder es pflanzt sich die tuberkulöse Entzündung von der Lunge, von den Bronchialdrüsen, von kariösen Rippen
und Wirbeln per contiguitatem fort; auch von dem erkrankten Bauchfell aus kann ein Übergreifen auf die Pleura stattfinden.

Primäre Pleuratuberkulose ist selten.

Die Veränderungen, welche der Tuberkelbacillus in der Pleura
setzt, sind wesentlich die schon mehrfach genannten: Entwicklung von
Knötchen mit oder ohne hyperämischen Hof, Zusammenfliessen solcher
zu Platten; in der Umgebung der Tuberkel geringere oder stärkere fibrinöse Ausschwitzungen mit nachfolgender Bindegewebswucherung. Die
Gewebshyperplasie ist bei der tuberkulösen Erkrankung der Pleura und
des Perikards oft viel stärker entwickelt als in den übrigen serösen
Häuten. Die Verdickung der Häute kann so mächtig werden, dass die
Lunge resp. das Herz wie von einem starren Panzer umschlossen erscheint; dabei können sich zotten- und knotenförmige Gewebswucherungen bilden, ähnlich wie bei der Perlsucht des Rindviehs. Das Gewebe
so veränderter Pleura ist grau oder graurötlich, später wird es derber
und blasser und geht zum Teil in Verkäsung und Verkalkung über
(vgl. Beobachtung LV).

Die Exsudationen, welche bei der tuberkulösen Pleuritis vorkommen,
können seröser, serös-fibrinöser, hämorrhagischer und eitriger Natur sein.
Bei nicht stürmisch verlaufenden Fällen ist das Exsudat sehr häufig
rein serös, aber auch hämorrhagische Ergüsse gehören nicht zu den
Seltenheiten, ja gerade sie wurden als der Tuberkulose eigentümlich
betrachtet.

Die physikalischen Erscheinungen unterscheiden sich nicht wesentlich von denjenigen der Pleuritis der Erwachsenen. Nur ist nochmals
hervorzuheben, dass man unter den für die physikalische Untersuchung
der Kinder nötigen Kautelen vorzugehen hat.

Es seien hier nur in aller Kürze die Erscheinungen der Pleuritis angeführt. — Über Schmerzen wird nicht immer geklagt, ja es ist mir oft aufgefallen, dass sowohl bei trockener Pleuritis als bei nachweisbarem grösseren oder kleineren Exsudat keinerlei subjektive Beschwerden irgend welche Erkrankung des Respirationsapparates verrieten, es ficlen nur allgemeine Erscheinungen, Frieren, Appetitlosigkeit, Unlust auf. Andere Male wird der Schmerz nicht richtig lokalisiert, die Kinder klagen über Leibschmerzen. Manchmal wird durch Druck auf die betreffenden Interkostalräume Schmerz hervorgerufen, während die übrigen frei sind. — Dann sieht man aber auch wieder Fälle, in welchen der Schmerz an der erkrankten Stelle gefühlt und bezeichnet wird, dass die Kinder tiefe Inspirationen ängstlich vermeiden, dass die erkrankte Seite viel weniger an den Exkursionen des Thorax sich beteiligt als die gesunde, dass die Kinder durch Liegen oder durch Stützen mit der Hand auf die schmerzhafte Seite diese zu fixieren suchen. Doch scheinen mir diejenigen Fälle ohne deutliche resp. ohne richtig lokalisierte Schmerzen die häufigeren zu sein.

Dis trockene Pleuritis macht ausser den vielleicht vorhandenen, weniger ausgiebigen Atembewegungen der kranken Seite oft genug keinerlei Symptome, andere Male hört man Pleurareiben von verschiedener Qualität. — Bisweilen vernimmt man ein eigentümliches weiches Reiben, herrührend von der respiratorischen Verschiebung der Pleuratuberkel (v. Jürgensen).

Die Atemzüge sind namentlich bei vorhandenen Schmerzen oberflächlich und frequent. — Bei rasch steigenden Exsudaten nimmt infolge der plötzlichen Einengung der respirierenden Oberfläche die Atmungshäufigkeit rasch zu, es kommt zu mehr oder weniger ausgesprochener Dyspnoe, welche nach längerer Krankheitsdauer bei genügender Leistungsfähigkeit des Herzens wieder nachlässt.

Die Perkussion lässt bei der trockenen Form eine Änderung des Schalles nicht erkennen, wenn die Atemzüge keine Veränderung gegen früher erfahren, wenn — was häufig der Fall ist — die Krankheit schmerzlos einsetzt. Werden dagegen infolge bestehender Schmerzen die Atemzüge flacher ausgeführt, so nähert sich die Lunge immer mehr ihrem elastischen Gleichgewichtszustand, der ·Perkussionsschall wird tympanitischen Beiklang annehmen. Es rücken die Lungengrenzen in die Höhe, das Herz wird entblösst und dessen Dämpfungsfigur vergrössert.

Exsudate geben, wenn sie eine gewisse Grösse erreichen, Dämpfung. Es ist einleuchtend, dass — mit Berücksichtigung der Räumlichkeitsverhältnisse des kindlichen Thorax im Vergleich zu dem des Erwachsenen — bei Kindern schon viel kleinere Flüssigkeitsmengen Dämpfung geben

als beim Erwachsenen. — Zahlenwerte sind nicht festzustellen, da noch
Nebenumstände verschiedener Art in Betracht kommen. Leichtenstern führt beispielsweise an, dass 100 ccm Flüssigkeit bei einem ein-
jährigen Kinde schon eine ganz bedeutende Dämpfung geben kann,
während dieselbe Menge beim Erwachsenen der Perkussion entgeht.

Über grösseren Exsudaten ist der Perkussionsschall dumpf, die
Dämpfung nimmt von oben nach unten hin zu; ebenso verhält es sich
bei der palpatorischen Perkussion mit dem Resistenzgefühl, dasselbe
wird stärker, je weiter man sich der Zwerchfellgrenze nähert. Oberhalb
der Dämpfungszone wird der Perkussionsschall tympanitisch, um so
sonorer und tiefer, je mehr die Lunge sich auf ihren elastischen Gleich-
gewichtsstand zurückziehen kann.

Massenhafte Exsudate drängen die Lunge nach dem Hilus hin,
komprimieren dieselbe, so dass auch sie gedämpften Perkussionsschall
giebt, ev. kann man bei starker Perkussion auch Wintrich'schen Schall-
wechsel vernehmen, bedingt durch die in den grösseren Bronchien und
in der Trachea befindliche, in Schwingungen versetzte Luftsäule.

Es kommt fernerhin bei grösseren Exsudaten zu Verdrängungserscheinungen anderer Organe, welche zum Teil schon durch die Inspektion,
zum Teil durch die Perkussion erkennbar sind.

Das Zwerchfell wird von der Brustwand ab nach unten gedrängt,
namentlich bei aufrechter Körperhaltung — durch den vermehrten
Seitendruck wird das Mediastinum nach der gesunden Seite geschoben;
schliesslich werden noch die Interkostalräume und die Rippen vorgewölbt.

Das Atmungsgeräusch verhält sich bei Exsudaten verschieden:
über dem Exsudat hört man oft gar kein Atemgeräusch, oft ist es nur
schwächer als auf der gesunden Seite, oft ist es deutlich bronchial; es
hängen diese Verschiedenheiten ab von dem Luftgehalt der Lunge, von
der Wegsamkeit der Bronchien, von den günstigeren oder ungünstigeren
Schallleitungsverhältnissen. Oberhalb der Exsudatgrenze hört man
häufig scharf pueriles Atmen, in anderen Fällen Bronchialatmen; auch
hier ist das Bedingende für das Zustandekommen des einen oder
anderen der grössere oder geringere (resp. aufgehobene) Luftgehalt der
Lunge und das Verhalten der Bronchien.

Ähnlich ist es mit der Auskultation der Stimme; bald ist die
Stimme über dem Exsudat gar nicht zu hören, bald ist sie nur abgeschwächt, bald hört man Bronchophonie; Ägophonie vernimmt man,
wenn die Bronchien spaltartig verengt sind. — Der bei Erwachsenen
als diagnostisches Hilfsmittel wichtige Pektoralfremitus ist bei Kindern
mit ihrer hohen Stimmlage nur selten zu verwerten.

Bei der Resorption der Exsudate — und dieses ist auch bei der tuberkulösen Pleuritis nichts seltenes — entfaltet sich die Lunge wieder und es kehrt wenigstens scheinbar alles zur Norm zurück. Tritt dagegen die Resorption erst nach längerer Dauer ein, so ist die Ausdehnungsfähigkeit der Lunge herabgesetzt, ja oft ganz aufgehoben; die kranke Seite sinkt ein, es werden Brustwand, Mediastinum, Zwerchfell zur Ausfüllung herangezogen; bei dem elastischen, nachgiebigen kindlichen Thorax erreicht das Rétrécissement oft sehr bedeutende Grade.

Empyema necessitatis nach aussen bricht am meisten in der Gegend von den Rippenknorpeln gegen das Sternum hin durch, weil da die Widerstände wegen Fehlens der Musculi intercostales externi am geringsten sind. Es können aber auch Senkungsabscesse an ganz anderen Stellen perforieren. Geschieht der Durchbruch nach der Lunge, so erfolgt Entleerung des Eiters in das Lungengewebe und von da durch Hustenstösse in die Bronchien, ohne dass Luft in den Pleurasack tritt, oder es entsteht zugleich Pneumothorax besonders leicht bei der Eröffnung eines grösseren Bronchus.

Es sei hier noch das Zustandekommen des Pneumothorax kurz berührt. Ein solcher ist im Kindesalter jedenfalls selten, und es rührt dies von der Seltenheit der destruierenden Prozesse, der Bildung von Kavernen im Kindesalter her.

In dem einen von uns beobachteten Fall war er durch geplatzte Emphysembläschen (die Krankheit war mit Keuchhusten kompliziert) bedingt (vgl. Beobachtung LVI).

Zuweilen ist das Auftreten der Pleuritis das erste nachweisbare Symptom. Es kann plötzlich ein Exsudat entstehen und dieses nimmt rasch zu, der Verlauf kann wie derjenige der einfachen serösen Pleuritis sein; das Exsudat erreicht eine gewisse Höhe, geht nach längerem oder kürzerem Bestand zurück, und mit dem Verschwinden der physikalischen Symptome ist das Kind wieder hergestellt und bleibt gesund. Erst nach Monaten und Jahren flackert die Krankheit von neuem auf, die Neuinvasion wird vielleicht hervorgerufen durch andere Krankheiten; sie kann nochmals mit einer exsudativen Pleuritis anfangen, oder aber es kann der Prozess auch in anderen Organen, in der Lunge, den Meningen, dem Bauchfell etc. zuerst zum Ausdruck gelangen; die Sektion ergiebt aber, dass die früher beobachtete Pleuritis auf tuberkulöser Basis beruhte.

Beobachtung LIV. Eduard G., 2 ³/₄ Jahre alt, früher rhachitisch, hatte vor 1 Jahr Pneumonie, dann Impetigo, litt lange Zeit an geschwollenen, teilweise vereiternden Halslymphdrüsen; er erkrankt ziemlich plötzlich mit Frieren, Appetitmangel, Leibschmerzen am 17. XI. 1887. Bei der Aufnahme — 5 Tage später — gut genährtes Kind, sehr oberflächliche Atmung;

rechts vorne von der 3. Rippe, hinten vom 2. Brustwirbel an feste Dämpfung mit abgeschwächtem Atmen. Resp. 40, Puls 138. Die Krankheit nahm einen normalen Verlauf, das Exsudat wurde im Laufe eines Monats resorbiert und am 24. XII wurde der Knabe als geheilt entlassen. — 2 ¼ Jahre war der Knabe völlig gesund, entwickelte sich gut. — Am 19. III. 1890 tritt Scharlachexanthem auf; die Krankheit geht gut vorüber, die Temperatur war zur Norm zurückgekehrt und blieb normal. Am 26. III Wohlbefinden, nur liess der Appetit zu wünschen übrig. Am 29. III macht Pat. plötzlich einen sehr heruntergekommenen Eindruck, bekommt wieder Fieber, klagt über Schmerzen überall; lebhafte Schmerzensäusserung bei Druck auf die Knochen. Befund in den Lungen und am Herzen negativ.

30. III. Rapider Kräfteverfall; Pat. kann nicht mehr aufrecht sitzen. Aufgetriebener Bauch von gleichmässig weicher Konsistenz. Pupilleureaktion prompt. Trousseau'sche Flecken nur angedeutet. Puls in den letzten Tagen zwischen 90 und 102, regelmässig bei Temp. von 38,3 und 38,5.

31. III. Bisher war Pat. bei vollkommenem Bewusstsein, heute ist er somnolent, liegt unbeweglich, die Beine flektiert und an den Leib heraufgezogen. Puls 130, Resp. 30. Temp. 38,5—38,6.

1. IV. Leichte Nackenstarre. Wenig gesteigerte Fusssohlenreflexe. Pupillen mässig erweitert, reagieren nur ganz träge auf Licht. Atmung unregelmässig. Trousseau'sche Flecken sehr deutlich. Puls 132, klein; Resp. 26. Nie Erbrechen; keine Krämpfe. Temp. 38,0—39,0.

2. IV. Sehr starke Nackenstarre; Bauch eingezogen; Pupillen ungleich, Kornealreflexe fehlen; Cheyne-Stokes'sches Phänomen. Puls 130; Temp. 39,3—39,5. Abends 11 Uhr Tod.

Auszug aus dem Sektionsprotokoll (Prof. v. Baumgarten).

Das Rückenmark zeigt in den untersten Teilen eine etwas stärkere Ausdehnung, hervorgerufen durch Ansammlung von etwas getrübter, mit Fibrinflocken gemengter Flüssigkeit. Arachnoidea an der hinteren Seite im ganzen Verlauf weisslich getrübt und undurchsichtig. In der Mitte des Dorsalmarks kleine Blutungen; im Halsmark sehr starke Injektion, so dicht, dass man eine zusammenhängende Blutung vor sich zu haben glaubt. Ähnliches Verhalten an der vorderen Seite des Rückenmarks. Knötchenbildung nirgends zu erkennen.

Gehirn. Dura mater auffallend stark injiziert. Nach Abhebung der rechten Durahälfte zeigen sich namentlich hinten am Hirn, die oberflächlichen Venen begleitend, streifenförmige, gezackte indurierte Eiterinfiltrate. Subarachnoidealflüssigkeit getrübt, graugelblich. Links annähernd ähnliche Verhältnisse. An der Innenfläche der Dura sind innerhalb stärkerer Gefässinjektionsflächen flache, miliar-knötchenartige Eruptionen. Eine genaue Betrachtung der Meningen an der Konvexität lässt knötchenartige Produkte erkennen. An der Basis vom Chiasma bis zum vorderen Rande des Pons eine sulzige, weissgraue Infiltration. Die Arterienzweige sind von reichlichen Knötchen begleitet. —

Linke Lunge mit der Thoraxwand diffus verwachsen durch alte schlaffe Adhäsionen, das Gewebe von sehr zahlreichen Knötchen durchsetzt. Rechte Lunge ebenfalls mit der Thoraxwand verwachsen, namentlich aber stark mit dem Zwerchfell. Sonst dasselbe wie links. Starker diffuser Katarrh

der Bronchien. Bronchialdrüsen verkäst. Miliartuberkel in der Milz, den
Nieren, in der Leber, wo auch zahlreiche stecknadelkopfgrosse Blutungen; an
einzelnen Stellen des Darms käsige Follikel neben einigen flachen Blutungen.

In diesem Fall haben wir eine auf tuberkulöser Grundlage be-
ruhende Pleuritis exsudativa dextra, welche offenbar rasch entstand
und binnen kurzem zu beträchtlicher Exsudatbildung führte. Die
Drüsenschwellung und Narbenbildung am Halse liess schon damals den
Verdacht aufkommen, ob die Erkrankung nicht tuberkulöser Natur sei,
aber in relativ kurzer Zeit wurde das Exsudat resorbiert, und das Kind
blieb über 2 Jahre völlig gesund; es entwickelte sich gut und nahm
an Grösse und Körpergewicht bedeutend zu. Erst das Auftreten einer
weiteren Infektion — des Scharlachs — brachte die schlummernde
Tuberkulose zum erneuten Ausbruch. Dabei war das Krankheitsbild,
namentlich im Beginn so eigenartig, dass eher an eine andere Komplikation als an Tuberkulose gedacht werden musste. Die bestehenden
Knochenschmerzen, welche bei Druck zum Unerträglichen sich steigerten,
liessen den Gedanken an eine Sekundärinfektion durch Eiterkokken
aufkommen. Die tuberkulöse Meningitis war kaum zu diagnostizieren.
Es fehlte das initiale Erbrechen, die Pulsverlangsamung, Konvulsionen
waren nie aufgetreten. Erst einen Tag vor dem Tode zeigten sich
deutlichere Erscheinungen von Seiten des Gehirns.

Die Sektion klärte auf, es hatte sich um eine allgemeine Miliartuberkulose gehandelt, und zwar waren namentlich die Rückenmarkshäute — wenn auch nicht durch makroskopisch wahrnehmbare Tuberkeleruptionen — so doch durch Exsudationen und Hyperämien mit Blut-
austritten beteiligt. Die grosse Schmerzhaftigkeit der Knochen dürfte
eben auf diese starke Beteiligung der Rückenmarkshäute zurückzuführen
sein, es hatte sich offenbar auch um Hauthyperästhesien gehandelt. —
In den Lungen bestanden beiderseits alte Adhäsionen, die Pleuren waren
mit alten und frischen Tuberkeln übersät.

Wie weit die Blutung in die verschiedenen Organe auf die Infektion
mit Scharlach, wie weit auf die Tuberkulose zurückzuführen ist, bleibt
dahingestellt; für wahrscheinlicher halte ich, dass die Blutaustritte durch
die Einwirkung des Scharlachgiftes bedingt waren. Allerdings führen
Henoch u. Jakubasch (l. c.) einen Fall von hämorrhagischer Diathese
bei akuter Miliartuberkulose an, sie lassen aber die Frage offen, ob die
Blutungen auf Rechnung der Tuberkulose zu setzen sind oder nicht.

Pleuritis und Pericarditis bei völligem Freibleiben der Lunge
von tuberkulöser Erkrankung kommen vor, doch gehören solche Fälle
nicht zu den gewöhnlichen. Es greift die Tuberkulose von den erkrankten Nachbarorganen, den Lymphdrüsen, kariösen Knochen, ev.
Bauchfell auf die Pleura über.

Beobachtung LV. Anna B., 5 Jahre alt, litt seit ihrem zweiten Jahre ab und zu an Husten. Im Januar 1891 wird sie wieder an Bronchitis behandelt, zugleich wurde bei ihr ein Tumor in abdomine (Echinokokkus) nachgewiesen. Beim Durchtasten des Bauches fühlte man geschwollene Drüsen, ebenso waren die Cervikaldrüsen geschwollen. Im Mai 1891 fällt oberflächliche und beschleunigte Atmung auf (54 Resp., 138 Pulse). Es wird eine Dämpfung nachgewiesen, welche links hinten am 4. Brustwirbel beginnt, nach vorne hin abfällt und in die Herzdämpfung übergeht; Komplementärraum gefüllt. Atmungsgeräusch auf der gedämpften Zone aufgehoben. In den folgenden Wochen nimmt das Exsudat noch zu, es wird das Zwerchfell nach abwärts gedrängt. An einer Stelle links hinten oberhalb des Exsudats lässt sich ein eigentümlich geformter gedämpfter Herd nachweisen, über welchem Bronchialatmen — das in seiner Höhe mit dem am Kehlkopf gehörten nicht übereinstimmt — zu hören ist; ausserdem an der Exsudatgrenze grobes Pleurareiben. Die Herzdämpfung geht links in die durch die Pleuritis bedingte Dämpfung über, nach rechts hin überragt die Herzdämpfung den rechten Sternalrand um Zweifingerbreite, die Dämpfungslinie geht nicht parallel der Sternallinie, sondern liegt nach unten zu weiter nach aussen. Herztöne leise, aber rein. — Die linke Seite wird vorgebuchtet; der linke Brustumfang überragt den rechten um 2 cm.

Die Krankheit zieht sich über 2 Jahre hin mit zeitweiligen Besserungen und Verschlimmerungen. Später traten Erscheinungen von Seiten des Gehirns hinzu (vgl. Beobachtung XLII unter Hirntumoren), und das Kind stirbt am 14. III. 1893. — Während der Beobachtungszeit bestand meist geringes Fieber ohne besonderen Typus.

Auszug aus dem Sektionsprotokoll (Prof. v. Baumgarten).

Linke Thoraxhälfte vorgetrieben, Haut daselbst etwas resistenter, verdickt anzufühlen, nicht ödematös; Brustkorb darunter normal durchzufühlen. Die Vorwölbung erstreckt sich von der Parasternal- bis zur Axillarlinie. Beim Abpräparieren der Haut vom Thorax kommt man auf ein sulziges, schwartiges Gewebe. Im 4. I.C.R. an der Knochen-Knorpelgrenze der Rippen befindet sich eine Öffnung, die namentlich bei Druck gelbgrünen Eiter entleert. Die Interkostalräume links sind nicht vorgetrieben und nicht verbreitert. Nach Eröffnung des Thorax sieht man ein abgesacktes Empyem in der unteren Hälfte der linken Pleura, das sich ziemlich weit nach vorne erstreckt, so dass die Pleura mediastinalis nach rechts verdrängt ist. Die linke Lunge ist nach oben gedrängt. Im oberen Thoraxraum vorne befinden sich ausser der Thymusdrüse knotige, feste Massen, die sich auf dem Durchschnitt als vergrösserte, käsige Mediastinaldrüsen, umgeben von schwieligen Bindegewebsmassen, erweisen. Der Versuch, den Herzbeutel zu eröffnen, misslingt, da beide Perikardialblätter diffus verwachsen sind, vorne mässig fest, hinten jedoch so fest, dass die Ablösung nur mit starker Gewalt gelingt. Im Herzbeutel befinden sich mehrfache bis haselnussgrosse, weisslich aussehende Knoten, die mit den Perlknoten des Rindviehs eine grosse Ähnlichkeit haben. Dieselben gehören ihrem Sitze nach wesentlich dem perikardialen Adhäsionsgewebe an, in das Herzfleisch greifen sie nicht hinein. Herz und grosse Gefässe ohne bemerkenswerte Veränderungen. Die linke Lunge wird mit dem Herzbeutel und dem ganzen Mediastinum posticum zusammen herausgenommen, was nur schwer ausführbar ist, weil die verdickte Pleura pulmonalis und parietalis mit dem peri- und parapleuralen Bindegewebe aufs Festeste verwachsen ist. Die linke Lunge selbst erscheint wie von einem Panzer umschlossen, der durch die verwachsenen und mächtig verdickten Pleurablätter gebildet wird. In der pleuritischen Schwiele sind, wie Durchschnitte lehren, vielfach noch weiche, granulationsartige Massen eingeschlossen von gelblich käsigem oder eitrigem Aussehen. Die grösste derartige Interposition von käsig-eitrigen, geschmolzenen Granulationsmassen findet sich im vorderen unteren Teil des linken Pleuraraums; hierselbst ist es zu einer empyemartigen Eiteransammlung gekommen, welche besonders nach vorne nach der Thoraxwand hin zerstörend auf die Nachbarteile gewirkt, speziell den genannten fistulösen Eitergang geschaffen hat. Eine Zerstörung der Rippen hat nicht stattgefunden. — Im Lungengewebe selbst sind mit Ausnahme der Kompressionsatelektase in den unteren Teilen gar keine Veränderungen nachzuweisen. Die Bronchien sind stark gerötet, zeigen schleimig-eitriges Sekret. Auffallend ist die Integrität der linksseitigen Bronchialdrüsen, die zwar ziemlich stark geschwellt, aber frei von jeder tuberkulösen Einlagerung sind. Die rechte Lunge lässt sich leicht aus dem Thorax herausheben, die Pleura ist spiegelnd glatt, das Lungengewebe ist an einzelnen Stellen, namentlich in den unteren Partien atelektatisch, sonst knisternd. Die Schnittfläche ist glatt, zeigt keine Tuberkel. Die Bronchien sind mit glasig-schleimigem Sekret gefüllt. — Milz, Nieren, Darm normal; Echinokokkus der Leber. Im Gehirn Solitärtuberkel.

In diesem Fall liegt eine Brustfell- und Herzbeuteltuberkulose vor bei völliger Integrität der Lunge. Es waren die Bronchialdrüsen frei von tuberkulösen Veränderungen, nur die Mediastinaldrüsen waren in mächtige Käseherde umgewandelt. Der Prozess spielte sich in der linken Pleura ab. Hier traten die ersten Erscheinungen auf; die tuberkulöse Entzündung griff auf den Herzbeutel über. Die linke Pleura und das Perikard zeigten sich bei der Obduktion in hochgradig tuberkulös entartete, mächtig verdickte Massen verändert. Der intra vitam ausser der dem Exsudate zugehörigen Dämpfung gefundene gedämpfte Herd l. h. o. mit Bronchialatmen im engeren Sinne (Wintrich) dürfte als Kompressionsatelektase zu deuten sein, in welcher ein grösserer einmündender Bronchus teilweise Verengerung erfahren und bei der Atmung angeblasen wurde. Wie das Vorhandensein des Tumors im Bauche zu einer Fehldiagnose führte, ist früher (Beobachtung XLII) schon auseinandergesetzt.

Die tuberkulöse Pericarditis ist sowohl beim Erwachsenen als bei Kindern ziemlich selten. C. Brackmann stellte im Jahre 1888 die Fälle aus der Litteratur zusammen — es waren im ganzen 65, darunter 19 Kinder. Barthez und Rilliet haben Pericarditis tuberculosa unter 312 tuberkulösen Kindern 10mal, Steffen hat sie nur 5mal gefunden. Seine Zusammenstellungen aus der Litteratur (1889) betreffen im ganzen 22 Fälle, es bestand in 3,1% Pericarditis tuberculosa. Bei unseren 61 an Tuberkulose gestorbenen Kindern befanden sich nur 2 = 3,28 % mit tuberkulöser Herzbeutelentzündung; es waren Kinder von 3 resp. 5 Jahren.

Die Erkrankung greift meistens von der Nachbarschaft, der Lunge, der Pleura, den peribronchialen und mediastinalen Lymphdrüsen auf das Perikard über, sie kann aber auch hämatogen entstehen. — Es giebt Miliartuberkulose des Perikards ohne wesentliche entzündliche Veränderungen und tuberkulöse Pericarditis. Bei leichten Infektionen bilden sich vereinzelte Tuberkel auf dem Perikard mit nur geringem zarten Keimgewebe in ihrer Umgebung; dabei ist die Perikardialflüssigkeit unbedeutend vermehrt, zuweilen blutig gefärbt. Bei fortgeschrittener Tuberkulose ist die Zahl der Knötchen grösser, es entstehen durch Konfluenz grössere Käseknoten, in deren Umgebung gefässreiches Keimgewebe. Im Herzbeutel kommt es zu Ansammlung von grösseren Exsudatmassen seröser, blutig-seröser und meist auch fibrinöser Natur. — Bei reichlicher Menge des fibrinösen Exsudats und Anhalten der Entzündungsvorgänge und der damit verbundenen Bindegewebsneubildung finden Verwachsungen der Perikardialblätter statt, es kann Concretio pericardii und vollständige Obliteration des Herzbeutels eintreten, die zwischen den Blättern des Herzbeutels befindliche Schicht von Keim- und Bindegewebe kann sehr mächtig werden und von grossen Käseknoten durchsetzt sein. Solches Verhalten zeigt uns der vorhin beschriebene Fall.

Die tuberkulösen Massen können auch in die Tiefe greifen, den Herzmuskel durchsetzen und stellenweise bis auf das Endocardium reichen (Fall von Fauvel [1]), Fall von Steffen). — Weiter kann es sein, das tuberkulöse Geschwüre auf dem Perikard zur Entwicklung gelangen und Blutungen in den Herzbeutel veranlassen. Eichhorst hat einen solchen Fall bei einer 36jährigen Patientin gesehen, es war die tuberkulöse Pericarditis primär aufgetreten; einen ähnlichen Fall hat Riegel beobachtet, ich habe aber keine Angaben über das Alter des Kranken finden können.

Die Pericarditis tuberculosa verläuft bisweilen völlig symptomenlos, namentlich die trockene Form. Andere Male klagen die Kinder über Stechen in der Herzgegend, es kommt zu Dyspnoe, welche in der Rückenlage bedeutend gesteigert wird, zu Cirkulationsstörungen, sich äussernd in Cyanose, im Auftreten von Ödemen. Die Erscheinungen, welche die tuberkulöse Herzbeutelentzündung macht, weichen nicht ab von denjenigen der Pericarditis überhaupt: Reibegeräusche, die eigentümliche Dämpfungsform, das Zurücksinken des Herzens bei eingenommener

---

1) cit. bei Barthez und Rilliet.

Rückenlage lassen leicht die Diagnose stellen. Bei grossen Exsudaten
wird die linke Lunge verdrängt, ja komprimiert.

Der Verlauf ist oft ein über lange Zeit sich erstreckender. Es
kommen Remissionen und Exacerbationen vor, bald wird die Dämpfung
grösser, bald kleiner, schliesslich kann das Exsudat zur Resorption gelangen und danach völlige Obliteration der Herzbeutelblätter eintreten,
wie der folgende Fall zeigt.

Die Pericarditis kann das erste Zeichen der tuberkulösen Erkrankung
sein, ja vielleicht das einzige bleiben und zum Tode führen. Gewöhnlicher ist es, dass eine weitere Erkrankung der Pleura, der Lunge sich
anschliesst. Früher oder später macht die vorgeschrittene Lungentuberkulose oder allgemeine Miliartuberkulose oder Meningitis dem
Leben ein Ende. Stillstände sind ebenfalls möglich.

Beobachtung LVI. Bertha W., 3 Jahre alt, hereditär nicht belastet,
erkrankt Ende April 1891 mit Kopfschmerzen, Müdigkeit, Stechen in der
Herzgegend. Aufnahme am 7. V. 91. Es wird eine Pericarditis exsudativa nachgewiesen: Herzdämpfung bedeutend vergrössert — Höhe 7,5;
Breite an der Basis 14 cm — Herzbewegungen in der Rückenlage kaum
zu fühlen, Herztöne sehr leise, wie aus der Ferne kommend. Am 12. V
über der ganzen Herzdämpfung lautes perikarditisches Reiben. An demselben Tage Beginn einer linksseitigen Pleuritis, am 2. VI grösseres Exsudat,
vom 5. Processus spin. bis zum 12. feste Dämpfung. Das Exsudat
nimmt im Juni und Juli grössere Dimensionen an, das Zwerchfell wird
nach unten vorgebuchtet, es kommt zu Cirkulationsstörungen, die Leber
schwillt beträchtlich an, es treten Ödeme an den Beinen auf, starker Venen-
puls am Halse, dabei pulsiert nur die rechte Jugularvene, während die
linke nur andeutungsweise erschüttert wird. 13. VII. Entleerung eines
Teils des Pleuraexsudats durch Punktion — 250 ccm, serös-fibrinöse Flüssigkeit. Untersuchung auf Tuberkelbacillen negativ. Das Allgemeinbefinden
bessert sich, doch steigt das Exsudat von neuem, worauf am 8. VIII nochmals 250 ccm entleert werden. In etwa 3 Wochen verschwindet das Exsudat
vollständig. Beide Lungen stehen am 30. VIII gleich hoch. Herzdämpfung
immer noch vergrössert, doch hört man die Herztöne viel lauter als früher,
kein Reiben mehr. 4. IX. Entlassung. Das Kind ging aus, hatte Appetit
und war munter. — Am 23. IX erneute Aufnahme, weil Ödeme an den
Beinen und Hydrops ascites auftraten. Lungenbefund wie am 30. VIII.
Harn 250 ccm in 24 Stunden, eiweissfrei. Auf Diuretin vermehrte Diurese
(400 ccm), Hydrops und Ödeme schwinden. Wohlbefinden. Mitte Oktober
erneutes Auftreten von Ödemen. Lungenbefund ohne Besonderheiten. Herzdämpfung verbreitert, reicht bis zur rechten Parasternallinie. Leber bedeutend vergrössert, überragt den Rippenbogen um Handbreite. Anfang
November nimmt die Herzdämpfung noch mehr an Grösse zu, reicht nach
rechts noch über die Parasternallinie hinaus, nach oben bis zur 2. Rippe,
nach links bis zur vorderen Axillarlinie; in Rückenlage über der Herzdämpfung ungeregeltes Wallen und Wogen, Herztöne bedeutend schwächer
als früher. Zu derselben Zeit wieder Exsudatanhäufung im linken Pleurasack.
Zugleich Auftreten einer Bronchitis. — Sowohl das perikardiale als das

pleurale Exsudat gehen im Laufe von 2 Monaten zurück, ebenso die Ödeme. Mitte Dezember Stomatitis aphthosa. Anfang Januar 1892 Pertussis. Ausserordentliche Abmagerung, Haut dünn, trocken, lässt sich in Falten abheben. Anfang März zeigen sich cerebrale Erscheinungen: mürrische Stimmung, Kopfschmerzen. Am 4. IV Tod. In den letzten Tagen konnte eine Untersuchung des Kindes nicht mehr vorgenommen werden. — Zu bemerken wäre noch, dass 2mal Anfälle von Bewusstlosigkeit aufgetreten sind. Der erste Anfall war am 8. VI 90. Das muntere Kind redete plötzlich verkehrte Dinge, griff dann nach dem Hinterkopf und wurde bewusstlos. Ich fand das Kind ohne Bewusstsein, ausserordentlich blass, die Haut mit kaltem Schweiss bedeckt; Cheyne-Stokes'sches Phänomen. Puls unregelmässig, 168. Strabismus divergens, linksseitige Facialislähmung. Nach 20 Minuten werden gegen Fliegen, welche das Gesicht der Pat. belästigen, Abwehrbewegungen gemacht, dies geschieht nur mit der rechten Hand, die linke bewegt sich nicht. Beim Kitzeln der Fusssohlen reagiert das rechte Bein besonders prompt, das linke führt viel geringere Bewegungen aus. Das Gesicht wird zuweilen schmerzhaft verzogen, dabei bleibt die linke Gesichtshälfte nahezu starr. Nach einer weiteren Viertelstunde erwacht das Kind wie aus festem Schlaf, bewegt beide Arme gleich gut. Abends 2mal Erbrechen ohne Würgen. Am nächsten Tage nur noch Facialisparese und geringe Pupillendifferenz — linke Pupille etwas enger als die rechte. Nach 12 Tagen gehen auch diese Störungen zurück. Ein zweiter Anfall erfolgt am 22. II 92. Plötzliche Bewusstlosigkeit von $^1/_4$stündiger Dauer, aber keine Lähmungserscheinungen; nur ausserordentliche Blässe des Gesichts.

Der Körperwärme wurde von Anfang an Beachtung geschenkt. Es wurde an **233** Tagen gemessen — **653** Einzelmessungen. In den ersten 6 Tagen waren die Temperaturen meist zwischen 38,5 und 40,0 mit unregelmässiger Verteilung der Spitzen. Dann folgen 5 Wochen, in welchen nur zeitweise mässige Steigerungen gefunden wurden; hierauf ein Zeitraum von **91** Tagen, an welchen die Körperwärme normal und subnormal (Minimum 35,8) war; nur 2mal wurde 38,0 erreicht. In der späteren Zeit bestand meistens mässiges Fieber. Von den **233** Beobachtungstagen war an **109** Tagen die Temperatur 38,0 oder darüber, an **124** Tagen blieb die Körperwärme unter 38,0. Von diesen 124 Tagen zeigten 41, also $^1/_3$ Typus inversus.

Sektion (Prof. v. Baumgarten).

Sehr stark abgemagerte Leiche, Haut dünn, schlaff, in langen Falten abziehbar von der atrophischen Muskulatur. Rechterseits reicht die Leber 4—5 Finger unter den Rippenrand herab; das Zwerchfell steht sehr tief, nach unten leicht convex, geht rechts nahe bis zum oberen Rand der 9. Rippe, links bis zum unteren Rand der 6. Rippe. Pneumothorax rechterseits. Die rechte Lunge liegt der Wirbelsäule angeschmiegt, links dagegen ist eine vollständige Obliteration. Das Herz ist nach links hin dislociert. Beide Blätter des Pericardiums sind mit einander verwachsen, so dass es nicht möglich ist, sie von einander zu trennen. Die Verwachsungen der linken Lunge mit der Brustwand sind verhältnismässig leicht zu trennen. Der Bronchus ist wie ummauert von stark verkästen, tuberkulösen Bronchialdrüsen. Die linke Lunge ist in ihren unteren

14*

Partien von einem fibrinösen Exsudat bedeckt. In den oberen Partien zahlreiche Ausbreitungen von miliaren Tuberkeln auf der Pleura. Das gesamte Lungenparenchym von unzähligen grauen und gelben Tuberkeln durchsetzt. Lunge im ganzen lufthaltig, nirgends ältere interstitielle Prozesse; in der Spitze sind die Knötchen am stärksten, ebenda auch eine kleine Kaverne. — Nach Herausnahme der rechten Lunge nirgends eine pathologische ulcerative Perforation, wohl aber zeigen sich an der Spitze und am freien Rande des Oberlappens subpleurale Emphysembläschen mit ganz dünner Decke, von denen, wie das Experiment mit Lufteinblasen unter Wasser ergiebt, einige geplatzt sind. Im übrigen ist sowohl an der Pleura als in den Lungen das Verhalten ein gleiches wie links, nur fehlt die frische fibrinöse Pleuritis, und auch die eigentlichen Pleuratuberkel sind sehr spärlich.

Die Herausnahme des Herzens lässt zunächst ein grosses Drüsenpacket im oberen Teil des Mediastinum anticum erkennen, welches aus ziemlich frisch tuberkulös erkrankten Drüsen sich zusammensetzt. Das Herz zeigt sich von einer diffusen, beide Pleurablätter vollständig fest verbindenden Granulationsmembran umwachsen, welche streifenförmige käsige Massen einschliesst und zwar so ausgedehnt, dass kaum eine Stelle des Herzens zu finden ist, welche nicht diese käsige, perikarditische Bedeckung zeigt; namentlich über dem rechten Ventrikel ist diese käsige Adhäsionsmembran besonders verdickt. — In der um das Doppelte vergrösserten Milz zahllose miliare Tuberkel. — In der rechten Niere vereinzelte Tuberkel, die Leber zeigt deutlich fettige Muskatnusszeichnung mit ziemlich zahlreichen miliaren Tuberkeln. Meningitis tuberculosa.

In der nächsten Nachbarschaft der linken Jugularvene liegen haselnuss- und darüber grosse tuberkulöse Lymphdrüsen; die grösste derselben liegt unmittelbar der Vene an und drängt den Stamm derselben nach vorne hervor. Rechterseits sind kleinere Drüsen und von der Vene weiter entfernt.

Bei diesem Kinde betraf die erste nachweisbare Lokalisation den Herzbeutel. Es bildete sich binnen kurzer Zeit ein mächtiges Exsudat, das mit der Zeit zurückging und zur Obliteration der Perikardialblätter führte. Ferner kam es bald zu einer exsudativen linksseitigen Pleuritis mit Verdrängungserscheinungen, welche nach 2 mal vorgenommener Punktion verschwand; später füllte sich nochmals der Pleurasack, diesmal erfolgte spontaner Rückgang. In der rechten Lunge waren ausser katarrhalischen Erscheinungen und einer offenbar geringfügigen, vorübergehenden Atelektase keine Veränderungen wahrnehmbar. Der im Januar 92 auftretende Keuchhusten beschleunigte den Prozess, das Kind ging am 8. IV. 92 zugrunde. In den letzten Tagen des Lebens wurde eine genaue Untersuchung durch die Renitenz des Kindes und der Eltern unmöglich gemacht. Bei der Sektion wurde ein Pneumothorax in der rechten Brusthälfte gefunden, und zwar war er nicht — wie man nach dem vorher erhobenen Sektionsbefund annehmen sollte — durch destruktive tuberkulöse

Prozesse in der Lunge bedingt, sondern durch Platzen von durch den Keuchhusten entstandenen Emphysembläschen. Dieses sehr seltene Vorkommen von Pneumothorax durch geborstene Emphysemblasen sei hier noch besonders hervorgehoben. Während des Lebens fehlte jegliche Erscheinung, welche auf einen Pneumothorax hätte hinweisen können, das Kind ging langsam, ohne Zeichen plötzlicher oder wachsender Atemnot zugrunde; es wird sich wohl der Pneumothorax erst in den letzten Stunden des Lebens entwickelt haben.

Fälle von Pneumothorax, durch geplatzte Emphysemblasen entstanden, sind veröffentlicht von Barthez und Rilliet, von Steffen, von Gelmo.

Die linksseitige Pleuritis und die Perikarditis wurden durch die Obduktion bestätigt. In den Lungen war nur Miliartuberkulose vorhanden ohne Infiltrationen.

Auffällig war in diesem Fall noch die wiederholt festgestellte Thatsache, dass bei bestehendem Jugularvenenpuls die rechte Vena jugularis stark pulsierte, während linkerseits nur ganz schwache Undulationen wahrgenommen wurden. Der geradlinige Verlauf der rechten Vena anonyma konnte nicht die alleinige Ursache für diese Erscheinung sein, es wurde schon intra vitam angenommen, dass in irgend welcher Weise eine Kompression der Vene dieses abweichende Verhalten bei der Pulsation bedinge. Bei der Sektion zeigte sich, dass vergrösserte verkäste Lymphdrüsen die linke Vena jugularis eingeschlossen hatten, während dies rechterseits nicht der Fall war.

Der **Herzmuskel** wird nur sehr selten von Tuberkulose ergriffen. Nur in einem unserer Fälle fanden sich in den Papillarmuskeln 2 miliare Knötchen. Grössere käsige Knoten hat 2 mal bei Kindern Sänger[1]) gesehen:

bei einem 3/4 jährigen Kinde oberhalb der Herzspitze im linken Ventrikel ein kirschkerngrosser käsiger, trockener Knoten, der die ganze Wand durchsetzte; bei einem 7jährigen Knaben neben miliaren Knötchen trockene Käseherde von 0,8 cm Durchmesser.

Demme (1886) beschreibt einen interessanten Fall von primärer Tuberkulose des Herzfleisches.

Beobachtung LVII. Ein 5 Jahre alter Knabe, der mit 3 Jahren Masern durchgemacht, litt seit mehreren Wochen an zeitweise sehr heftigen und plötzlich, oft während des Schlafs oder während des Spielens auftretenden Anfällen von Atemnot. Dabei starke Cyanose. Hierauf trat kalter Schweiss ein und unmittelbar darnach oder 5—8 Minuten später gänzliche Erschöpfung und Bewusstlosigkeit. Nach Hautreizen Erwachen

1) citiert bei v. Leyden.

und Erholung nach 20—30 Minuten. Solche Anfälle zeigten sich zuweilen
1—2mal in der Woche, gewöhnlich aber nur alle 3—4 Wochen. Die unmittelbare Untersuchung nach einem Anfall ergab: Cyanose der Wangen
und Schleimhäute, der Nagelglieder; in der Lunge leichter Bronchialkatarrh.
Auffallend war die sehr schwache flatternde Herzaktion und ihre Unregelmässigkeit, distinkter Spitzenstoss war nicht wahrzunehmen. Die sich sehr
unregelmässig, zuweilen im Galopprhythmus folgenden Herztöne waren von
keinem Geräusch begleitet, aber schwach und nicht scharf abklappend. Der
zweite Pulmonalton war verhältnismässig am deutlichsten zu hören. Rechterseits eine vollkommen bewegliche, etwa baumnussgrosse Cystenstruma. — Bei
wiederholten Untersuchungen an gesunden Tagen konnte am Herzen nichts
abnormes wahrgenommen werden; die Herzdämpfung war normal, der
Spitzenstoss im 4. I.C.R. etwa 4 cm vom linken Brustbeinrand entfernt,
die Herztöne überall rein, wenn auch nicht scharf abklappend. In einem
Anfalle trat der Tod ein. — Bei der Autopsie fanden sich in der äusseren
Wandung des linken Ventrikels gegen die Spitze hin 3 in das Muskel-
fleisch eingesprengte isolierte Tuberkel von Kleinerbsengrösse, in der äusseren
Muskelwand des rechten Ventrikels eine Reihe kleinerer, etwa hirsekorngrosser
Tuberkel. In den Tuberkeln — sowohl den grösseren als den kleineren
— wurden Tuberkelbacillen nachgewiesen. Herzklappen und Perikard frei;
auch in den übrigen Organen, namentlich in den Bronchial- und Mesenterialdrüsen keine Spur von Tuberkeln.

Auch das **Endocardium** bleibt von tuberkulöser Erkrankung nicht
verschont. In neuester Zeit hat sich v. Leyden mit der Tuberkulose des
Herzens eingehender beschäftigt. Er veröffentlicht 4 Fälle von Erwachsenen, in deren Endokard Tuberkelbacillen gefunden wurden. Die
Affektion tritt im Gefolge einer allgemeinen Miliartuberkulose oder
einer Lungentuberkulose auf. Es handelt sich wie bei der gewöhnlichen
Endocarditis um subendotheliale Infiltrationen, welche am Wandendokard
oder an den Klappen durch den Tuberkelbacillus hervorgerufen werden.
Auch vereinzelte Knötchen — meist im rechten Ventrikel — kommen vor.
Bei Kindern, welche an Miliartuberkulose gestorben waren, hat Perroud[1])
an den Atrioventrikularklappen kleine rötliche Knötchen gefunden. —
In unserer 48. Beobachtung fanden sich unter dem Endokard des rechten
Vorhofs und in einem Papillarmuskel der Mitralis Tuberkelknötchen.
Klinisch sind die Störungen, welche die endokarditischen Efflorescenzen
machen, nicht verschieden von denen der gewöhnlichen Endocarditis.

Auch in thrombotischen Gerinnseln finden sich öfters Tuberkelbacillen.

Es kommen aber auch Fälle von Endocarditis bei Tuberkulösen
vor, welche auf einer Infektion mit anderen Mikroorganismen — Strepto-
kokken, Staphylokokken etc. — beruhen, es sind dies Mischinfektionen.

Schliesslich sei noch der Komplikation von Lungentuberkulose
mit Herzklappenfehlern gedacht. Wenn auch Rogitansky's Lehre

---
1) citiert von v. Leyden.

von der Ausschliessung der Tuberkulose bei Klappenfehlern nicht mehr Anspruch auf allgemeine Gültigkeit machen kann, so ist die Regel, dass bei Herzkrankheiten, welche eine venöse Hyperämie der Lungen bedingen, namentlich Stenose des Mitralostiums und Insufficienz der Mitralklappe, die Lungentuberkulose selten ist, während diejenigen Veränderungen im Herzen, welche den Blutzutritt in die Lungen behindern (Pulmonalstenose), zur tuberkulösen Erkrankung disponieren.

Ich führe im Auszug 2 Fälle an, die jüngst in der hiesigen medizinischen Klinik beobachtet wurden.

Beobachtung LVIII. Pauline D., 14 Jahre alt. hereditär nicht belastet, hat Masern und Scharlach als kleines Kind gehabt. Schon in früheren Jahren Herzklopfen bei stärkeren Anstrengungen. Im Dezbr. 1893 Herzklopfen, Schweratmigkeit, Husten mit reichlichem Auswurf. Stechen auf der rechten Brustseite. Bei der Aufnahme, 12. VI. 94 war das Mädchen in schlechtem Ernährungszustand. Starke Cyanose des Gesichts, der Hände und Füsse. — Über der ganzen rechten Lunge Perkussionsschall etwas gedämpft, in den oberen Partien derselben Bronchialatmen mit zahlreichen klingenden Rasselgeräuschen. L. h. o. ebenfalls etwas abgeschwächter Perkussionsschall, über der ganzen linken Lunge scharfes Vesikuläratmen ohne Rasseln. — Mässige Pulsatio epigastrica. — Absolute Herzdämpfung nach rechts bis zum rechten Sternalrand, nach oben bis zum unteren Rand der 3. Rippe. Spitzenstoss im 5. I.C.R. innerhalb der Mammillarlinie. An der Herzspitze ein blasendes systolisches und ein weniger deutliches diastolisches Geräusch, 2. Pulmonalton verstärkt. — Kein Fieber, kein Eiweiss im Harn. — Im Sputum, das schleimig-eitrig, in geringer Menge entleert wird, eine grosse Anzahl Tuberkelbacillen.

Es wurde die Diagnose auf Insufficienz der Mitralklappe und auf ausgebreitete Tuberkulose der Lunge gestellt. — Im Laufe des Juli und August langsames Fortschreiten der Erkrankung; an den Stimmbändern tritt Rötung und Schwellung auf, auf der Lunge bleibt der Befund ziemlich unverändert; Herzaktion meist beschleunigt. Doch hat die Kranke um 9 Pfd. zugenommen. Im Laufe der Monate Fortschreiten des Prozesses in den Lungen. Es treten die Erscheinungen von Kavernenbildung im rechten Oberlappen zutage. Am Herzen ist der Befund fast unverändert; es wird das systolische Geräusch stets deutlich gehört, das diastolische nur dann und wann, 2. Pulmonalton verstärkt. Im Mai 1895 wird Eiweiss im Harn in grösseren Quantitäten nachgewiesen (1—1 $\frac{1}{2}$ $^0/_0$ nach Esbach). Granulierte Cylinder wurden vereinzelt gefunden. — Im Juni Ödeme an den Beinen, zu gleicher Zeit starke Diarrhöen, die trotz Darreichung von Opiaten weiter bestehen; die Ödeme nehmen immer mehr zu. Im Juli auch Ödeme an den Händen und am Thorax, starker Ascites. Am 13. VII. 95 Exitus letalis.

Klinische Diagnose: Ausgebreitete Tuberkulose beider Lungen, am meisten der rechten, im rechten Oberlappen Kaverne. Tuberkulose des Kehlkopfs und des Darms, Insufficienz der Mitralklappe (funktionell, anatomisch?); ob Mitralstenose vorhanden ist, lässt sich nicht bestimmt diagnostizieren. Chronischer Morbus Brightii, parenchymatöse Form. Allgemeiner Hydrops. —

Anatomische Diagnose: Chronisch ulceröse Lungentuberkulose mit Bildung grosser Kavernen in den Oberlappen. Ulceröse Dickdarmtuberkulose.

Amyloide Degeneration der Milz, der Nieren, des Darms, der Leber.
Parenchymatöse Nephritis. Tuberkulöse Ulceration im Kehlkopf. Endo-
carditis chronica et acuta valv. mitralis (Insufficienz und leichte Stenose).
Hydrops und Anasarca universal.

Beobachtung LIX. Albert Sch., 14 Jahr alt, will früher immer
gesund gewesen sein, leidet seit $\frac{1}{4}$ Jahr an Herzklopfen, Kurzatmigkeit.
Kopfschmerzen. Gliederweh hat er nie gehabt. Bei der Aufnahme,
19. XI. 94, war der Knabe kräftig, in gutem Ernährungszustand. Gesicht, Hände
und Füsse cyanotisch. Lungengrenzen: r. v. in der Mammillarlinie am
oberen Rande der 7. Rippe, h. u. beiderseits stark handbreit unterhalb des
Scapularwinkels. Vesikuläratmen ohne Rasselgeräusche. Absolute Herzdämpfung nach rechts bis zum rechten Sternalrand, nach oben bis zum
unteren Rand der 3. Rippe, starke Pulsation in der Herzgegend, Spitzenstoss im 5. I.C.R. zweifingerbreit ausserhalb der Mammillarlinie. An der
Spitze präsystolisches Schwirren; diastolisch - präsystolisches Geräusch.
Später wird auch ein leises systolisches Geräusch gehört. Keine Ödeme.
22. XII. 94 Entlassung. — 5. I. 95 zweite Aufnahme. Am 28. I wird in der
Klinik der Fall ausführlicher besprochen. Die Diagnose wird auf Stenose
der Mitralis gestellt. Da Temperatursteigerungen vorhanden sind, was im
November und Dezember 94 nicht der Fall war, so wird ein Weiterschreiten
der Endocarditis vermutet. Anfang Februar 1895 werden auf der rechten
Lunge h. o. deutlich klingende Rasselgeräusche gehört. Untersuchung des
Sputums auf Tuberkelbacillen negativ. Am Herzen ist der Befund unverändert. Schmerzen im Bauch, ohne dass etwas nachweisbar. Im
März Spuren von Ödem an den Beinen, am Scrotum. — Keine wesentliche Änderung im Herzbefund. Stets abendliche Temperatursteigerung.
15. IV. 95. Pat. wird auf seinen Wunsch entlassen.

Dritte Aufnahme 17. IX. 95.

Nach der letzten Entlassung Wohlbefinden. Seit 4 Wochen Anschwellung
des Bauches und der Beine; Zunahme der Kurzatmigkeit, stärkerer Husten.
Status. Schlechter Ernährungszustand; starke Cyanose, besonders im Gesicht. Ascites. Ödem der Beine. Am Herzen unveränderter Befund.
Wiederholt wird die Punktion des Ascites vorgenommen. Spezifisches Gewicht
der Flüssigkeit 1014, Eiweissgehalt (Esbach) $1^0{}_{00}$. — Öfters Klagen über
Bauchschmerzen. — 22. IX. Sputum blutig. 1. XI. Über die Lungen keine
Dämpfung, verbreitete trockene Rasselgeräusche. Leberdämpfung vergrössert,
die Leber fühlt sich sehr hart an. Herzdämpfung ebenfalls vergrössert (2. I.C.R.,
rechts 1 Querfinger ausserhalb des rechten Sternalrandes, Spitzenstoss im 5. I.C.R.
ausserhalb der Mammillarlinie). Auskultatorischer Befund ziemlich unverändert: lautes systolisches und diastolisches Geräusch, 2. Pulmonalton verstärkt.
Stürmische Herzaktion. 26. XII. Über beide Lungen verbreitete kleinblasige
Rasselgeräusche. Lungengrenzen r. h. u. 3 Querfinger unter dem Angulus sca-
pula, el. h. u. am Angulus; Traube'scher Raum gedämpft. Über der Dämpfung ist
das Atmungsgeräusch und der Pektoralfremitus abgeschwächt. Auch l. v. o.
von der Clavicula an ist eine (nicht absolute) Dämpfung, die in die Herzdämpfung übergeht. Ende Dezember Urin eiweisshaltig. 1. I. 96 Exitus letalis.

Klinische Diagnose: Stenose und Insufficienz der Mitralis. Hydrops.
Stauungsleber, Stauungsniere. Bronchitis. Decubitus.

Anatomische Diagnose: Stenose und Insufficienz der Mitralis (Mitralis kaum für die Fingerkuppe des kleinen Fingers durchgängig: Tricuspitalis

für 1 Finger), Klappe schwielig verdickt und mit einzelnen älteren Excrescenzen besetzt. An der Mitralis einzelne frischere Excrescenzen, Herzmuskel leicht fettig degeneriert. Miliartuberkulose der Pleura, der Lungen, des Peritoneums. Verkäsung der Bronchialdrüsen. Stauung in der Leber, Milz, den Nieren. Ausserdem auf der linken Pleura eitriges Exsudat, in beiden Lungen Bronchitis. Hydrops, Decubitus.

Bei der mikroskopischen Untersuchung der endokarditischen Excrescenzen wurden keine Tuberkelbacillen gefunden.

Diagnose.

Bezüglich der Stellung der Diagnose möchte ich voranschicken, dass in jeder Form der Lungentuberkulose die Allgemeinerscheinungen derart in den Vordergrund treten können, dass sie das Krankheitsbild ganz beherrschen und bis zum Tode das einzige auffällige Symptom bilden (vgl. Beobachtung XLIII), oder dass doch die örtlichen Vorgänge mehr zurücktreten, wenigstens nicht deutlich erkennbar sind. Genügen die örtlichen Störungen nicht, um den Rückgang der Ernährung, den Kräfteverfall zu erklären, so hat man alle Ursache auf der Hut zu sein. Genaue Beobachtung der Körperwärme, der Atmungs- und Pulshäufigkeit und ihre Relation zu einander geben manchmal Aufschluss.

Für die Diagnose der Miliartuberkulose der Lunge sind etwa folgende Merkmale zu verwerten: rascher Anfang, frühzeitig auftretende vermehrte Pulsfrequenz, Cyanose, erhöhte Atmungshäufigkeit ohne eigentliche Dyspnoe — alles Erscheinungen, welche sich mit dem objektiven Befund nicht in Einklang bringen lassen; hohe Körpertemperatur mit unbestimmtem Typus, rapid vor sich gehende Abmagerung; von Seiten des Centralnervensystems anfangs Erregungs- später Depressionszustände, welche von Tag zu Tag sich steigern und in Sopor übergehen. Milzvergrösserung kann vorhanden sein. Im weiteren Verlauf Entwicklung einer Bronchitis, welche namentlich die feineren Bronchien befällt und rasch an Ausbreitung gewinnt; in ihrem Gefolge echte Dyspnoe, Flankenschlagen, Bildung von Kollapsherden. Geringer kurzer Husten ohne oder mit nur wenig glasigem schleimigen Auswurf.

Die Untersuchung des Sputum auf Tuberkelbacillen ist für alle Formen der Lungentuberkulose von grösster Wichtigkeit. Ein positives Ergebnis macht die Diagnose zur unumstösslichen, negatives aber ist für die Abwesenheit der Tuberkulose nicht beweisend. Da besonders jüngere Kinder das Sputum meist verschlucken, so hat Epstein ein Verfahren angegeben, mittelst dessen es oft gelingt, den Auswurf zur Untersuchung zu gewinnen. Er führt einen elastischen Katheter bis zum Zungengrunde ein, wodurch reflektorisch ein Husten-

anfall ausgelöst wird; das dabei ausgestossene Sputum wird durch den
Katheter aspiriert und mikroskopisch untersucht. In mehreren Fällen
hat sich das Verfahren bewährt (Epstein, Momidlowski). — Da
gerade bei der akuten Miliartuberkulose Tuberkelbacillen oft im Sputum
fehlen, so dürfte vielleicht in manchen Fällen der Nachweis solcher
im Blute oder im Milzsaft gelingen.

Man wird ferner Gewicht zu legen haben auf etwaige hereditäre
Belastung, auf vorhergegangene Krankheiten, namentlich Skrofulose,
chronische Ekzeme und auf Infektionskrankheiten, Pneumonie, Masern,
Keuchhusten, auf das Ergriffensein anderer Organe des Körpers von
Tuberkulose — besonders auch tuberkulöse Lymphdrüsen am Halse,
in der Supraclavikularregion — oder auf Narben am Halse, auf abge-
laufene oder noch vorhandene Affektionen der Knochen und Gelenke.
Das Vorhandensein von Chorioidealtuberkeln ist in manchen Fällen von
ausschlaggebender Bedeutung.

Die Hoffnungen Hochsinger's und Kahane's, dass der vermehrte Indikangehalt des Urins an Tuberkulose erkrankter Kinder von
ausschlaggebender Bedeutung sei, haben sich leider nicht bewährt; die
Untersuchungen Steffen's, Momidlowski's, Giarré's, Kaufmann's,
Gehlig's u. A. haben gezeigt, dass die Indikanurie mit der Tuberkulose
im Kindesalter in keinem Zusammenhang steht.

Die Entscheidung, ob im Anfang eine einfache Bronchitis oder
eine solche auf tuberkulöser Basis entstanden vorliegt, dürfte bisweilen
schwer zu treffen sein. Man wird auf das gestörte Allgemeinbefinden
das Hauptgewicht zu legen haben. Einseitiger, mehr umschriebener
Katarrh ist stets verdächtig. Nötig ist eine sorgfältige Beobachtung
der Körpertemperatur. Oft wird nur der weitere Verlauf Aufschluss
geben.

Da ich die in Betracht kommenden Hauptmomente, Tuberkel-
bacillennachweis, Heredität etc. etc., schon ausführlich erörtert habe,
so halte ich es für überflüssig, diese jedesmal noch bei der Besprechung
der Differentialdiagnose hervorzuheben.

Schwer ist bisweilen die Abgrenzung von Typhus abdominalis.
Auch hier haben wir vermehrte Puls- und Atmungsfrequenz, Katarrh,
der sich oft auf die feineren Bronchien beschränkt, hohes Fieber; andererseits können bei Miliartuberkulose Diarrhöen bestehen, es können roseolaartige Exantheme auftreten, das Fieber kann dem des Typhus ähneln;
ferner kommen Typhusfälle vor, welche mit Stuhlverhaltung einhergehen. Milzschwellung ist beiden Krankheiten eigen, wenn sie auch
bei dem Typhus mehr die Regel ist. Wenn man von Anfang an hat
beobachten können, wird es meist möglich sein, die Krankheiten auseinander zu halten, die Aufeinanderfolge der Symptome bei Typhus ist

gewöhnlich an bestimmte Regeln gebunden; anders aber bei verschleppten Fällen. Auch der Gang der Temperatur, welcher eines der
wichtigsten diagnostischen Hilfsmittel ist, kann im Stich lassen; es giebt
Fälle von Typhus, welche durchaus irreguläre Temperaturkurven aufweisen (Henoch). — Bei verschleppten Fällen ist ein Auseinanderhalten der beiden Krankheiten oft unmöglich. — Bisweilen wird es
noch gelingen durch den Nachweis von Typhusbacillen aus den Roseolen,
dem Milzsaft, den Fäces die Diagnose zu sichern.

Eine central sitzende krupöse Pneumonie oder eine solche, welche
nur zögernd zur Lokalisation kommt nnd nur eine geringe Ausbreitung
hat, kann ein ähnliches Krankheitsbild machen. Auch hier haben wir
plötzlichen Anfang, Zunahme der Puls- und Atmungsfrequenz, Missverhältnis zwischen beiden zu Gunsten letzterer, Cyanose, hohes Fieber.

In solchen Fällen kann nur der weitere Verlauf ev. der Nachweis
der einen oder anderen Mikrobenart entscheidend sein.

Wie sehr das Bild der Meningitis tuberculosa vorgetäuscht
werden kann — ohne dass irgend welche nachweisbare Veränderungen
bestehen — geht aus den früher mitgeteilten Fällen hervor.

Kommt es zu Herdbildungen, so wird in erster Linie die Frage
aufzuwerfen sein: handelt es sich um eine einfache Bronchopneumonie
oder um eine auf tuberkulöser Grundlage? Es wird hier die Anamnese
und das frühere Krankheitsbild — namentlich vermehrte Puls- und
Atmungsfrequenz, hohes Fieber vor dem Auftreten irgend welcher
Lokalsymptome von Bedeutung werden. Bekommt man einen Fall, in
welchem katarrhalisch-pneumonische Herde schon zur Entwicklung gelangt sind, so ist ein Unterscheiden zwischen den beiden Krankheiten
oft nicht zu treffen.

Krupöse Pneumonie. Eine rasch sich ausbreitende tuberkulöse
Bronchopneumonie, welche in kurzer Zeit einen ganzen Lappen oder
doch den grössten Teil eines solchen befällt, kann genau dieselben Erscheinungen hervorrufen wie die echte krupöse Pneumonie. Fehlen
anamnestische Daten, so kann — wie aus Beobachtung XLVIII hervorgeht — die falsche Diagnose bis zum Schluss aufrecht erhalten werden.

Des Ferneren ist zu bemerken, dass in tuberkulös erkrankten Lungen
echte krupöse Pneumonien vorkommen und andererseits krupöse Pneumonie in eine tuberkulöse übergehen kann. Die für den Erwachsenen
fast ausnahmslos feststehende Regel, dass die tuberkulösen Broncho-
pneumonien in den Oberlappen zur Entwicklung gelangen und in der
Richtung von oben nach unten fortschreiten, ist für das Kindesalter
nicht zu verwerten. Wie wir gesehen haben, treten bei Kindern die
tuberkulösen Prozesse in ganz ungeregelter Verteilung auf.

Ich komme zu den Fällen mit chronischem Verlauf.

Vielen der kleinen Patienten sieht man frühzeitig die Diagnose schon von weitem an. Der Fett- und Muskelschwund, die schlaffe, welke Haut, die abschilfernde, trockene Epidermis, die fahle Blässe, der melancholische Gesichtsausdruck — alles dies deutet auf „Schwindsucht" hin. Hin und wieder tritt Husten auf, der zuweilen reichliches bacillenhaltiges Sputum zutage fördert. — Bei der Untersuchung wird man Herde finden, welche weiter ausgebreitet sind, die ganze Lappen, ja eine ganze Thoraxhälfte betreffen; vielleicht ist eine Lunge stärker befallen als die andere. Die Körpertemperatur ist meist fieberhaft, doch erreicht sie in der Regel nicht die hohen Werte wie bei den akuten Formen, oft schieben sich wochenlange fieberfreie Intervalle ein; das Fieber ist ganz unregelmässig, bisweilen sind die Morgentemperaturen die höheren, andere Male die abendlichen oder die mittäglichen. An fieberfreien Tagen wird häufig der früher beschriebene umgekehrte Gang der Temperaturkurve innegehalten.

Für die Differentialdiagnose kommt nur die einfache chronische Bronchopneumonie und die interstitielle Pneumonie in Betracht. Die Unterscheidung dürfte schon insofern schwer fallen, als eben auf bronchopneumonischen Herden — besonders wenn sie von längerer Dauer sind — der Tuberkelbacillus sich ansiedelt, sei es, dass er von aussen eingedrungen, sei es, dass er in benachbarten oder entfernteren Gegenden des Körpers ein Schlummerdasein geführt und nun durch die frische Entzündung zu erneuter Thätigkeit angefacht wird. — Solche herdweise lokalisierte Tuberkulose der Lunge kann, sobald Katarrh der feineren Bronchien vorhanden und sie in den unteren Partien sitzt, von der einfachen Katarrhalpneumonie oft nicht unterschieden werden; dasselbe gilt für die interstitielle chronische Pneumonie. Für gewöhnlich wird man sagen können, wenn bei sufficientem Herzen und relativ erhaltener Körperkraft die Temperaturen nicht sehr lange hohe sind und Spitzen auf Fieberhöhe eben nur vereinzelt dastehen, wird es sich um eine chronische Bronchopneumonie resp. interstitielle Pneumonie handeln. Erfolgt dagegen ständige Abnahme in der Ernährung, besteht fortwährendes Fieber, lässt die Herzkraft dauernd nach, so ist die auf tuberkulöser Grundlage ruhende Affektion die wahrscheinlichere. — v. Jürgensen schreibt: „Ich zögere nicht, interstitielle Pneumonie zu diagnostizieren und Schwindsucht auszuschliessen, so lange zwei Dinge bei dem Kranken sich finden: eine grosse körperliche und geistige Leistungsfähigkeit, ein ruhiger und kräftiger Herzschlag" — und weiter: „Ebensowenig möchte ich die zeitweilig auftretenden Fieberbewegungen zu hoch anschlagen. Man muss hier strenge unterscheiden zwischen Temperatursteigerungen, welche Wochen dauern, und solchen, welche hin und wieder einmal für kürzere Frist sich zeigen. Die ersteren

sind immer bedenkenerregend, wenn auch keineswegs die Verkünder
einer Schwindsucht. — Alle Formen der interstitiellen Pneumonie
können durch Schwindsucht enden."

Es ist zwar selten, dass eine gewöhnliche katarrhalische Pneumonie
Monate lang mit Fieber einhergeht, und wenn solches immer wieder
auftritt, so wird man eher an Tuberkulose denken müssen. Aber der
folgende Fall zeigt, dass auch Ausnahmen vorkommen.

Beobachtung LX. Paul W., 10 Monate alt, rhachitisches Kind, von
hereditärer Belastung nichts bekannt, litt schon häufig an Husten. Anfang
März 1893 erkrankt das Kind an Masern, es war stark ausgebreiteter
Katarrh der Bronchien — namentlich auch der feineren — vorhanden. —
Im Laufe der Monate März, April und Mai entwickeln sich bei fortbestehen-
dem Katarrh der Bronchien mehrmals Atelektasen, welche zu beiden
Seiten der Wirbelsäule nachgewiesen werden und die bei Behandlung mit
warmen Bädern und kalten Übergiessungen ziemlich rasch wieder schwinden.
Im Juni kommt es zur Bildung eines festeren Herdes links von der Wirbel-
säule, der der bisher geübten Behandlungsweise nicht weicht; es ist feste
Dämpfung mit Bronchialatmen und klingendem Rasseln vorhanden. Vom
11.—31. VII rechts hinten in der Höhe des 4. Brustwirbels Dämpfung
mit Bronchialatmen, welche dann zurückgeht; auch wird der Katarrh rechts
geringer; links unveränderter Befund. Im September wieder ein Dämpfungs-
herd rechts, aber nur von kurzer Dauer, links dagegen breitet sich das
Dämpfungsgebiet immer mehr aus und reicht Ende September bis zur hinteren
Axillarlinie. Hierbei bleibt es in den folgenden Monaten: der Katarrh
bleibt unverändert — es sind vornehmlich die mittleren und gröberen
Bronchien befallen; zeitweise stellt sich Besserung ein, dann wieder Verschlimmerung. Während in der rechten Lunge Dämpfungsherde kommen
und gehen, bleibt derjenige linkerseits völlig unverändert; die Dämpfung
ist ganz fest und man hört scharfes Bronchialatmen mit klingendem Rasseln;
dann wird auch der linke Oberlappen ergriffen. Was Puls und Atmung
betrifft, so war der erstere dauernd hoch, aber wechselnd in der Qualität
— bald war er voll und kräftig, bald klein und unregelmässig; die Atmungshäufigkeit war vermehrt. Es bestand ein Missverhältnis zwischen Puls-
und Atmungsfrequenz zu Gunsten letzterer. Das Kind magerte bei relativ
gutem Appetit immer mehr ab, zum Schluss treten Ödeme an den abhängigen Körperpartien auf, und am 18. März 1894, also ein Jahr nach
dem Krankheitsbeginn geht es zugrunde. — Im Anfang des Jahres 1894
erkrankten von der 11köpfigen Familie, welche in einer Stube hauste,
4 Kinder an Diphtherie, unser kleiner Patient blieb von dieser Krankheit
verschont. — Befassen wir uns etwas eingehender mit der Körpertemperatur in diesem Falle, bei welchem an **376** auf einander folgenden
Tagen gemessen und **1123** Einzelmessungen gemacht wurden, so ergiebt
sich, dass meistens mässiges Fieber bestand — es handelte sich um
Schwankungen zwischen 38,0 und 39,0° C., höhere Werte, bis 40,5, wurden
nur ausnahmsweise erreicht. Unter den 376 Bestimmungstagen ist an
207 Fieber verzeichnet, also ist das Fieber viel häufiger vorhanden als bei
den früher beschriebenen Fällen von chronisch verlaufender Lungentuberkulose. Meistens betragen die fieberfreien Zwischenräume nur wenige Tage,

nur 4mal eine Woche und darüber, und zwar 10 Tage vom 24. Juli bis
2. August, 20 Tage vom 28. August bis 16. September, 10 Tage vom
10. September bis 19. September, 7 Tage vom 9. Dezember bis 15. Dezember 1893.

Die Behandlung bestand in guter Ernährung, in Darreichung von
Phosphorleberthran; bei Exacerbation der Bronchitis und Bildung von
Atelektasen resp. bronchopneumonischen Herden wurden warme Bäder mit
kalten Übergiessungen gegeben.

Auszug aus dem Sektionsprotokoll (Dr. Roloff).

Rhachitis. Linke Lunge in den hinteren unteren Partien fest mit
der Brustwand verklebt; flüssiger Inhalt ist in beiden Pleurahöhlen nicht
vorhanden. Nach Herausnahme der linken Lunge zeigen sich die adhärenten
Partien mit einer festen Faserstoffmembran belegt. Die linke Lunge ist
nur zum geringen Teil lufthaltig, grösstenteils nicht knisternd, von derber
lederartiger Konsistenz und blauroter Farbe. Auf dem Durchschnitt erscheinen die Bronchien und Arterienäste auffallend nah aneinander gerückt und prominieren über die Schnittfläche. Das zwischen ihnen gelegene
Gewebe ist von roter Farbe, glatt und sehr kohärent. Aus den Bronchien
entleeren sich reichliche Tropfen flüssigen Eiters. — In der rechten Lunge
mehrere grössere und frischere bronchopneumonische Herde. Bronchialsekret
wie links. In den infiltrierten Partien bemerkt man hie und da kleine
runde weisse Herdchen, welche miliaren Tuberkeln ähnlich sehen,
sich aber von diesen durch den Mangel erhöhter Resistenz unterscheiden.
Am Hilus beider Lungen finden sich mehrere geschwollene Lymphdrüsen
von succulenter dunkelroter Beschaffenheit. — In den übrigen Organen
nichts besonderes. — Die mikroskopische Untersuchung der tuberkelähn-
lichen weisslichen Herdchen in den Lungen ergiebt, dass sie aus kleinzelligen,
besonders in der Nähe der Arterien und Bronchialäste lokalisierten circumskripten Infiltraten bestehen, welche zum Teil im Centrum eine bindegewebige Umwandlung zeigen. Nirgends sind irgend welche Andeutungen
tuberkulöser Struktur vorhanden.

Ein Kind, welches von gesunden Eltern stammt, rhachitisch ist,
erkrankt an Masern, die mit dieser Krankheit verbundene Bronchitis
weicht nicht, es kommt zu Bildung von atelektatischen und bronchopneumonischen Herden, welche anfangs beseitigt werden, später aber
entsteht im linken Unterlappen feste Dämpfung, welche in Wochen und
Monaten nicht nur hartnäckig persistiert, sondern auch sich weiter ausbreitet und schliesslich den grössten Teil der linken Lunge ergreift.
Dabei hat das Kind fortwährend Husten; es fiebert beständig und
magert trotz guten Appetits zusehends ab. Die Dauer der Krankheit
beträgt über ein Jahr. Tuberkelbacillen wurden im Sputum nicht gefunden. — Das klinische Bild erinnert an den unter Beobachtung L
beschriebenen Fall.

Bei der Stellung der klinischen Diagnose wurde vor allem die
Rhachitis betont und erwähnt, dass zu dieser Katarrhe der Bronchien

gehören, dass die Verdichtungen bronchopneumonischer Natur seien und linkerseits ein grosser Verdichtungsherd bestehen müsse. Dass dabei Tuberkulose mitspiele, wurde als Möglichkeit hingestellt.

Die Sektion ergab Rhachitis, Bronchitis purulenta, frische Broncho-pneumonien in der rechten Lunge; chronische interstitielle Pneumonie und fibrinöse Pleuritis links. Makroskopisch war aber nicht zu ent-scheiden, welcher Art die da und dort eingestreuten weisslichen miliaren Herdchen waren, erst durch das Mikroskop konnte nachgewiesen werden, dass sie des tuberkulösen Charakters entbehrten.

Über die Diagnose der Kehlkopftuberkulose, der Tuber-kulose der Lymphdrüsen habe ich schon eingehend gesprochen. Es erübrigt noch die tuberkulöse Pleuritis und Pericarditis, und hierbei ist nur zu sagen, dass sowohl die eine wie die andere sich von der einfachen Entzündung der Pleura resp. des Herzbeutels nicht wesentlich unterscheiden. Es mag wohl dann und wann gelingen, aus dem Exsudat Tuberkelbacillen nachzuweisen — wenn nicht im ein-fachen Deckglaspräparate, so vielleicht in angelegten Kulturen oder durch das Tierexperiment; Regel ist dies aber nicht, wir haben schon in Übereinstimmung mit Anderen verschiedentlich durch die Punktion erhaltene Exsudate untersucht und meistens negative Ergebnisse er-halten, obwohl die Patienten an Tuberkulose litten und später daran zugrunde gingen. Ja, man nimmt an, dass seröse und eitrige Exsudate, wenn der Nachweis von Mikroorganismen negativ ausfällt, tuberkulöser Natur sind. Merkwürdig ist dieses Verhalten immerhin, wenn wir als Vergleich die Cerebrospinalflüssigkeit heranziehen. In dieser haben wir in Übereinstimmung mit Lichtheim, Fürbringer, Freyhan u. A. viel häufiger den Nachweis, z. T. vollvirulenter Tuberkelbacillen er-bringen können.

Für die Pericarditis exsudativa giebt Brackmann an, dass es für die tuberkulöse Natur spricht, wenn das Exsudat nicht resorbiert wird, vielmehr schubweise zunimmt und sehr massenhaft wird. Dass diese Regel nicht für alle Fälle gilt, erhellt aus dem Fall Bertha W. (Beobachtung LVI). Andererseits hebt gerade Henoch die trockene Pericarditis mit Verwachsungen als beim Kindesalter ziemlich häufig vorkommend hervor.

. Beim Auftreten der Pleuritis oder Pericarditis wird man vor allem die Aufmerksamkeit auf die noch übrigen Symptome zu richten resp. den weiteren Verlauf abzuwarten haben.

Dauer, Ausgänge, Prognose.

Es ist schon wiederholt hervorgehoben, dass die Dauer der Lungen-tuberkulose vielfachen Schwankungen unterliegt, der Verlauf ein überaus wechselnder ist. Während in einigen Fällen die Krankheit binnen wenigen Wochen mit dem Tode endet, zieht sie sich in anderen über Monate und Jahre hin. Im grossen und ganzen kann man sagen, dass die Lungentuberkulose im Kindesalter rascher fortschreitet als beim Erwachsenen, ferner, dass je jünger das Kind ist, bei welchem die Krankheit manifest geworden, desto stürmischer der Verlauf sich gestaltet. Es gilt dies besonders für Kinder bis zur zweiten Dentition (Henoch).

Bezüglich der Einzelformen ist Folgendes zu erwähnen:

Die akute Miliartuberkulose der Lunge endet in der Regel in wenigen Wochen tötlich, und zwar beobachtet man bei den Kranken eine von Tag zu Tag zunehmende Verschlimmerung ihres Zustandes. Die mittlere Dauer beträgt 3—4 Wochen. Ausnahmefälle mit über mehrere Monate sich hinziehendem Verlauf und zeitweiligem Stillstand sind selten (vgl. den citierten Fall Henoch's, Beobachtung XLV).

Bei den Fällen mit Herdbildung verhält es sich ähnlich wie beim Erwachsenen. Je akuter der Anfang, je früher Verdichtungserscheinungen auftreten und je rascher diese an Ausbreitung gewinnen, je rapider die Abmagerung vor sich geht, desto rascher das tötliche Ende. Hohe Temperaturen, auch wenn sie anhaltend sind, haben im Kindesalter weniger Bedeutung als beim Erwachsenen. Stillstände sind bei diesen rasch fortschreitenden Formen sehr selten. Dauer einige Wochen bis Monate.

Die Bronchopneumonia nodosa chronica zeichnet sich durch ihren sehr langsamen Verlauf aus. Die Krankheit beginnt ebenfalls akut, an eine Infektionskrankheit sich anschliessend oder auch im besten Wohlergehen. Es entwickelt sich ausgebreitete Bronchitis, und da und dort bilden sich Verdichtungsherde aus, allein der Bronchialkatarrh geht wieder zurück, die Herde haben keine Neigung zum Fortschreiten, im Gegenteil, sie erfahren im Laufe der Zeit eine Einschränkung, es finden Schrumpfungsvorgänge statt, um den Herd bildet sich vikariierendes Emphysem. Das Fieber ist in solchen Fällen mässig, doch kommen auch Spitzen bis zu 40,0 vor. Die abgemagerten und blutarmen Kinder erholen sich wieder, allerdings braucht die Rekonvalescenz lange Zeit. Dass in solch günstig verlaufenden Fällen trotz Rückgang der örtlichen Erscheinungen und trotz Zunahme des Körpergewichts und der Körperkraft dennoch lange Zeit verstreicht, ehe wir Heilung annehmen dürfen, zeigt die Beobachtung der Körpertemperatur. Viele Monate lang sehen wir noch Erhebungen über die Norm; erst wenn die Temperatur dauernd normal ist, dürfen wir die Gefahr als beseitigt betrachten (vgl. die Fälle Marie W., Beobachtung LI und Anna D., Beobachtung LII).

Bei den schleichend beginnenden Formen entwickeln sich ganz allmählich Infiltrationsherde, welche sich aber nicht abkapseln,

sondern langsam sich weiter ausdehnen und schliesslich den grössten
Teil der Lunge einnehmen. Die Leistungsfähigkeit der Lunge wird
immer mehr eingeschränkt, nach Monaten und Jahren erfolgt das tötliche Ende. Kompliziert werden solche Fälle manchmal noch durch
das Hinzutreten einer amyloiden Degeneration. Diese schleichend
verlaufende Form kommt mehr dem Kindesalter nach der zweiten
Dentition zu.

Die Prognose ergiebt sich aus dem bisher Gesagten von selbst.
Dieselbe ist bei allen Formen der Lungentuberkulose eine zweifelhafte.
Für die akute Miliartuberkulose ist sie fast absolut ungünstig, selbst
bei längerer Krankheitsdauer dürfte ein glücklicher Ausgang zu den
grössten Seltenheiten gehören und nur dann zu erhoffen sein, wenn
ein engbegrenztes Gebiet befallen ist. — Auch die Formen, welche von
Anfang an Neigung zum Fortschreiten zeigen, geben eine ungünstige
Vorhersage. Man wird vielleicht sagen können, dass ein einziger beschränkter Herd eine wesentlich günstigere Prognose zulässt, als wenn
mehrere disseminierte Herde vorhanden sind oder ein grösserer Teil
eines Lappens ergriffen ist. Von grosser Wichtigkeit ist bei beschränkten
Herden das Verhalten der Körperwärme. Bleibt dieselbe dauernd
erhöht oder schieben sich zwischen Normaltemperaturen längere Zeiträume mit erhöhter Körperwärme ein, so ist das ein Zeichen für erneute Schübe und daher bedenklich. Hält sich dagegen die Temperatur
dauernd — wochen- und monatelang — in normalen Grenzen, so spricht
dieses für einen Stillstand des Prozesses. Zunahme des Körpergewichts,
allgemeines Wohlbefinden bestärken noch die günstige Vorhersage. Es
bleibt natürlich immer die Frage offen, wie lange diese scheinbare
Heilung dauert, ob nicht über kurz oder lang der um den tuberkulösen
Herd gebildete Bindegewebswall durchbrochen wird und eine Neuinfektion vielleicht dann auch zu einer maligneren Form führt. Es
kommen hier verschiedene Umstände in Betracht: so die Leistungsfähigkeit des Herzens und die der Verdauungsorgane; dann wird es
sich fragen, ob es gelingt, die Kinder in günstigen Lebensverhältnissen
zu erhalten, sie genügend zu ernähren und ihnen die so nötige frische
Luft und Licht zu verschaffen. Ferner, ob es möglich ist, sie vor
schädlichen Einwirkungen zu schützen, vor Erkältungen, vornehmlich
aber vor Infektionskrankheiten, welche die Lunge in mehr oder minder
erheblichem Grade in Mitleidenschaft ziehen — so Masern, Keuchhusten, Pneumonie. Alle diese Krankheiten verschlechtern die Prognose, wenn auch nicht in Abrede gestellt werden soll, dass sie und
andere überwunden werden können, wie es bei einigen unserer
kleinen Patienten der Fall war; die Kinder erfreuen sich nach Ablauf von Jahren noch voller Gesundheit. — Tritt zu der ausge-

dehnten Erkrankung der Lunge noch ausgebreitete Pleuritis oder gar
Pericarditis, so wird die Prognose noch mehr getrübt, obgleich auch
diese Komplikationen heilen können. Wesentlich abhängen wird die
Prognose ferner davon, ob die übrigen Organe des Körpers frei von Tuberkulose sind oder nicht. — Penzoldt führt noch an, dass bei Nachkommen tuberkulöser Eltern die Krankheit durchschnittlich ungünstiger
verläuft als bei den aus gesunden Familien stammenden.

Therapie.

Wenn wir bei der Behandlung der Hirnhaut- und Hirntuberkulose
unsere Massnahmen als machtlos bezeichnen mussten und auf sympto-
matische Behandlung beschränkt sind, so ergeben sich für die Therapie
der Tuberkulose des Respirationsapparates doch lichtvollere Aussichten.
Wenn dort ein Stillstand des Prozesses zu den grössten Seltenheiten
gehört und der tötliche Ausgang die Regel ist, so findet sich bei den
an Lungentuberkulose erkrankten Kindern eine bedeutende Zahl, in
welcher wir mit unserer Therapie etwas zu erreichen vermögen.

Vor allem ist die Prophylaxe von einschneidender Bedeutung.
Es ist hier nicht der Ort, die zu treffenden Massregeln zur Einschränkung
der Infektionserreger eingehend zu behandeln; ich muss auf die genauen Ausführungen Penzoldt's verweisen. Die Massnahmen bestehen
in Vernichtung und Unschädlichmachung der ausserhalb des Körpers
gelangenden Tuberkelbacillen. Vor Masern, Keuchhusten u. s. w. sucht
man hereditär belastete Kinder thunlichst zu behüten. — Eine erfolg-
reiche Prophylaxe gegen die Lungentuberkulose fällt zusammen mit der
Verhütung und allgemeinen Behandlung der Krankheiten der Atmungs-
organe überhaupt. Es seien hier die Massnahmen nur in groben Um-
rissen angeführt; im übrigen verweise ich auf die ausführliche Darstellung v. Jürgensen's [1]).

Um der Entstehung eines Bronchialkatarrhs vorzubeugen, ist in
erster Linie für reine Luft zu sorgen. Die Kinder sollen in möglichst
rauch- und staubfreier Luft atmen; im Kinderzimmer soll kein Staub
aufgewirbelt werden, was durch feuchtes Aufnehmen des Fussbodens
verhütet wird; Teppiche und Vorhänge, die einen günstigen Ablagerungs-
ort für Staub bieten, sind nicht zu dulden. Der Fussboden bestehe
aus gestrichenen, fest gefügten Brettern oder er sei mit Linoleum
bedeckt. Nasses Aufwaschen des Fussbodens ist zu vermeiden, oder
wo solches nötig ist, sollen die Kinder das Zimmer erst wieder nach
vollständiger Auftrocknung und gründlicher Lüftung betreten. Das
Kinderzimmer soll für möglichst viel Licht und Sonne zugänglich sein.

---

1) in Penzoldt's und Stintzing's Handbuch.

Grosser Wert ist auf ausreichende Lüftung der Zimmer zu legen — im Winter lüfte man wenigstens 2 mal täglich, im Sommer sollte stets ein Fenster oder doch dessen oberer Flügel offen sein. Die Zimmerwärme darf zwischen Tag und Nacht nicht zu sehr differieren — bei Tag sollte sie auf 15—20° C., bei Nacht auf 10—15° C. gehalten werden.

Grosses Gewicht ist auf einen möglichst langen Aufenthalt der Kinder in freier, klarer Luft zu legen. Biedert sagt mit Recht: „Grössere Kinder können gar nie genug im Freien sein, je früher man sie hinausschickt und je länger man bis vor Einbruch der Nacht sie aussen lässt, um so besser entwickeln sie sich." Wenn für den Erwachsenen ein gewisses Mass von Bewegung an der freien Luft mit Licht erforderlich ist, damit die Lebensvorgänge sich gut und glatt abspielen, so ist das für die Kinder, bei welchen ja viel regere Proliferationsvorgänge stattfinden, doppelt nötig.

Vor dem Schreckgespenst der Erkältung schützt man die Kinder am besten durch Abhärtung, mit welcher schon frühzeitig begonnen werden soll. „Noch weniger als Abhärtung giebt Schonung unbedingten Schutz gegen Erkältung und ihre Folgen." — — — „Der Arzt hat dafür zu sorgen, dass schonend abgehärtet werde" (v. Jürgensen). Eine Abhärtung wird erzielt, wenn man die Haut und ihre Gefässe gewöhnt an rasche und ausgiebige Reaktion auf wechselnde Temperaturreize bei Vermeidung von unnötigem Wärmeverlust. Mit der Abhärtung beginnt man bei gut sich entwickelnden Kindern schon nach dem ersten Lebensmonat; nach dem auf 30° C. erwärmten Reinigungsbade übergiesst man sie mit Wasser von 24° C.; es folgt dann eine kräftige Abreibung des Kindes. Gegen Ende des ersten Jahres wird die Temperatur des Übergiessungswassers allmählich auf 20° C. herabgesetzt, später genügt eine Übergiessung mit gewöhnlichem temperierten Wasser, welches im Winter die Nacht über im geheizten Zimmer gestanden hat, ohne vorhergegangenes Bad.

Hauptsache ist, dass die Kinder — um erhebliche Wärmeentziehung zu vermeiden — nach der Applikation gut abgerieben und rasch angekleidet werden. Es ist selbstverständlich, dass im Winter die Bäder und die Waschungen im durchwärmten Zimmer zu geschehen haben. — Bei solcher Abhärtungsweise wird es gelingen, einen grossen Prozentsatz von Kindern vor Erkältungen zu bewahren oder solche doch sehr einzuschränken. Ich selbst habe in meiner eigenen Familie und bei vielen anderen dabei nur gute Resultate gesehen.

Bezüglich der Kleidung wird in beiden Extremen — zu dicke und zu wenig Bedeckung — vielfach gesündigt. Die Kleidung soll so beschaffen sein, dass die Wärmeabgabe nicht zu rasch erfolgt und dass dabei die Feuchtigkeit nicht in tropfbar flüssiger Form sich anhäuft.

Man lässt am besten Wolle auf blossem Leibe tragen, im Sommer
genügen unter Umständen halbwollene oder Filetunterkleider; sonst
wird die Bedeckung von der jeweiligen Temperatur abhängig sein, nur
ist daran zu erinnern, dass ein Ballast von zu dicker Kleidung unnötige
Muskelarbeit mit ihren Folgen vermehrter Wärme- und Schweissbildung
erfordert. — Sind die Kinder durch Toben durchnässt, so lässt man sie
trocken abreiben und die Kleider wechseln.

Von grosser Wichtigkeit ist eine ausgiebige Ernährung der Kinder
— namentlich solcher, welche zu Tuberkulose disponiert sind. Man legt
Wert darauf, dass tuberkulöse Mütter nicht selbst stillen. Wendet man
künstliche Nahrung an, so ist darauf zu achten, dass dieselbe keimfrei
gereicht wird (Soxhlet's Apparat u. a.). Im späteren Alter legt
Penzoldt neben reichlicher Darreichung von Milch Wert auf ausgiebige Fleischkost. Die Kinder sollen zu starken Essern erzogen werden.
Da im Knabenalter unter dem Einfluss des raschen Wachstums der
Appetit häufig darniederliegt, so empfiehlt Penzoldt denselben auf jede
Weise durch Luftwechsel, durch Aufenthalt im Freien, durch Angebot
von Lieblingsspeisen zu heben; unter Umständen soll Orexin versucht
werden. Penzoldt hat in Fällen von Lungentuberkulose und anderen
Schwächezuständen des Körpers, in welchen eine anatomische Störung
des Magens nicht vorlag, durch Darreichung des Orexins (Phenyl-
dihydrochinazolin) Wiederkehr der Esslust gesehen. Er giebt das
Orexinum basicum Erwachsenen in Dosen zu 0,3—0,5 (!) und 1,0 (!)
pro die als Pulver in Oblaten in einer Tasse Fleischbrühe, ev.
auch 2mal täglich diese Verordnung, wenn man sich von ihrer Un-
schädlichkeit überzeugt hat. Ist nach 4—5 Tagen keine Wirkung eingetreten, so setzt man einige Tage aus und kann dann aufs neue den
Versuch machen. Will man sehr vorsichtig zu Werke gehen, so beginnt man mit Dosen von 0,1—0,2 und steigt allmählich. — Bei Kindern
wird man noch vorsichtiger mit der Dosierung sein müssen und diese
je nach dem Alter und der Konstitution einzuschränken haben. Eigene
Erfahrungen fehlen mir in Bezug auf das Mittel, und auch in den mir
zu Gebote stehenden Büchern habe ich keine weiteren Anhaltspunkte
finden können; immerhin dürfte es angezeigt sein, in Fällen, welche
sich als besonders hartnäckig erweisen, einen Versuch zu machen.

Ist ein Katarrh der Bronchien zur Entwicklung gelangt, so fällt
die Behandlung dieses — gleichviel ob er auf tuberkulöser Grundlage
beruht oder nicht — mit der der gewöhnlichen Bronchitis zusammen.

Der akute Katarrh der gröberen Bronchien kann oft durch
eine eingeleitete Diaphorese kupiert werden. Man giebt dem Kinde ein
warmes Bad, beginnend mit einer Wasserwärme von 35° C., und steigt,
während das Kind im Bade sitzt, bis 40° C. Um Kongestionen zu

vermeiden, legt man kalte Kompressen auf den Kopf und wechselt dieselben häufig. Dauer des Bades 15 Minuten. Hierauf wird in das Badewasser ein Leintuch getaucht, gut ausgerungen und das Kind in dieses eingewickelt. Es folgt eine Einpackung in durchwärmte wollene Decken mit Freilassen des Kopfes ev. auch der Arme. In dieser Umhüllung bleibt das Kind einige Stunden, während welcher Zeit man reichlich warme Getränke — Glühwein mit Wasser verdünnt, Kamillen- oder Fliederthee, Zuckerwasser, heisse Milch mit Emser Wasser zu gleichen Teilen gemischt — giebt. Dann wird das Kind mit einem warmen Tuch gut abgerieben, kommt in frische, durchwärmte Leibwäsche und in ein frischbezogenes, warmes Bett. Zugluft muss vermieden werden. Die Zimmerluft ist durch Verdunstenlassen von Wasser feucht zu halten.

Bei Eintritt einer Bronchitis capillaris hat man der Entwicklung von Kollapsen und bronchopneumonischen Herden vorzubeugen resp., falls solche schon vorhanden, sie zu bekämpfen. Um die Luftwege für den Zutritt der Luft offen zu halten, ist die Anwendung von warmen Bädern — zwischen 25—35⁰ C. je nach der Schwere des Falles — mit nachfolgenden kalten Übergiessungen ev. in den Nacken (Einwirkung auf das Atmungscentrum in der Medulla oblongata) das sicherste Hilfsmittel. Es werden hierdurch tiefe Inspirationen ausgelöst, verklebte Bronchialwände getrennt, kollabierte Alveolen zum Entfalten· gebracht. Gleichzeitig wird Husten erregt und durch ihn oft die Entfernung angehäufter Sekretmassen erzielt. Bei hochgradiger Bronchitis capillaris geben wir die Bäder alle 2 Stunden; sonst mehrmals täglich. In der Zwischenzeit wird der Rumpf mit Freilassen der Arme und Beine feuchtwarm eingepackt; dabei ist darauf zu achten, dass die Umschläge dem Thorax nicht fest anliegen und so die Atmung behindern. — Beim Baden ist auf das Verhalten des Herzens die grösste Aufmerksamkeit zu verwenden. Vor dem Bade und nach demselben sind Analeptika zu reichen, am besten bewähren sich starke Weine — Marsala, Portwein u. s. w., je nach dem Alter der Kinder 1 bis mehrere Esslöffel voll —; man wählt stärkere Weine, weil die Kinder wegen der bestehenden Atemnot nicht Zeit haben, grössere Mengen von Flüssigkeit zu sich zu nehmen. — Ferner hat man darauf zu achten, dass die Kinder nicht immer dieselbe Lage einnehmen, denn auch solche — namentlich dauernde Rückenlage — begünstigt das Zustandekommen von Kollapsen. Man lässt sie häufig auf dem Arm tragen und auch im Bett eine mehr aufrechte, durch Kissen unterstützte Stellung einhalten. — Bisweilen kann es nötig werden, Schleimmassen, welche zur Verstopfung eines grösseren Bronchus geführt haben, durch den Brechakt zu entfernen (vgl. Beobachtung XLVI). Wo es möglich ist, giebt man das Brechmittel per os und zwar am besten

Rp. Tartari stib.   0,03—0,05
Pulv. radic. Ipecac. 0,5 —1,0
M. f. p. d. tal. dos. Nr. 3. S. $^1/_4$ stündlich 1 Pulver bis zur Wirkung.

Im ganzen werden nur 2 Pulver gereicht. — Schlucken die Kinder nicht, so wendet man Apomorphin subkutan an und zwar:

Rp. Apomorphin. hydrochlor.   0,1
Aq. dest.   9,4
Glycerin. puriss. ad   10,0
M. D. ad vitr. colorat.

Je nach dem Alter des Kindes $^1/_5$—$^1/_2$ Spritze voll.

Meistens verlangt die Entfernung des Bronchialsekrets keine solche starken Eingriffe. Die Auslösung des Hustens gelingt gewöhnlich durch die schon angeführten Bäder oder durch mildere Medikamente. Am besten eignet sich ein Infuso-Dekokt aus Rad. Senegae.

Rp. Infuso-Decoct. Rad. Senegae (10,0 : 100,0) 95,0
Liqu. ammon. anisat. ad 100,0
MDS. 1 stündl. 1 Kaffeel. bis 1 Kinderl. v. z. geben.

Schmerzhaften Hustenreiz, ohne dass eine Anhäufung von Sekret besteht, haben wir nur selten zu bekämpfen gehabt. Die Opiate, welche beim Erwachsenen vorzügliche Dienste leisten, haben wir bei Kindern stets aus dem Spiel gelassen; in manchen Fällen wurde durch Darreichung von schleimigen Vehikeln — Decoctum Althaeae, Gummiwasser — Linderung erzielt. Auch Feuchthalten der Zimmerluft wirkt in dieser Hinsicht günstig.

Das vorhandene Fieber erheischt — wenn die erwähnte Bäderbehandlung durchgeführt wird — nur selten einen weiteren Eingriff. Manchmal kann es nötig werden, kalte Einwicklungen vorzunehmen, kalte Bäder haben wir nur in Ausnahmefällen geben müssen. Antipyretica haben wir kaum je angewandt.

Oft hält es schwer, die Kinder genügend zu ernähren, weil sie wegen der Dyspnoe nicht zum Essen zu bewegen sind. Man hat sich dann thunlichst auf flüssige Nahrung — abgekochte Milch, mit Wasser verdünntes Kindermehl etc. — zu beschränken. Da Brustkinder ausser stande sind zu saugen, lässt man die Milch der Brust abmelken und giebt sie löffelweise.

Nach obigen Grundsätzen werden an der hiesigen Poliklinik die akuten Katarrhe der Bronchien behandelt; ich selbst habe während 8 Jahren Gelegenheit gehabt, die Vorzüge dieser Behandlungsweise an Tausenden von Fällen kennen zu lernen. Ich glaube nicht zu weit zu gehen, wenn ich sage, man soll jede Bronchitis — auch wenn man allen Grund hat, eine tuberkulöse Basis anzunehmen,

in der angegebenen Weise behandeln; denn einmal sind Fehl-
diagnosen nicht auszuschliessen, andererseits wird man auch bei bestehender Tuberkulose eher nützen als schaden.

Ist nach Ablauf des akuten Bronchialkatarrhs die Tuberkulose
mehr selbständig geworden, so gelten für die Kinder dieselben Massregeln wie für die Erwachsenen. Wenn auch im Kindesalter — namentlich in den ersten Jahren — die Tuberkulose Tendenz zu rascher Ausbreitung zeigt, so giebt es doch eine ganze Reihe von Fällen, bei denen
bei zweckmässig geleiteter Behandlung Rettung möglich ist. Wir können
auch bei Kindern von relativer Heilung sprechen, sie können das
Jünglingsalter ungefährdet passieren und gesunde Menschen werden.
Andere Male gelingt es, länger dauernde Stillstände zu erzielen. — Für
frische fieberhafte Fälle ist absolute Ruhe und zwar Bettruhe unbe-
dingt erforderlich.

Bei der Behandlung der Lungentuberkulose sind die **hygienisch-
diätetischen** Massnahmen in den Vordergrund zu stellen. Wenn wir
schon bei der Prophylaxe möglichst ausgiebigen Aufenthalt in frischer
Luft als Hauptbedingung betont haben, so ist es für das Wohlergehen
tuberkulöser Kinder das erste Postulat. Es leuchtet ein, dass von
parasitären, mechanischen und chemischen Schädlichkeiten freie Luft
günstiger auf erkrankte Lungen einwirkt als verdorbene. Daneben
hat der Aufenthalt in frischer Luft erfahrungsgemäss eine Besserung
des Allgemeinbefindens, Anregung des Appetits, besseren Schlaf etc.
zu Folge. Wo es möglich ist, bringe man die Kinder in ihrem Bett
tagsüber an vor Zug und Regen geschützte, der freien Luft zugäng-
liche Orte — auf nach Süden offene Veranden, in Pavillons etc. Bei
weniger Bemittelten ist dies nicht durchführbar, doch habe ich auch
in unserer armen poliklinischen Klientel öfters täglich einen mehr-
stündigen Aufenthalt der kleinen Patienten im Freien erwirken können.
Auch in den dürftigsten Verhältnissen findet sich da oder dort ein ge-
schütztes Plätzchen, an welches bei gutem Wetter die Kinder im
Kinderwagen gebracht werden und dort längere Zeit verweilen können.
Wo es nicht anders geht und die Eltern ihren Feldgeschäften nachkommen müssen, lässt man die Kranken gut verpackt und vor der
direkten Einwirkung der Sonnenstrahlen geschützt mit aufs Feld nehmen.
Es ist dies bei weitem besser, als wenn die Kinder zu Hause ohne
Aufsicht in der dumpfen Stube liegen. Ist der dauernde Aufenthalt
im Freien nicht durchzuführen, so ist wenigstens dafür Sorge zu tragen,
dass im Krankenzimmer stets gute Luft ist; im Sommer stellt man
das Bett tagsüber an das geöffnete Fenster, bei Nacht kann man, um
zu starke Abkühlung zu vermeiden, entfernter gelegene Stellen wählen;
aber Tag und Nacht soll ein Fenster im Krankenzimmer selbst oder

im Nebenraum offen bleiben. Im Winter muss ebenfalls gründliche Lüftung vorgenommen und der Sonne Zutritt gelassen werden; durch häufiges Öffnen des Fensters wird es möglich sein, auch in der ärmlichsten Krankenstube stets frische gute Luft zu erhalten.

Neben dem Genuss der frischen Luft ist eine reichliche Ernährung der an Lungentuberkulose erkrankten Kinder die Hauptsache. Durch Verbesserung des Ernährungszustandes wird die Widerstandsfähigkeit der Kranken vermehrt, die Blutbildung befördert. Für kleinere Kinder eignet sich Milch oder Kindermehl am besten als ausschliessliche Nahrung; bei grösseren sollen sie ebenfalls den Hauptbestandteil der Mahlzeiten ausmachen, aber man kann auch andere Nahrungsmittel — eiweiss- und kohlehydratreiche — dazu geniessen lassen. Von Manchen wird grosses Gewicht auf Blutbildner, eiweissreiche tierische Kost gelegt. Man wird zu individualisieren und vor allen Dingen mit den Essgelüsten der Kleinen zu rechnen haben; Hauptsache ist es, dass Gewichtszunahme erfolgt. Gut resorbierbare Fette und Kohlehydrate wird man in grösserer Quantität bei stark abgemagerten Kindern geben; vielfach wird der Leberthran, das Lipanin und Walrat empfohlen. Dass die Freiluftbehandlung einen mächtigen Faktor für die gesteigerte Esslust darstellt, sei hier nochmals hervorgehoben. — Ob Alkohol gereicht werden soll und wie viel, muss im Einzelfall entschieden werden.

Es wäre noch die Frage eines Klimawechsels zu erörtern. Da ist vor allem der von Penzoldt aufgestellte Satz in den Vordergrund zu stellen: „Eine spezifische Einwirkung eines Klimas existiert nicht" — — — und weiter „damit ist nicht gesagt, dass ein Klima vor dem anderen nicht sehr wesentliche Vorzüge für die Kranken haben kann." Den Vorzug werden die Orte verdienen, welche die Anwendung der Freiluftkur in ausgiebigstem Masse zulassen, in welchem die Luft rein ist, die Sonne möglichst lange durchdringt, welche vor rauhen Winden geschützt sind und sich durch Trockenheit des Bodens auszeichnen. Diese Bedingungen erfüllen viele Gebirgskurorte, so Davos, Arosa, St. Moritz, Sils Maria, Silvaplana, St. Blasien, Görbersdorf, Falkenstein im Taunus, Reiboldsgrün, Bozen, Meran u. a. Aber auch das Niederungsklima lässt Freiluftbehandlung in hinreichender Weise zu, so die geschützten Ufer grösserer Seen, der Gardasee, Lago maggiore, Comersee, Luganersee mit ihren zum Teil vorzüglich eingerichteten Hotels; weiter die südlichen Küstenkurorte: die Riviera di Ponente, Sicilien, Capri, Ajaccio u. a. — Wesentlich von Einfluss wird sein, ob die Kinder unter richtige Aufsicht kommen, ob ihnen, da es sich ja um einen über Monate und Jahre erstreckenden Aufenthalt handelt, auch genügender Unterricht erteilt werden kann. In dieser Beziehung steht Davos mit seinen Schulsanatorien oben an, während an den südlichen Küstenorten hierfür nicht gesorgt ist. Leider ist es mir nicht gelungen, aus Davos irgend welches statistische Material zu bekommen. Es ist selbstverständlich, dass man Kinder mit weit fortgeschrittener Tuberkulose und dauerndem Fieber nicht fortschickt; es kann sich nur um Fälle handeln, bei welchen der akute Prozess abgelaufen und Neigung zu rascher Weiterausbreitung nicht vorhanden ist. Die äusseren Umstände sind ebenfalls zu berücksichtigen.

Das in neuerer Zeit aufgetauchte Bestreben, auch für weniger bemittelte Tuberkulöse möglichst günstige Lebensbedingungen zu schaffen, ist in den allerersten Anfängen verwirklicht worden in der Errichtung von Volksheilstätten. Es steht zu hoffen, dass solche mit der Zeit in grösserem Massstabe erbaut werden und dann auch tuberkulöse Kinder, bei welchen Heilung zu den Möglichkeiten gehört, Unterkommen finden.

Medikamentöse Behandlung. Manchen Mitteln hat man eine spezifische Wirkung gegen Tuberkulose zugeschrieben, so von alters her dem Leberthran, neuerdings dem Kreosot. Ersterer ist als gut resorbierbares Fett von Wert und führt als solches zur Gewichtszunahme. Letzteres ist nach Ansicht der meisten Autoren auch kein Spezifikum, sondern fördert den Appetit, vermindert den Husten und wirkt sekretionshemmend. Andere Male ruft es aber auch Störungen des Appetits und der Verdauung hervor; man hat also bei der Darreichung genau zu individualisieren. Soltmann hat bei Kindern günstige Erfolge bei Gaben von 0,08 bis 0,26 g pro die gesehen. In der hiesigen Poliklinik ist das Mittel noch zu wenig angewendet worden, um ein Urteil darüber abgeben zu können. Bezüglich der Anwendungsweise ist das Kreosot in der einfachsten und billigsten Form, der Hopmann'schen Mischung — Kreosot 1 Teil, Tinct. Gentianae 2 Teile — bei Kindern kaum anzuwenden. Grösseren Kindern wird es am besten in Kapseln à 0,03—0,05 (c. Ol. Jecoris Aselli) beizubringen sein, kleinere Kinder nehmen es vielleicht besser als:

Rp. Kreosot. 1,5
Saccharin. 0,1
Ol. Jecor. Aselli ad 100,0
MDS. 2—3 mal tgl. 1 Kaffeel.

Penzoldt empfiehlt folgende Mischung für den Erwachsenen:

Rp. Kreosoti 15,0
Tinct. Gent. 30,0
Spir. vin. rect. 250,0
Vin. Xerens. ad 1000,0
MDS. Mehrmals täglich 1 Essl. v. in Wasser z. n.

Bei Kindern hat man je nach Alter und Konstitution zu modi-
fizieren. Biedert empfiehlt von Kreosotkarbonat 3—10 Tropfen für
jedes Lebensjahr pro die in Eierkaffee, Wein, Sirup etc. Als Ersatz-
mittel für Kreosot ist das weniger stark riechende Guajakol gepriesen
worden; die Dosis und Verordnungsweise ist dieselbe wie bei Kreosot.
Die Verbindungen des Guajakols mit Säuren (G. benzoicum, salicyl.
cinnamylic. und carbon.) sind ganz geruchlos und sollen ähnliche
Wirkung entfalten wie das Kreosot; man giebt sie in doppelter Quantität wie Kreosot und Guajakol. Ähnlich wie das Kreosot — sekretions-
beschränkend — wirkt das Terpentinöl; man giebt es in Kapseln
oder in Tropfenform, letztere in Milch und lässt viel Milch nach-
trinken. — Dasselbe wirkt auch in Form von Inhalationen günstig
und vermindert den Auswurf.

Die intravenöse Injektion von Perubalsam oder besser der Zimmt-
säure (Landerer) muss auf ihren Wert noch weiter geprüft werden.

Die Behandlung mit Tuberkulin ist bei Kindern ziemlich ver-
lassen; es bleibt abzuwarten, wie sich die Erfolge mit reineren Präparaten gestalten; jedenfalls muss man mit der Anwendung sehr
kleiner Dosen, $1/100$ mg, beginnen und sehr langsam steigen (Biedert).

Die Behandlung des Fiebers tritt bei der Tuberkulose in den
Hintergrund. Es handelt sich hier nicht darum, die Körperwärme bis
zur spontanen Defervescenz herabzusetzen wie bei Pneumonie, Typhus
und anderen akuten Infektionskrankheiten, denn das Fieber ist abhängig von der Lokalerkrankung und deren weiteren Ausbreitung.
Neben absoluter Bettruhe ist wenig zu machen; vor allen Dingen hüte
man sich vor den modernen Blutgiften, dem Antifebrin, Antipyrin,
Phenacetin etc. Ist man genötigt einzugreifen, so eignet sich am ersten
noch das Chinin in kleinen Dosen oder die Behandlung mit Bädern,
doch sollen solche therapeutischen Versuche die Ausnahme bilden.

Tritt zu der Lungentuberkulose noch eine komplizierende Pleuritis oder Pericarditis, so wird man bei grösserer Flüssigkeits-
ansammlnng und längerem Bestand ähnlich zu verfahren haben wie bei
der einfachen Entzündung des Brustfells bezw. Herzbeutels: Punktion
und Ablassen des Exsudats.

Larynxtuberkulose ist wie beim Erwachsenen zu behandeln.

Die Bronchial- und Trachealdrüsentuberkulose kann nur
dann einer Behandlung zugängig sein, wenn verkäste Drüsen durchbrechen; in solchen Fällen kann Tracheotomie indiziert sein.

Tuberkulose der Bauchorgane.

Litteratur.

Aldibert, Zur Frage des Bauchschnitts anlässlich der tuberkulösen Peritonitis. Revue mensuelle des maladies de l'enfance Juni 92. Ref. Jahrb. für Kinderheilkunde. Jahrg. XXXV. — Alexandrowo, Ref. Jahrb. für Kinderheilkunde. Jahrg. XXXV. — Barthez u. Rilliet, Traité des maladies des enfants. — Berggrün u. Katz, Beiträge zur chronisch-tuberkulösen Peritonitis des Kindesalters. Wiener klinische Wochenschrift 46. 1891. Ref. Jahrb. f. Kinderheilkunde. Jahrg. XXXIII. — Biedert, Die Tuberkulose des Darms und des lymphatischen Apparates. Jahrb. für Kinderheilkunde XXI. — Lehrbuch der Kinderkrankheiten. — Birch-Hirschfeld, Krankheiten der Leber. Gerhardt's Handb. der Kinderkrankheiten. Bd. IV. — Boltz, Reinh., Ein Beitrag zur Statistik und Anatomie der Tuberkulose im Kindesalter. Kieler Dissertation 1890. — Bumm, Experimentelle Versuche zur Erklärung der Heilungsvorgänge bei Peritonitis tuberculosa. V. Kongress der deutschen Gesellschaft für Gynäkologie. Breslau 1893. Ref. Deutsche med. Wochenschrift 1893. — Burghausen, Über die Tuberkulose des Peritoneums. Tübinger Dissertation 1889. — Braun, Tuberkulose des Bauchfells; Sitzung des Vereins für wissenschaftliche Heilkunde v. 31. Oktober 1892. Ref. Deutsche med. Wochenschrift 1893. — Chiari, Über Tuberkulose der Nasenschleimhaut. Archiv für Laryngologie und Rhinologie. Bd. I. Heft 2. — Conitzer, Zur operativen Behandlung der Bauchfelltuberkulose im Kindesalter. Deutsche med. Wochenschrift 1893. 29. — Czerny, Beiträge zur klinischen Chirurgie. Bd. VI. — Demme, Erkrankung der Schilddrüse. Gerhardt's Handbuch der Kinderkrankheiten. Bd. III. — Medizinische Berichte über die Thätigkeit des Jenner'schen Kinderhospitals etc. 1880—1890. — Gaucher, E., Tuberkulose der Gallenwege. Progrès médical 1880. Ref. Jahrb. für Kinderheilkunde. XVI. — Henoch, Vorlesungen über Kinderkrankheiten. VII. Aufl. — Über chronische Bauchfellentzündung im Kindesalter. Deutsche med. Wochenschrift 1892. 1. — Hirschberg, Kongress der Deutschen Gesellschaft für Gynäkologie 1886. — Israel, J., Erfahrungen über operative Heilung der Bauchfelltuberkulose. Deutsche med. Wochenschrift 1890. — König, Über den Hydrops tuberculosus der Peritonealhöhle und seine Behandlung. X. internationaler med. Kongress. Ref. Deutsche med. Wochenschrift 1891. — Kümmel, Deutsche med. Wochenschrift 1893 (Diskussion über den Vortrag Conitzer's). — Lindner, Deutsche Zeitschrift für Chirurgie 1892. — Müller, C., Beiträge zur Kenntnis des chronischen Ascites bei Kindern mit besonderer Berücksichtigung der primären Bauchfelltuberkulose. Freiburger Dissertation 1890. — Müller, O., Zur Kenntnis der Kindertuberkulose. Münchener Dissertation 1890. — Nolen, W., Eine neue Behandlungsweise der exsudativen tuberkulösen Peritonitis. Berliner klinische

Wochenschrift 1893. 34. — Poliák, S., Ein Fall von Darmtuberkulose mit schwarzem Harn. Pester medic. chirurg. Blätter 1892. 33. Ref. Jahrb. für Kinderheilkunde XXXV. — Poppert, Münchener med. Wochenschrift 1892. 34. — Rehn, Die Erkrankung des Bauchfells. Gerhardt's Handbuch der Kinderkrankheiten IV. — Rosenstein, Pathologie und Therapie der Nierenkrankheiten. 3. Aufl. — Simmonds, M., Ein Beitrag zur Statistik und Anatomie der Tuberkulose im Kindesalter. Kieler Dissertation 1879. — Schmidt, F., Über einfache chronische Exsudativperitonitis. Tübinger Dissertation 1889. — Steiner u. Neureutter, Tuberkulose im Kindesalter. Prager Vierteljahrsschrift 1865. — Strehle, J., Die weiteren Resultate der Laparotomie bei Peritonealtuberkulose. Tübinger Dissertation 1893. — Tordeus, Ein Fall von akuter tuberkulöser Peritonitis. Journal de médecine de Bruxelles. Ref. Jahrb. f. Kinderheilkunde XXXIII. — Tillmanns, Zur Frage der, Laparotomia exploratoria. Deutsche med. Wochenschrift 1895. 49. — Vierordt, H., Die einfache chronische Exsudativ-Peritonitis 1884. — Vierordt, O., Tuberkulose der serösen Häute. Zeitschrift für klinische Medicin XIII. — Über die Peritonealtuberkulose, besonders über die Frage ihrer Behandlung. Erweiterte Ausarbeitung eines auf der Naturforscher-Versammlung zu Heidelberg 1889 gehaltenen Vortrags. Deutsches Archiv für klinische Medicin. Waitz, Über einen Fall von Laparotomie bei Bauchfelltuberkulose. Deutsche med. Wochenschrift 1889. — Widerhofer, Magendarmkrankheiten. Darmtuberkulose. Tuberkulose der Mesenterialdrüsen. Gerhardt's Handbuch der Kinderkrankheiten IV. — Ziegler, E., Lehrbuch der patholog. Anatomie. 5. Aufl.

Über die Tuberkulose der **Bauchorgane** — soweit dieselben wesentlich in Betracht kommen — also das Peritoneum, der Magendarmkanal, die Mesenterialdrüsen — kann ich mich, was die Tübinger Verhältnisse betrifft, kurz fassen. Es ist auffallend, wie selten diese Organe Sitz einer tuberkulösen Erkrankung sind. Wenn wir absehen von der Aussaat einzelner Knötchen, wie man sie fast bei jedem Fall von Miliartuberkulose antrifft, so finden sich in dem Zeitraum von 15 Jahren:

die tuberkulöse Peritonitis   5 mal = in   **8,2**%

Darmgeschwüre   9 mal = „   **14,7**%

Mesenterialdrüsentuberkulose   13 mal = „   **21,3**%

Woher dieses seltene Ergriffensein der Bauchorgane rührt, ist nicht mit Bestimmtheit zu sagen. Wenn wir annehmen wollen, dass die Erkrankung hauptsächlich durch das Einführen von Tuberkelbacillen in den Darmkanal — namentlich durch den Genuss bacillenhaltiger Nahrung — bedingt ist, so liesse sich vielleicht in den Ernährungsverhältnissen ein Anhaltspunkt finden. Es ist hierorts ziemlich allgemein Sitte, dass den Kindern gekochte Milch gereicht wird, und ferner ist es sehr häufig, dass die Nahrung fast ausschliesslich in der Ziegenmilch besteht. Durch das Kochen der Milch werden etwa vorhandene Tuberkelbacillen zerstört, in der Ziegenmilch sind solche, wenn überhaupt, selten vorhanden; denn bekanntlich sind die Ziegen ziemlich immun gegen Tuberkulose, während das ihnen nahestehende Rind so ausserordentlich empfänglich ist. — Ich will nun nicht behaupten, dass das seltene Vorkommen von Tuberkulose in den angeführten Organen allein auf dem genannten Umstand beruht, auffallend ist es jedenfalls. Denn ziehe ich einen Vergleich mit Kiel, so waren nach Simmonds das Peritoneum mit $21^0/_0$, der Darmkanal mit $31^0/_0$, die Mesenterialdrüsen mit $53,4\%$ bei den an Tuberkulose gestorbenen Kindern beteiligt; Boltz, welcher eine spätere Jahresreihe (1884—1889) bearbeitete, fand $15,5\%$, $41,3\%$ und $53,4\%$ für die genannten Organe.

Zusammenstellung Biedert's: Peritoneum $18^0/_0$. Darm $31,6\%$, Mesenterialdrüsen $40^0/_0$.

O. Müller führt für München an:

Peritoneum $18^0/_0$
Darm $38^0/_0$
Mesenterialdrüsen $57,14\%$

Es ergiebt sich also für Tübingen nicht einmal die Hälfte.

Peritoneum.

Die Tuberkulose des Bauchfells entsteht entweder auf dem Blutwege und ist dann meistens eine Teilerscheinung einer allgemeinen Miliartuberkulose, oder sie ist lymphogener Natur und pflanzt sich auf diesem Wege von benachbarten, tuberkulös erkrankten Organen auf das Peritoneum fort — so vom Darme, von den Harn- und Geschlechtsorganen, von mesenterialen, peritonealen und retroperitonealen Lymphdrüsen aus, ferner von kariösen Wirbeln oder der tuberkulös erkrankten Pleura; manchmal bestand erst eine Pleuritis, diese geht zurück, aber im Anschluss daran entsteht eine Peritonitis. — Primäre Bauchfelltuberkulose ist selten. Sie ist beobachtet von Henoch und C. Müller.

Bei der Miliartuberkulose, bei welcher die Tuberkelbacillen in die peritonealen Blutgefässe gelangen, bilden sich gewöhnlich auf dem Bauchfell diffus zerstreute Knötchen, die das Gewebe makroskopisch nicht weiter entzündlich verändern, sogar das den Tuberkel überkleidende Epithel kann unverändert erscheinen. — Bei der Ausbreitung auf lymphogenem Wege kommt es zu einer echten Entzündung; manchmal bilden sich nur beschränkte Tuberkeleruptionen mit einem gefässreichen Keimgewebe in ihrer Umgebung. Bei stärkerer Entzündung verkleben die betroffenen Darmschlingen unter einander und sind mit fibrinösem Exsudat bedeckt. Gelangen dagegen die Tuberkelbacillen in den Peritonealsack, so setzen sie in kurzer Zeit weit ausgebreitete

tuberkulöse Disseminationen, welche das ganze Bauchfell einnehmen
können. Zugleich kommt es zu erheblicher Entzündung — starker
Hyperämie, Epithelwucherung, Abstossung des Epithels, zum Austritt
von Flüssigkeit mit farblosen und roten Blutkörperchen. — Nimmt die
Krankheit einen mehr chronischen Verlauf, so herrscht die Bindegewebswucherung vor, namentlich wird das Netz verdickt und schrumpft
später zu einer harten, strangförmigen Masse zusammen, zwischen den
bindegewebigen Adhäsionen reichliche Tuberkelkonglomerate bergend.
— Die einzelnen Knötchen auf dem Peritoneum verschmelzen unter
einander und bilden mit fibrinösem Exsudat zusammen mehr oder
weniger ausgedehnte Platten, welche den Organen aufgelagert sind.

Flüssigkeitserguss in die Bauchhöhle kann fehlen, es sind dann
nur ausgebreitete Verwachsungen zwischen den Peritonealblättern vorhanden, so dass die Gedärme eine fest zusammenhängende Masse bilden,
in welcher bindegewebige Verdickungen sich finden. Man kann diese
Form als trockene Peritonitis bezeichnen. —

Bei Flüssigkeitsansammlungen können diese verschiedener Natur
sein. Einmal tritt echter hydropischer Erguss auf, wenn die Gefässwände nur in geringem Grade alteriert sind, entweder durch schwache
Einwirkung der Noxe, oder wenn durch die Bindegewebswucherung und
Narbenschrumpfung die Cirkulationsverhältnisse im Bauche eine Störung
erleiden. Das spez. Gewicht der Flüssigkeit ist relativ niedrig, unter
1015 bleibend, sie ist eiweissarm — unter 3%.

Bei höheren Graden der Entzündung sehen wir eine wirkliche
Exsudativperitonitis. Die Flüssigkeit ist reicher an Eiweiss als beim
Hydrops, sie hat ein höheres spez. Gewicht. Sie kann bald einen serösen,
bald serös-fibrinösen, bald hämorrhagischen, bald eitrigen oder eitrig-
fibrinösen, bei Mischinfektionen auch einen jauchigen Charakter haben.
Es leuchtet ein, dass nach Resorption von flüssigen Exsudatmassen
nachträglich noch Verwachsungen der Bauchkontenta eintreten und so
aus der exsudativen Form die trockene hervorgehen kann oder umgekehrt, dass durch spätere Flüssigkeitsansammlung Verklebungen zum
Teil wieder gesprengt werden können; solche Übergänge von der einen
in die andere Form sind nichts seltenes. — Eine scharfe Grenze
zwischen Transsudat und Exsudat lässt sich bei der Peritonealtuberkulose überhaupt nicht ziehen.

Ergiesst sich in ein Verwachsungsgebiet von Darmschlingen unter
einander oder in ein solches zwischen Därmen und Bauchwand Flüssigkeit, so ist der Erguss abgesackt. Dieses ist bei der tuberkulösen Peritonitis häufig der Fall.

Von dem tuberkulös erkrankten Bauchfell aus kann ein Durchbruch
in den Darm statthaben (Fall von Müller, Fälle von Henoch).

Symptome.

Die Aussaat von miliaren Knötchen im Peritoneum, welche mit keinen oder nur geringfügigen entzündlichen Veränderungen einhergeht, und welche man richtiger als Tuberkulose des Peritoneums bezeichnet, kann völlig symptomenlos verlaufen; sie bildet bei der Sektion einen zufälligen Befund. Manchmal sind die Eruptionen über das ganze Bauchfell verbreitet, andere Male sind sie nur an vereinzelten Stellen; in einem unserer Fälle waren sie nur in dem Peritonealüberzug des Zwerchfells vorhanden. — Gerade der Mangel an Entzündung bringt es mit sich, dass keine Verklebungen und peritoneale Zerrungen zustande kommen — mithin werden auch Schmerzen fehlen. Bisweilen liegen Digestionsstörungen vor, sich äussernd in verminderter Esslust, Übelkeit, Erbrechen, die Stuhlgänge können bald fest und angehalten, bald häufig und diarrhoisch sein; letzteres aber meist bei Komplikation mit Darmtuberkulose. Der Leib ist zuweilen aufgetrieben, doch ist dieses Verhalten keineswegs ein konstantes. — Gewöhnlich treten die Erscheinungen von Seiten der Erkrankung anderer Organe — der Meningen, der Lungen u. s. w. — in den Vordergrund. Nur in wenigen Fällen aber wird man raschen Kräfteverfall, rapiden Rückgang der Ernährung, hochgradige Anämie vermissen.

Hat dagegen eine stärkere Entzündung Platz gegriffen, handelt es sich um eine wirkliche Peritonitis tuberculosa mit Bildung von fibrinösem oder flüssigem Exsudat, so werden subjektive und objektive Störungen deutlicher. Selten ist der Verlauf ein akuter, dem der akuten Peritonitis ähnlich. Solche Fälle hat Henoch beobachtet, ferner Tordeus einen Fall:

Es war ein Mädchen von 2 Jahren, welches am 30. I. 90 in das Spital aufgenommen war, mit hohem Fieber, schmerzhaftem, aufgetriebenem Unterleib, beschleunigter abgeflachter Respiration und Erbrechen. Tod am 5. II. Sektion: Peritonitis tuberculosa mit zahlreichen Adhärenzen der Gedärme unter einander und des Netzes etc.

Es leuchtet ein, dass in solchen Fällen die Tuberkulose sich nicht in foudroyanter Weise entwickelt hat, denn dass die Tuberkelbacillen auch bei voller Virulenz und in grosser Anzahl eine bestimmte Zeit brauchen, die bekannten Veränderungen zu setzen, wissen wir. Es war die Krankheit vorher offenbar latent und wurde plötzlich mit voller Vehemenz manifest.

Gewöhnlich setzt die Krankheit ganz allmählich ein, erst wenig Unbehagen zeigend, dann mit den nachher zu nennenden Zeichen, die aber alle im Anfang nur undeutlich ausgeprägt sind.

Von den Erscheinungen sind vor allem zu nennen Schmerzen. Bei weiterer Ausbreitung der Entzündung erstrecken sich die Schmerzen über

den ganzen Bauch, sie werden bei Druck gesteigert; sind bestimmte
Gebiete entzündlich alteriert, so sind die Schmerzen mehr auf diese
Gegenden lokalisiert — auf nur eine Bauchseite oder nur einen Bezirk
in dieser; sie können aber auch in die Nachbarschaft ausstrahlen. Bei
kleineren Kindern wird man nur durch die Betastung Aufschluss erhalten können, wo der Schmerz am erheblichsten ist, oft aber auch
wird diese Untersuchungsart im Stiche lassen. Die Schmerzen können
konstant vorhanden sein — sie erreichen dann gewöhnlich keine hohen
Grade — oder sie tragen den Charakter der Visceralneuralgie, sie stellen
sich anfallsweise ein, steigern sich binnen kurzem bis zum Unerträglichen, es wird den Kindern bange, kalter Schweiss tritt auf, hierauf folgt
Nachlass der Schmerzen und nachher völlige Ruhe. Die Schmerzen
sind bedingt durch direkte Nervenreizung oder durch vermehrte Peristaltik, woraus eine Zerrung des Peritoneums resultiert. — Bei der
Schmerzhaftigkeit des Abdomens sind die Musculi recti in der Regel
reflektorisch gespannt und heben sich dadurch deutlicher von ihrer
Umgebung ab. — Wichtig für die Diagnose ist, dass die Schmerzhaftigkeit bei Druck oft nur an umschriebenen Stellen vorhanden ist,
während an anderen Punkten der Schmerz ganz fehlen kann.

Bei der Betastung des Leibes fühlt man zuweilen derbe Stränge oder
harte, umschriebene Stellen von unregelmässiger Form, manchmal auch
Tumoren; diese Härten entsprechen dicken fibrinösen Auflagerungen, ab-
gesackten Abscessen, dem verdickten, geschrumpften, aufgerollten Netz
oder verwachsenen Darmschlingen, aber auch Kotanhäufung im Darm,
welche durch gehemmte Peristaltik nur langsam fortbewegt wird, kann
vermehrtes Resistenzgefühl geben und längere Zeit gefühlt werden.

Der Bauch wird in der Regel schon bald aufgetrieben, manchmal
nicht gleichmässig, sondern an einem Ort mehr als am anderen; die
Darmmuskulatur scheint gelähmt zu werden, gleichzeitig besteht
im Darm vermehrte Gasbildung. Aber auch eine stärker werdende
Flüssigkeitsansammlung kann mit die Vorwölbung des Bauches verursachen. Die Haut des Abdomens wird gespannt, glänzend, die Venen
schimmern als blaue Stränge durch, die Gegend des Nabels wölbt sich
vor, wird häufig ödematös, blaurot verfärbt; ja es kann Abscessbildung,
ein Durchbruch nach aussen erfolgen. Henoch hat 5 solcher Fälle
gesehen. Dieses Ödem des Nabels, „Inflammation periombilicale“, hat
man als pathognomonisch für tuberkulöse Peritonitis angeführt (Vallin),
doch mit Unrecht, es fehlt öfters, ferner tritt es auch bei anderen
Formen der Peritonitis auf. Sehr auffallend ist der Kontrast zwischen
der oft früh sich zeigenden excessiven Abmagerung der kleinen Patienten
und der starken Vorwölbung des Bauches. — In manchen Fällen
fehlt der aufgetriebene Bauch, es wird angegeben, dass dies namentlich

bei einer komplizierenden Meningitis tuberculosa so sei; dass aber bei
dieser der Kahnbauch nicht immer die Regel ist, habe ich schon früher
angeführt.

Durch die Palpation lassen sich manchmal Flüssigkeitsergiessungen
nachweisen, man fühlt Fluktuation in verschiedener Quantität; besteht
neben freiem Ascites ein abgesacktes Exsudat, welche beide unter un-
gleicher Spannung stehen, so ist die Fluktuation bei ein und demselben Individuum verschiedenartig — wie es bei einem unserer Fälle war: an einer
Stelle fühlte man grosswellige, an der anderen kleinwellige Fluktuation.

Die Perkussion giebt oft wertvolle Aufschlüsse und zwar vornehmlich, wenn topographisch perkutiert wird. Bei der exsudativen Form
findet man bisweilen Dämpfungsbezirke, welche sich dadurch auszeichnen,
dass sie bei Lagewechsel der Patienten sich nur unwesentlich ändern —
ein Beweis, dass der Erguss abgesackt ist. Bei gleichzeitigem, freiem,
nicht zu hochgradigem Ascites kann bei der einen oder anderen Körperhaltung ein Dämpfungsbezirk in den anderen übergehen, doch machen
sich dann beim Wechsel der Körperlage wieder Unterschiede geltend.
Ferner kann auch zuerst freier Ascites bestehen, der aber durch nachfolgende Verklebungen später unbeweglich wird. Erreicht der Flüssigkeitserguss sehr hohe Grade, so wird der Bauch auf das äusserste gespannt, es kann die Cirkulation in den Unterleibsorganen gehemmt, die
Venen des Bauches — V. cava oder V. iliaca — können komprimiert
werden, was zu Odemen in den unteren Extremitäten führt. Durch Auf-
wärtsdrängen des Zwerchfells wird die Lunge behindert, tiefe Exkursionen zu machen, die Atmung wird oberflächlich und frequent, unter
Umständen dyspnoisch. — Bei der trockenen Form gelingt es zuweilen
Schallgebiete nachzuweisen mit verschiedener Tonhöhe, den einzelnen
Darmschlingen entsprechend. Wenn man diese Bezirke aufzeichnet, so
ergiebt es sich, dass die Grenzen zu verschiedenen Zeiten sich nahezu gleich
bleiben, was für eine Fixation der Därme an Ort und Stelle spricht.

Manchmal hört man Reibegeräusche — am deutlichsten über der
Milz und der Leber — synchron mit den Respirationsbewegungen. Sie
sind bedingt durch das Übereinandergleiten der rauhen Peritonealblätter.

Oft sind die Stuhlentleerungen gestört. Es kann hartnäckige
Stuhlverhaltung bestehen, aber auch Diarrhoe. Erstere kommt vor,
wenn durch Verwachsungen der Därme unter einander und mit dem
Peritoneum parietale die Peristaltik gehindert ist, oder wenn durch
bindegewebige Einschnürungen die einzelnen Darmabschnitte sich
nur langsam zu entleeren vermögen. Diarrhöen kommen durch
Reizung der Darmschleimhaut durch tuberkulöses Virus, infolge deren
heftige Peristaltik ausgelöst wird, oder sekundär durch Ödem und
Katarrh der Dickdarmschleimhaut zustande, oder es sind zugleich

Darmgeschwüre vorhanden; ebenso kann amyloide Entartung bestehen, welche mit Durchfällen einhergeht. — Henoch sah in einigen Fällen plötzlich kopiöse Diarrhöen auftreten, zugleich sank der stark angeschwollene Bauch rasch ein; es hatte sich um eine Perforation in den Darm gehandelt.

Bezüglich der Stuhlentleerungen wird von einigen Autoren hervorgehoben, dass die Fäces bei den an chronischer tuberkulöser Peritonitis erkrankten Kindern mörtelartig, acholisch, solchen von Ikterischen ähnlich sind. Berggrün und Katz haben genauere Untersuchungen angestellt und gefunden, dass die Stuhlgänge sauer reagieren — bedingt durch einen höheren Gehalt an freien Fettsäuren — sauer riechen, so dass man daraus auf Anwesenheit der antiputrid wirkenden Gallenbestandteile schliessen kann, — dass Skatol in Spuren, Indol in geringer, Phenol in wechselnder, aber nie excessiver, Urobilin in bedeutender Menge vorhanden sind. Die Entfärbung der Fäces ist daher nicht in Veränderungen des Farbstoffs zu suchen, sondern sie ist bedingt durch das Auftreten grösserer Mengen unverdauten Fetts. Quantitative Untersuchungen auf den Fettgehalt des weissen Stuhles bei chronischer tuberkulöser Peritonitis ergaben 28,74 % Fett und 9,31 % Fettsäuren, während der Milchstuhl des Säuglings nur 19,65 % resp. 5,65 % enthielt. Es wird hieraus der Schluss gezogen, dass bei der chronisch tuberkulösen Peritonitis die Einwirkung der Galle auf die Fettverdauung herabgesetzt ist; es kann daher der Harn normal, der Stuhl acholisch gefärbt sein. Biedert nimmt an, dass infolge einer Schwellung der Mesenterialdrüsen eine mangelhafte Resorption der Fette aus dem Chymus stattfindet. — Auch Conitzer betont die thongraue Farbe der Fäces als wichtiges diagnostisches Zeichen; Lauenstein hat sie ebenfalls gesehen. Auch in einem unserer Fälle war wiederholt die graue Färbung des Stuhles aufgefallen.

Erbrechen ist bei der tuberkulösen Peritonitis ein häufiges Vorkommnis, und es werden Mageninhalt oder dünnflüssige, gallig gefärbte Massen entleert. Es beruht auf einer Reizung der im Peritoneum sich verbreitenden Vagusfasern. Manchmal haben die erbrochenen Massen einen fäkulenten Geruch. Poppert beschreibt einen Fall von tuberkulöser Peritonitis bei einem 11jährigen Mädchen, in welchem Ileus aufgetreten war. Nach vorgenommener Laparotomie erfolgte Heilung. — In einem Fall, welcher in der hiesigen medizinischen Klinik, beobachtet wurde, waren auch in den letzten Tagen fäculent riechende Massen erbrochen worden. — Ileus beruht wohl in diesen Fällen meist auf Darmeinschnürung (Knickung) durch Bindegewebsstränge. — Würgen und Aufstossen, ebenso Singultus sind eine häufige Erscheinung.

Die Harnentleerung weicht in vielen Fällen nicht von der Norm ab. Die Menge ist normal; bei stärkerem Fieber ist sie vermindert, das spezifische Gewicht erhöht, der Urin koncentriert. Manchmal sieht man bei vermehrter Flüssigkeitsansammlung im Abdomen ein Sinken der Harnmenge, bei der Resorption des Exsudats ein Steigen. Geringe Mengen von Eiweiss werden dann und wann bei Freibleiben der Nieren von Tuberkulose gefunden. — Bei amyloider Entartung findet man die dieser zukommenden Zeichen.

Die Ernährung leidet, wie schon hervorgehoben, immer Not, die Kinder haben wenig Appetit, magern rasch ab und werden anämisch.

Die Leber verhält sich verschieden. Manchmal weicht sie nicht ab vom normalen; andere Male ist sie verkleinert, oder auch vergrössert. Fettige Degeneration in mehr oder weniger ausgeprägtem Masse wurde häufig gesehen, amyloide Entartung kommt bei lang dauernden Fällen vor. Der Überzug der Leber nimmt an der Erkrankung meistens teil und erscheint dann erheblich verdickt. Henoch hat bei der Sektion von Kindern mit chronischer Peritonitis tuberculosa Hepatitis interstitialis gefunden. Diese cirrhotische Affektion führt er darauf zurück, dass von dem tuberkulös erkrankten Peritonealüberzug der Leber die Entzündung längs der Glisson'schen Kapsel sich in die Leber fortsetzt, also interstielle Hepatitis, die mit Cirrhose abschliessen kann. Auch ist es möglich, dass Tuberkel in der Leber selbst die interstitielle Entzündung anfachen. Es ist in solchen Fällen die Leber meist geschwollen; Henoch hat sie nie atrophisch werden sehen.

Die Milz kann unverändert sein, oft ist sie vergrössert durch einfache Hyperplasie; der Überzug erscheint wie bei der Leber in vielen Fällen tuberkulös, durch reichliche Entwicklung vom Bindegewebe erreicht die umgebende Schicht eine Dicke von mehreren Millimetern. Wegen starker Spannung des Bauches ist manchmal die Milz der Palpation und Perkussion nicht zugänglich.

Die Atmung wird bei Fällen von grosser Schmerzhaftigkeit des Bauches oder bei starker Flüssigkeitsansammlung oder Meteorismus oberflächlich, sie nimmt einen kostalen Charakter an; die Lungen retrahieren sich, infolgedessen ist der Zwerchfellstand ein hoher.

Das Fieber bietet keine Besonderheiten im Vergleich zu dem bei langsam verlaufender Lungentuberkulose beobachteten.

Ich führe einen Fall an, in welchem zuerst in der Pleura, später in der Lunge eine tuberkulöse Erkrankung nachgewiesen wurde, bei welchem aber die Bauchfelltuberkulose sich von den primär erkrankten Tuben aus per contiguitatem entwickelte.

Beobachtung LXI. Lina H., 14 Jahre alt, hereditär nicht belastet, war stets gesund bis zum August 1890, zu welcher Zeit sie an rechtsseitiger Exsudativpleuritis erkrankte. Nach 6 Wochen völlige Genesung.

16*

Ende des Jahres 1890 auffallende Abnahme des Kräfte- und Ernährungszustandes; sie erholte sich aber wieder. Im Laufe des Monats Februar auf-
fallender Rückgang in der Ernährung, abschreckend blasse Gesichtsfarbe.
Aufnahme am 22. II. 91. Bei der Untersuchung wurde Tuberkulose der
Lunge, die sich wesentlich rechterseits abspielte, diagnostiziert.

Die ersten Erscheinungen von Seiten der Bauchorgane sind am 24. III
verzeichnet: Klagen über Leibschmerzen und Abweichen. Das Abdomen ist
sehr hart anzufühlen, nicht besonders schmerzhaft.

4. IV.   Erbrechen und drückende Leibschmerzen.   Kollapsähnlicher
Zustand; profuse Diarrhöen.

9. IV.   Trotz Opiumgaben halten die Diarrhöen an, ebenso zeigen
sich täglich starke Leibschmerzen. Die Stühle sind wässrig, mit weisslichen Fetzen untermischt, sehr stinkend. — Es tritt langsam Besserung
ein, die Leibschmerzen lassen nach, ebenso die Diarrhöen. — 27. IV.
Ausserordentliche Blässe und Abmagerung, bedeutendes Schwächegefühl.
Abdomen sehr gespannt, aufgetrieben; Erguss nicht nachweisbar. Palpation wegen starker Spannung nicht durchführbar. Eine Stelle links vom
Nabel ist auf leisen Druck schmerzhaft; hierselbst ist ein kleiner Fleck
von 5 : 6 cm Dimension nachzuweisen, der abgeschwächten und von den
umgebenden Teilen an Tonhöhe verschiedenen Schall giebt; die Tonhöhe
ist auf der linken Seite des Abdomens an nahe bei einander liegenden
Stellen verschieden. — 28. IV. In der Nacht heftige, bohrende Bauchschmerzen,
anfallsweise auftretend, hin und wieder beinahe unerträgliche Stiche; sie
werden auf die linke Seite in der Gegend der Flexur lokalisiert. Gegen
Morgen werden die Schmerzen geringer, steigen nach gehabtem Stuhlgang
nochmals sehr an und verschwinden nach und nach vollständig. Abdomen
stark aufgetrieben und sehr hart gespannt. Die linke Seite ist für das
Getast resistenter als die rechte. — 29. IV. Die am 27. IV festgestellte leicht
gedämpfte Partie links vom Nabel besteht heute auch noch; ebenso die fixierten
Stellen mit verschiedener Tonhöhe. Die ganze linke untere Bauchseite auf
Druck schmerzhaft, aber nicht sehr bedeutend. — Das Kind ist äusserst herunter-
gekommen, apathisch, Appetit fehlt ganz. Abends plötzlich auftretende, aber
schnell vorübergehende Schmerzen in der linken Bauchseite, welche deutlich
den Charakter von Visceralneuralgien tragen. In der Nacht verhältnismässige
Ruhe, 1 mal Erbrechen. Verhältnisse im Abdomen im ganzen unverändert.
Nabel aufgetrieben, auf der Bauchhaut schimmern besonders rechts einige blass-
bläuliche Venen durch; Schallverhältnisse wie früher. Direkt um den Nabel eine
umschriebene Härte. Freies Exsudat in der Bauchhöhle nicht nachweisbar. —
Eine Dämpfung besteht auch rechts; sie zieht sich, etwa dreifingerbreit einwärts
von der Spina il. a. s. beginnend, nach hinten und oben sich verjüngend, ungefähr parallel dem l. Ligam. Poupartii, ist etwa 10 cm lang und 5 cm breit,
auch für das Gefühl wahrnehmbar, bei Lageveränderungen gleichbleibend. Die
Betastung des Abdomens ist nicht besonders schmerzhaft. Stuhlgang 1 mal,
von grauer Farbe, halbweicher Konsistenz und von penetrantem Geruch.
Drohender Decubitus am Steissbein, rechten Trochanter, rechten Ellbogen.

30. IV. Unveränderter Befund. Soorbildung im Munde. Keine Schmerzen
im Abdomen.

1. V.   Keine Leibschmerzen. Schallverhältnisse im Abdomen konstant.
Nabel aufgetrieben, blaurot verfärbt. Soorbildung stärker, Schlucken
schmerzhaft. Kein Stuhlgang.

2. V. Befund derselbe. Mehrmals kollapsähnliche Zustände. Auftreten von Petechien und Vibices am Rumpfe. Harn eiweissfrei.

3. V. Pat. nicht ganz bei Bewusstsein, lässt Harn und Fäces unter sich gehen; letztere stark diarrhoisch, etwas blutig gefärbt. Im Laufe des Tages Vermehrung der Diarrhöen.

4. V. Verhältnisse im Abdomen ziemlich unverändert, aber die Dämpfung links vom Nabel ist nicht mehr vorhanden; Bauch gespannt; rechts ist noch ein Streifen von 2 bis 3 Querfinger in der Höhe durch die Palpation und Perkussion nachweisbar.

5. V. Tod.

Sektion (Prof. v. Baumgarten).

Leiche mit extremer Abmagerung, so dass fast nur noch Haut und Knochen sichtbar sind. Leib ziemlich stark aufgetrieben. Chronisch adhäsive Peritonitis stärkster Ausbreitung und höchsten Grades, so dass sämtliche Baucheingeweide mit einander ganz diffus und ebenso mit der vorderen Bauchwand verwachsen sind. In die Verwachsungsmasse eingeschlossen allerseits in grosser Massenhaftigkeit Tuberkel und etwas grössere käsige Herde. Die Tuberkel sitzen in der Serosa des Darms und der Parietalserosa. Die Mesenterial- und retroperitonealen Lymphdrüsen sind nur in ganz geringem Grade erkrankt, grösstenteils einfach entzündlich, nur ausnahmsweise sind einzelne Tuberkel darin nachzuweisen. Die übrigen parenchymatösen Organe der Unterleibshöhle sind frei von Tuberkulose, dagegen zeigt sich bei der Untersuchung des Beckens nach Entwirrung der dort ebenfalls stark verwachsenen Kontenta eine typische käsige, tuberkulöse Salpingitis. Die beiden äusseren Drittel der Tuben sind zu wurstförmigen Strängen angeschwollen, welche innerhalb einer rötlichen Membran dicke, käsige, erweichte Inhaltsmassen beherbergen. Die käsige Entartung schreitet bis zu den Fimbrien fort, welche zu käsig weissen Zäpfchen deformiert sind; dabei ist das Ostium abdominale offen geblieben. Uterus und Ovarien frei von Tuberkulose. Mucosa des Darms vollständig frei von tuberkulösen Veränderungen.

Tuberkulose der rechten Lunge mit Kavernenbildung, verkäste Bronchialdrüsen rechts, Durchbruch einer solchen in das Mediastinum und in einen Bronchus, der mit einer frischen Kaverne in Verbindung steht. Linke Lunge gänzlich frei von Tuberkulose.

Bei diesem Mädchen traten zuerst die Erscheinungen von Seiten der Lunge und Pleura rechterseits auf; erst 6 Wochen vor dem Tode wurden Störungen der Digestionsorgane bemerkbar, sich äussernd in Erbrechen, Leibschmerzen und Diarrhöen; später wird der Leib aufgetrieben, es lassen sich verschiedene Schallgebiete nachweisen, welche zu verschiedenen Zeiten konstant bleiben; ferner sind resistentere Stellen zu fühlen. Die Diarrhöen werden zu Zeiten profus, dann tritt Ruhe ein, später wieder vermehrte Ausleerungen. — Die Leibschmerzen kommen und gehen, ähnlich wie Koliken; die Druckempfindlichkeit des Abdomens ist keine sehr erhebliche, ist aber fast während der ganzen Zeit vorhanden. — Bei der fortgeschrittenen Lungentuberkulose hätte man eine Erkrankung des Darms annehmen sollen — profuse Diarrhöen, welche durch Opiumgaben nur wenig beschränkt wurden, einmal blutig gefärbt waren — und sekundär eine solche des Peritoneums, durch verschluckte bacillenhaltige Sputa hervorgerufen. Dem war aber nicht so. Der Darm war vollkommen frei, dagegen bestand eine primäre Tubentuberkulose, von welcher aus der Prozess auf das Peritoneum übergegriffen hatte.

Diagnose.

Die Diagnose stösst bei fortgeschrittener Tuberkulose anderer Organe auf keine Schwierigkeiten, sie kann aber unter Umständen ausserordentlich schwer, ja unmöglich werden. Fälle, bei welchen die Krankheitserscheinungen plötzlich auftreten und welche in kurzer Zeit mit dem Tode enden — wie die Kranken Henoch's, Tordeus' u. A. — können beim Fehlen anderweitiger Erkrankungen von der akuten einfachen Bauchfellentzündung nicht unterschieden werden, und erst die Sektion wird Aufschluss bringen. —

Bei der chronischen Form hat man das Hauptgewicht zu legen auf den schleichenden Beginn; ganz allmählich stellen sich Zeichen der Erkrankung ein, Schmerzen im Bauche sind anfangs gering, sie bestehen nicht immer mit derselben Intensität, sie kommen und gehen, dann werden sie bleibend, manchmal kolikartig, bei Druck findet man, dass nur bestimmte Teile des Bauches schmerzhaft sind, andere frei; später kann sich die Schmerzhaftigkeit auf das ganze Abdomen ausbreiten. Bei der Betastung fühlt man vermehrte Resistenz in der einen oder anderen Gegend, Stränge und Härten. Dieses ist ein wichtiges Symptom (Gée). Der Bauch wird nach und nach aufgetrieben, die Vergrösserung beruht auf Meteorismus oder Flüssigkeitsansammlung — frei oder abgesackt; Unregelmässigkeit der Stuhlentleerung, wobei Verstopfung vorherrschend ist, Erbrechen, Singultus, alle diese Zeichen sind zu verwerten. Sehr wichtig ist — und das ist eigentlich stets vorhanden — eine rasch vor sich gehende Kräftekonsumption, starke Abmagerung und langdauerndes, unregelmässiges Fieber (3mal Messungen täglich), hoher Puls. — Man führt noch an, dass die trockene Peritonitis oder solche mit geringer und abgesackter Exsudatbildung eher auf tuberkulöser Grundlage beruhe als die exsudative; für alle Fälle trifft dieses nicht zu, denn gerade solche mit starkem Ascites sind in der Litteratur vielfach bekannt.

Der Nachweis von Tuberkelbacillen in dem peritonealen Transsudat oder Exsudat wird wohl nur in seltenen Fällen gelingen, es geht wie mit der tuberkulösen Pleuritis, die Bacillen fehlen oder sind nur in verschwindender Menge vorhanden. Eher dürfte die Beschaffenheit des

Exsudats — namentlich die hämorrhagische ins Gewicht fallen. — Die thongraue Farbe des Stuhlgangs wird von Manchen als wichtiges diagnostisches Zeichen angesehen.

Oft wird nur der weitere Verlauf und Ausgang Aufschluss geben; denn Spontanheilung der tuberkulösen Peritonitis ist jedenfalls sehr selten, wenn auch langdauernde Remissionen vorkommen.

Ein genaues Augenmerk hat man zu richten auf das Verhalten des übrigen Körpers; es ist eine sorgfältige Untersuchung desselben vorzunehmen, ob vielleicht in dem einen oder anderen Organ — namentlich in den Lungen, in der Pleura, in den Knochen, in den Lymphdrüsen, im Gehirn, im Urogenitalapparat sich Prozesse abspielen, welche auf Tuberkulose schliessen lassen. Ferner wird man hereditäre Verhältnisse zu berücksichtigen haben. Wenn zugleich eine Lungen-, Darm-, Genital- oder Knochen- etc. Tuberkulose besteht, so wird man kaum irren, wenn man die Affektion des Bauchfells auch auf tuberkulöser Grundlage ruhend annimmt. Fehlt aber die tuberkulöse Erkrankung anderer Organe, so wird man über die Wahrscheinlichkeitsdiagnose nicht hinauskommen.

Für die Differentialdiagnose kommt in Betracht in erster Linie die einfache chronische Peritonitis. Dass es solche auch bei Kindern giebt, ist fraglos; es sind Fälle mit Sektionsbefunden bekannt (Galvagni, Quincke, H. Vierordt, Henoch, Fiedler u. A.). Welcher Ätiologie die einfachen Formen sind, bleibt dahingestellt, es sei nur an das Bacterium coli commune erinnert, welches man früher für unschuldig hielt, dessen schädigende Wirkung auf den Körper jetzt aber nicht mehr angezweifelt werden kann.

Die einfache chronische Form kann sowohl ohne als mit Exsudatbildung verlaufen. Der Prozess ist langsam, auch hier bestehen Schmerzen im Bauche, spontan und bei Druck, der Bauch schwillt an, es fehlt der Appetit, die Kinder magern ab, wenn auch vielleicht nicht in so excessiver Weise wie bei der Tuberkulose; der Stuhlgang wird ungeregelt, häufig ist er angehalten. Es besteht auch länger dauerndes Fieber. Flüssigkeitsansammlung und zwar in erheblichem Grade bei gleichzeitig verminderter Harnsekretion ist das Gewöhnliche. In der Mehrzahl der Fälle von einfacher Peritonitis verschwindet aber das Fieber allmählich, nach Wochen oder Monaten — entweder spontan oder unter zweckmässiger Behandlung geht das Exsudat zurück; gleichzeitig nimmt die Harnmenge zu; Diarrhöen, profuse Schweisse können die Resorption begünstigen. Damit bessert sich das Allgemeinbefinden, der Umfang des Bauches nimmt ab, die Schmerzen verschwinden und die Kinder genesen vollständig. — Verläuft die Krankheit ohne Exsudatbildung und finden sich Verdickungen in der Bauchhöhle oder abgesackte Exsudate, so kann man mit einiger Wahrscheinlichkeit die

tuberkulöse Form annehmen. Sonst wird nur die Berücksichtigung
einer eventuellen Erkrankung anderer Organe, ferner etwaige hereditäre
Anlage einigermassen Anhaltspunkte geben. Ja selbst der Nachweis
einer Pleuritis spricht nicht für Tuberkulose, gerade bei der einfachen
Peritonitis kommt auch Erguss in die Pleurahöhle vor. — H. Vierordt
führt für die gewöhnliche Form noch an als seltenes Vorkommnis
Hydrocele, „Vaginalitis" (Galvagni). — Selbst der weitere Verlauf ist
nicht ausschlaggebend, auch die tuberkulöse Peritonitis kann ohne
operativen Eingriff in bedingtem Sinne heilen, sie kann bei Resorption
etwaigen Exsudats lange Zeit, Jahre lang still stehen, ohne Erscheinungen zu machen.

Lebercirrhose ist im Kindesalter selten, doch ist sie auch bei
Kindern gesehen. Bei starker Auftreibung des Bauches wird die
Leber der Untersuchung unzugänglich, eine sichere Diagnose also
unmöglich. Aber auch beim Nachweis einer Vergrösserung der Leber
lässt sich die Tuberkulose nicht ausschliessen, denn die hypertrophische
Form der interstitiellen Hepatitis bildet nach Henoch zuweilen eine
Teilerscheinung der tuberkulösen Peritonitis.

Neubildungen können ähnliche Erscheinungen machen, sie sind
bei Kindern selten, die Ausschliessung einer solchen Ursache bietet
gewöhnlich keine Schwierigkeiten.

Bei bestehender Flüssigkeitsansammlung in der Bauchhöhle müssen
noch Erkrankungen des Herzens und der Nieren in Erwägung gezogen werden. — Die Differentialdiagnose stösst kaum auf Schwierigkeiten. Das erste Auftreten von Ödemen in den tiefergelegenen
Körperteilen, die Untersuchung des Herzens, die wechselnden Ödeme bei
der Nephritis und die Untersuchung des Harns werden Aufschluss geben.

Manchmal kann Typhus abdominalis vorgetäuscht werden, wie
Henoch bei einem Kinde gesehen hat. Es wird sich in solchen Fällen
nur durch die bakteriologische Untersuchung der Fäces ev. des Milz-
blutes auf Typhusbacillen ein positiver Beweis erbringen lassen.

Dauer, Ausgänge, Prognose.

Der Verlauf der tuberkulösen Peritonitis ist mit einigen seltenen
Ausnahmen immer ein chronischer; Remissionen sind sehr häufig.
Manchmal handelt es sich um Wochen, häufiger um Monate, ja es
können Jahre darüber hingehen. Der gewöhnliche Ausgang ist der
Tod und zwar infolge von Marasmus. Verschiedene Zufälle beschleunigen den Verlauf, so vor allem die Entwicklung einer allgemeinen
Tuberkulose, Perforation in den Darm (Fall Müller's), Ileus. Von Manchen wird noch hervorgehoben, dass bei Kindern der Verlauf ein kürzerer
ist, als bei Erwachsenen. Aber auch bei Kindern ist es nicht ganz selten,

dass die Krankheit sich über lange Zeit hinzieht und dass schliesslich Stillstand eintritt, sich kennzeichnend durch Zunahme des Appetits, Besserung des Allgemeinbefindens, Verschwinden der Schmerzen, Resorption etwa vorhandenen Exsudats, Nachlass des Fiebers, so dass man von bedingter Heilung reden kann.

Ich verfüge über einen Fall, in welchem nahezu 3 Jahre lang eine Beobachtung möglich war.

Beobachtung LXII. Es handelte sich um einen 4 Jahre alten Knaben. Wilhelm M., aus Lustnau, hereditär belastet, erkrankt an einer krupösen Pleuropneumonie am 13. II. 86. Im Anschluss an diese entwickelte sich ganz allmählich eine Bauchfellentzündung mit Schmerzen, nach und nach schwoll der Bauch an, es bestand Meteorismus, daneben Flüssigkeitserguss und zwar freier Ascites und abgesacktes Exsudat, sowohl durch die Perkussion als durch die Palpation nachweisbar. Der Knabe magerte sehr rasch ab, aber er erholte sich wieder, erst langsam, dann schneller; mit Zunahme der Harnabsonderung (zwischen 800 und 900 ccm) wurde die Flüssigkeit resorbiert, die Schmerzen verschwanden, das Allgemeinbefinden hob sich und der Knabe wurde so gesund, dass er nahezu 1 Jahr lang die Schule besuchen konnte. An Scharlach ging er am 19. XII. 88 zugrunde. Bei der Sektion wurde gefunden: Peritonitis tuberculosa mit Verwachsungen, alte gelbe Knötchen in reichlicher Anzahl, tuberkulöse Mesenterialdrüsen, tuberkulöse Lymphdrüsen am Lungenhilus, Diphtherie der Tonsillen.

Es wurden bei dem Knaben **90 Wochen** lang **Temperaturbestimmungen** gemacht. Anfangs waren die Temperaturen hoch, um 40° C. herum, später liess das hohe Fieber nach, aber während 60 Wochen war beinahe in jeder Woche Fieber vorhanden — 38,0 und darüber, es war kein hektisches Fieber, die Werte waren unregelmässig im Tage verteilt, dann nahmen allmählich die fieberhaften Temperaturen ab und im letzten halben Jahre (24 Wochen) wurde Fieberhöhe überhaupt nicht mehr erreicht. Es bestand also während 66 Wochen Fieber, in den letzten 24 Wochen war solches nicht vorhanden.

Es zeigt dieser Fall, in wie langsamer Weise die tuberkulöse Bauchfellentzündung verlaufen kann, dass Stillstände eintreten und mit körperlichem Wohlbefinden einhergehen, welche einer Heilung nahezu gleichkommen. Wäre der Kranke nicht von schwerem Scharlach befallen worden — die damalige Epidemie forderte viele Opfer, allein in der Familie des kleinen Patienten 3 — so hätte er vielleicht noch lange Zeit sich ungetrübter Gesundheit erfreuen können. —

Die Beobachtungen aus jüngster Zeit über Heilungen nach vorgenommener Operation sind noch zu kurzdauernde, um aus ihnen allgemeine Schlüsse ziehen zu können; immerhin scheint es, als ob das tötliche Ende längere Zeit hinausgeschoben werden kann. Jedenfalls geht aus vielen Erfahrungen hervor, dass eine Bauchfellentzündung auf tuberkulöser Basis beruhend insofern einen günstigen Verlauf nehmen kann, als sich nach und nach ein Zustand herausbildet, in welchem Krankheitserscheinungen völlig zurücktreten, die Kinder gedeihen, an Gewicht zunehmen und sich gut weiter entwickeln. Manche nennen es Heilung, manche Stillstand.

Ähnlich wie in anderen Organen tuberkulöse Herde zurückgehen und abgegrenzt werden, kann es auch hier geschehen, besonders dann, wenn die Ausbreitung keine zu grosse Dimensionen angenommen hat. Die Knötchen im Bauchfell können völlig verschwinden und es bleibt nur eine kleine Narbe zurück (Fall von Hirschberg beim Erwachsenen). — Bumm fand bei wiederholt vorgenommener Laparotomie und Untersuchungen von Gewebsstücken reaktive Entzündung der Umgebung des Tuberkels, Einwandern von Rundzellen in denselben, Zerfall der Riesenzellen, so dass von den Tuberkeln nur noch ein ganz kleiner Rest übrig bleibt, der in Narbengewebe übergeht. Ja die Resorption der Knötchen scheint sogar in sehr kurzer Zeit erfolgen zu können. Neuerdings hat J. Israel einen Fall veröffentlicht,

in welchem bei einem 6 jährigen Knaben die Laparotomie vorgenommen wurde. Es fanden sich Verwachsungen des Netzes und der vielfach mit fibrinösen Niederschlägen bedeckten Darmschlingen untereinander, die Mesenterien und die Darmschlingen mit Knoten bis zu Kirschkerngrösse besät. Der tuberkulöse Charakter wurde mikroskopisch festgestellt.

Da nach 4 Wochen Auftreibung des Abdomens, Durchfälle und Appetitlosigkeit sich einstellten, wurde in der Annahme eines Recidivs 36 Tage nach der ersten Laparotomie zum zweiten Male die Bauchhöhle eröffnet. Dabei zeigte es sich, dass die gesamten Tuberkel spurlos verschwunden waren.

Ob ohne operatives Zuthun eine völlige Resorption von Tuberkeln erfolgen kann, bleibt dahingestellt; die Möglichkeit einer solchen ist keinesfalls auszuschliessen; der vielfach citierte Fall von Barthez und Rilliet: „Phlegmasie simple chronique et aiguë du peritoine, tubercules dans les poumons", liesse sich vielleicht auch in diesem Sinne deuten. Von diesem Gesichtspunkt aus könnte auch mancher Fall von einfacher Peritonitis seine Erklärung finden. — Dass übrigens nicht immer eine Resorption der Knötchen statthaben muss, ist selbstverständlich; so konnte Kümmel bei einem Kinde bei Gelegenheit eines 9 Monate nach der ersten Laparotomie vorgenommenen zweiten Bauchschnitts ein Verschwinden der Tuberkel nicht beobachten.

Ob übrigens selbst bei Resorption der Knötchen die Tuberkelbacillen und deren Sporen gänzlich vernichtet werden, bleibt eine offene Frage.

Bei der Stellung der Prognose hat man alle Ursache zur Vorsicht. Sie ist in allen Fällen zweifelhaft. Die akute tuberkulöse Peritonitis endet gewöhnlich tötlich. Früher musste man — auch mit Berücksichtigung der Fälle mit lange währenden Remissionen — die Prognose als absolut ungünstig bezeichnen; neuerdings hofft man, gestützt auf die Erfolge der operativen Therapie, bessere Ausgänge in

Aussicht stellen zu können. Eine einigermassen günstige Vorhersage wird man machen können, wenn die Erkrankung auf das Bauchfell beschränkt ist und auch hier keine weitere Ausbreitung erlangt hat, wenn der übrige Körper frei von Tuberkulose oder doch nur wenig davon befallen ist. Bei solchen Kranken ist es möglich, dass — vornehmlich nach günstig verlaufenden operativen Eingriffen (vielleicht auch ausnahmsweise ohne Operation) längerer Stillstand eintritt, welcher vollkommener Heilung nahekommt. Bei gleichzeitiger Beteiligung anderer Organe des Körpers ist die Prognose ungünstig und zwar um so ungünstiger, je mehr solche Organe in ausgedehnterem Masse ergriffen sind; komplizierende Darmtuberkulose verschlechtert die Prognose sehr. — Den mit Exsudationen in grösserem Umfange einhergehenden Fällen hat man eine günstigere Prognose vindiziert, als den adhäsiven Formen. — Abhängig wird die gute Vorhersage auch noch von dem Umstande sein, ob es gelingt die Ernährung der kleinen Patienten auf einen einigermassen befriedigenden Stand zu bringen; bei sehr herabgekommenen Kindern verbietet sich der operative Eingriff von selbst. Aber auch bei den geheilten Fällen wird man noch mit der Möglichkeit zu rechnen haben, dass die Tuberkelbacillen oder deren Sporen da oder dort erhalten bleiben, ein Schlummerdasein führen und bei Gelegenheit zu erneuter Thätigkeit angefacht deletäre Wirkungen zu entfalten vermögen.

Therapie.

Auch bei der Bauchfelltuberkulose — dies gilt für die des Darmes und der Unterleibsorgane überhaupt — spielt die Prophylaxe eine bedeutende Rolle. Die Ernährung der Kinder ist von grosser Wichtigkeit. Zur Pflege kleiner Kinder sollen nur gesunde Wärterinnen gewählt werden (vgl. die Fälle Demme's). Das Kosten der Nahrung seitens der Wärterinnen, das Befeuchten des leider immer noch häufig gebräuchlichen Schlotzers oder Lutschers (hierzulande Gummizapfen) mit dem Munde ist zu verbieten, Küsse auf den Mund sind unnötig, ferner sollen die Kinder nicht mit Tuberkulösen dasselbe Schnupftuch benutzen. — Überhaupt soll man darauf achten, dass jede Infektionsgelegenheit von aussen her vermieden werde. Es muss daher die Nahrung steril gemacht werden, Kuhmilch ist stets nur gekocht zu reichen; stösst man, was selten ist, wenn die Kinder von Anfang an den Genuss gekochter Milch gewöhnt werden, auf Widerwillen, so wähle man als Nahrung lieber Ziegenmilch, welche, wie schon erwähnt, meist frei von Tuberkelbacillen ist[1]); seltener wird man in

---

1) Anmerkung bei der Korrektur: Neuerdings wurde auch wiederholt bei Ziegen Tuberkulose angetroffen und man hat behauptet, die Ziegen seien gar nicht so immun gegen die Krankheit, als man bisher angenommen. Weitere Untersuchungen sind abzuwarten.

der Lage sein, die ebenfalls tuberkelbacillenfreie Pferdemilch zu
reichen. —

Bei bestehender Peritonealtuberkulose wurden versucht Einreibungen
von grauer Salbe, von grüner Seife, Einpinselungen mit Jodtinktur, Anwendung von Kataplasmen, von Priessnitz'schen Umschlägen — einfachen oder mit Kreuznacher Mutterlauge (in Verdünnung 1 : 4—6),
von diätetischen Mitteln. — Viele Erfolge hatte diese Behandlung nicht
aufzuweisen.

Von der Applikation des Tuberkulins erhoffte man besseres, einzelne
Mitteilungen lauteten günstig; so sah Schede bei Peritonealtuberkulose
auffallende Besserung durch systematisch durchgeführte Tuberkulinbehandlung besonders bei einem mit Ascites verbundenen Falle. Jetzt werden
wohl nur noch wenige Fälle dieser Behandlungsweise unterzogen. —

In der letzten Zeit werden die an tuberkulöser Peritonitis Erkrankten den Chirurgen überwiesen. Gestützt auf die günstigen Er-
fahrungen bei Laparotomien, welche aus Anlass einer irrtümlichen
Diagnose gemacht wurden (Spencer Wells, Hirschberg, v. Säxinger,
Olshausen u. A.), entschloss man sich bei wohldiagnostizierten Fällen
von Bauchfelltuberkulose zum operativen Eingriff. Die Operation besteht
einzig in dem Bauchschnitt und der Entleerung etwa vorhandener
Flüssigkeit; ob nachher eine Ausspülung mit aseptischen Mitteln
(Toilette des Bauchfells) erfolgen soll oder nicht, darüber gehen die
Ansichten auseinander. Es wird vielfach von günstigen Resultaten
berichtet, neuerdings häufen sich auch die Fälle von operierten
Kindern (Waitz, Naumann, Lindner, Alexandrowow, Aldibert,
Conitzer, Braun, Poppert, Israel u. A.). In vielen derartig be-
handelten Fällen wurde die Diagnose der tuberkulösen Erkrankung
des Bauchfells durch die mikroskopische Untersuchung erhärtet.

Gewöhnlich wurden die exsudativen Formen als für den Bauchschnitt geeignet bezeichnet, und O. Vierordt hebt noch hervor: „Dass
dagegen einfache Incision und Entleerung nicht auf diejenige Bauchfelltuberkulose angewendet worden ist und überhaupt angewendet
werden kann, welche nur käsige Tumoren und Schwielen macht, scheint
selbstverständlich. Denn hier ist ja nichts, was ohne weiteres entleert
werden kann, hier kommt, falls überhaupt operiert werden sollte, nur
die Beseitigung alles Tuberkulösen in Betracht etc." Dieses kann
nicht mehr aufrecht erhalten werden, denn es sind auch Fälle von „geheilter" tub. Peritonitis bekannt, welche ohne Exsudatbildung einhergingen, und wir müssen Israel beipflichten, wenn er sagt: „Sieht man
die bisher veröffentlichten Operationen der Bauchfelltuberkulose durch,
so kommt man zu dem Schluss, dass es keine Form dieser Krankheit
giebt, die nicht schon günstig durch die Laparotomie beeinflusst worden

wäre, mit Ausnahme der akuten allgemeinen Miliartuberkulose." Israel teilt 2 Fälle mit, welche Kinder von 4 resp. 6 Jahren betrafen und bei denen so gut wie kein Erguss da war; die Heilungsdauer bei dem einen Fall betrug $16^{1}/_{2}$, bei dem zweiten 17 Monate; ja der letztere ist es gerade, bei welchem — wie schon angeführt — nach 36 Tagen die Tuberkel spurlos verschwunden waren.

Es liegt nun nahe zu fragen: Auf welche Weise erklären sich diese überraschenden Vorgänge? Eine genügende Beantwortung der Frage ist bis jetzt nicht erfolgt. Manche nehmen an, dass nach Ablassen des Ascites und durch Druckentlastung in der Bauchhöhle günstigere Cirkulationsverhältnisse daselbst geschaffen werden und dadurch Heilung herbeigeführt werde (Fritsch). Eine Analogie würde man finden in den bei der Tuberkulose des Auges operirten Fällen; bei der Irispunktion und der Iridektomie findet eine Druckherabsetzung statt, wodurch Heilungsvorgänge günstig beeinflusst werden (Deutschmann). Allein es giebt eben auch Fälle, welche ohne bestehenden Ascites durch die Operation günstig beeinflusst werden; daher kann die obige Erklärung Anspruch auf allgemeine Gültigkeit nicht machen. — Nach König liegt die Erklärung einer Heilung resp. des Nichtauftretens von Recidiven in den Schrumpfungsvorgängen, dem bindegewebigen Narbenzuge, welcher das tuberkulöse Virus erdrückt; freilich ist auch ohne solche Schrumpfung Heilung erfolgt. — Dann nimmt man an, dass durch die bei der Laparotomie in das Cavum peritonei eindringende atmosphärische Luft (Caspersohn, von Mosetig-Moorhof, Nolen) ein Reiz auf das Peritoneum ausgeübt wird, welcher der Heilung günstig sei (wohl ähnlich wie bei Knochenbrüchen durch Reiben der Knochenenden an einander). Durch Ablassen des Ascites werden einmal die in ihm befindlichen Bacillen, dann auch die Stoffwechselprodukte derselben entfernt (Bumm). Lauenstein sucht u. a. in der Austrocknung des Peritoneums, welches dadurch gegen den Bacillus widerstandsfähig wird, und in dem Eindringen des Sonnenlichtes, das alle auf Nährböden wachsende Bakterien tötet, Heilfaktoren. Da ist zu entgegnen, dass auch nach der Entfernung des Ascites das Peritoneum feucht bleibt, und ferner, dass der Lupus der Haut, welcher doch oft genug dem Sonnenlicht ausgesetzt ist, recht gut gedeiht. — Bei der trockenen Form kommt ausser dem Reiz auf das Bauchfell und dadurch bedingter besserer Cirkulation die Lösung von bestehenden Verwachsungen in Betracht. — Manche denken auch an Stauungshyperämien, wonach ähnlich wie bei den Bier'schen Versuchen die Tuberkel verschwinden. Wir müssen bei dieser Frage vorläufig noch ein non liquet aussprechen, jedenfalls sind verschiedene Faktoren thätig, wir können vorläufig nur mit den Thatsachen rechnen, ohne sie zu ergründen.

Nach den bisher gemachten Mitteilungen eröffnet sich für die Behandlung der Bauchfelltuberkulose eine nicht ungünstige Perspektive, obwohl die hochgespannten Erwartungen sich nicht erfüllt haben (Czerny). Die Laparotomie zählt heute nicht mehr zu den gefährlichen Operationen, so dass ein Versuch mit einer solchen immerhin gerechtfertigt erscheint. Es frägt sich nur: 1. Soll in jedem Fall laparotomiert werden? 2. Giebt es Kontraindikationen? Ad 1. ist schon hervorgehoben, dass man die Fälle mit Ascites als besonders geeignet für die Laparotomie erachtet, dass aber auch solche mit trockener Peritonitis nicht auszuschliessen sind. Aber es kommt bei der letzteren Form vor, dass so diffuse Verwachsungen der beiden Peritonealblätter bestehen, dass bei der Obduktion selbst das Messer des pathologischen Anatomen die Adhäsionen nicht zu lösen vermag, wie wir es erst kürzlich bei einem in der medizinischen Klinik beobachteten Falle gesehen haben. — Ferner wird bei der Frage einer Operation der Allgemeinzustand der kleinen Patienten ins Gewicht fallen: bei sehr heruntergekommenen Kranken wird man die Gefahren einer, wenn auch nur geringen Blutentziehung ins Auge zu fassen haben; es würde sich empfehlen, vorher zu versuchen, den Kräftezustand zu heben. Immerhin wird auch von „sehr elenden", „sehr abgemagerten" Kindern berichtet, dass sie nach Vornahme der Laparotomie sich rasch erholten, die Temperatur zur Norm zurückkehrte und binnen kurzem beträchtliche Gewichtszunahme erfolgte. Des weiteren wird eine etwaige Erkrankung der übrigen Körperorgane in Betracht zu ziehen sein.

Aldibert, welcher die verschiedenen durch den Bauchschnitt behandelten Formen von tuberkulöser Peritonitis zusammengestellt hat, kommt zu dem Schluss: „Zur Operation am besten eignen sich die Formen des chronischen Ascites, am schlechtesten die akute fieberhafte Tuberkulose des Bauchfells. Lungentuberkulose oder Albuminurie bilden keine Kontraindikation." Ähnlich verhält es sich mit der Pleuritis, ja man hat solche nach dem Bauchschnitt rasch zurückgehen sehen (Lindner).

Bezüglich der Ausgänge der laparotomierten Fälle scheinen nach einfacher Incision üble Zufälle ziemlich ausgeschlossen. Bedeutend dagegen ist die Zahl der Kranken, welche an der Tuberkulose eines anderen Organs über kurz oder lang zugrunde gegangen sind. Aber auch für diese wird hervorgehoben, dass die Operation stets Erleichterung gebracht habe; manchmal ist daher die Laparotomie nur als Palliativmittel anzusehen. O. Vierordt führt unter seinen Schlusssätzen folgendes für uns in Betracht kommende aus: „Dass die tuberkulöse Peritonitis bei Bettruhe, Diät u. s. w. spontan oder durch gewisse lokal angewandte Medikamente heilen kann, ist unzweifelhaft. Sieht man aber durch solche Mittel keine Besserung eintreten, so ist, ehe die Kräfte des Patienten erheblich ge-

litten haben, die Laparotomie zu erwägen. Punktionen nützen erfahrungsgemäss nichts . . . . Besonders in Betracht zu ziehen, weil vielleicht
die günstigsten Aussichten bietend, ist in Zukunft diejenige Form der
Tuberkulose der serösen Häute, wo sich an eine Pleuritis (oder auch ausnahmsweise an eine Pericarditis) nach einiger Zeit eine Peritonitis anschliesst. — Auch bei unheilbarer Ausgangstuberkulose kann der pallia-
tive Nutzen der Incision einer exsudativen chronischen Peritonitis, falls
diese grosse Beschwerden macht, sehr bedeutend sein." J. Israel hält
es für erlaubt (bis zur weiteren Klärung) bei jeder Bauchfelltuberkulose
die Laparotomie zu versuchen, so lange überhaupt noch eine Widerstandsfähigkeit für einen operativen Eingriff vorhanden ist.

Starke Flüssigkeitsansammlung im Abdomen, wo durch Kompression
der grossen Venen Ödeme erzeugt werden und namentlich heftige Atem-
beschwerden entstehen, erheischen unter allen Umständen Ablassen des
Exsudats durch Incision oder Punktion. Es ist schon vielfach darüber
diskutiert worden, ob nicht die einfache Punktion überhaupt ausreichend
sei, da doch bei der Laparotomie auch nur das Ablassen des Exsudats
das Massgebende sei; es scheinen aber günstige Resultate nur vereinzelt
dazustehen. — Modifiziert ist die Methode von Mosetig-Moorhof,
der nach der Punktion das Einblasen von sterilisierter Luft empfiehlt;
er hatte in einem Fall guten Erfolg. Über 3 derartig behandelte Fälle
berichtet Nolen; der Ascites wurde in allen Fällen geheilt, ein Fall
starb nachträglich an Darmtuberkulose. Löhlein zieht die Incision vor:
„Die Incision leistet bei vielen Kranken gewiss nicht mehr als eine mit
vollem Erfolg ausgeführte Punktion, sie hat aber dieser gegenüber den
Vorteil, dass wir den meist nicht ganz leicht diagnostizierbaren Krank-
heitszustand völlig klar übersehen und dass wir der Gefahr der inneren
Blutung aus dem verdickten gefässreichen Peritoneum oder der Ver-
letzung der durch Verlötung und Verziehung dislocierten Därme, wie
auch der ungenügenden Entleerung der Flüssigkeit nicht ausgesetzt sind;
auch kann man manchmal den primären Herd auffinden und entfernen."

Der operativen Behandlung der Bauchfelltuberkulose wird immer
mehr das Wort geredet, obgleich manche Erfahrungen zeigen, dass sie
oft nur einen palliativen Nutzen aufzuweisen hat, ja sogar manchmal erfolgte kurze Zeit nach der Operation der tötliche Ausgang. Ich
unterlasse es absichtlich, die verschiedenen Statistiken von „Heilungen"
(Aldibert, Rösch u. A.) anzuführen, weil ich glaube, dass die
Beobachtungszeit für die sicher durch das Mikroskop erhärteten
Fälle noch eine zu kurze ist, um ein endgültiges Urteil zu fällen. [1]) —
Immerhin dürfte bei vielen Kranken die Operation zu versuchen sein.

---

1) Dass makroskopisch als Tuberkulose imponierende Fälle nicht immer
tuberkulös sind, zeigen verschiedene Beobachtungen, so die Henoch's u. A.

Verdauungstractus.

Die Tuberkulose des Verdauungstractus ist — wie schon erwähnt — in Tübingen nicht häufig. —

Das tuberkulöse Magengeschwür ist überhaupt eine grosse Seltenheit. Nach Widerhofer's Zusammenstellung fanden sich unter 418 an Tuberkulose Gestorbenen 2 Fälle mit tuberkulösem Magengeschwür; nach Steiner und Neureutter bei 302 Obduktionen 4 Fälle, nach Barthez u. Rilliet bei 141 Sektionen 7. Demme berichtet ebenfalls über einen Fall. Biedert (1883) notierte aus der Litteratur 16 Fälle bei Kindern. Verdacht auf ein tuberkulöses Magengeschwür wird man nur dann haben können, wenn ausser den dem Ulcus zukommenden Symptomen noch weit fortgeschrittene Tuberkulose besteht. In manchen der angegebenen Fälle machte es überhaupt keine Erscheinungen.

Darmgeschwüre habe ich bei den in unserer Klientel gestorbenen Kindern nur 9mal = in 14,7 % finden können, während für Kiel 31 % (Simmonds) und 41,3 % (Boltz) berechnet werden. Unter den 418 Sektionsbefunden (Widerhofer's) war 101mal = 24,4 % Tuberkulose des Darms. O. Müller giebt für München 38 % an. Widerhofer führt noch an, dass die Darmtuberkulose im kindlichen Alter ein häufigerer Befund sei als beim Erwachsenen; ferner dass es meist mehrjährige Kinder sind, welche Darmgeschwüre darbieten. In unseren Fällen entfallen auf das

0—1. Lebensjahr = 3 ($^1/_4$ — $^1/_2$ Jahr alt)
1—2.   „   = 3
über 2 Jahre   = 3

Nach Widerhofer kommt die Darmtuberkulose neben chronischer Lungentuberkulose — auch wenn sie eine nur unbedeutende Ausdehnung hat — neben Tuberkulose der Lymphdrüsen, besonders der retroperitonealen und mesenterialen vor. — Sehr selten ist die Darmtuberkulose primär. Über die Entstehung der Tuberkulose des Darms habe ich schon im allgemeinen Teil berichtet. — Am häufigsten ist die Gegend der Ileocökalklappe erkrankt, manchmal ist die Affektion nur hierauf beschränkt, sie kann aber auch weiter nach unten greifen bis zum Anus, andererseits findet auch Lokalisation im Dünndarm statt.

Hauptsächlich hat die Tuberkulose in den lymphadenoiden Apparaten ihren Sitz. In den Peyer'schen Plaques oder den Solitärfollikeln erscheinen subepitheliale knötchenförmige Erhebungen von grauer Farbe. Diese Herde können rasch verkäsen, zerfallen, nach aussen durchbrechen und bilden dann kleine Geschwüre mit infiltrierten Rändern. In der Umgebung bilden sich neue Tuberkel, wodurch nach und nach das Geschwür sich vergrössert sowohl in der Tiefe als nach der

Peripherie. Grössere Geschwüre haben unregelmässige Gestalt, die Ränder sind verdickt, oft zerklüftet, lebhaft gerötet. Haben die Geschwüre eine längliche Form, häufen sie sich an einer Stelle, so sind sie ringförmig, senkrecht zur Längsaxe des Darms gestellt. Die Tiefe des Geschwürs ist an verschiedenen Stellen ungleich, oft ist an einzelnen die Schleimhaut erhalten, im Grunde und am Rande befinden sich noch gelbe knötchenförmige Herde. Von der Submucosa aus greift das Geschwür in die Tiefe — namentlich den Lymphgefässen folgend — und kann bis in die Serosa vordringen, ja dieselbe durchbrechen. Die Tuberkel der Serosa sieht man bei der Sektion schon von aussen durchschimmern, manchmal vereinzelt, manchmal in Gruppen zusammengedrängt. Wenn das Geschwür eine gewisse Tiefe erreicht hat, so entsteht auf dem entsprechenden Serosateil eine lokale Peritonitis, wodurch Verklebungen und Verwachsungen der Därme unter einander und den benachbarten Organen eintreten können. Ein Durchbruch des Geschwürs kann entweder in die freie Bauchhöhle erfolgen, und die Folge ist allgemeine akute Peritonitis, oder wenn vorher Verlötungen zustande gekommen waren, entstehen abgesackte Peritonealabscesse, Perforation von einem Darmstück in das andere resp. in andere Organe. Bei jüngeren Kindern sind gerade häufig die Peyer'schen Platten Sitz der tuberkulösen Affektion, dann ist natürlich die Zerstörung der Schleimhaut der Längsaxe des Darms parallel. Stellenweise können die Geschwüre heilen und es kommt zur Narbenbildung und Stenosierung des Darms; gewöhnlich aber schreitet die Verschwärung bis zum letalen Ende fort.

Symptome.

Die Krankheit beginnt manchmal ziemlich plötzlich, häufiger sich langsam einschleichend. Bisweilen sind nur Allgemeinerscheinungen bemerkbar: Anämie, Abmagerung, unregelmässiges Fieber. Die hauptsächlichsten Erscheinungen neben den allgemeinen Störungen sind Diarrhöen, welchen sich manchmal Erbrechen zugesellt, Schmerzen im Abdomen spontan oder nur bei Druck, Auftreibung des Bauches, kleiner frequenter Puls.

Das Krankheitsbild beherrschend sind die Darmentleerungen, welche in der ersten Zeit noch breiig, gallig gefärbt sind, meistens von penetrantem Geruch; später werden die Ausleerungen mehr dünnflüssig, mehr oder weniger entfärbt, enthalten neben flockigen und schleimigen Beimischungen unverdaute Nahrung, sind fettreich. Die Diarrhöen sind sehr hartnäckig. Blut kann schon frühzeitig in den Stuhlgängen in Gestalt von spärlichen Streifen oder in grösserer Menge enthalten sein, ein Zeichen, dass der Prozess auf tiefer gelegene Teile der Darmwand übergegriffen hat und sich im Dickdarm mit abspielt. Wenn ausser den geschwürigen Veränderungen im Darm noch diffus verbreiteter Darmkatarrh — und das ist häufig der Fall — besteht, so werden die Ausleerungen massenhaft. Tenesmus kann sehr lästig werden. — Kolikartige Schmerzen gehen den Stuhlgängen oft voran, sie sind bedingt durch vermehrte Peristaltik und damit verbundene Zerrung der im Peritoneum verlaufenden Nerven. Aber diese Visceralneuralgien fehlen auch in vielen Fällen, dagegen werden bei Druck auf bestimmte Gegenden des Bauches Schmerzen angegeben; diese entsprechen einer lokalen Peritonitis an den Stellen, wo die geschwürige Zerstörung bis zu der Darmserosa vorgedrungen ist. — Die Auftreibung des Leibes, welche manchmal unregelmässig ist, aber gewöhnlich nie so hohe Grade erreicht wie bei der tuberkulösen Peritonitis, ist bedingt durch meteoristisch geblähte Darmschlingen.

Das Herz ist bei reichlichen Darmausleerungen in seiner Arbeitskraft erheblich beeinträchtigt, es tritt Cyanose ein, der Puls wird frequent und klein, dann und wann zeigen sich Ödeme an den abhängigen Körperpartien. — Die Erscheinungen auf der äusseren Haut geben sich kund durch Blässe, Welkheit, Trockenheit; die Haut wird durchsichtig, dünn, schilfert besonders an Gegenden, welche längerem Druck ausgesetzt sind, ab. Decubitus kommt nicht ganz selten vor.

Die Harnmenge ist vermindert, der Urin koncentriert, von hohem spez. Gewicht, enthält manchmal geringe Mengen von Eiweiss. S. Poliák beschreibt einen Fall von

Darmtuberkulose bei einem 10jährigen Mädchen, bei welchem der Harn klar, durchscheinend, gelb, gelbrot, gelbbraun entleert wurde und an der Luft eine schwarze Farbe annahm, und zwar an der Oberfläche, nach unten an Intensität abnehmend. Reaktion des Harns meist alkalisch, selten sauer. Später hörte die Schwarzfärbung des Harns auf.

Nach den mir nur im Auszug vorliegenden Mitteilungen scheint es sich um Alkaptonurie gehandelt zu haben.

Der Appetit liegt meist danieder, dagegen besteht vermehrtes Durstgefühl. — Je rascher die Diarrhöen auf einander folgen, desto rapider die Abmagerung und der Kräfteverfall. — Das Verhalten der Körperwärme ist wechselnd, bei schnell vor sich gehender Konsumption sinkt die anfänglich fieberhafte Temperatur auf die Norm, ja sie wird in vielen Fällen subnormal, dann und wann vielleicht einige höhere Spitzen zeigend.

Diesem ausgeprägten Krankheitsbild gegenüber, welches sich übrigens nicht wesentlich von dem der subakuten oder chronischen Form des Darmkatarrhs unterscheidet, stehen Fälle, in welchen bis zum Tode keinerlei Erscheinung von Seiten einer Darmerkrankung vorliegt, obwohl bei der Obduktion geschwürige Prozesse gefunden werden. —

Diarrhöen und Kolikschmerzen fehlen dann, wenn die Geschwüre vereinzelt sind und in den oberen Darmabschnitten ihren Sitz haben.
Druckschmerzen vermisst man bei Freibleiben der Serosa. — In manchen
Fällen wechseln profuse massige Darmentleerungen mit länger dauernder Stuhlverhaltung ab.

Diagnose.

In unkomplizierten Fällen von Darmtuberkulose ist die Diagnose
selten zu stellen und zwar nur durch den Nachweis von Tuberkelbacillen in den Dejektionen. Erscheinungen, wie sie oben genannt sind,
macht auch der gewöhnliche Darmkatarrh; auch bei ihm können die
diarrhoisch entleerten Stühle blutig tingiert sein, die Abmagerung und
der Kräfteverfall rasch vor sich gehen, Temperaturschwankungen nach
oben und unten sind nichts ungewöhnliches. Sind dagegen andere
Organe des Körpers tuberkulös erkrankt, so wird man solche Störungen
vom Darm aus mit Wahrscheinlichkeit auf tuberkulöser Grundlage beruhend bezeichnen können. Aber auch dann wird die Diagnose nicht
immer durch die Sektion bestätigt. — In dem Falle Lina H. (Beobachtung LXI) waren zu wiederholten Malen profuse Diarrhöen aufgetreten,
welche grossen Opiumdosen trotzten; zuletzt waren die Stuhlgänge auch
blutig gefärbt, über kolikartige Schmerzen wurde wiederholt geklagt.
Da weit vorgeschrittene Lungentuberkulose mit Kavernenbildung, ferner
Bauchfelltuberkulose bestand, so wurde auch eine tuberkulöse Erkrankung des Darms angenommen; aber es war nur Katarrh vorhanden, jede tuberkulöse Affektion fehlte.

Verlauf der Krankheit.

Der Verlauf der Krankheit ist im wesentlichen abhängig von
der Ausdehnung des tuberkulösen Prozesses im Darm und von dem
Ergriffensein des übrigen Körpers. Halten sich die Ausleerungen in
mässigen Grenzen, so können Monate bis zum tötlichen Ausgang vergehen; ja es können bei zeitweiligem Aufhören der Diarrhöen die
Kinder sich wieder einigermassen erholen. Anhaltend profuse Diarrhöen
führen gewöhnlich rasch zum Ende. Perforation eines Geschwürs in
die freie Bauchhöhle hat akute, schnell tötlich verlaufende Peritonitis
zufolge; abgesackte Peritonitis ist weniger gefährlich, ebenso der Durchbruch in andere vorher fest verlötete Darmschlingen.

Prognose.

Die Prognose ist bei einigermassen ausgebreiteter Darmtuberkulose ungünstig. Es ist zwar nicht von der Hand zu weisen, dass
einzelne Geschwüre zur Heilung gelangen und Narbengewebe an ihre

17*

Stelle manchmal mit bedeutender Verengerung des Darmlumens tritt. Einen solchen Fall führt Widerhofer an von Monti: Stenose des Coecum und Ostium ileocoecale nach Vernarbung tuberkulöser Geschwüre. — Ferner scheinen bei zugleich vorhandener Peritonitis tuberculosa durch den einfachen Bauchschnitt die tuberkulösen Geschwüre in einem der Heilung günstigen Sinne beeinflusst zu werden (Israël). Aber in der Regel ist die Heilung keine vollständige; wenn es an einer Stelle zu Narbenbildungen kommt, schreitet der Prozess an anderen weiter. Der gewöhnliche Ausgang ist der Tod.

Manchmal ist die Krankheit kompliziert mit noch anderweitigen Erkrankungen, so mit amyloider Entartung, mit diphtheritischen Ulcerationen (Henoch).

Therapie.

Es wird vielleicht bei manchen Kindern gelingen, sie durch zweckmässige Vorsichtsmassregeln vor Tuberkulose zu bewahren. Ich kann in dieser Hinsicht auf die bei der Bauchfelltuberkulose erwähnte Prophylaxe hinweisen.

Besteht einmal Darmtuberkulose, so ist die Therapie ziemlich machtlos. Man wird zwar eingedenk einer möglichen Fehldiagnose diejenigen Massregeln zu ergreifen haben, welche bei dem einfachen Darmkatarrh sich als wirksam erweisen. So vor allen Dingen Regelung der Mahlzeiten bezüglich ihrer Qualität, Quantität und der Zeit der Darreichung, man hat dabei selbstverständlich das Alter der kleinen Patienten zu berücksichtigen.

Von medikamentösen Mitteln käme in Betracht das bei einfachem Gährungsdurchfall sich so gut bewährende Calomel und zwar etwa in folgender Zusammensetzung:

> Rp. Hydrarg. chlorat. mit. 0,005
> Sacch. lactis   0,5
> M. f. pulv. d. tal. dos. No. X.
> S. 2stl. 1 P. mit Wasser z. n.

Unter Umständen kann man in die Lage kommen, Opium zur Stillung profuser Ausleerungen zu versuchen, doch sollte man es sich zur Regel machen, Kindern unter einem Jahr das Medikament nicht zu reichen. Bei grösseren Kindern hat man je nach dem Alter die Gabe abzumessen. Wenn wirkliche ausgebreitete Darmgeschwüre bestehen, so gelingt es auch durch selbst grosse Opiumgaben nicht, die Diarrhöen zu bannen, aber man kann den Kindern wenigstens zeitweise Ruhe schaffen, besonders auch durch Suppositorien den Tenesmus für einige Zeit unterdrücken. — Adstringentien sind in jeglicher Form versucht worden, ohne dass irgend welche günstige Beeinflussung des

Prozesses wahrzunehmen gewesen wäre.[1]) — Bei starken Wasserverlusten kann man subkutane Injektionen von physiologischer Kochsalzlösung oder Eingüsse derselben Flüssigkeit in das Rectum versuchen; es wird durch Resorption von hier aus immerhin einigermassen Ersatz geleistet. — Dass durch die Laparotomie bei Bauchfelltuberkulose auch Darmgeschwüre einen günstigen Verlauf nehmen können, ist bei der Prognose angeführt worden. — Ob der Arzt eine Darmtuberkulose dem Messer des Chirurgen überantworten soll, bleibt dahingestellt; jedenfalls wird der Chirurg nur imstande sein diejenigen Darmabschnitte zu resecieren, in welchen von aussen her tuberkulöse Prozesse erkennbar sind; ob er dann radikal operiert hat, ist eine Frage der Zeit.

Mesenterialdrüsen. Die Tuberkulose der Mesenterialdrüsen ist hier ebenfalls selten; bei unseren Fällen ist sie nur in 21,3% verzeichnet, während andere Orte viel höhere Zahlen aufweisen. Die tuberkulöse Erkrankung der Lymphdrüsen des Bauches geht mit derjenigen anderer Abdominalorgane — des Darms, Peritoneums u. s. w. — gewöhnlich Hand in Hand; nur selten findet man sie auf die Drüsen beschränkt. — Durch die oft starke Vergrösserung der Drüsen sind sie bei dünnen, nachgiebigen Bauchdecken, bei fehlendem Meteorismus manchmal — jedenfalls nur selten — als Tumoren fühlbar. Gewöhnlich besteht aber bei solcher enormen Vergrösserung der Drüsen starke Auftreibung des Bauches, so dass man mit dem Getast nicht bis in die Tiefe dringt. Von weiteren Erscheinungen, welche diese Drüsentumoren machen, werden genannt: Unregelmässigkeit in der Defäkation, Diarrhoe und Obstipation, Fettgehalt der Stühle, in sehr seltenen Fällen Stenosierung des Darms. Die Rückwirkungen auf den Gesamtorganismus fallen mit den Allgemeinwirkungen der Tuberkulose zusammen.

Ähnliches wie für die Mesenterialdrüsen gilt für die retroperitonealen Lymphdrüsen.

Die **Leber** nimmt sehr häufig an der tuberkulösen Erkrankung teil und zwar in Form der Miliartuberkulose, der tuberkulösen Hepatitis und von Solitärtuberkeln. Es kommt bei allen Formen zu einem Untergang von Lebergewebe, besonders der Leberzellen. Die Miliartuberkulose ist meistens eine Teilerscheinung einer über mehrere Organe verbreiteten Tuberkulose. Die interstitielle Hepatitis kann sich entweder vom tuberkulös erkrankten Peritonealüberzug auf die Glisson'sche

---

1) Anmerkung bei der Korrektur: Neuerdings hat man von der Darreichung des Tannigen gute Erfolge gesehen. Man giebt Kindern im Alter bis zu einem Jahr 0,1—0,2 g 3mal täglich, grösseren 0,2—0,5 g 3mal täglich. Nach Beseitigung der Diarrhöen wird das Mittel noch 2—3 Tage lang weitergegeben.

Kapsel und von da weiter fortpflanzen, oder es können die miliaren Tuberkel einen Reiz auf das interstitielle Bindegewebe ausüben und Hyperplasie desselben veranlassen. Solitärtuberkel entstehen durch Ausbreitung in der Kontiguität bei der Einwirkung von nur kleinen Mengen mit geringer Virulenz ausgestatteter Tuberkelbacillen.

In einem unserer Fälle, Beobachtung LXIII — bei einem 3½ Jahre alten Mädchen — wurden bei der Sektion neben miliaren Tuberkeln zahlreiche erbsen- bis kleinkirschkerngrosse cystenähnliche Hohlräume gefunden, welche mit graugelbem, galligem Brei ausgefüllt waren und deren Wand tuberkulös infiltriert war — im Sektionsprotokoll werden sie bezeichnet als tuberkulöse Gallengangcysten. Intra vitam waren keinerlei Störungen von Seiten der Leber aufgefallen.

Einen ähnlichen Befund teilt Gaucher mit.

Bei einem 3 Jahre alten phthisischen Kinde neben weit verbreiteter chronischer Tuberkulose in den verschiedensten Organen: Die Gallenwege zeigen in regelmässigen Abständen erweiterte Stellen, die mit eingedickter Galle erfüllt sind und allenthalben in den Wandungen der Gallenwege von Tuberkeln besetzt, während das übrige Lebergewebe davon frei ist.

Birch-Hirschfeld nennt ebenfalls eine tuberkulöse Entzündung im Bindegewebe der Umgebung grösserer interlobulärer Gallengänge; zuweilen wird die Wand dieser zerstört und es bilden sich kleine Kavernen. Trotzdem die Affektion bedeutend an Ausdehnung gewinnen kann, scheint sie nie allein zu Icterus zu führen.

Nur in Ausnahmefällen macht die tuberkulöse Erkrankung der Leber Erscheinungen. Jakubasch fand in dem früher citierten Fall von Miliartuberkulose Fettleber mit ikterischer Verfärbung der Conjunctivae und der Haut. „Der seröse Überzug und die Schnittfläche der Leber zeigt unzählige Tuberkel; die Acini sind stark fettig infiltriert und gleichzeitig etwas ikterisch verfärbt." — Die Hepatitis interstitialis kann zur Vergrösserung der Leber — diese Form wird meistens gesehen — und zu Ascites führen.

Die Milz ist sehr häufig Sitz einer tuberkulösen Erkrankung. Meistens sind es Miliartuberkel, welche bei allgemeiner Tuberkulose in der Milz auftreten und zwar sowohl in der Kapsel als im Parenchym. Bisweilen kommen aber auch grössere Knoten daselbst vor. Symptome machen diese Veränderungen — vielleicht mit Ausnahme einer durch die Perkussion nachweisbaren Vergrösserung des Organs — nicht.

Nieren. In den Nieren tritt die Tuberkulose auf in der miliaren und in der käsig-ulcerösen Form. Erstere ist bei Kindern sehr häufig und zwar in Begleitung der allgemeinen Tuberkulose. Die miliaren Knötchen sind zuweilen auf die ganze Niere verbreitet, zuweilen auf ein kleines Arterienastgebiet beschränkt. Der Tuberkelbacillus bewirkt, dass die Epithelien der Harnkanälchen, die Endothelien der intertubulären Kapillaren, die Epithelien der Glomeruluskapseln und schliesslich die Wandelemente der Glomerulusschlingen durch Karyokinese in Wucherung geraten und Epitheloid- und Riesenzelltuberkel bilden. Von den Randgefässen her wandern farblose Blutkörperchen ein, es erfolgt centrale Verkäsung. Die Knötchen sind oft von einem roten Hof umgeben; manchmal ist die Niere stellenweise von kleinen Blutungen durchsetzt. Die miliare Aussaat von Tuberkeln in den Nieren bedingt während des Lebens selten funktionelle Störungen. In einigen unserer Fälle wurde der Harn wiederholt eiweisshaltig gefunden.

Bei einem 9jährigen Mädchen, das an ausgedehnter Lungentuberkulose litt und dessen klarer Harn mehrmals kleinere Quantitäten Albumen (bis 0,5 $^o/_{oo}$) aufwies, wurde 9 Tage vor dem Tode der Harn trübe, der Eiweissgehalt stieg, im Sediment wurden zahlreiche granulierte Cylinder gefunden. Bei der Sektion fanden sich in der linken Niere vereinzelte gelbe Knötchen, in der rechten reichlichere Tuberkel.

Zu bemerken ist, dass bei den Kinde auch Herzschwäche vorhanden war (es bestanden Ödeme an den unteren Extremitäten); also kann der Eiweissgehalt auch auf diese bezogen werden.

Rosenstein hat bei einigen Kindern Anurie gesehen, die wahrscheinlich im Zusammenhang mit der miliaren Nierentuberkulose stand.

Seltener ist die Bildung grösserer Käseherde in der Niere. Sie entstehen von kleineren Knötchen aus durch radiär fortschreitende Infiltration und durch Konfluenz mehrerer Herde. Die Niere kann von einer Menge solcher Knoten, welche in ihrem Innern zerfallen, durchsetzt sein, so dass gesundes Nierengewebe kaum mehr zu erkennen ist (Nephrophthisis caseosa). Die Schleimhaut der Nierenkelche geht ebenfalls zugrunde, sie wird käsig infiltriert, ebenso die des Nierenbeckens, welches erweitert wird; oft finden sich auch Geschwüre in der Schleimhaut des Nierenbeckens. Die etwa vorhandenen Erweichungshöhlen stehen manchmal mit dem Nierenbecken in offener Verbindung. Die käsige Infiltration setzt sich häufig in die Ureteren und in die Blase fort.

Gleichzeitig mit der Niere findet man in vielen Fällen noch den Genitalapparat tuberkulös erkrankt, so bei Knaben namentlich die Nebenhoden, seltener die Hoden; auch in der Prostata sind zuweilen grössere oder kleinere Herde. Bei Mädchen sind die Tuben tuberkulös verändert. Ja die Genitaltuberkulose ist oft das Primäre und die der Niere ist von ascendierender Genese. — Doch giebt es auch isolierte Nierentuberkulose.

Was das Vorkommen der käsig-ulcerösen Form angeht, so fand
Rosenstein unter 32 Fällen nur einen einzigen zwischen dem 1. bis
10. Lebensjahre, 4 zwischen dem 10. und 20. Unter unserem Kranken-
material befindet sich nur ein einziger Fall — ein 15jähriger Knabe
— welcher, als er zur Obduktion kam, das Kindesalter längst überschritten hatte.

Die Erscheinungen, welche die Nephrophthisis macht, weichen
nicht ab von denen beim Erwachsenen. Die subjektiven Beschwerden,
welche ganz allmählich sich einschleichen, sind Dysurie, Strangurie,
Tenesmus vesicae; sie hängen nach Rosenstein wahrscheinlich nicht
von der Affektion der Nieren, sondern von der der Blase ab. — Die
24stündige Harnmenge entspricht ungefähr der Norm, nur bei grossen
Zerstörungen von Nierengewebe ist sie verringert. Im Harn setzt
sich Sediment ab, welches gewöhnlich reichlich Eiterkörperchen und
mehr oder weniger rote Blutzellen enthält, ferner Epithelien der Harn-
wege, Detritusmassen; in diesen und in Schleimklümpchen lassen sich
am ehesten die Tuberkelbacillen nachweisen. Der Harn ist eiweisshaltig, dem Eiter entsprechend. Die Reaktion ist meist sauer.

Die Diagnose gründet sich auf den Nachweis von Tuberkelbacillen im Harn ev. durch Impfung mit dem Sediment in die vordere
Augenkammer des Kaninchens (Damsch); ferner wird sie bei genannten
Symptomen mit Wahrscheinlichkeit zu stellen sein, wenn eine tuberkulöse Erkrankung der Genitalien — Nebenhoden u. s. w. — konstatiert
werden kann. Rosenstein sagt: „Wenn bei einem Individuum . . . . . .
von Seiten der Organe des Genitalapparates (bei Männern namentlich
Hoden, Nebenhoden, Prostata) ein entzündlicher Prozess sich entwickelt,
zu welchem im weiteren Verlaufe auch von Seiten der zum Harnapparat gehörigen Organe die Zeichen eines ulcerativen Vorgangs
(Pyurie, Hämaturie u. s. w.) sich hinzugesellen und wenn gar noch im
Sedimente des Harns Tuberkelbacillen zu finden sind, dann darf mit
voller Sicherheit Nierentuberkulose angenommen werden. Aus den
Symptomen aber, die dem Harnapparat allein angehören, kann, wenn
im Sedimente keine Bacillen zu finden sind, ... die betreffende
Affektion nicht erschlossen werden."

Der Verlauf ist bei Beschränkung der Erkrankung auf den Urogenitalapparat gewöhnlich ein lange dauernder; greift dagegen die
Tuberkulose auf das Peritoneum, den Darm u. s. w. über, so wird das
tötliche Ende schnell näher gerückt.

In unserem Fall,

Beobachtung LXIV — dauerte die Erkrankung über 2 ½ Jahre, und
zwar zeigten sich mehrmals wochen- und monatelange Remissionen, zu
welcher Zeit der junge Mann sich so wohl fühlte, dass er wiederholt „in

die Fremde" ging, um zu arbeiten; auch sei zu dieser Zeit der Harn klar gewesen. Im Juli 93 kehrte er hierher zurück; am 9. Juli bat er um poliklinische Hilfe, weil er schon mehrere Tage keinen Stuhlgang hatte. An einer Peritonitis ging er am 11. VII zugrunde. Obduktion: Urogenitaltuberkulose, Tuberkulose des rechten Nebenhodens, im Kaudalteil ein über erbsengrosser käsiger Knoten mit kleineren Knötchen am Rande, im Kopf desselben kleinere käsige Knötchen; das Corpus Highmori des rechten Hodens ist in eine grauscheckige, käsige Masse umgewandelt. Linker Hoden makroskopisch normal, ebenso die beiden Vasa deferentia. Tuberkulöse Infiltration der Blasenschleimhaut, des rechten Ureters, des rechten Nierenbeckens, Nephrophthisis tuberculosa caseosa dextra. Erweiterung des rechten Ureters und des rechten Nierenbeckens. Tuberkulöse Eruptionen der linken Niere in Herdform, ascendierende Genese. Diffuse Miliartuberkulose des Peritoneums und beider Pleurahöhlen mit fibrinös-eitriger Peritonitis; miliare Tuberkel in der Pleura.

Die Prognose ist ungünstig zu stellen.

Die Behandlung ist machtlos. Wohl wird man den Kindern Linderung bereiten können, aber den Prozess können wir nicht aufhalten. Rosenstein empfiehlt neben roborierender Diät zur Bekämpfung der Dysurie und des Tenesmus die Anwendung von narkotischen Mitteln und zwar namentlich des Abends; ferner Einspritzungen von schleimigen Dekokten in kleinen Mengen in die Blase. — Der meist mit der Nierentuberkulose verbundene Blasenkatarrh wird am besten mit Ausspülungen der Blase behandelt, in unserem Falle haben diese gute Dienste geleistet. — Rosenstein legt noch besonderen Wert auf laue Sitzbäder morgens und abends von $1/_2$ stündiger Dauer; er hat von diesen fast stets Verminderung des Harndrangs gesehen. — Bei isolierter Hoden- und Nebenhoden- resp. Tubentuberkulose ist ein chirurgischer Eingriff indiciert.

Es wäre kurz noch derjenigen Organe des Körpers zu gedenken, welche von Tuberkulose selten ergriffen werden.

Pharynxtuberkulose ist in unserer Klientel nur einmal beim Erwachsenen beobachtet worden. Biedert hat aus der Litteratur 4 Fälle gesammelt, es waren Kinder im Alter von $4^{1}/_{2}$—9 Jahren.

Tuberkulose der **Mundschleimhaut** (beim Kinde) hat Biedert nirgends verzeichnet gefunden (15 Fälle bei Erwachsenen). Demme hat im Jahre 1888 einen Fall von Tuberkulose der Mund-, Gaumen- und Rachenschleimhaut veröffentlicht.

Er betraf ein 8 Jahre altes Mädchen mit Lungentuberkulose. Es befanden sich Geschwüre auf den Umschlagstellen der Kiefer- und Wangenschleimhaut, auf der Innenfläche der Wangen, am Zungenrand und Zungengrund, am harten Gaumen. Die tuberkulöse Natur wurde durch die mikroskopische Untersuchung festgestellt. Der Fall zeichnete sich durch grosse Hartnäckigkeit zum Recidivieren aus. Das Kind ging an akuter Miliartuberkulose zugrunde.

Demme nimmt an, dass die tuberkulöse Affektion in der Mundhöhle entstanden sei durch tuberkelbacillenhaltige Sputa. — Tuberkulose des Osophagus ist nach Biedert 2mal bei Kindern beobachtet.

Tuberkulose der **Nasenschleimhaut** ist ebenfalls selten, doch wird vermutet, dass ein Teil der eitrigen Katarrhe und Ekzeme der Nasenschleimhaut bei Kindern tuberkulöser Natur ist. Die Krankheit manifestiert sich durch lange dauernden Ausfluss, Krustenbildungen, Blutungen ev. Ozaena. Chiari hat 21 Fälle von Tuberkulomen der Nase aus der Litteratur zusammengestellt, davon betreffen 3 Kinder. Lupus des Gesichts kann auf die Nasenschleimhaut übergreifen.

Tuberkulose der **Schilddrüse** ist nicht häufig. Wir haben sie in einem unserer Fälle gesehen.

Es war ein 9 Jahre alter Knabe, welcher an chronisch verkäsender Lymphdrüsentuberkulose litt und an allgemeiner Miliartuberkulose gestorben war. Die Thyreoidea war durchsetzt von miliaren Tuberkeln, sonstige Veränderungen fanden sich in der Drüse nicht.

Demme giebt an, die primäre Tuberkulose der Glandula thyreoidea ist äusserst selten, die sekundäre selten. Wo eine solche Lokalisation des tuberkulösen Prozesses dennoch stattfindet, geht derselbe wohl ausnahmslos auf dem Boden einer schon bestehenden strumösen Erkrankung des Organs vor sich. Virchow (bei Demme) erwähnt 2 Fälle von Miliartuberkulose der Schilddrüse, darunter war der eine ein 8 Monate altes Kind. Demme fand bei einem Fall von follikulärer Struma im rechten Lappen der Schilddrüse mehrere erbsengrosse Tuberkelknoten; in unmittelbarer Nähe der Glandula thyreoidea lagen mehrere in Erweichung begriffene verkäste Lymphdrüsen.

Isolierte primäre Tuberkulose der **Thymusdrüse** hat Demme (1884) beschrieben.

Es war ein Säugling weiblichen Geschlechts, welcher am 42. Lebenstage gestorben war. Bei der Sektion wurde die Thymusdrüse gross gefunden und in ihr 3 erbsengrosse und 1 haselnussgrosser Tuberkel; im übrigen Körper keine Spur von Tuberkulose.

Demme hält es für möglich, dass hier kongenitale Tuberkulose vorliegt.

Die **Vaginalschleimhaut** hat Demme (1886) 3mal tuberkulös erkrankt gefunden. Es waren Mädchen im Alter von 7, 15, 16 Monaten. Es bestand bei den Kindern Vulvitis und hartnäckig schleimeitriger Ausfluss. In allen 3 Fällen wurden Geschwüre gesehen, deren tuberkulöser Charakter durch das Mikroskop festgestellt wurde. Bei 2 Fällen waren die Leistendrüsen geschwollen und tuberkulös entartet. Die Behandlung bestand in Auskratzen der Geschwüre und Kauterisation mit rauchender Salpetersäure. Zwei der Kinder gingen bald an Tuberkulose zugrunde — eines an Meningitis, das andere an tuberkulöser Pneumonie.

Druckfehler und Zusätze.

Seite 40 Zeile 22 v. o. lies: wichtigen statt wichtigeren.

„ 47 „ 13 v. u. streiche: folgendermassen.

„ 60 „ 21 v. u. lies: letztere statt letzteres.

„ 94 zu Kurve 17: Die 2 stündigen Messungen erstrecken sich auf 3 Tage und 18 Stunden. Beginn der Messungen morgens 8 Uhr, Ende derselben morgens 1 Uhr 50, zu welcher Zeit der Tod eintritt.

„ 112 Zeile 12 v. o. lies: enden statt endeten.

„ 138 „ 14 v. u. lies: Ein statt Einen.

„ 192 „ 7 v. u. streiche von „und" an den ganzen Satz.

„ 216 „ 1 v. u. lies: Tricuspidalis statt Tricuspitalis.

Druck von August Pries in Leipzig.

www.ingramcontent.com/pod-product-compliance
Lightning Source LLC
Chambersburg PA
CBHW021516210326
41599CB00012B/1276